国际工程水电勘察设计技术标准对比研究

水电水利规划设计总院 等 编著

中国水利水电出版社
www.waterpub.com.cn
·北京·

内 容 提 要

本书为系统对比、研究国际工程水电勘察设计技术标准的专业出版物，全书共分3个部分，分别为：中美水电工程勘察试验规范对比研究、中外主要建筑材料标准对比研究、中外水工建筑物设计标准对比研究。

本书的主编单位为水电水利规划设计总院和中国水电工程顾问集团有限公司，参编单位为中国电建集团华东、昆明、西北、成都、贵阳、中南、北京勘测设计研究院有限公司，作者权威，内容详实，资料丰富，可供相关专业人员参考。

图书在版编目（CIP）数据

国际工程水电勘察设计技术标准对比研究 / 水电水利规划设计总院等编著. -- 北京 : 中国水利水电出版社, 2021.10
ISBN 978-7-5170-9069-4

Ⅰ. ①国… Ⅱ. ①水… Ⅲ. ①水利水电工程—工程地质勘察—设计—技术标准—对比研究—世界 Ⅳ. ①TV222-65

中国版本图书馆CIP数据核字(2020)第206443号

书　名	国际工程水电勘察设计技术标准对比研究 GUOJI GONGCHENG SHUIDIAN KANCHA SHEJI JISHU BIAOZHUN DUIBI YANJIU
作　者	水电水利规划设计总院　等 编著
出版发行	中国水利水电出版社 （北京市海淀区玉渊潭南路1号D座　100038） 网址：www. waterpub. com. cn E - mail：sales@waterpub. com. cn 电话：（010）68367658（营销中心）
经　售	北京科水图书销售中心（零售） 电话：（010）88383994、63202643、68545874 全国各地新华书店和相关出版物销售网点
排　版	中国水利水电出版社微机排版中心
印　刷	天津嘉恒印务有限公司
规　格	184mm×260mm　16开本　20.75印张　505千字
版　次	2021年10月第1版　2021年10月第1次印刷
印　数	0001—1500册
定　价	**110.00**元

《国际工程水电勘察设计技术标准对比研究》编委会

序

在经济全球化背景下，中国实施“走出去”战略和发起“一带一路”倡议，鼓励中国企业融入世界，参与国际合作和跨国经营，实现国际化发展。“走出去”战略和“一带一路”倡议受到发展中国家的积极响应和全球广泛关注，能源电力领域的国际合作也因此迎来了新的发展契机。

中国电力企业“走出去”，参与“一带一路”沿线国家建设取得了良好的进展。2020 年，中国企业在境外电力工程建设领域新签合同额占年度全国对外承包工程新签合同总额的 19.9%；完成营业额占年度对外承包工程完成营业总额的 19.7%。中国电力企业成为中国对外开放的一张靓丽名牌，为发展中国家能源电力建设和经济社会发展作出了重要贡献，也促进了企业自身的跨越式发展和转型升级。2020 年受新冠肺炎疫情等影响，国际合作遇到一些困难，但经济全球化是不可逆转的时代潮流，从长期看，能源电力领域的国际合作趋势并未改变。

中国企业在大量国际工程承包业务实践中取得长足进步的同时，积累了丰富经验，但也付出了不少的代价。长期以来，国际通用标准、欧美标准是国际工程主流技术标准，标准化对经济全球化有积极推动作用，但对中国企业开展国际工程业务带来了一定挑战。中国工程技术标准体系建立时间短，系统性和协调性相对较弱；与国际标准体系接轨不够；同时中国电力企业对国际标准体系和基本规则了解不深入，一定程度上阻碍了海外项目投资、建设和运营等阶段相关工作的高效开展。

中国电力建设集团有限公司于 2015 年设立重大科技专项，组织设计、施工和科研院校等单位，系统开展了“国际工程技术标准应用研究”。“国际工程水电勘察设计技术标准对比研究”是该重大科技专项中课题 1“国际工程水电勘测设计技术标准应用研究”的主要成果之一。

“国际工程水电勘察设计技术标准对比研究”以中美水电设计技术标准研究为重点，形成了主要专业点对点式的技术条款对比成果，系统构建了中外水电设计技术标准对比应用成果体系。针对性地进行了中美标准勘察设计阶段划分、工作范围和深度的对比研究；开展了中外水电工程主要建筑材料与试验标准的对比研究，对钢筋、水泥、骨料、掺合料、外加剂、混凝土材料的分类、性能指标、试验方法、检验及验收等进行了详细分析；深入研究了中美水工建筑物设计标准的异同，揭示了中美标准在工程等别和建筑物级别、安全设计标准、结构设计方法、参数取值等方面的差异。

编著并出版《国际工程水电勘察设计技术标准对比研究》，旨在分享和推广“国际工程水电勘测设计技术标准应用研究”成果，有助于工程技术人员加深对国际标准及欧美技术标准的理解，熟知中外水电工程技术标准的差异，准确使用国外标准，推广中国水电技术标准，这将对“走出去”承担电力工程的中国企业开展海外经营、识别工程风险、顺利执行合同起到很好的指导、参考和借鉴作用。

中国电力建设集团有限公司总工程师 周建平

2021年3月

前言

随着我国“走出去”战略和“一带一路”倡议的大力实施，中国电力建设企业国际业务快速发展。但是，长期以来，国际通用标准、欧美标准是国际工程主流技术标准，标准化对经济全球化既有积极作用，也给中国企业全球化发展带来巨大挑战。为此，中国电力建设集团有限公司2015年设立了重大科技专项，组织设计、施工和科研院校等单位系统开展了“国际工程技术标准应用研究”。“国际工程水电勘察设计技术标准对比研究”是该重大科技专项中课题1“国际工程水电勘测设计技术标准应用研究”的主要成果之一。

“国际工程水电勘察设计技术标准对比研究”课题历时5年，主要参与者逾200人，共提出了28份研究报告，约800万字。“国际工程水电勘察设计技术标准对比研究”以中国标准为基准，与多个国外相应标准（主要是美国标准）进行对照。

“国际工程水电勘察设计技术标准对比研究”课题由水电水利规划设计总院、中国水电工程顾问集团有限公司负责，中国电建集团华东勘测设计研究院有限公司、中国电建集团昆明勘测设计研究院有限公司、中国电建集团西北勘测设计研究院有限公司、中国电建集团成都勘测设计研究院有限公司、中国电建集团贵阳勘测设计研究院有限公司、中国电建集团中南勘测设计研究院有限公司、中国电建集团北京勘测设计研究院有限公司具体承担。每份报告均经过承担单位内部讨论，水电水利规划设计总院组织专家评审，评审会后再次修改定稿。

《国际工程水电勘察设计技术标准对比研究》一书汇编浓缩了28份对比报告的研究概要和主要研究结论，分为：中美水电工程勘察试验规范对比研究、中外主要建筑材料标准对比研究、中外水工建筑物设计标准对比研究三部分。通过编著方式分享和推广“国际工程水电勘测设计技术标准应用研究”成果，希望有助于工程技术人员加深对国际标准及欧美技术标准的理解，使广大工程技术人员熟知中外水电工程技术标准的差异，进一步熟悉和准确使用国外标准，推广中国水电技术标准，提高中国企业国际工程咨询和项目管理的能力。

本书的整理、审稿工作由水电水利规划设计总院负责完成。

由于时间和作者水平所限，书中难免存在错误或疏漏，恳请读者批评指正。

编者

2021年3月

目录

第二部分　中外主要建筑材料标准对比研究

第三部分　中外水工建筑物设计标准对比研究

第一部分

中美水电工程勘察试验规范对比研究

水电工程测量规范对比研究

编制单位：中国电建集团贵阳勘测设计研究院有限公司

专题负责人 苟胜国　郭维祥
编　　　写 冯弟飞
校　　　审 苟胜国　郭维祥

1 引用的中外标准及相关文献

根据中国电力建设集团有限公司（以下简称电建集团）针对国际业务的发展战略，在电建集团所属公司内广泛开展了水电行业中外标准对照研究工作。根据相关安排，本文为水电工程测量中外标准对比，即以中国标准《水电工程测量规范》（NB/T 35029—2014）为基础进行对比研究，由于暂未收集到欧盟和日本的相关试验标准，本文仅限于与美国陆军工程兵团（USACE）标准进行对比，主要对比的美国测量相关标准为美国陆军工程兵团《控制和地形测量》（EM 1110-1-1005）。

本文引用主要对标文件见表1。

表1 引用主要对标文件

中文名称	英文名称	编号	发布单位	发布年份
中国标准				
水电工程测量规范	Code for Engineering Survey of Hydropower	NB/T 35029—2014	国家能源局	2014
美国标准				
控制和地形测量	Control and Topographic Surveying	EM 1110-1-1005	美国陆军工程兵团	2007
导航星全球定位系统测量	Navstar Global Positioning System Surveying	EM 1110-1-1003	美国陆军工程兵团	2011
测量标志标记与埋石	Survey Markers and Monumentation	EM 1110-1-1002	美国陆军工程兵团	2012

为阅读方便、直观，本文采用中国标准《水电工程测量规范》（NB/T 35029—2014）的章节号进行编排，并按照章节条款顺序逐条进行对照，未查到对应美国标准资料的条目亦予以保留，在美国标准名称后表述为"未查到相关规定"；对比内容包括适用范围、测量仪器、作业步骤、成果计算、资料整理，以及条文说明等方面，每个条款后进行主要异同点分析，形成初步结论，并统一归类为"基本一致、有差异、差异较大、未查到相关规定"等层次表述。

2 主要研究成果

本文从水电工程测量适用范围、测量仪器、作业步骤、成果计算、资料整理等方面，以《水电工程测量规范》（NB/T 35029—2014）为基础，与美国陆军工程兵团《控制和地形测量》（EM 1110-1-1005）进行了对比研究，取得的主要研究成果如下。

2.1 整体性差异

（1）编制单位和适用范围差异。我国标准体系的建设由政府部门主导，主要由各行业主管部门牵头，选择经验丰富的大型企事业单位、科研院所或行业协会进行制定，是一个自上而下的过程，每个行业均有自己的行业标准，在一定程度上出现了标准规范"重复建设"问题。《水电工程测量规范》（NB/T 35029—2014）属于能源行业标准，水电工程一般具有范围广、投资高、规模大、工程等级高、荷载级别高等特点。因此，该标准具有较强的针对性，部分精度高于其他行业标准，适用于大、中型水电工程和抽水蓄能电站的测绘工作。美国标准体系建设一般由民间社会团体或部门、企业主导，是一自下而上的过程，制定的标准体系具有多元化特点，美国工程建设领域测量标准主要为美国陆军工程兵团标准或手册和美国垦务局（USBR）标准或手册等，不像我国分行业制定，所有行业只要开展该项测量均采用美国陆军工程兵团或美国垦务局相关测量标准，这样避免了标准“重复性建设”。

（2）度量单位差异。中国标准中量值单位均为国际单位，相关条款较为刚性，一般只提要求，不解释（个别条款有条文说明）；而美国标准中量值单位基本为英制，条款多采用讲解叙述形式，并阐述十分详细。

（3）标准章节结构与内容差异。中美标准章节结构与内容对照见表2。

表2　　中美标准章节结构与内容对照表

中国标准		美国标准	
《水电工程测量规范》（NB/T 35029—2014）	与美国标准对应章节	《控制和地形测量》（EM 1110-1-1005）	与中国标准对应章节
1　总则	第1章	第1章　引言	1
2　术语、符号	附录L	第2章　地形测量技术和方法概述	6
3　基本规定	第6章等	第3章　项目测图基本控制测量	3、4、5
4　平面控制测量	第3～4章	第4章　工程、施工和设施管理控制与地形测量精度标准	3
5　高程控制测量	第3～4章	第5章　大地测量参考基准和地方坐标系统	—
6　数字地形测量	第6～10章	第6章　控制和地形测量策划与实施	3、4
7　航空航天摄影测量	—	第7章　野外数据采集器和几何坐标功能	6
8　地面激光扫描与地面摄影测量	地面激光扫描对于第10章，其他无	第8章　全站仪地形测量步骤	6
9　遥感解译	—	第9章　GPS RTK地形测量步骤	6
10　地图编制	—	第10章　地面三维激光扫描仪	8
11　专用控制网测量	—	第11章　最终站址平面图或地形图制作	6
12　专项工程测量	—	第12章　测量资料归档和提交	4～14“资料整理”小节
13　地理信息系统开发与空间数据入库	—	第13章　地形测量合同与成本估算	—
14　测绘成果质量检查、评定与验收	各章节相关内容	附录A　引用	引用标准名录
附录A　平面控制测量		附录B　航运工程最低低水位（MLLW）基准的引用要求和程序	—
附录B　高程控制测量		附录C　NAVD 88发展和执行	—

续表

中国标准		美国标准	
《水电工程测量规范》(NB/T 35029—2014)	与美国标准对应章节	《控制和地形测量》(EM 1110-1-1005)	与中国标准对应章节
附录C　数字地形测量		附录D　地形测量规范服务工作范围和技术要求示例	—
附录D　航空航天摄影测量	—	附录E　应用：地形测量——俄勒冈（波特兰区）蒂拉穆克北码头附近沙滩区域	—
附录E　遥感解译	—	附录F　应用：地形测量——艾奥瓦州赛勒维尔湖（岩岛地区）Red Feather Prainie自行车道迁移工程	—
附录F　专用控制网测量	—	附录G　应用：地形测量——汉尼拔水闸和大坝	—
附录G　专项工程测量	—	附录H　实例：地形及平面测量——拟建军队健身中心（塔尔萨地区）	—
附录H　地理信息系统开发与空间数据入库	—	附录I　应用：控制与地形测量——俄勒冈州波特兰地区人行天桥及附近区域	—
附录J　测绘成果质量检查、评定与验收	各章节相关内容	附录J　应用：地形测量——俄亥俄州贝尔蒙特郡（路易斯维尔区）贝莱尔美国陆军储备中心	—
本规范用词说明	无	附录K　应用：地形和边界测量	—
引用标准名录	附录A	附录L　专业词汇表	2　术语、符号

2.2　适用范围差异

中国标准《水电工程测量规范》(NB/T 35029—2014)与美国陆军工程兵团《控制和地形测量》(EM 1110-1-1005)标准主要差异见表3。

表3　中美标准主要差异比较表

对标点名称	《水电工程测量规范》(NB/T 35029—2014)	《控制和地形测量》(EM 1110-1-1005)
1　标准适用范围	1.0.2条款规定了标准适用范围	1-2条款规定了标准适用范围
2　地形图精度分级	不分级	4-4条款规定分三级
3　项目地形测图比例尺选择	1.0.6条款表1.0.6规定了测图比例尺的选用	2-3条款表2-1规定了用于各种工程制图的地形图比例尺，6.13条规定了地形图等高距选择
4　基本等高距选择	3.0.5条2款规定了不同比例尺地形图的基本等高距	2-4条b款、2-5条b款规定了地形图比例尺和等高距，6.13条规定了地形图等高距选择
5　图面整饰	3.0.5条3款规定分幅和图面整饰要求	2-3条b款规定了图面坐标格网线样式
6　平面控制等级	4.1.1规定了地形测图平面控制等级，图根控制等级与测量见6.2节	4-3条a款表4-1规定了平面控制等级
7　平面控制点埋石	4.3.8条款及附录A规定了平面控制点标石制作及埋设规格	3-2条c款规定了平面控制点埋石要求

续表

对标点名称	《水电工程测量规范》（NB/T 35029—2014）	《控制和地形测量》（EM 1110-1-1005）
8 GNSS测量	4.2节对GNSS等级控制测量进行规定，6.2节对GNSS RTK图根平面控制测量进行规定	未进行规定，具体规定见《导航星全球定位系统测量》（EM 1110-1-1003）
9 三角形网测量	4.3节规定了三角测量、三边测量、边角测量及交会测量技术要求，第11章中用于专用控制网布设的三角形网测量进行规定	3-11条款规定了三角测量和三边测量的适用范围、技术要求
10 导线测量	4.4节规定了导线测量技术要求	4-2条款表4-1导线测量闭合差规定
11 平面控制测量中距离气象数据修正	4.3.8条3款四等及以上等级控制网边长测量，应分别量取两端点观测始末的气象数据，计算时应取平均值	3-5条款规定气象改正的引入
12 高程控制等级	4.1.1条规定了地形测图高程控制等级，图根控制等级与测量见6.2节	4-3条a款表4-1规定了高程控制等级
13 高程控制点埋石	5.2节及附录A规定了高程控制点选点、标石制作及埋设规格	3-13、3-14条款规定了不同等级水准点埋石规定
14 水准测量技术要求	5.3.2条表5.3.1规定了各等级水准测量技术要求	3-13、3-14条款规定了不同等级水准测量的限差要求，4-2条款中表4-2工程和施工测量垂直最小闭合精度标准
15 水准测量仪器、观测要求	5.3.3条不同等级水准测量对测量仪器（水准仪、水准尺）及观测要求	3-13、3-14条款规定了不同等级水准测量对水准仪、水准尺的要求
16 测距三角高程测量	5.4节对电磁波测距三角高程测量进行规定	3-12条b、c款和8-10条款进行规定
17 GNSS高程测量	5.5节对GNSS等级控制测量进行规定，6.2节对GNSS RTK图根高程控制进行规定	未进行规定
18 地形测量分幅及编号	3.0.5条2、3款进行规定	11-9条款未进行明确规定
19 地形测量平面位置精度	3.0.5条4款表3.0.5-3规定了地物点的平面位置中误差	4-4条款表4-3-a、表4-3-b平面坐标精度要求，6-13条款表6-1详细规定了不同项目地形图平面和高程精度
20 地形测量高程精度	3.0.5条5款表3.0.5-3规定了地物点的高程中误差	4-4条款4-4-a、表4-4-b高程精度要求，6-13条款表6-1详细规定了不同项目地形图平面和高程精度
21 地形测量图根控制要求	6.2节对图根控制测量进行规定	6-6条款中对图根控制进行介绍，但内容不具体
22 地形测量点密度	6.1.3条表6.1.3对地形测量点密度进行规定	6-15条款表6-3、表6-4推荐了工程测量中平面特征地物点测量点间隔或测点要求，推荐了地形测量点的密度
23 全站仪地形测量	6.3.2条、6.3.3条、6.3.4条对全站仪地形测量进行规定	第8章对GPS RTK地形测量进行详细规定
24 GPS RTK地形测量	6.2.2条2款、6.3.3条4款、6.3.5条对GPS RTK地形测量进行规定	第9章对GPS RTK地形测量进行详细规定

续表

对标点名称	《水电工程测量规范》(NB/T 35029—2014)	《控制和地形测量》(EM 1110-1-1005)
25　测量报告格式	未作明确规定，具体见《测绘技术总结编写规定》(CH/T 1001—2005)	12-3条款进行详细规定
26　外业数据记录要求	外业数据记录要求分布在相应章节中	12-4、12-5条款举例说明了详细的外业数据记录格式
27　控制点点之记	4.1.2条、5.2.5条和附录A中A.1条规定了控制点点之记格式、点位描述内容	3-2条c款图3-1、12-6条明确点之记格式、点位描述内容
28　控制和地形测量元数据要求	未作明确规定	12-8条款明确规定元数据记录要求
29　资料整理归档与提交	第4～11章、第13章中“资料整理”节或第12章相应“资料整理”条款	12-10条款明确规定交付质量保证资料详细清单
30　地形测量勘察合同收费	未进行规定，《工程勘察设计收费标准(2002年修订本)》中1.0.4.2条款规定了通用工程勘察收费按照的公式以及各项地面测量实物工作收费基准价	13-2条款指明绝大多数的企业勘测服务的采购都使用不定期的交货合同(IDC)。在选择和谈判过程中都会使用到IDC的合同项

2.3　主要差异及应用注意事项

《控制和地形测量》(EM 1110-1-1005) 主要介绍了军事设施设备和土木工程项目的现场测量方法、精度指标和作业过程指导。关于平面控制测量和高程控制测量部分，其中没有明确的规定，推荐执行《大地控制网标准和规范》(FGCS 1984) 和《导航星全球定位系统测量》(EM 1110-1-1003)，其作业方法和精度指标按照这两项规范执行。关于地形测量方法及精度指标要求，对比中国相关标准主要差异有以下方面：

(1) 中美地形测量标准中关于工程测量平面基准和高程基准选取、参考椭球选择、坐标投影方式、坐标转换、制图比例尺、等高距、测量方法、地形地貌点密度、图面整饰等方面要求基本一致，美国标准要求得更细致一些，不存在技术问题。开展国外工程项目测量需要特别注意。

(2) 平面控制测量。控制网用途方面，中国标准主要用于地形测图（工程施工和变形监测有专用控制网），美国标准用途更广，包括工程施工等；控制网等级划分方面，中国标准分为二等、三等、四等和五等（Ⅰ级、Ⅱ级），美国标准划分为一等、二等（Ⅰ级、Ⅱ级）、三等（Ⅰ级、Ⅱ级）和四等（工程施工），美国标准等级划分更细，对四等平面控制网用途进行规定；在控制网等级精度方面，中国标准对平面控制网精度要求总体比美国标准高，按最弱相邻点边长相对中误差指标对比：美国标准一等（1∶100000）介于中国标准二等（1∶150000）和三等（1∶80000）之间，美国标准二等Ⅰ级（1∶50000）介于中国标准三等（1∶80000）和四等（1∶40000）之间，美国标准二等Ⅱ级（1∶20000）与中国标准五等Ⅰ级（1∶20000）相同，美国标准三等Ⅰ级（1∶10000）和与中国标准五等Ⅱ级（1∶10000）相同，美国标准三等Ⅱ级（1∶5000）和四等（1∶2500）低于中国标准的等级平面控制测量，相当于图根控制测量级别；在平面控制测量质量控制方面，中国标准比美国标准的精度指标更多、更严。开展国外工程项目测量需要特别注意。

（3）高程控制测量。中美差异较大，控制网等级划分方面，中国标准分为一等、二等、三等、四等和五等（Ⅰ级、Ⅱ级），美国标准划分为一等（Ⅰ级、Ⅱ级）、二等（Ⅰ级、Ⅱ级）、三等和四等（工程施工），美国标准等级划分更细，对四等平面控制网用途进行规定；在控制网等级精度方面，中国标准对高程控制网精度要求总体比美国标准高，按距离相对闭合差指标对比：美国标准一等Ⅰ级（$3\sqrt{K}$）介于中国标准一等（$2\sqrt{L}$）和二等（$4\sqrt{L}$）之间，美国标准一等Ⅱ级（$4\sqrt{K}$）介于中国标准二等（$4\sqrt{L}$）一致，美国标准二等Ⅰ级（$6\sqrt{K}$）和Ⅱ级（$8\sqrt{K}$）介于中国标准二等（$4\sqrt{L}$）和三等（$12\sqrt{L}$）之间，美国标准三等（$12\sqrt{K}$）与中国标准三等（$12\sqrt{L}$）一致，美国标准四等（$24\sqrt{K}$）介于中国标准四等（$20\sqrt{L}$）和五等（$30\sqrt{L}$）之间；在高程控制测量质量控制方面，中国标准比美国标准的精度指标更多、更严。美国标准对于项目高程控制测量的最低等级为四等，比中国标准要求高。开展国外工程项目测量需要特别注意。

（4）地形图测绘等级方面，美国标准将地形图分为3个精度等级，中国标准对地形图未分级，但地形图精度按照测区地形条件进行采用不同标准，地物点平面精度分为平地、丘陵地与山地、高山地两类，高程精度分为平地、丘陵地、山地、高山地四类。开展国外工程项目测量需要特别注意。

（5）在地形测绘等高线、等高距选择方面，美国标准更细致一些。中国标准根据地形类别选择等高线和等高距，美国标准根据项目类型选择等高线和等高距。测量点的平面和高程中误差方面中国标准中低于美国标准要求；测量点的平面中误差方面，相同比例尺下一般地区点位平面精度要求接近美标中3级精度要求，城镇建筑区接近其2级精度要求；美国标准中测量点/DEM高程点精度要求高于中国工程测量范要求，地形特征点精度要求与中国标准要求基本一致。

（6）《控制和地形测量》（EM 1110－1－1005）中推荐了各类项目不同阶段地形测量要求和精度指标，并对应于不同控制测量等级。《水电工程测量规范》（NB/T 35029—2014）中提出了水电工程项目不同阶段地形测量推荐比例尺，并根据地形图比例尺选择相应测量精度和控制测量等级。

（7）在地形测量GPS RTK作业范围、基站设置、坐标转换、测量精度等方面要求也基本相同。美国标准对转换关系的适用范围有严格要求，即在测量时切不可超出经过校准的点位围成的多边形的范围。中国标准中无此项明文规定，但实际操作中，一般也按照美国标准中表述的要求来执行。对转换关系的残差要求，中国标准更严格，要求更高。在GPS RTK控制测量中美国标准要求较高，规定所有用来作为导线、基站或其他控制需要的新控制点，都必须经过至少两个不同卫星星座的观测（即在两次观测之间至少间隔1h）。

（8）美国标准中对外业数据记录的内容要求与格式规定得非常详细，内容上远远超过中国标准中的规定要求，很注重保证数据记录的独立性与完整性；在元数据格式方面中国标准要求相对较高。在技术报告编写等基本一致。

（9）标准内容方面。《水电工程测量规范》（NB/T 35029—2014）是一本综合标准，比《控制和地形测量》（EM 1110－1－1005）多了航空航天（地面）摄影测量［《摄影测量制图》（EM 1110－1－1000）］、遥感解译、地图编制、地理信息系统开发与空间数据入库［《地理空间数据和系统》（EM 1110－1－2909）］、专用控制网测量［《结构变形测量》（EM 1110－2－1009）］、水下地形测量［《水文测量》（EM 1110－2－1003）］等内容，涵盖测量专业更多，但少了地形测量合同与成本估算内容；中国标准以相关测量技术要求、计算公式为主，美国标准中实例较多。

（10）地形测量收费方面，中国标准按照实物工作收费和相应的技术工作收费，工作收费基价相对固定，可随着经济发展实物工作成本增高，“固定不变的”收费标准则不太适宜，需要调整完善。美国标准中工程勘察合同收费主要依据成本＋利润，方便进行工程合同谈判，比较适合国际工程项目管理要求。

3　值得中国标准借鉴之处

（1）美国标准体建设一般由民间社会团体或部门、企业主导，是一自下而上的过程，制定的标准体系具有多元化特点，并十分完备，其标准一般都是跨行业设计，具有通用性，对于各行业只要开展该项工作均适用，这既避免了标准“重复建设”，也避免规程规范过多导致的交叉重叠和“管理混乱”。

（2）美国标准地图比例尺和等高距确定、控制测量等级确定主要根据工程项目类型选取，简单清晰、使用方便，值得借鉴。

（3）美国标准在项目策划时对项目用户技术需求分析比中国标准细致，项目方案设计检查清单值得借鉴。

（4）《控制和地形测量》（EM 1110－1－1005）“第13章 地形测量合同与成本估算”详细叙述了测量合同种类、如何进行项目作业时间和成本进行估计，具有较强的借鉴作用。

（5）美国标准GPS控制测量中关于GPS观测时段时间描述较细，值得借鉴。

水力发电工程地质勘察规范对比研究

编制单位：中国电建集团贵阳勘测设计研究院有限公司
国家能源水电工程技术研发中心

专题负责人　郭维祥　龙起煌　王惠明　张东升
编　　　写　郭维祥　郑克勋　钟国华　刘祥刚　董益华　严　浩
校　　　审　林发贵　王　波　苟胜国　龙起煌
核　　　定　范福平　杨益才　肖万春
主要完成人　郭维祥　郑克勋　钟国华　刘祥刚　董益华　严　浩　林发贵　王　波
苟胜国　尹学林　冯弟飞

1　引用的中外标准及相关文献

根据电建集团针对国际业务的发展战略，在电建集团所属公司内广泛开展了水电行业中外标准对照研究工作。根据相关安排，中国电建集团贵阳勘测设计研究院有限公司自承担中小型水力发电工程地质勘察中美设计标准对照研究工作以来，严格按电建集团的任务安排，成立专门的对标课题小组。对标过程中，以中国标准《水力发电工程地质勘察规范》（GB 50287—2016）为基础进行对比研究，由于收集的欧盟标准较少且不系统，本文仅限于与美国相关标准进行对比，主要包括的 7 个标准体系来自：①美国陆军工程兵团（USACE）；②美国垦务局（USBR）；③美国土木工程师学会（ASCE）；④美国材料与试验协会（ASTM）；⑤美国混凝土协会（ACI）；⑥美国联邦能源管理委员会（FERC）；⑦美国联邦应急管理署（FEMA）。本文引用主要对标文件见表 1。由于收集的美国标准体系较复杂，涉及的标准及手册非常多，对标过程中只选择其中勘察行业应用较多的标准，其对标工作有较大的局限性。

为阅读方便、直观，本文采用中国标准《水力发电工程地质勘察规范》（GB 50287—2016）的章节号进行编排，并按照章节条款顺序逐条进行对照，未查到对应美国标准资料的条目亦予以保留，在美国标准名称后表述为“未查到相关规定”；对比内容包括总则、术语和符号、基本规定、规划阶段工程地质勘察、预可行性研究阶段工程地质勘察、可行性研究阶段工程地质勘察、招标设计阶段工程地质勘察、施工详图设计阶段工程地质勘察、抽水蓄能电站工程地质勘察等，每个条款后进行主要异同点分析，形成初步结论，并统一归类为：“基本一致、有差异、差异较大、未查到相关规定”等层次表述。

表 1　　引用主要对标文件

分类	中文名称	英文名称	编号	发布单位	发布年份
中国标准及文献	水力发电工程地质勘察规范	Code for Hydropower Engineering Geological Investigation	GB 50287—2016	中华人民共和国住房和城乡建设部	2017
	中小型水力发电工程地质勘察规范	Engineering Geological Investigation Specification for Medium - Small Hydropower Projects	DL/T 5410—2009	国家能源局	2009
	水电枢纽工程等级划分及设计安全标准		DL 5180—2003	中华人民共和国国家经济贸易委员会	2003
	水电水利工程天然建筑材料勘察规程	Code of Natural Building Material Investigation for Hydropower and Water Resources Project	DL/T 5388—2007	中华人民共和国国家发展和改革委员会	2007
	水电水利工程地质测绘规程	Code of Engineering Geological Mapping for Hydropower and Water Resources	DL/T 5185—2004	中华人民共和国国家发展和改革委员会	2004

续表

分类	中文名称	英 文 名 称	编号	发布单位	发布年份
中国标准及文献	水工混凝土砂石骨料试验规程	Code for Testing Aggregates of Hydraulic Concrete	DL/T 5151—2014	国家能源局	2014
	水电工程防震抗震设计规范		NB 35057—2015	国家能源局	2015
美国标准及文献	岩土工程勘察	Geotechnical Ivestigations	EM 1110 - 1 - 1804	美国陆军工程兵团	2001
	重力坝设计	Gravity Dam Design	EM 1110 - 2 - 2200	美国陆军工程兵团	1995
	拱坝设计	Arch Dam Design	EM 1110 - 2 - 2201	美国陆军工程兵团	1994
	岩石中的隧洞和竖井	Tunnels and Shafts in Rock	EM 1110 - 2 - 2901	美国陆军工程兵团	1997
	岩石地基	Rock Foundations	EM 1110 - 1 - 2908	美国陆军工程兵团	1994
	水工混凝土结构地震反应谱和分析	Response Spectra and Seismic Analysis for Concrete Hydraulic Structures	EM 1110 - 2 - 6050	美国陆军工程兵团	1999
	水工混凝土结构地震设计与评估	Earthquake Design and Evaluation of Concrete Hydraulic Structures	EM 1110 - 2 - 6053	美国陆军工程兵团	2007
	土木工程项目的工程规划和设计	Engineering and Design for Civil Works Projects	ER 1110 - 2 - 1105	美国陆军工程兵团	1999
	土木工程地震设计和评估	Earthquake Design and Evaluation for Civil Works Projects	ER 1110 - 2 - 1806	美国陆军工程兵团	1995
	重力坝设计	Design of Gravity Dams		美国垦务局	1976
	拱坝设计	Design of Arch Dams		美国垦务局	1976
	填筑坝	Design Standards No. 13: Embankment Dams		美国垦务局	1984
	小坝设计	Design of Small Dams		美国垦务局	1977
	工程地质现场手册	Engineering Geology Field Manual		美国垦务局	2001
	工程地质办公手册	Engineering Geology Office Manual		美国垦务局	1988
	混凝土手册	Concrete Manual		美国垦务局	1963
	美国水电工程规划设计手册			美国土木工程师学会	
	建筑物及其他结构的最小设计荷载	Minimum Design Loads of Buildings and Other Structures	ASCE/SEI 7 - 10	美国土木工程师学会	2010
	国际建筑规范	International Building Code		美国土木工程师学会	2012
	美国水电工程规划设计土木工程导则	第一卷大坝的规划设计与有关课题		美国土木工程师学会	1989

续表

分类	中文名称	英 文 名 称	编号	发布单位	发布年份
美国标准及文献	美国水电工程规划设计土木工程导则	第二卷水道		美国土木工程师学会	1989
	美国水电工程规划设计土木工程导则	第三卷厂房及有关课题		美国土木工程师学会	1989
	美国水电工程规划设计土木工程导则	第四卷小型水电站		美国土木工程师学会	1989
	美国水电工程规划设计土木工程导则	第五卷抽水蓄能和潮汐电站		美国土木工程师学会	1989
	土的工程分类标准操作规程	Standard Practice for Classification of Soils for Engineering Purposes	ASTM D 2487－00	美国材料与试验协会	2000
	现场勘察中岩芯钻探和取样标准规程	Standard Practice for Rock Core Drilling and Sampling of Rock for Site Investigation	ASTM D 2113－2008	美国材料与试验协会	2008
	保存和运输岩芯样品的标准规程	Standard Practice for Preserving and Transporting Rock Core Sampling	ASTM D 5079－2008	美国材料与试验协会	2008
	混凝土用集料的岩相法检验指南	Standard Guide for Petrographic Examination of Aggregates for Concrete	ASTM C 295－98	美国材料与试验协会	1998
	骨料化学法潜在碱硅酸反应性的标准试验方法	Standard Test Method for Potential Alkali－Silica Reactivity of Aggregates (Chemical Method)	ASTM C 289－94	美国材料与试验协会	1994
	骨料砂浆棒法潜在碱活性的标准试验方法	Standard Test Method for Potential Alkali Reactivity of Aggregates (Mortar－Bar Method)	ASTM C 1260－94	美国材料与试验协会	1994
	混凝土骨料岩石柱法的碳酸盐岩潜在碱反应性的标准试验方法	Standard Test Method for Potential Alkali Reactivity of Carbonate Rocks as Concrete Aggregates (Rock－Cylinder Method)	ASTM C 586－99	美国材料与试验协会	1999
	对由于碱碳酸反应的混凝土长度变化测定的标准试验方法	Standard Test Method for Length Change of Concrete Due to Alkali－Carbonate Rock Reaction	ASTM C 1105－95	美国材料与试验协会	1995
	对由于碱硅酸反应的混凝土长度变化测定的标准试验方法	Standard Test Method for Determination of Length Change of Concrete Due to Alkali－Silica Reaction	ASTM C 1293－01	美国材料与试验协会	2001

续表

分类	中文名称	英 文 名 称	编号	发布单位	发布年份
美国标准及文献	水电项目工程审查评估导则			美国联邦能源管理委员会	1991—2003
	混凝土结构设计规范	Building Code Requirements for Structural Concrete	ACI 318－11	美国混凝土协会	
	新建建筑物及其他结构抗震设计推荐条款	NHRP Recommended Provisions for Seismic Regulations for New Buildings and Other Structures	FEMA 450	美国联邦应急管理署	

2 主要研究成果

2.1 整体性差异

（1）中美水利水电勘测设计技术标准体系差异较大。中国水利水电勘测设计技术标准体系先按通用、水文水资源、规划与经济评价、勘测、水工、机电与金属结构、施工、征地与移民、环境保护、水土保持、安全评价、工程管理分为12个大类，再在每一大类基础上进行专业细分，并逐一编制相应的标准、规范及规程，如勘测细分为通用、工程地质、水文地质、勘探、岩土试验、测量；美国标准体系主要考虑工程的系统性，将勘测、设计、施工、监测等方面的规定均放在一个标准中，如美国垦务局技术标准《填筑坝》，将各种形式的土坝、堆石坝、砌石坝等当地材料坝，包括地质勘察、材料选择、工程设计与施工等，都集中在同一个标准中，形成了一个较完整的填筑坝工程建设系统。

（2）中美标准体系管理方式与强制性要求差异较大。中国标准以政府管理为主，社会团体管理为辅，分国家标准、行业标准、地方标准和企业标准4个层次，实行强制性标准与推荐性标准相结合的体制，强制性标准和推荐性标准中的一些强制性条文必须强制执行，对标准中的一般性条文鼓励企业采用；美国标准以社会团体管理为主，政府管理为辅，多为部门标准或企业标准，主要服务于本部门或企业，对其他部门或企业无强制约束力，但企业标准需服从美国联邦相关主管机构的要求，在强制性要求方面，以美国陆军工程兵团标准为例，针对一些含有工程管理的政策性要求，以《工程规定》的形式发布，除非有特殊澄清，均被视为强制性要求。

（3）中美标准在内容和表达方式上差异较大。中国的勘察标准为规范条文形式，对勘察工作布置原则、方法运用与具体工作量等方法规定较细，相关条款较为刚性，一般只提要求，不解释（重点条款有条文说明）；美国标准主要为工作手册形式，对各阶段的勘察原则和方法进行了基本规定，对勘察工作量布置没有详细的规定，相关条款多采用讲解叙述形式，阐述十分详细。

（4）中美标准在计量单位上的差异较大。中国标准中量值单位均为国际单位；美国标准中量值单位基本为英制单位。

2.2　适用范围差异

中美标准的适用范围差异较大。中国标准《水力发电工程地质勘察规范》（GB 50287—2016）是国家标准，适用于大型水电站和抽水蓄能电站工程，该标准对各阶段、各工程部位勘察工作布置、勘察方法选择等方面进行了详细规定；美国标准针对各阶段、各工程部位的勘察工作布置、勘察方法选择等方面也有相关规定，但这些规定较原则、且分散于多个标准中，其中美国标准《重力坝设计》（美国垦务局）适用于坝高超过50ft（约15.2m）的岩基上的坝，不包括支墩坝和空腹重力坝，美国标准《岩土工程勘察》（EM 1110-1-1804）适用于美国陆军工程兵团为完成民用工程所下达的全部指令，但不适用于道路和机场的岩土工程勘察。

2.3　主要差异

2.3.1　勘察阶段划分对比

（1）中美水电项目勘察阶段划分有差异。美国垦务局、美国陆军工程兵团、美国土木工程师学会等相关标准均有阶段划分内容，但阶段划分、工作目标、工作深度与中国标准均有差异，按照各阶段工作目标进行对比，中美技术标准勘察阶段划分对照成果见表2。

表2　中美技术标准勘察阶段划分对照表

<table>
<tr><td colspan="2">中国标准</td><td colspan="6">美　国　标　准</td></tr>
<tr><td colspan="2" rowspan="2">《水力发电工程地质勘察规范》（GB 50287—2016）</td><td colspan="2">《岩土工程勘察》（EM 1110-1-1804）</td><td>《土木工程项目的工程规划和设计》（ER 1110-2-1105）</td><td rowspan="2">美国垦务局《重力坝设计》《拱坝设计》</td><td rowspan="2">《美国水电工程规划设计手册》</td><td rowspan="2">《水电项目工程审查评估导则》</td></tr>
<tr><td>民用工程</td><td>军事工程</td><td>民用工程</td></tr>
<tr><td colspan="2" rowspan="2">规划阶段</td><td></td><td></td><td></td><td></td><td></td><td></td></tr>
<tr><td>查勘阶段</td><td></td><td>查勘阶段</td><td>规划设计</td><td>调查研究阶段</td><td>初步勘察</td></tr>
<tr><td colspan="2">预可行性研究阶段</td><td rowspan="2">可行性研究阶段</td><td>初步概念设计</td><td rowspan="2">可行性研究阶段</td><td rowspan="2">可行性设计</td><td rowspan="2">可行性研究阶段</td><td rowspan="2">初步设计勘察</td></tr>
<tr><td rowspan="2">可行性研究阶段</td><td>选坝工作</td><td>概念设计</td></tr>
<tr><td>建筑物设计工作</td><td rowspan="2">工程筹建和设计研究阶段（含招标设计工作）</td><td rowspan="2">最终设计（含招标设计工作）</td><td rowspan="2">工程筹建和设计研究阶段（含招标设计）</td><td rowspan="2">最终设计</td><td>基本设计阶段</td><td rowspan="2">最终设计勘察</td></tr>
<tr><td colspan="2">招标设计阶段</td><td>详细设计阶段</td></tr>
<tr><td colspan="2">施工详图阶段</td><td>施工阶段</td><td>施工阶段</td><td>施工阶段</td><td>施工阶段</td><td>施工地质</td><td></td></tr>
</table>

注　1. 此表根据中美标准各勘察阶段工作目标进行对照，中美标准各勘察阶段工作深度不对应。
2. 美国标准的规划阶段针对具体工程。
3. 美国标准的可研阶段要完成坝址选择，基本对应中国标准可研阶段的选坝工作。
4. 当工程项目复杂或可行性研究与下阶段研究间隔时间很长或地质条件发生较大变化时，为避免岩土问题导致重新设计项目，在工程筹建和设计研究阶段或基本设计阶段工作开展前，应全面回顾可研阶段勘察资料，并根据各机构发布的最新资料进行总结分析，提交选址研究报告作为该阶段的附件。

（2）中美标准对水电项目勘察各阶段的深度要求有差异。中国标准《水力发电工程地质勘察规范》（GB 50287—2016）的规划阶段针对河流或河段，美国标准对应的查勘阶段或调查研究阶段工作针对河流上的具体工程；中国标准《水力发电工程地质勘察规范》（GB 50287—2016）的预可行性研究阶段初选代表性坝（闸）址，美国标准《美国水电工程规划设计手册》的可行性研究阶段要求选定工程场址，其勘察深度要求相当于中国标准可行性研究阶段的选坝工作；中国标准《水力发电工程地质勘察规范》（GB 50287—2016）的可行性研究阶段完成后，要求选定坝址、坝型、坝线及枢纽布置，与美国标准《美国水电工程规划设计手册》的基本设计阶段勘察深度要求基本相当；中国标准《水力发电工程地质勘察规范》（GB 50287—2016）的招标设计阶段勘察深度要求与美国标准《美国水电工程规划设计手册》的详细设计阶段深度要求基本相当；中国标准《水力发电工程地质勘察规范》（GB 50287—2016）的施工详图阶段与美国标准《美国水电工程规划设计手册》的施工阶段勘察深度要求基本相当。

2.3.2 前期勘察工作策划对比

（1）中美标准对开展满足阶段深度要求的勘察工作和以设计意图作为勘察工作布置基本依据的规定基本一致。中国标准《水力发电工程地质勘察规范》（GB 50287—2016）要求，各阶段的工程地质勘察工作应按勘察任务书或勘察合同进行，勘察任务书或勘察合同应明确勘察阶段、开发方式、工程规模、设计意图和勘察工作要求，并应附有工程布置示意图；美国标准《岩土工程勘察》（EM 1110-1-1804）中，强调“考虑到建设过程中及运行维护阶段的项目理念，安排岩土工程勘察工作时，就应该提供适合项目开发阶段的相应信息”。

（2）中美标准对项目现场踏勘的要求基本一致。中美标准均要求，在勘察工作开展前，应进行现场查勘，以了解项目现场的地质情况，为针对性布置勘察工作打下基础。中国标准《水力发电工程地质勘察规范》（GB 50287—2016）要求，勘察单位在开展野外工作之前，应进行现场踏勘；美国标准《岩土工程勘察》（EM 1110-1-1804）中，强调“现场岩土工程勘察人员负责开展具体工作，根据具体的项目要求和当地状态，拟定具体的岩土工程勘察工作”。

（3）中美标准对编制工程地质勘察大纲及内容的要求基本一致。中美标准均要求，在勘察工作开展前，应编制工程地质勘察大纲，只是各自的表现形式有一些差异，相对来说，美国垦务局《小坝设计》中的勘测工作大纲、测量和勘察计划提纲的内容更广一些。中国标准《水力发电工程地质勘察规范》（GB 50287—2016）详细列出了工程地质勘察大纲应包括的具体内容；美国标准《岩土工程勘察》（EM 1110-1-1804）中，以图式表示各阶段勘察工作内容；美国标准《小坝设计》中详细说明了勘测设计大纲、测量和勘察计划提纲应包括的内容。

（4）中美标准对勘察工作程序的要求基本一致。中美标准均要求，勘察工作应遵循基本的勘察工作程序，由宏观至微观，先轻型勘探、必要时布置重型勘探，有效运用各种勘察方法，注重地质勘察工作的针对性和时效性。

（5）中美标准对基础资料真实性的要求基本一致。中美标准均要求，基础地质资料应真实、准确、完整，并加强各种勘察资料的综合分析。

（6）中美标准对成果资料提交的要求有差异。在提交报告方面，中美标准均要求一个设计阶段的勘察工作完成后，应提交满足相应设计阶段深度要求的工程地质报告，但报告的内容有一定差异，依据中国标准编写的报告偏重分析，对原始资料的分析利用不足，依据美国标准编写的报告偏重原始资料的分析利用，结合工程建筑物的分析评价略显不足；在参数取值方面，中国标准重视室内试验和现场试验，并有一定的试验组数要求，对最终提供的岩土物理参数一般不反映取值分析的过程，更强调既往经验的运用，美国标准重视参数取值过程，要求详细说明参数来源、取值分析过程和最终参数取值的合理性；在原始资料提交方面，中国设计院提交的勘察成果一般不随报告提交钻孔、试验、物探等原始资料附件，国外咨询公司提交的勘察成果一般有详细的勘探、试验等原始资料附件。

（7）中美标准对施工地质的要求基本一致。均要求加强施工地质工作，为施工过程中不良地质问题的处理提供依据。

2.3.3　规划阶段工程地质勘察对比

（1）中美标准在规划阶段（对应美国标准的查勘阶段或调查研究阶段）的勘察目的和深度要求有差异。中国标准规划阶段“应了解河流或河段梯级开发方案的工程地质条件，对近期开发工程选择进行工程地质分析，并提出工程地质资料”，该阶段的勘察工作深度为“了解”，主要为配合各拟选规划方案开展区域、水库、坝址、长引水线路及天然建筑材料的勘察工作，对近期开发工程需开展少量的勘察工作；美国标准中未查到河流或河段规划勘察工作的规定，相应标准中的查勘阶段或调查研究阶段针对具体工程的规划设计工作，相应阶段勘察工作目标是“分析项目是否需要投入更多的时间与资源作进一步的分析与调查，该阶段不需要投入太多时间和人力，一般可以调查项目的各个方面，决定是否需要进入可研阶段”。现场工作以地表调查为主，强调工作过程中应依靠地质工程师的“经验和判断”。

（2）中美标准对规划阶段区域地质和地震勘察工作的要求基本一致。中国标准《水力发电工程地质勘察规范》（GB 50287—2016）的规划阶段，区域地质和地震勘察工作以资料收集、整编分析、查阅中国地震动参数区划图为主，必要时补充适量野外工作；美国标准《岩土工程勘察》（EM 1110-1-1804）和《美国水电工程规划设计手册》中，区域地质与地震调查工作同样以资料收集和分析为主，地震动参数可通过查图获得，只有当工程场区地震地质条件复杂时，才向地震学专家或工程地质专家咨询。

（3）中美标准对规划阶段水库区勘察工作的深度要求基本一致。中国标准《水力发电工程地质勘察规范》（GB 50287—2016）中，对规划阶段水库区的勘察工作内容及勘察方法进行了详细说明，本阶段勘察以工程地质调查为主；美国标准《岩土工程勘察》（EM 1110-1-1804）中，查勘阶段的水库调查工作含在区域地质评估工作中；美国标准《工程地质办公手册》对水库区勘察工作内容、勘察方法等进行了详细说明，强调在查勘阶段应同步开展坝址与水库调查工作，对影响成库的关键地质问题进行分析论证；美国标准《小坝设计》中，对水库勘察工作需要收集的基础资料、基本地质条件、渗漏可能性、库岸不稳定地质体的分布等均要求进行野外调查研究。

（4）中美标准对规划阶段坝址区勘察工作深度要求差异较大。中国标准《水力发电工程地质勘察规范》（GB 50287—2016）的规划阶段，坝址区要求开展工程地质测绘和少量的实物勘探工作（物探、钻探、平洞、试验等），为建坝条件分析提供支撑；美国标准《岩土工程勘察》（EM 1110-1-1804）的查勘阶段，场址勘察工作与区域地质评估工作一并进行，一般不进行详细的工程研究与分析工作；美国标准《美国水电工程规划设计手册》的调查研究阶段，“地质师调查一般区域性地质以便以最少的费用收集最多的相关资料，包括文献回顾及既有地质图、地质现场查勘并提出有关坝址附近基础适用性的一般看法”；美国标准《小坝设计》的调查研究阶段，场址勘察以收集相关地质资料为主，对现场查勘强调必须有经验丰富的工程地质工作人员参加，可采用“能收集到的地形图，当没有可用的现成地图时，可用由极少数控制点或由若干横截面草测的地图，或采用坝址处的剖面图来进行方案比较研究”。

(5) 中美标准对长引水线路勘察工作深度要求有差异。中国标准《水力发电工程地质勘察规范》(GB 50287—2016) 的规划阶段，长引水线路的勘察工作内容及方法进行了详细说明，对“引水线路穿越沟谷或深厚覆盖层地段及厂址”建议布置勘探钻孔；美国标准中，调查研究阶段对长引水线路及厂址区的勘察工作要求未查到相关规定。

(6) 中美标准对规划阶段工程附近筑坝材料分布情况的普查要求有差异。中国标准《水力发电工程地质勘察规范》(GB 50287—2016) 中，规划阶段要求“各梯级坝址应进行天然建筑材料普查”，勘探范围按工程场地周边不超过 40km 控制，对料源储量没有量化指标要求。美国标准《小坝设计》中，更强调查勘或调查研究阶段对筑坝材料普查工作的重要性，分不同类型筑坝材料对本阶段的料场普查工作程序、查勘范围及精度提出了相对具体的要求，对勘探储量提出了需达到设计需要量 5～10 倍的量化指标。

(7) 中美标准对规划阶段提交成果报告内容的要求基本一致。中国标准《水力发电工程地质勘察规范》(GB 50287—2016) 中，规划阶段应提供完整的勘察报告，内容包括报告正文、附件和附图；美国标准《岩土工程勘察》(EM 1110-1-1804) 中，未查到相关规定；美国标准《小坝设计》中，对调查研究报告的内容提出了具体要求。

2.3.4 预可行性研究阶段工程地质勘察对比

(1) 中美标准对预可行性研究阶段（对应美国标准可行性研究阶段的初选坝址勘察）的深度要求有差异。中国标准《水力发电工程地质勘察规范》(GB 50287—2016) 的预可行性研究阶段工程地质勘察，应选择代表性坝址，并对代表性坝址、厂址及代表性枢纽布置方案和引水线路进行工程地质论证，提供有关工程地质资料；美国标准《岩土工程勘察》(EM 1110-1-1804) 的可行性研究阶段，开展比选坝址的对比勘察工作，基本选定坝址；美国标准《美国水电工程规划设计手册》的可行性研究阶段，围绕比选坝址开展对比勘察工作；美国标准《小坝设计》将可行性研究和基本设计阶段合并为可行性研究一个阶段开展勘察工作，阶段工作目标为“确定工程范围、规模、工程总体布置和主要建筑物，以及工程的大致效益与费用”；美国标准《水电项目工程审查评估导则》初步设计勘察围绕比选坝址开展勘察工作并选定坝址。

(2) 中美标准对区域构造稳定性及场地地震安全性评价的研究内容基本一致，但审批程序有差异。中国标准《水力发电工程地质勘察规范》(GB 50287—2016) 中，预可研阶段区域构造稳定性研究工作包括区域构造背景研究、断层活动性鉴定、地震安全性评价三部分，标准明确水电工程需开展地震安全性评价工作，其地震安全性评价成果交由第三方技术审查机构进行审查。美国标准《岩土工程勘察》(EM 1110-1-1804) 中，可行性研究阶段的区域构造稳定性研究工作在查勘阶段基本要完成，内容包括：“a. 提供场址区域地质评估所需的数据，b. 断层活动性评估，c. 确定地震活动和最初选择的设计地震”；美国标准《美国水电工程规划设计手册》中，可行性研究阶段的地震评析工作主要包括：地震规模分析、设计地震分析和地震系数确定等，其场地地震安全评价成果不需单独审批，只需连同工程设计、地质勘察等文件一起报该工程项目的审批部门审批即可，在引证各种可利用资料的同时，最后确定坝址处最可靠的地震情况仍是许可证持证人的责任。

（3）中美标准抗震设计体系和设防目标基本一致，但动参数取值标准有差异。中国标准《水电工程防震抗震设计规范》（NB 35057—2015）对甲类设防中的壅水建筑物采用设计和校核地震两级设防，其他水工建筑物采用设计地震设防，大坝及主要建筑物在设计地震工况下满足“可修复”的要求，在校核地震工况下满足“不溃坝”的要求；美国标准采用运行基准地震（OBE）和最大设计地震（MDE）两级设防，对于非关键结构，MDE 地震动在 100 年内超越概率至少超过 10%，对于关键结构，MDE 地震动取最大可信地震（MCE），如果坝的破坏不会威胁生命或者不会造成严重的经济后果，出于经济的考虑，可以采用低于 MCE 的 MDE。

（4）中美标准对预可研阶段（对应美国标准可行性研究阶段的初选坝址勘察）水库区勘察工作内容、方法及工作量布置要求有差异。中国标准《水力发电工程地质勘察规范》（GB 50287—2016）中，对水库区的勘察工作内容、方法及工作量布置等方面规定较细；美国标准《岩土工程勘察》（EM 1110 - 1 - 1804）中，对其规定较简单，要求对水库和邻近地区内的地质和环境特征进行研究并绘制图纸，对水库渗漏、库岸稳定、压覆矿产及潜在环境影响等问题进行研究，具体的勘察方法和工作量布置未查到相关规定；美国标准《工程地质办公手册》对水库区勘察工作内容、勘察方法等进行了简述，强调在可研阶段应同步开展坝址与水库地质研究工作，对水库主要工程地质问题进行分析评价；美国标准《美国水电工程规划设计手册》中，要求可研阶段开展居民迁建与安置规划设计，作为与当地居民沟通协调的依据。

（5）中美标准对预可研阶段（对应美国标准可行性研究阶段的初选坝址勘察）坝址勘察内容、方法与勘探工作布置的要求差异较大。中国标准《水力发电工程地质勘察规范》（GB 50287—2016）的预可行性研究阶段，对各比选坝址区勘察内容及工作量布置进行了详细的规定，要求各比较坝址开展同精度的勘察工作，并选定代表性坝址。美国标准中对坝址比选阶段勘察工作的深度要求与中国水电勘察标准基本一致，但标准中基本没有具体的勘察工作布置的内容，需地质工程师根据项目地质条件，灵活掌握。如美国标准《岩土工程勘察》（EM 1110 -1 - 1804）的可行性研究阶段，要求“初步选定工程筹建和设计研究阶段的拟选场址”，未查到具体的勘察工作布置相关规定；美国标准《美国水电工程规划设计手册》中，要求“随着规划进入可研阶段，地质分析要着重在小的范围作深入的探讨，包括细部现场分析、地质图制作、钻探及简单截面分析”；美国标准《重力坝设计》（美国垦务局）中，要求“在可行性研究阶段，通常要最后确定坝址的位置，基本的设计资料也要肯定下来”；美国标准《小坝设计》的可行性研究阶段，因主要适用于小坝设计，可研和基本设计阶段合并为一个阶段进行，在比选坝址勘察阶段，沿坝轴线应布置钻孔，最大孔距不宜超过 500ft（约 152m），钻孔深度至少应该等于坝的高度，坝轴线上下游最好布置辅助勘探线，对大多数小型工程，出于经济合理性考虑，可尽量依靠经验和判断，使坝址选择过程中投入的勘探工作量尽量小一些；坝址选定后，针对选定坝址应按方格型布孔钻孔，最大孔距为

100ft（约 30.5m），如为闸坝，每一闸墩位置最少应有一个勘探孔。

（6）中美标准对预可研阶段（对应美国标准可行性研究阶段的初选坝址勘察）附属建筑物勘察内容、方法与勘探工作布置的要求差异较大。中国标准《水力发电工程地质勘察规范》（GB 50287—2016）的预可研阶段，对长引水线路、厂址及泄洪建筑物等附属建筑物区的勘察工作内容及方法进行了详细说明；美国标准《岩石中的隧洞和竖井》（EM 1110-2-2901）中，要求本阶段初步查明影响隧洞设计的关键地质问题，但规范中无具体勘察工作量布置的相关规定；美国标准《小坝设计》中，对附属建筑物可行性研究阶段勘探工作最终控制精度要求为："最大孔距通常为 100ft（约 30.5m），在基础面以下孔深最小应为建筑物底宽的 1.5 倍"。

（7）中美标准对预可阶段（对应美国标准可行性研究阶段的初选坝址勘察）天然建筑材料的勘察工作内容、方法及勘探工作布置要求有差异。中国标准《水力发电工程地质勘察规范》（GB 50287—2016）中，对本阶段的勘察储量精度要求为设计需要量的 2.5～3.0 倍，勘探工作布置引用《水电水利工程天然建筑材料勘察规程》（DL/T 5388—2007）中的相关规定；美国标准《岩土工程勘察》（EM 1110-1-1804）中，本阶段要求对"已有资源的区域分布，规划的可能进行岩石和土壤开采的区域"进行初查；美国标准《小坝设计》中，勘探储量要求达到设计需要量的 2.5～5.0 倍（当设计需要量小于 7645m^{3}时按高倍数控制），同时对勘察范围及勘探工作布置提出了明确的要求："以场址为中心，调查方圆 10km 区域内之土石材料（含混凝土骨料）的数量及可能采取地点，如材料数量不足，再逐渐扩大调查范围；距选定坝址 1mile（约 1.609km）范围内的可用料场均应按方格型布孔，孔间距约 500ft（约 152m）"。

（8）中美标准对预可研阶段（对应美国标准可行性研究阶段的初选坝址勘察）勘察报告的要求有差异。中国标准《水力发电工程地质勘察规范》（GB 50287—2016）中，预可行性研究阶段应提供完整的勘察报告，内容包括报告正文、附件和附图；美国标准《岩土工程勘察》（EM 1110-1-1804）中，可行性研究阶段提交的勘察成果报告要求为每一个初选场址的评价提供支撑资料；美国标准《工程地质办公手册》中，对设计地质总结报告需包括的内容进行了详述。

2.3.5 可行性研究阶段工程地质勘察对比

（1）中美标准对可行性研究阶段（对应美国标准的基本设计阶段）的勘察目标基本一致，但勘察深度要求有差异。中国标准《水力发电工程地质勘察规范》（GB 50287—2016）的可研阶段工程地质勘察，应选定坝址，并针对选定坝址、坝型、坝线及枢纽建筑物开展详细的勘察工作；美国标准《美国水电工程规划设计手册》的基本设计阶段，围绕"优选场址、确定最适合结构类型、准确的费用估算"开展勘察工作；美国标准《水电项目工程审查评估导则》的最终设计勘察应"取得设计图、设计说明、招标以及工程施工所需的数据资料"，其工作内容包括中国标准的招标设计阶段工作；美国标准《岩土工程勘察》（EM 1110-1-1804）工程筹建和设计研究阶段，除要求"选定坝址，并针对选定坝址、坝型、坝线及枢纽建筑物开展详细的勘察工作"外，尚应满足招标设计深度要求。

（2）中美标准对可研阶段（对应美国标准的基本设计阶段）的地震工程分析工作要求基本一致。中国标准《水力发电工程地质勘察规范》（GB 50287—2016）中，可行性研究阶段应“复核工程区区域构造稳定性、地震动参数及相应的地震基本烈度”。美国标准《岩土工程勘察》（EM 1110－1－1804）中，针对可行性研究报告表明需要进行地震活动性研究时，在工程筹建和设计研究阶段应开展地震工程分析，主要为确定地表峰值加速度值及地震系数，确定工程场址的设计地震力，供结构物抗震分析。

（3）中美标准对可研阶段（对应美国标准的基本设计阶段）水库区勘察工作内容要求基本一致，但勘察方法与勘探工作量布置的要求差异较大。中国标准《水力发电工程地质勘察规范》（GB 50287—2016）中，对水库区的勘察工作内容、方法及工作量布置等方面规定较细；美国标准《岩土工程勘察》（EM 1110－1－1804）中，对其规定较简单，要求对水库和邻近地区内的地质和环境特征进行研究并绘制图纸，对水库渗漏、库岸稳定、压覆矿产及潜在环境影响等问题进行研究，具体的勘察方法和工作量布置未查到相关规定；美国标准《工程地质办公手册》对水库区勘察工作内容、勘察方法等进行了简述，强调在前期勘察阶段应同步开展坝址与水库地质研究工作，对影响水库成库的关键地质问题进行分析评价；美国标准《美国水电工程规划设计手册》中，要求基本设计阶段复核可研阶段制定的居民迁建与安置规划方案，并根据实际情况进行调整。

（4）中美标准对可研阶段（对应美国标准的基本设计阶段）不同坝型大坝勘察内容要求基本一致，但勘察方法与勘探工作量布置的要求差异较大。中国标准《水力发电工程地质勘察规范》（GB 50287—2016）中，可行性研究阶段对不同坝型坝基的勘察工作布置及精度控制均进行了针对性的要求，针对选定坝型开展更进一步的勘探工作；美国标准《拱坝设计》（EM 1110－2－2201）中，要求“对已选定的坝址进行极为详尽的地质勘查”，提供了坝轴线钻孔布置平剖面示例，但未查到具体的勘察工作布置规定；美国标准《岩土工程勘察》（EM 1110－1－1804）中，未查到相关规定；美国标准《填筑坝》中，对填筑坝地基和土料勘察方法进行了说明，但规范中无具体勘察工作量布置的相关规定；美国标准《小坝设计》中，对可行性研究阶段的勘探工作只提出了一些原则性要求：“1）应在坝轴线上下游布置辅助勘探线，为坝轴线的调整提供地质资料；2）对小坝最大孔距不宜超过 500ft（约 152m），钻孔深度至少应等于 1 倍坝高；3）对引水坝勘探点要求按方格型布孔，最大孔距为 100ft（约 30.5m），每一闸墩位置最少应有一个勘探孔”，具体到不同勘察阶段、不同坝型的勘察工作布置没有具体规定。

（5）中美标准对可研阶段（对应美国标准的基本设计阶段）附属建筑物勘察内容要求基本一致，但勘察方法与勘探工作量布置的要求差异较大。中国标准《水力发电工程地质勘察规范》（GB 50287—2016）中，对附属建筑物的勘察工作内容及方法进行了详细说明；美国标准《岩石中的隧洞和竖井》（EM 1110－2－2901）中，要求本阶段“应确定隧洞线路和等级及所有附属建筑物的位置，而且还应获取最终设计和施工所需的绝大部分资料”，规范中无具体勘察工作量布置的相关规定；美国标准《岩土工程勘察》（EM 1110－1－1804）中，未查到相关规定；美国标准《小坝设计》中，对附属建筑物可行性研究阶段勘探工作控制精度要求为：“最大孔距通常为 100ft（约 30.5m），在基础面以下孔深最小应为建筑物底宽的 1.5 倍”。

（6）中美标准对可研阶段（对应美国标准的基本设计阶段）主要临时和辅助建筑物勘察内容要求基本一致，但勘察方法与勘探工作量布置的要求差异较大。中国标准《水力发电工程地质勘察规范》（GB 50287—2016）中，对可行性研究阶段主要临时和辅助建筑物的勘察工作内容及方法进行了详细说明，包含在正常设计合同内；美国标准《岩土工程勘察》（EM 1110-1-1804）中，未查到相关规定；美国标准《重力坝设计》（美国垦务局）和《小坝设计》等规定，导流等主要临时和辅助建筑物的责任主体可以是承包商，也可以是业主，如是承包商，则勘探工作由承包商自行负责，如是业主，则由设计主体单位负责勘探工作。

（7）中美标准对可研阶段（对应美国标准的基本设计阶段）天然建筑材料的勘察工作内容要求基本一致，但勘察方法与勘探工作量布置的要求差异较大。中国标准《水力发电工程地质勘察规范》（GB 50287—2016）对本阶段的勘察储量精度要求为设计需要量的1.5～2.0倍，勘探工作布置引用《水电水利工程天然建筑材料勘察规程》（DL/T 5388—2007）中的相关规定；美国标准《岩土工程勘察》（EM 1110-1-1804）对设计调查阶段的天然建筑材料勘察提出了原则性要求；美国标准《小坝设计》详查阶段勘探储量要求至少达到设计需要量的1.5倍，对勘察范围及勘探工作布置提出了明确的要求："以场址为中心，复查方圆10km区域内之土石材料（含混凝土骨料）的数量；孔间距要求不大于500ft（约152m），当料源层分布不均匀时，可根据需要增加试坑或钻孔"，同时，详查阶段的料源复查应验证施工开采的可行性，对开挖料的利用在小坝设计中较重视。

（8）中美标准对可研阶段（对应美国标准的基本设计阶段）勘察报告的要求基本一致。中国标准《水力发电工程地质勘察规范》（GB 50287—2016）中，可行性研究阶段应提供完整的勘察报告，内容包括报告正文、附件和附图；美国标准《岩土工程勘察》（EM 1110-1-1804）中，设计调查阶段应提供相应精度的勘察成果，报告"必须为施工可行性评估，最终设计的形成以及施工计划和详细说明书编写及施工前的筹备工作提供支撑依据"；美国标准《工程地质办公手册》中，对设计地质总结报告、地质施工考虑报告需包括的内容进行了详述。

2.3.6 招标设计阶段工程地质勘察对比

（1）中美标准对招标设计阶段（对应美国标准的详细设计阶段）的阶段目标基本一致，但勘察深度要求有差异。中国标准《水力发电工程地质勘察规范》（GB 50287—2016）中，有专门的招标设计阶段，该阶段工程地质勘察"应复核可行性研究阶段的地质资料与结论，补充查明遗留的专门性工程地质问题，为完善、优化设计以及编制招标文件提供地质资料"，勘察工作以现场地质复核为主。美国标准中没有明确的招标设计阶段，其中，美国标准《岩土工程勘察》（EM 1110-1-1804）中，工程筹建和设计研究阶段（施工计划和详细说明书的构想与评估工作）相当于中国标准的招标设计阶段勘察工作；美国标准《美国水电工程规划设计手册》的详细设计阶段，包括部分施工详图阶段工作，要求针对场址建筑物地基条件开展详细勘察工作。

（2）中美标准对招标设计阶段（对应美国标准的详细设计阶段）工程地质问题复核和专门性工程地质问题的勘察内容要求基本一致，但勘察深度及勘探工作量布置要求有差异。中国标准《水力发电工程地质勘察规范》（GB 50287—2016）中，招标设计阶段要求对工程场区主要的工程地质问题进行复核，为完善、优化设计以及编制招标文件提供地质资料；美国标准《岩土工程勘察》（EM 1110-1-1804）中，在工程筹建和设计研究阶段勘察设计工作基本完成后，对设计推荐方案的施工可行性进行详细评估，以满足编制施工计划和详细说明书的要求。

（3）中美标准对招标设计阶段（对应美国标准的详细设计阶段）临时和辅助建筑物的勘察内容要求基本一致，但勘察深度及勘探工作量布置要求有差异。中国标准《水力发电工程地质勘察规范》（GB 50287—2016）中，招标设计阶段要求“应对枢纽区场地内规划的主要施工交通干道、桥梁、弃（堆）渣场、砂石料加工系统、混凝土拌和系统、供水工程、业主和承包商营地等临时和辅助建筑物的工程地质条件进行勘察，为场地选择、方案布置进行地质论证和提供设计所需的地质资料”；美国标准《岩土工程勘察》（EM 1110-1-1804）中，在工程筹建和设计研究阶段勘察设计工作基本完成后，对设计推荐方案的施工可行性进行详细评估，以满足编制施工计划和详细说明书的要求；美国标准《重力坝设计》（美国垦务局）中，要求“对坝和附属建筑物可能碰到的施工问题，应在设计阶段及早加以研究”。

（4）中美标准对招标设计阶段（对应美国标准的详细设计阶段）勘察报告的要求基本一致。中国标准《水力发电工程地质勘察规范》（GB 50287—2016）中，招标设计阶段要求分标段或一次性编制工程地质勘察报告，作为招标文件的附件；美国标准《岩土工程勘察》（EM 1110-1-1804）中，工程筹建和设计研究阶段设计调查工作完成后，为配合招标，应编制岩土工程设计总报告并包括招标文件。

2.3.7　施工详图设计阶段工程地质勘察对比

（1）中美标准施工图阶段的勘察目的有差异，但勘察工作内容及深度基本一致。中国标准《水力发电工程地质勘察规范》（GB 50287—2016）中，施工详图设计阶段工程地质勘察“检验、核定前期勘察的地质资料与结论，补充论证专门性工程地质问题，为施工详图设计提供工程地质资料”；美国标准《岩土工程勘察》（EM 1110-1-1804）中，施工阶段的勘察工作由施工管理、质量保证和编辑地基报告三部分组成，具体勘察工作内容包括：为索赔和设计修改提供技术支持、实地视察以检验设计的符合性及协助解决施工地质问题、施工地质编录及质量监督、编辑地基报告等；美国标准《美国水电工程规划设计手册》的施工及运营阶段，需巡视现场、解决地质问题并对开挖基础进行编录。

（2）中美标准对施工图阶段的专门性工程地质问题勘察工作目的有差异，但勘察深度要求基本一致。中国标准《水力发电工程地质勘察规范》（GB 50287—2016）中，施工图阶段专门性工程地质问题的勘察根据具体工程特点确定；美国标准《岩土工程勘察》（EM 1110-1-1804）中，施工阶段的补充勘察工作主要为索赔和修改设计提供必要的地质资料。

（3）中美标准对施工图阶段的施工地质工作要求基本一致，但对成果资料提交的要求差异较大。在现场施工地质配合方面，中美标准均要求及时收集施工开挖过程中揭露的地质信息，为检验前期勘察成果，配合索赔、设计修改，及时解决施工过程中存在的地质问题，为将来的大坝安全性评估等提供基础地质资料。在施工图阶段成果资料提交方面，中国标准要求，施工地质工作结束后，应提交工程安全鉴定地质自检报告和工程竣工地质报告，及相应的附图、附件，内容涵盖区域、水库、各主体及附属建筑物；美国标准施工阶段要求提交地基验收报告，内容包括各主体及附属建筑物地基的质量评价与缺陷处理。

2.3.8　抽水蓄能电站工程地质勘察对比

（1）中美标准对抽水蓄能电站的勘察工作流程和勘察阶段划分的规定基本一致。中美标准对抽水蓄能站址的筛选，均采用分段法进行，随着每一段工作的完成，按站址排队顺序，来减少可能选取站址的个数，并且最后只保留排在最前面的几个站址，来进行更详细的研究。即普查站址、初选站址、选定站址，针对选定站址的各阶段工程地质勘察工作与常规的水电工程相同。

（2）中美标准对抽水蓄能电站选点规划阶段的勘察任务、工作内容的要求基本一致。中美标准均要求通过选点规划，完成抽水蓄能站址的最终排队和开发站址的选择，并针对每个候选站址进行实地勘察工作，以评价抽水蓄能电站的建设适宜性。

（3）中美标准对抽水蓄能电站各勘察阶段的深度要求基本一致，均与常规电站对应勘察阶段深度要求基本相同。

2.3.9　岩体及结构面力学参数取值方法对比

（1）中美标准对岩体变形模量的定义基本一致、但取值要求有差异。中国标准《水力发电工程地质勘察规范》（GB 50287—2016）附录D.0.3条中，规定“岩体变形模量或弹性模量应根据岩体实际承受工程作用力方向和大小进行现场试验，并以压力-变形曲线上建筑物预计最大荷载下相应的变形关系为依据，应按岩体类别、工程地质单元、区段或层位归类进行整理，采用试验成果的算术平均值作为标准值，根据试件的地质代表性对标准值适当调整，提出地质建议值”。美国标准《岩石地基》（EM 1110-1-2908）中，要求模量选择不应依赖于单个模量估算方法，应该包括一个合并多种方法的综合方法。指数测试，如实验室无侧限压缩测试和井下测试装置（古德曼钻孔千斤顶、压力表、膨胀计）可确定原位变形模量的可能上界。变形模量和岩体分类体系之间的经验相关性有助于确定原位模量值的可能范围，为初步设计提供近似值，进而初步预估用于预测变形响应的灵敏度分析，从而确定设计关键区域，针对关键区域建筑物设计，增加必要的大型原位测试（即平板承载试验等）以更准确的估算原位模量。

（2）中美标准对岩体允许承载力的取值方法差异较大。中国标准《水力发电工程地质勘察规范》（GB 50287—2016）附录D.0.3条中，规定“硬质岩宜根据岩石饱和单轴抗压强度，结合岩体结构、裂隙发育程度及岩体完整性，可按1/3～1/10折减后确定地质建议值；软质岩、破碎岩体宜采用现场载荷试验（取比例极限）确定，也可采用超重型动力触探试验或三轴压缩试验确定其允许承载力”。美国标准未查到根据岩石饱和抗压强度折减确定地基允许承载力的相关规定，《岩石地基》（EM 1110-1-2908）中，提出了3种允许承载力确定方法：①安全系数法，“可通过在计算出的极限承载力中加入适当的安全系数来确定容许值，选择设计水利建造物时使用的容许承载力值必须基于安全系数方法，要考虑现场所有具体情况和该建造物的特殊问题，对大多数地基而言，最小可接受安全系数是3，结构载荷由全静载荷和全动载荷组成”。②从相关规范中获得允许承载力经验值，其中建筑规范一般仅适用于住宅或商业建筑物，不适用于水利建造物的特殊问题，《小坝设计》表C-1列出了建议小坝附属建筑物基础的允许承载力，对规模较大的水工建筑物地基允许承载力需专门研究。③从经验关联公式或图中获得地基承载力容许值，通常，经验关联并非特定现场，因此仅可用于初步设计和（或）现场评估等目的。

（3）中美标准对岩体及结构面抗剪强度参数取值方法差异较大。中国标准《水力发电工程地质勘察规范》（GB 50287—2016）中，根据岩体的工程实际选取合适的强度参数，混凝土与岩体、岩体、刚性结构面、软弱结构面的抗剪断强度参数一般取峰值强度，当试件黏粒含量大于30%或有泥化镜面或黏土矿物以蒙脱石为主时，抗剪断强度应取流变强度；混凝土与岩体、岩体、刚性结构面、软弱结构面的抗剪强度参数一般取比例极限强度、屈服强度、残余强度或二次剪（摩擦试验）峰值强度；试验数据整理时，当采用各单组试验成果整理时，应取小值平均值作为标准值，当采用同一类别岩体或结构面试验成果整理时，应取优定斜率法的下限值作为标准值。美国标准《岩石地基》（EM 1110－1－2908）中，在岩体或结构面抗剪强度参数取值时，应考虑最可能发生的破坏模式、安全系数、设计使用、测试成本以及失败后果等因素，强调当确定由各种材料提供的抗剪力时，应考虑变形的影响；试验数据整理时，考虑应力水平、结构面起伏差、充填物厚度及材料类型、先前应力、位移历史等因素，主要采用同一类别岩体或结构面剪切测试获得的剪切应力和法向应力散点图，采用优定斜率法确定其抗剪强度上下限值，让地质工程师根据工程实际情况选用设计抗剪强度参数，并没有严格限制选用上限值还是下限值。

1）岩体抗剪强度参数取值。中国标准《水力发电工程地质勘察规范》（GB 50287—2016）附录D.0.3条中，参数取值要求“①岩体抗剪断强度应取峰值强度；②岩体抗剪强度，当试件呈脆性破坏时，应取比例极限强度与残余强度两者的小值或二次剪（摩擦试验）的峰值强度；当试件呈塑性破坏或弹塑性破坏时，应取屈服强度或取二次剪峰值强度”，数据整理要求“当采用各单组试验成果整理时，应取小值平均值作为标准值；当采用同一类别岩体试验成果整理时，应取优定斜率法的下限值作为标准值”。美国标准《岩石地基》（EM 1110－1－2908）强调当确定由各种材料提供的抗剪力时，应考虑变形的影响，其岩体抗剪强度参数应通过对完整岩体进行的剪切测试获得的剪切应力和法向应力散点图（通常需要9次或更多次测试数据），采用优定斜率法确定其抗剪强度上下限值，让地质工程师根据工程实际情况选用，并没有严格限制选用上限值还是下限值。

2）无充填结构面抗剪强度参数取值。中国标准《水力发电工程地质勘察规范》（GB 50287—2016）附录D.0.3条中，要求“抗剪断强度应取峰值强度，抗剪强度应取残余强度或取二次剪（摩擦试验）峰值强度。当采用各单组试验成果整理时，应取小值平均值作为标准值；当采用同一类别结构面试验成果整理时，应取优定斜率法的下限值作为标准值”。美国标准《岩石地基》（EM 1110－1－2908）中，对无充填结构面定义两种破坏模式包括低正应力表面微凸体爬坡、高正应力表面微凸体破坏，通常由陆军工程师兵团构筑物施加的正应力较低，破坏模式由表面微凸体爬坡控制，抗剪强度参数为基本摩擦角Φ_u和一阶表面微凸体有效倾斜角i，相应$\tau_f=\sigma_n\tan(\Phi_u+i)$，其上下界剪切强度分别从实验室测试含有自然非连续面和预锯开剪切面样本中获得，从光滑预锯开面剪切测试获得破坏包络面下界，可界定基本摩擦角Φ_u，为设计选择的摩擦角可从基本摩擦角和代表一阶表面微凸体有效倾斜角i的角度总和中获得，两个角之和不得超过自然非连续面上界剪切测试获得的摩擦角；当正应力水平较高，且超过破坏模式转换应力σ_τ时，表现为高正应力表面微凸体破坏，$\tau_f=c_a+\sigma_n\tan\Phi_r$，$\Phi_r$为构成表面微凸体物质的残余摩擦角，$c_a$为源自表面微凸体的视黏聚力（抗剪强度截距），相应破坏模式下的抗剪强度参数Φ_r和c_a需通过大量原位剪切试验汇总分析确定。

3）充填结构面抗剪强度参数取值。中国标准《水力发电工程地质勘察规范》（GB

50287—2016）附录D.0.3条中，要求“①软弱结构面应根据岩块岩屑型、岩屑夹泥型、泥夹岩屑型和泥型四类分别取值；②抗剪断强度应取峰值强度，当试件黏粒含量大于30%或有泥化镜面或黏土矿物以蒙脱石为主时，抗剪断强度应取流变强度；抗剪强度应取屈服强度或残余强度。整理方法同刚性结构面；③当软弱结构面有一定厚度时，应考虑厚度的影响。当厚度大于起伏差时，软弱结构面应采用软弱物质的抗剪（断）强度作为标准值；当厚度小于起伏差时，还应采用起伏差的最小爬坡角，提高软弱物质抗剪（断）强度试验值作为标准值”。美国标准《岩石地基》（EM 1110－1－2908）中，抗剪强度参数取值时，主要考虑充填物的厚度、材料类型、先前应力、位移历史等4个因素，对于结构面的起伏情况一般不考虑。①充填结构面位移历史是主要关注问题，当充填物性状表明结构面最近发生位移，则代表结构面的强度处于或接近其残余值，相应剪切强度选择应基于自然节理实验室残余剪切测试，不考虑黏聚力的影响；②充填结构面先前未发生位移，抗剪强度则处于或接近其峰值，充填物是否是正常固结或超固结土壤具有重要意义，需要通过合理工程判断进行调整：峰值强度用于由正常固结黏性材料和所有无黏性材料组成的填料，峰值强度或极限强度用于由低塑性超固结黏性材料组成的填料，极限强度、重塑填料峰值强度或残余强度（取决于材料特性）用于由中高度塑性超固结黏性材料组成的填料。

4）混合破坏模式抗剪强度参数取值。中国标准《水力发电工程地质勘察规范》（GB 50287—2016）附录D.0.3条中，未定义混合破坏模式抗剪强度参数取值方法，工程实践中，一般考虑裂隙连通率，采用裂隙和岩体抗剪强度参数加权平均方法取值。美国标准《岩石地基》（EM 1110－1－2908）中，混合破坏模式指关键破坏路径由非连续面段和穿过完整岩石的平面段予以界定的模式，由于非连续面或完整岩石界定的破坏路径比例鲜为人知、且导致完整岩石破坏的应变/位移的数量级（10倍）要小于非连续岩石相关的位移，当完整岩石的峰值强度部分已经动员起来时，而沿不连续面的峰值强度被动员起来以前尚只达到残余强度，因此，选择混合模式组合面抗剪强度时，必须基于合理工程判断和在类似地质条件建设类似项目所获得的经验。

2.3.10 天然建筑材料勘察要求对比

中美标准对天然建筑材料勘察的要求有差异。中美标准均重视在坝址坝型选择过程中的天然建筑材料勘察工作，同时，对开挖料的利用提出了明确的要求，工程枢纽布置方案确定后，应对各建筑物开挖料的可利用程度进行地质评价。中美技术标准天然建筑各阶段勘探技术要求对比见表3。

表3　中美技术标准天然建筑材料各阶段勘探技术要求对比表

勘察级别	中国标准《水电水利工程天然建筑材料勘察规程》（DL/T 5388—2007）		美国标准《小坝设计》	
	储量精度	勘探布置	储量精度	勘探布置
普查	无量化指标	平面测绘1∶10000～1∶5000；勘探工作宜在规划场址40km范围内进行，布置少量物探或试坑工作	5.0～10.0倍（当设计需要量小于7645m³时，按高倍数控制）	①以场址为中心，调查方圆10km区域内之土石材料（含混凝土骨料）的数量及可能采取地点，如材料数量不足，再逐渐扩大调查范围；②以地表调查为主，辅以露头取样试验，必要时可增加少量试坑或钻孔

续表

勘察级别	中国标准《水电水利工程天然建筑材料勘察规程》（DL/T 5388—2007）		美国标准《小坝设计》	
	储量精度	勘探布置	储量精度	勘探布置
初查	2.5～3.0倍	平面测绘1：5000～1：2000；剖面测绘1：2000～1：1000；勘探网点间距随料场类型、勘察级别而不同，详见规范	2.5～5.0倍（当设计需要量小于7645m³时，按高倍数控制）	①以场址为中心，调查方圆10km区域内之土石材料（含混凝土骨料）的数量及可能采取地点，如材料数量不足，再逐渐扩大调查范围； ②距选定坝址1ft（约1.609km）范围内的可用料场均应按方格型布孔，孔间距约500ft（约152m）
详查	1.5～2.0倍	平面测绘1：2000～1：1000；剖面测绘1：1000～1：500；勘探网点间距随料场类型、勘察级别而不同，详见规范	至少1.5倍	①复查场址方圆10km区域内之土石数量； ②距选定坝址1ft（约1.609km）范围内的可用料场均应按方格型布孔，孔间距约500ft（约152m），视需要加密

2.3.11　岩石碱活性判别方法对比

中美标准在岩石碱活性判别步骤及碱活性判别标准上基本一致。

（1）中美标准对岩石碱活性的判别步骤基本一致，采用岩相法确定骨料中是否具有碱活性成分；若有碱活性成分时，应进一步依序采用化学法或砂浆棒快速法、砂浆长度法或岩石圆柱体法、混凝土棱柱体法鉴定。

（2）化学法判定骨料碱活性。中国标准《水电水利工程天然建筑材料勘察规程》（DL/T 5388—2007）附录D.2中，当$R_C>70$并$S_C>R_C$，或$R_C<70$并$S_C>(35+R_C/2)$时，具潜在碱活性危害，应进行砂浆棒长度法试验进一步鉴定；美国标准《骨料化学法潜在碱硅酸反应性的标准试验方法》（ASTM C 289－94）附录图X1.1中，以图的形式将骨料碱活性分为三个区：无害区、有害区、潜在有害区，采用的分区值与中国标准基本一致。

（3）中美标准采用砂浆棒快速法测试岩石碱活性的判定标准基本一致。中国标准《水电水利工程天然建筑材料勘察规程》（DL/T 5388—2007）附录D.2中，采用14d（不含试样制作和养护时间）的膨胀率指标，即14d膨胀率小于0.1%为非活性骨料，14d膨胀率大于0.2%为具有潜在危害性反应活性骨料，14d膨胀率介于0.1%～0.2%之间，应结合现场记录、岩相分析、观测时间延至28d后的测试结果或开展其他辅助试验等综合评定；美国标准《骨料砂浆棒法潜在碱活性的标准试验方法》（ASTM C 1260－94）附录中，采用16d的膨胀率作为界限指标，评价指标与中国标准14d的评价指标一致，16d的观测天数中包括试样制作和养护时间，实际天数与中国标准14d的膨胀率界限指标是一致的。

（4）中美标准采用岩石柱法测试岩石碱活性反应的判定标准有差异。中国标准规定，当试样浸泡84d，试样的膨胀率大于0.1%时，则判为具有潜在碱活性危害，不宜作为混凝土骨料，必要时应以混凝土试验作最后评定。美国标准采用试样浸泡28d的膨胀率指标，试样的膨胀率大于0.1%时，则判为具有潜在碱活性危害，不宜作为混凝土骨料，必要时应以混凝土试验作最后评定。

(5) 中美标准采用混凝土棱柱体法测试岩石碱硅酸反应的判定标准基本一致。即，当试件1年的膨胀率不小于0.04%时，则判定为具有潜在危害性反应的活性骨料；膨胀率小于0.04%，则判定为非活性骨料。

(6) 中美标准采用混凝土棱柱体法测试岩石碱碳酸反应的判定标准有差异。中国标准规定，当试件1年的膨胀率不小于0.04%时，则判定为具有潜在危害性反应的活性骨料，膨胀率小于0.04%，则判定为非活性骨料；美国标准规定，当试件3个月的膨胀率不小于0.015%，或6个月的膨胀率不小于0.025%，或1年的膨胀率不小于0.030%时，则判定为具有潜在危害性反应的活性骨料，否则，判定为非活性骨料。

2.3.12 场地土液化可能性判定方法对比

2.3.12.1 初判

中国标准规定，饱和无黏性土和少黏性土的地震液化破坏，应根据土层的天然结构、颗粒组成、松密程度、地震前和地震时的受力状态、边界条件和排水条件以及地震历时等因素，结合现场勘察和室内试验综合分析判定。具体对土的地震液化初判规定为：①地层年代为第四纪晚更新世Q_3或以前时，设计地震烈度小于9度时可判为不液化；②土的粒径大于5mm颗粒含量的质量百分率不小于70%时，可判为不液化；③对粒径小于5mm颗粒含量质量百分率大于30%的土，其中粒径小于0.005mm的颗粒含量质量百分率相应于地震动峰值加速度为0.10g、0.15g、0.20g、0.30g和0.40g分别不小于16%、17%、18%、19%和20%时，可判为不液化；④工程正常运行后，地下水位以上的非饱和土，可判为不液化；⑤当土层剪切波速大于式$V_{st}=291(K_H Z\gamma_d)^{1/2}$计算的上限剪切波速时，可判为不液化。

美国标准在确定地震强度前，可以借助液化出现和坝址地震的相关图快速评定液化的可能性，如果坝址的震级和震中距落在界线上，或落在界线的上方，则有可能发生液化，因而需要对该土层液化的可能性进一步评价。

2.3.12.2 复判

中美标准场地土液化可能性复判方法差异较大。中美标准都根据原位试验指标得到的动强度与发生地震时导致土体液化的动应力之比，来判断场地土液化的可能性。中国标准是在简化Seed法的框架下，采用人工神经网络模型，基于大量的现场液化与未液化实测数据，并结合结构可靠度理论，得到了不同地面加速度、不同地下水位和埋深的液化临界锤击数，在2010年新修订的标准中，为了分开反映震级以及地震分组的影响，还引入了调整系数的概念。两者的具体差异如下：

(1) 判别深度。根据以往地震中实际观察到的现象，自地面起20m以下的深度范围内几乎不会发生液化，而随着采用桩基础建筑的逐渐增多，以往标准中15m的判别深度已不能满足工程要求，因此中国的新标准中要求液化判别一般均为20m。Seed法中判别深度的选择与中国类似，为23m，主要体现在应力折减系数γ_d中。

(2) 细粒含量（FC）的影响。由于以往地震中低细粒含量土体的液化实例较多，因此此类土体是液化判别的重要研究基础，Seed法在$FC<5\%$时视为纯净砂，在$FC>35\%$时则按35%考虑，因此对高细粒含量的土体，其抗液化强度将在一定程度上被低估。中国规范法认为对液化起阻抗作用的细粒主要为黏粒，且主要针对粉性土，而在砂土中则不考虑黏粒的影响，因此高细粒含量土体的抗液化强度也被低估。

(3) 原位数据的使用。中美标准都采用标准贯入试验数据作为评价抗液化强度的指标，但 Seed 法需对实测标贯数据进行锤形、杆长、上覆有效应力等方面的修正。中国标准则直接采用未经修正的实测数据作为抗液化强度，有关地下水位、试验点埋深的影响则体现在临界锤击数中。美国标准还提出了利用静力触探快速评价砂土液化的评价图。

(4) 地震作用的影响。作为液化分析中的重要环节，地震作用的影响在两种方法的分析中有很大不同。Seed 法在计算循环应为比 CSR 时要用到场地设计地震下的最大地面加速度 a_{max}，美国的工程实践中，对于重要工程往往采用概率性地震危险性分析法（PSHA）和确定性地震危险性分析法（DSHA）综合确定以 a_{max}，一般工程则可以通过查询地震危险性区划图获得，此外 Seed 法中的循环抗力比与标贯击数的关系是基于一定震级水平下的，作为直接衡量地震大小的标度，震级能反映震源释放的能量等级，与地面峰值加速度有一定的对应关系。中国中则是根据不同地区的设计基本地震加速度确定标准贯入锤击数基准值，此外以调整系数 β 来反映设计地震分组。

(5) 两国的有关标准都对可能发生液化的地层提出了相应的处理措施，相比较而言，中国标准根据不同建筑物的抗震设防分类以及场地液化等级制定了细致的消除液化的标准，对设计人员来说，更具备可操作性。美国的两部国家级通行标准《国际建筑规范》和《建筑物及其他结构的最小设计荷载》（ASCE/SEI 7－10）均未对液化场地提出具体的处理措施和要求，作为美国政府机构的美国联邦应急管理署（FEMA）虽然在其发布的标准（FEMA273）中提到了针对液化场地的几种措施，但仅是定性地给了指导意见，并没有具体的规定。

2.3.13　压水试验方法对比

中美标准压水试验方法有差异。中国标准《水电水利工程钻孔压水试验规程》（DL/T 5331—2005）中，试验长度一般为 5m，压水试验宜按 3 级压力 5 个阶段进行，3 级压力宜分别为 0.3MPa、0.6MPa 和 1.0MPa，当试段位于基岩面以下较浅或岩体软弱时，应适当降低压水试验压力；美国标准《工程地质现场手册》中，试验长度一般为 1.5～4.5m，最长不超过 6m，试验同样按 3 级压力 5 个阶段进行，试验压力范围一般为 300～600kPa，试验允许最大压力可通过抬动试验或水压致裂试验确定，试验压力应该根据试验段的岩石确定，随试验段的埋深而增加，即，缓倾角岩层每英尺增加 0.5lbf/in^2（约 3.4kPa），避免岩层发生抬动变形，破碎的较均质岩体每英尺增加 1.0lbf/in^2（约 6.9kPa），较完整岩体每英尺增加 1.5lbf/in^2（约 10.3kPa）。

2.3.14　岩体质量分级对比

中美标准在岩体质量分级、围岩分类方面的差异较大。中国标准采用 HC 方法进行岩体质量分类，相应的水电工程坝基岩体质量分类、围岩分类是定量与定性相结合的分类标准；欧美标准岩体质量分类和围岩分类多为定量标准，主要采用 RMR 分类、Q 系统分类。

2.3.15 勘察过程中的环境保护问题

中美标准对勘探过程中的环境保护方面要求有差异。中国钻探、坑探等标准中均无钻探冲洗液、钻孔及勘探井巷回填、土样及岩芯样品处理等的相关条款。美国标准要求在淡水含水层区钻探时，选择钻孔冲洗液时，应遵循当地政府和环保部门的规定；美国标准对“钻孔及勘探井巷的回填”提出了明确的要求：当不再需要时，就应该进行回填，如钻孔或井巷有进一步的监测或复查要求时，则应有可靠的加盖或封闭措施；美国标准对“试验样品的处理和保存”，强调对含有 HTRW（有毒有害物质）的样品应慎重处理，对需较长备查的岩芯要求保存至项目竣工 5 年后，才能丢弃或处理。

2.3.16 土的分类标准对比

2.3.16.1 粒组划分

中美标准对土的粒组划分等级基本一致，即漂石（块石）、卵石（碎石）、砾粒、砂粒、粉粒和黏粒，但不同粒组所采用分级标准数值有差异。中国标准中，$d>200$mm 为漂石（块石），60mm$<d\leqslant$200mm 为卵石（碎石），20mm$<d\leqslant$60mm 为粗砾，5mm$<d\leqslant$20mm 为中砾，2mm$<d\leqslant$5mm 为细砾，0.5mm$<d\leqslant$2mm 为粗砂，0.25mm$<d\leqslant$0.5mm 为中砂，0.075mm$<d\leqslant$0.25mm 为细砂，0.005mm$<d\leqslant$0.075mm 为粉粒，$d\leqslant$0.005mm 为黏粒；美国标准中，$d>$300mm 为漂石（块石），75mm$<d\leqslant$300mm 为卵石（碎石），19mm$<d\leqslant$56mm 为粗砾，4.75mm$<d\leqslant$19mm 为中砾，2mm$<d\leqslant$4.75mm 为粗砂，0.425mm$<d\leqslant$2mm 为中砂，0.075mm$<d\leqslant$0.425mm 为细砂，$d\leqslant$0.075mm 为细粒。

2.3.16.2 土的筛分

中国标准规定，分析筛分为粗筛、细筛，有 11 个级别。粗筛网眼直径分别为 60mm、40mm、20mm、10mm、5mm、2mm，细筛网眼直径分别为 2.0mm、1.0mm、0.5mm、0.25mm、0.075mm。

美国标准中土的筛分网眼直径有 9 个级别，依次为 300mm、75mm、38.1mm、19mm、9.5mm、4.75mm、2mm、0.425mm、0.075mm。

中美标准分级幅度标准大致是减半关系，有几个网眼级别是相近的或一致的，中国标准的 60mm、40mm、20mm、10mm、5mm、2mm、0.5mm 与美国标准的 75mm、38.1mm、19mm、9.5mm、4.75mm、2mm、0.425mm 可基本一一对应。

2.3.16.3 土壤类别的划分

中国标准将粒径 $d\leqslant$0.075mm 的颗粒含量多于或等于 50%的土定名为细粒土；将粒径 0.075mm$<d\leqslant$60mm 的颗粒含量多于 50%的土定名为粗粒土；将粒径 $d>$60mm 的颗粒含量多于 50%的土定名为巨粒土；美国标准将过 No.200 筛（0.075mm）的颗粒含量多于或等于 50%的土定名为细粒土，否则定名为粗粒土。

2.3.16.4 中粗粒土的分类

砾石含量大于 50%的土为砾石或砾类土，砂含量大于 50%的土为砂类土，按照细颗粒的百分含量和颗粒级配（颗分曲线的曲率系数 C_c 和不均匀系数 C_u）再将这两类土进一步具体分类，这一点中美标准的方法是一致的。中国标准将 $C_u\geqslant5$ 且 $C_c=1\sim3$ 作为级配良好的条件，美国标准则是将 $C_u\geqslant4$ 且 $C_c=1\sim3$ 和 $C_u\geqslant6$ 且 $C_c=1\sim3$ 分别作为砾类土和砂类土的级配良好的条件。

2.3.17　岩芯 RQD 指标确定对比

2.3.17.1　定义

中国标准和美国标准的计算方法是相同的：中国标准中 RQD 的定义限定了其测试方法以及计算方法；而美国标准仅对其计算方法作出了规定，测试方法另作规定。

2.3.17.2　岩石质量分级

根据 RQD 来进行岩体质量评价时，中国标准和美国标准是相同的。

2.3.17.3　岩芯尺寸和取芯方法的限定

中国标准对岩芯的尺寸和钻探方法作了严格的限定；而美国标准对钻探直径和钻探方法并没有做严格的限定，仅规定了范围值，但美国标准规定“为了减少断芯或取芯率低的现象，使用合适的钻探技术及设备是很重要的”。

2.3.17.4　应用范围

中国标准仅利用 RQD 对岩体质量作定性评价；而美国标准建议将 RQD 用于更广泛的工程中。

2.3.17.5　岩芯回次计算方法

岩芯回次是 RQD 计算公式中的分母部分，对计算结果很重要。

中国标准对岩芯回次并无规定，而美国标准做了详细的规定，从这点来看，美国标准更加严谨。

2.3.17.6　岩芯的采取、运输及保存

中国标准对岩芯的采取、运输、保存以及 RQD 编录时间并无规定；而美国标准作了相对较全面的规定，这点较中国标准谨慎。

2.3.17.7　岩芯测量时的特殊要求

美国标准对 RQD 测量过程中的各种特殊情况都作出了详细的规定；中国标准对这些情况都没有规定。

2.3.17.8　RQD 报告

中国标准对 RQD 报告无要求；美国标准在这点有详细的要求，这种报告对 RQD 的工程应用有很重要的价值。

2.3.17.9　RQD 结果的精度评估

美国标准对 RQD 计算提供了精度评价，中国标准没规定。

2.3.18　裂隙描述对比

2.3.18.1　裂隙发育程度描述对比

中国标准中，结构面间距大于 100cm 为裂隙不发育，结构面间距 50～100cm 为裂隙轻度发育，结构面间距 30～50cm 为裂隙中等发育，结构面间距 10～30cm 为裂隙较发育，结构面间距小于 10cm 为裂隙发育至很发育；美国标准中，岩芯上看不到裂隙为无裂隙化，受裂隙切割的岩芯长度大于 100cm 为极微裂隙化，受裂隙切割的岩芯长度 30～100cm 为微裂隙化，受裂隙切割的岩芯长度 10～30cm 为中等裂隙化，受裂隙切割的岩芯长度小于 10cm 为强裂隙化至极强裂隙化。

2.3.18.2 裂隙间距描述对比

中国标准中，结构面间距大于100cm为裂隙不发育，结构面间距50～100cm为裂隙轻度发育，结构面间距30～50cm为裂隙中等发育，结构面间距10～30cm为裂隙较发育，结构面间距小于10cm为裂隙发育至很发育；美国标准中，裂隙间距大于300cm为极宽，裂隙间距100～300cm为很宽，裂隙间距30～100cm为宽，裂隙间距10～30cm为中等，裂隙间距3～10cm为密集，裂隙间距小于3cm为很密集。

2.3.18.3 裂隙延伸长度描述对比

中国标准中，对裂隙长度只有定量描述，没有具体的划分标准；美国标准中，裂隙长度大于30m为延展性极好，裂隙长度10～30m为延展性很好，裂隙长度3～10m为延展性中等，裂隙长度1～3m为延展性较差，裂隙长度小于1m为不连续。

2.3.18.4 裂隙张开度描述对比

中国标准中，张开度小于0.5mm为闭合，张开度0.5～5.0mm为微张，张开度大于5mm为张开；美国标准中，没有可见分离为闭合，张开度小于1mm为微张开，张开度1～3mm为中等张开，张开度3～10mm为张开，张开度10～30mm为中等宽，张开度大于30mm为宽。

2.3.18.5 裂隙充填物特征描述对比

中国标准中，只有充填物厚度的定量描述，无分级标准；美国标准中，对裂隙填充物厚度进行了定量分级，共分无填充物→很薄→中等薄→薄→中等厚→厚等6个分级。

2.3.18.6 裂隙面特征描述对比

起伏度划分，中美标准均按平直和起伏二级划分；粗糙度方面，中国标准分光滑和粗糙二级，美国标准分得更细一点，分阶梯状、粗糙、中等粗糙、微粗糙、光滑、磨光等6级。

2.3.18.7 裂隙含水条件描述对比

中国标准对裂隙含水条件的描述关注较少；美国标准中，将裂隙含水条件分为7级，为防渗处理等提供依据资料。

2.3.19 岩体（石）特征描述对比

2.3.19.1 岩体风化带划分标准对比

中美标准岩石风化程度等级一般都划分为5个级别，即新鲜、微风化、中等风化（弱风化）、强风化、全风化（或分解、残积），直观鉴定的主要特征也较为相似。中国标准对于风化认定还考虑矿物蚀变程度、开挖，是自然直观认识、锤击测试和开挖等综合因素判断。美国标准对于岩体风化程度认识主要着眼于自然状态，并辅助于现场简易的测试等直观感受，如手捏，易于体会和感受，印象深刻。

2.3.19.2 层状岩体单层厚度分级对比

中国标准按单层厚度分为巨厚层（$h>200$cm）、厚层（$60\text{cm}<h\leqslant 200$cm）、中厚层（$20\text{cm}<h\leqslant 60$cm）、薄层（$6\text{cm}<h\leqslant 20$cm）、极薄层（$h\leqslant 6$cm）5个级别；美国标准按单层厚度分为大块状（$h>300$cm）、巨厚层（层理、叶理、片理或带状构造）（$h=100\sim300$cm）、厚层（$h=30\sim100$cm）、中厚层（$h=10\sim30$cm）、薄层（$h=3\sim10$cm）、极薄层（$h=1\sim3$cm）、薄片及板状（强烈片理或条带状）（$h<1$cm）7个级别。

2.3.19.3　岩石坚硬程度分级对比

中国标准按照饱和单轴抗压强度将岩石坚硬程度分为5级，$f_r>60$MPa为坚硬岩、30MPa$<f_r\leqslant60$MPa为较硬岩、15MPa$<f_r\leqslant30$MPa为较软岩、5MPa$<f_r\leqslant15$MPa为软岩、$f_r\leqslant5$MPa为极软岩；美国标准则仅是依据简易手指、小刀测试进行定性判断，属于测试成果分类法，主要依据是现场简易测试成果，分为极硬、很硬、硬、中硬、中软、软、很软7级。

2.3.19.4　岩石耐崩解性对比

中国标准按岩石耐崩解性指数I_{d2}(%)将岩石耐久性分为5级，$I_{d2}>98$为极高耐久性、$I_{d2}=85\sim98$为高耐久性、$I_{d2}=60\sim85$为中等耐久性、$I_{d2}=30\sim60$为低耐久性、$I_{d2}\leqslant30$为极低耐久性；美国标准根据岩样或揭露面在暴露一定时间后的完整程度，将岩石耐崩解性分为5级，分为DI0、DI1、DI2、DI3、DI4。

2.4　应用注意事项

(1) 中国水利水电行业近20年处于飞速发展阶段，相应标准中纳入了最新的勘察设计手段及理念；而美国水利水电工程勘察设计标准多数发布时间较早，且未能及时修编，手册中的部分内容未反映近20年来的技术发展水平。因此，在应用美国标准时应结合当代技术发展水平来进行客观评价。

(2) 美国标准要求在最终坝址选定前，对比选坝址应投入尽量少的勘探工作。因此，在国外工程中使用中国标准时，应注意控制坝址比选阶段的勘探工作投入，适应国外工程勘察工作控制流程。

(3) 美国标准非常重视环境保护问题，对勘察过程中的钻探冲洗液的选择、有害有毒物质的检测、废物和废水的排放、勘探点的回填与岩土样的处理等进行了详细的规定；而中国标准中相关文字表述较少。因此，在国外工程中使用中国标准时，应特别重视当地政府和环保部门对环境保护方面的要求。

3　值得中国标准借鉴之处

(1) 中美标准体系建设管理方面差异较大。中国标准体系建设由政府部门主导，主要由各行业主管部门牵头，选择经验丰富的大型企事业单位、科研院所或行业协会进行制定，是一个自上而下的过程，每个行业均有自己的行业标准，这在一定程度上出现了“重复建设”的问题。美国标准体系的建设一般由民间社会团体或部门、企业主导，是一个自下而上的过程，制定的标准体系具有多元化特点，并十分完备，其标准一般都是跨行业的，具有通用性，对于各行业只要开展该项工作均适用，这既避免了“重复建设”，也避免标准过多导致的交叉重叠和“管理混乱”。

(2) 中美标准在基础理论应用方面的差异较大。中国标准归纳了大量经验、参数、要求，按标准要求基本能完成建筑物的设计，易忽略基础理论的应用和分析；美国标准注重基础理论应用，针对具体工程进行设计，开展大量计算分析，充分发挥工程师的主观能动性。

(3) 美国标准从政府层面对已建工程事故进行统计，并对事故原因进行深入分析研究，形成研究成果并公开发表，对类似工程有很好的指导意义；中国标准中一般很少提及工程事故情况，从而使一些宝贵的经验教训封锁在小范围内，非常不利于技术交流和进步，建议从政府层面推进事故分析与经验交流工作。

(4) 关于地质模型的建立问题。中国标准《水力发电工程地质勘察规范》（GB 50287—2016）中未提及地质建模的问题，但电建集团在内部推动三维协同设计工作，各大设计院均已在一些重点项目开展三维协同设计工作；美国标准《岩土工程勘察》（EM 1110 - 1 - 1804）强烈推荐从项目查勘与可行性研究阶段开始，采用 GIS 建立地质模型，并随项目进展情况对模型进行修改完善，当然，项目是否运用 GIS 取决于项目的规模和复杂程度以及可用数据的实用性；美国标准《工程地质办公手册》强调地质设计数据必须以三维形式呈现才会对设计和施工过程产生最大效益。

(5) 中美标准在原始资料引用和提交方面要求差异较大。中国标准重视勘察工作布置和工程地质问题的分析评价，但报告编写过程中对原始资料引用、可靠性分析及计算参数来源等交代较简单，且一般不随地质报告提交钻孔、平洞、物探、试验等原始资料附件；美国标准很重视原始数据的准确性和完备性，要求对原始资料来源、资料可靠性、及取值分析过程进行详细交代，报告提交及审查过程中，一般要求提供全过程的分析计算资料和钻孔、平洞、物探、试验等原始资料附件。中国标准在这方面有必要向美国标准学习，并加强此方面的质量控制。

(6) 中国标准在编写或修订过程中，应重视环境保护方面的要求，可以借鉴美国标准环境保护方面的表述，在野外勘探作业，有害有毒物质检测，废水和废物排放，岩土水取样及样品保管、运输和处理，勘探点回填等方面，纳入环境保护方面的条款，并强调除应遵守标准对环境保护方面的一般要求外，尚应尊重不同国别当地政府和环保部门对环境保护方面的专门性要求。

水电水利工程物探规程对比研究

编制单位：中国电建集团贵阳勘测设计研究院有限公司

专题负责人　王　波
编　　写　尹学林　王　波
校　　审　郭维祥　楼加丁
核　　定　龙起煌　杨益才
主要完成人　王　波　尹学林　黄　易

1 引用的中外标准及相关文献

根据电建集团针对国际业务的发展战略，在集团所属公司内广泛开展了水电行业中外标准对照研究工作。根据相关安排，本课题为水电水利工程物探中美标准对比，即以中国标准《水电水利工程物探规程》（DL/T 5010—2005）为基础进行对比研究，由于暂未收集到欧盟和日本的相关工程物探标准，因此，本报告仅限于与美国相关环境工程物探手册进行对比，收集到的美国环境工程物探相关标准为美国陆军工程兵团（USACE）的《工程物探和环境调查》（EM 1110－1－1802）和美国垦务局（USBR）的《工程地质现场手册》。

本文引用主要对标文件见表1，中美标准工程物探主要技术方法及综合应用对比见表2。

表1　　引用主要对标文件

中文名称	英文名称	编号	发布单位	发布年份
水电水利工程物探规程	Code for Engineering Geophysical Exploration of Hydropower and Water Resources	DL/T 5010—2005	国家发展和改革委员会	2005
工程物探手册	Engineering Geophysical Prospecting Manual		中国水利电力物探科技信息网	2011
工程物探和环境调查	Geophysical Exploration for Engineering and Environmental Investigations	EM 1110－1－1802	美国陆军工程兵团	1995
工程地质现场手册	Engineering Geology Field Manual		美国垦务局	2001

表2　　中美标准工程物探主要技术方法及综合应用对比

序号	对比内容	中国标准	美国标准
		《水电水利工程物探规程》（DL/T 5010—2005）	《工程物探和环境调查》（EM 1110－1－1802）
一	基本规定	前言、范围、规范性引用文件、术语、符号、总则	第1章 简介、附录A参考文献、附录B词汇
二	物探方法	一般规定	第2章 物探方法运用和项目团队职责
1	电法勘探		第4章 电法和电磁法
1.1	电测深法	勘探方法种类、各方法应用条件、各方法仪器设备、测线网布置、试验工作、各种电法的现场工作、各种方法的数据处理和资料解释	4.4 电阻率法
1.2	电剖面法		
1.3	高密度电法		
1.4	自然电场法		4.2 自然电位法
1.5	充电法		4.3 等电位和充电法
1.6	激发极化法		4.5 激发极化法
1.7	大地电磁法		4.7 频域电磁法
1.8	瞬变电磁法		4.6 电阻率测深——时域电磁法

续表

<table>
<tr><th rowspan="2">序号</th><th rowspan="2">对比内容</th><th>中 国 标 准</th><th>美 国 标 准</th></tr>
<tr><th>《水电水利工程物探规程》(DL/T 5010—2005)</th><th>《工程物探和环境调查》(EM 1110-1-1802)</th></tr>
<tr><td>2</td><td>探地雷达</td><td>雷达方法种类、应用条件、仪器设备、测线布置、现场工作、数据处理和资料解释</td><td>4.10 探地雷达</td></tr>
<tr><td>3</td><td colspan="2">地震勘探</td><td>第 3 章 地震勘探工作</td></tr>
<tr><td>3.1</td><td>地震折射法</td><td rowspan="3">勘探方法种类、各方法应用条件、仪器设备、试验工作、测线网布置、各种方法的现场工作、各种方法的数据处理和资料解释</td><td>3.2 地震折射</td></tr>
<tr><td>3.2</td><td>地震反射法</td><td>3.3 地震反射</td></tr>
<tr><td>3.3</td><td>瑞雷波法</td><td>3.4 面波法</td></tr>
<tr><td>4</td><td colspan="2">弹性波测试</td><td></td></tr>
<tr><td>4.1</td><td>声波测试法</td><td rowspan="2">测试方法种类、各方法应用条件、仪器设备、现场布置、各种方法的现场工作、各种方法的数据处理和资料解释</td><td>7.1 一般测井程序</td></tr>
<tr><td>4.2</td><td>地震波测试法</td><td>7.2 一般跨孔方法工作程序、7.3 地面与钻穿透法</td></tr>
<tr><td>5</td><td colspan="2">层析成像</td><td></td></tr>
<tr><td>5.1</td><td>声波 CT 法</td><td rowspan="3">方法种类、各方法应用条件、仪器设备、剖面布置、各种方法的现场工作、各种方法的数据处理和资料解释</td><td>无</td></tr>
<tr><td>5.2</td><td>地震波 CT 法</td><td>7.2 一般跨孔方法工作程序</td></tr>
<tr><td>5.3</td><td>电磁波 CT 法</td><td>无</td></tr>
<tr><td>6</td><td>水声勘探</td><td>应用条件、仪器设备、测线布置、现场工作、数据处理和资料解释</td><td>3.5 水底浅层剖面法</td></tr>
<tr><td>7</td><td>放射性测量</td><td>方法种类、各方法应用条件、仪器设备、测线网布置、各种方法的现场工作、各种方法的数据处理和资料解释</td><td>无</td></tr>
<tr><td>8</td><td>综合测井</td><td>方法种类、各方法应用条件、仪器设备、现场准备、各种方法的现场工作、数据处理和资料解释</td><td>第 7 章　地下地球物理勘探方法，7.1 一般测井程序</td></tr>
<tr><td>三</td><td colspan="2">物探方法综合应用</td><td></td></tr>
<tr><td>1</td><td>覆盖层探测</td><td rowspan="8">探测方法、探测技术和现场场工作、资料解释、探测精度要求</td><td>无</td></tr>
<tr><td>2</td><td>隐伏构造破碎带探测</td><td>无</td></tr>
<tr><td>3</td><td>软弱夹层探测</td><td>无</td></tr>
<tr><td>4</td><td>岩体风化、卸荷带探测</td><td>无</td></tr>
<tr><td>5</td><td>滑坡体探测</td><td>无</td></tr>
<tr><td>6</td><td>喀斯特探测</td><td>无</td></tr>
<tr><td>7</td><td>地下水探测</td><td>无</td></tr>
<tr><td>8</td><td>防渗线探测</td><td>无</td></tr>
</table>

续表

序号	对比内容	中国标准	美国标准
		《水电水利工程物探规程》(DL/T 5010—2005)	《工程物探和环境调查》(EM 1110-1-1802)
9	岩体质量检测	检测方法、检测技术和现场场工作、资料解释、检测精度要求	10.4 无损检测
10	隧洞施工掌子面超前预报	预报方法、预报技术和现场场工作、预报成果、探测精度要求	无
11	洞室松弛圈探测	探测方法、探测技术和现场场工作、成果解释、探测精度要求	无
12	灌浆效果检测	检测方法、检测技术和现场场工作、资料解释、检测精度要求	无
13	防渗墙质量检测		无
14	堆石(土)体密度及地基承载力测试		无
15	堆石坝面板质量检测		无
16	混凝土质量检测		无
17	洞室混凝土衬砌质量检测		无
18	钢衬与混凝土接触状况检测		无
19	锚杆质量检测		无
20	水下建筑物缺陷观察		无
21	环境放射性检测		无
22	岩土物理和力学参数测试	测试方法、测试技术和现场场工作、资料解释、测试精度要求	10.1 抗震设计
23	岩土电性参数测试		无
24	质点振动参数测试		10.2 振动观测
25	其他工程参数测试		无
四	成果报告	报告编写要求、报告内容、报告校审	无
五	附录	物性参数表、物探方法应用表、物探基本公式及计算图表	各物探方法章节中

美国工程物探标准非常少，收集的美国陆军工程兵团《工程物探和环境调查》（EM 1110-1-1802）的英文版可从相关网站上下载，其内容编排采用手册格式，与正规条文式标准相比存在叙述、举例说明、图解等方式，条理性差，但启发性好，有利于初入行者。

中国标准《水电水利工程物探规程》（DL/T 5010—2005）是一部较严谨的技术规程，采用条文方式进行规定，没有举例说明和图解，同时对工程物探在水电水利工程中的综合应用进行了系统规定。

为阅读方便、直观，本文以中国标准《水电水利工程物探规程》（DL/T 5010—2005）的章节号进行编排，并按照章节条款顺序逐条进行对照，未查到对应美国标准资料的条目亦予以保留，在美国标准名称后表述为“未查到相关规定”；对比内容包括物探方法技术（各方法应用范围、适用条件、物探仪器、现场工作、数据处理与资料解释）、综合物探（探测各种地质目标的物探方法技术）、成果报告等方面，每个条款后进行主要异同点分析，形成初步结论，并统一归类为：“基本一致、有差异、差异较大、未查到相关规定”等层次表述。

2　主要研究成果

本文从水电工程物探工作适用范围、应用条件、物探仪器、现场工作、数据处理和资料解释、综合应用、成果报告等方面，以中国标准《水电水利工程物探规程》（DL/T 5010—2005）为基础，与美国标准《工程物探和环境调查》（EM 1110-1-1802）进行了对比研究，取得主要研究成果如下：

2.1　整体性差异

中国标准体系的建设主要由政府部门主导，各行业主管部门牵头，组织经验丰富的大型企事业单位、科研院所或行业协会进行制定，是一个自上而下的过程，每个行业均有自己的行业标准，这也在一定程度上出现了“重复建设”问题。《水电水利工程物探规程》（DL/T 5010—2005）属于电力行业标准，由于水电工程一般具有勘测范围大、勘探精度高、工程等级高等特点，因此该标准具有较强的针对性，其要求普遍高于其他行业标准，仅适用于水电水利工程各阶段的勘测、测试、检测和监测。

美国标准体系的建设一般由民间社会团体或部门、企业主导，是一自下而上的过程，制定的标准体系具有多元化特点，工程物探在美国工程建设领域标准仅有美国陆军工程兵团《工程物探和环境调查》（EM 1110-1-1802）一个标准。

另外，中国标准中量值单位均为国际单位，相关条款较为刚性，一般只提要求，不解释（个别条款有条文说明）；而美国标准中量值单位基本为英制，没有相关条款，采用叙述和讲解形式，有时采用工程举例阐述，十分详细。

2.2　适用范围差异

中国标准《水电水利工程物探规程》（DL/T 5010—2005）仅适用于电力行业水电水

利工程领域中的工程物探勘探和检测工作；而美国标准《工程物探和环境调查》（EM 1110－1－1802）适用于各个行业，没有行业的区分和限制。

2.3 主要差异及应用注意事项

中美两国工程物探标准的最大差异是应用范围和方法类别，中国标准严格限定在水电水利工程领域，物探技术的应用较精细、应用技术较具体，包括了水电水利工程规划、勘察、施工、运行阶段的地质勘察、工程检测；而美国标准基本涵盖工程和环境领域，主要立足在勘探和环境调查方面。两国标准在应用范围方面的差异，导致物探方法的分类划分存在差异，美国标准《工程物探和环境调查》（EM 1110－1－1802）的物探方法分为地震、电法和电磁法、重力、磁法、地下地球物理方法、航空物探方法、遥感测量、工程振动调查，适用于大的区域环境调查；而中国标准《水电水利工程物探规程》（DL/T 5010—2005）中的物探方法分为电法（包含电磁法）、探地雷达、地震勘探、弹性波测试、层析成像、水声勘探、放射性测量、综合测井，由于两标准存在10年的时间差，物探的方法技术又发展较快，造成两国标准物探方法名称的差异。

2.3.1 电法勘探

中美标准在电法勘探方法上，没有一一对应的标准，美国标准将电法、电磁法、探地雷达作为一章，先介绍岩石电性特性、方法分类，并分章节依次介绍了自然电位、等电位和充电法、电阻率法、激发极化法、时间域电磁法、频率域电磁法、地电导率、金属探测器勘探、探地雷达、甚低频法。中国标准《水电水利工程物探规程》（DL/T 5010—2005）在5.2节规定了电法勘探的方法为电测深法、电剖面法、高密度电法、自然电场法、充电法、激发极化法、可控源音频大地电磁测深法、瞬变电磁法，将工程中应用较广泛的探地雷达专门作为一种方法进行规定，这与近年来雷达技术在勘探和检测中广泛应用相一致，体现了物探技术的发展。

（1）电测深法和电剖面法。美国标准《工程物探和环境调查》（EM 1110－1－1802）的4.4节电阻率法中包含了电剖面和电测深两种方法，供电极距与深度的关系为3：1，装置主要以对称四极为主，供电极距采用对数坐标系下的等间距，总之，美国标准通过原理、技术叙述、仪器、现场工作、数据分析和解释、举例说明，基本将电测深和电剖面法的主要技术和参数作了规定，便于初学者和非专业人员理解，但主要技术参数欠明确。

中国标准《水电水利工程物探规程》（DL/T 5010—2005）直接对电测深和电剖面的应用范围、适用条件、仪器、测线布置、装置形式、最佳电极距、最佳供电电流、供电时间、电极方向、现场测试、数据处理和资料解释进行了规定，技术参数和现场操作规定较明确，但不便于初学者和非专业人员理解。

（2）高密度电法。这是20世纪末才发展起来的一种新方法，美国标准《工程物探和环境调查》（EM 1110－1－1802）是1995年版，当时该方法还没有广泛应用。

中国标准《水电水利工程物探规程》（DL/T 5010—2005）没有对多路转换器和控制参数作具体规定，但以装置、布极、现场测试和资料处理进行了规定。

（3）自然电场法。美国标准《工程物探和环境调查》（EM 1110－1－1802）称其为自然电位法，对使用不极化电极和导线绝缘性的规定与中国标准相一致，但在仪器使用方面要求较宽松，可以使用一般的毫伏电压表，没有对多电极的极差和测试过程中的误差进行控制的规定。

中国标准《水电水利工程物探规程》（DL/T 5010—2005）规定了不同条件采用的测量方法，极差绝对值不超过 2mV，收工时不超过 5mV，同时规定了控制现场测量误差的方法、多基点联测要求。这些规定较具体，具有较强的质量控制作用。

（4）充电法。美国标准《工程物探和环境调查》（EM 1110-1-1802）称其为等电位和充电法，手册介绍了充电法的原理和安置充电极的例子，通过两个例子说明了充电法的应用情况，规定了无穷远极距离充电体的距离为充电体区块直径的 5～10 倍。

中国标准《水电水利工程物探规程》（DL/T 5010—2005）对充电法仪器、方法、测线布置、观测误差控制、数据处理和资料解释进行了规定。该方法中美两国标准没有可比性。

（5）激发极化法。美国标准《工程物探和环境调查》（EM 1110-1-1802）在介绍里说明了激发极化的 4 个情况，然后叙述了激发极化的电测深和电剖面两种方法，最后举例说明该方法应用于地下水和环境调查中的一些技术情况。

中国标准《水电水利工程物探规程》（DL/T 5010—2005）规定了该方法的装置、极距选择、布极和漏电检查、误差控制方法和技术、数据处理和资料解释。该方法中美两国标准没有可比性。

（6）可控源音频大地电磁测深法。该方法用于工程勘察始于 20 世纪 90 年代中期，属于一种较新的物探方法，美国标准《工程物探和环境调查》（EM 1110-1-1802）没有相关的介绍。

中国标准《水电水利工程物探规程》（DL/T 5010—2005）规定了该方法的场源、现场测试、误差控制、检查验收、数据处理和资料解释等方面的技术。该方法中美两国标准没有可比性。

（7）瞬变电磁法。美国标准《工程物探和环境调查》（EM 1110-1-1802）通过综述介绍了瞬变电磁法的原理、各种装置的测深模型，重点说明了瞬变电磁的现场测量方法和技术、测量过程中的噪声和干扰的控制，最后规定了采用标准测深曲线进行资料解释。

中国标准《水电水利工程物探规程》（DL/T 5010—2005）规定了该方法装置、现场工作、观测误差控制方法和技术、数据处理和解释的方法技术和步骤。

2.3.2　探地雷达法

美国标准《工程物探和环境调查》（EM 1110-1-1802）介绍了原理以及应注意的技术问题，分析了岩土层的电磁特性，针对脉冲雷达介绍了共偏移、共中心点、透射 3 种工作模式，雷达的现场工作流程和注意事项，用图示和实例说明雷达的探测的深度影响因素和异常图像的识别方法。

中国标准《水电水利工程物探规程》（DL/T 5010—2005）规定了雷达探测的方法、应用条件、仪器、测线点布置、天线选择和仪器参数设置、雷达数据处理流程和解释方法。虽然中美两国标准均对雷达进行了说明或规定，但美国标准只是简单介绍，没有就一些技术参数作具体规定和说明，中国标准对雷达仪器和方法进行了全面系统的规定，尤其是现场工作和数据处理方面，因此，从具体技术指标上来讲，中美的探地雷达标准没有可对比性。

2.3.3 地震勘探

美国标准《工程物探和环境调查》（EM 1110-1-1802）介绍了地震勘探的原理和方法、地震仪器设备，对震源、检波器进行了一些具体说明，对地震仪进行了一些粗略规定，提说明的仪器设备主要为20世纪80—90年代的产品。

（1）地震折射。美国标准《工程物探和环境调查》（EM 1110-1-1802）采用图示和公式详细地介绍了各种地震折射观测系统的原理、主要参数、图解方法，主要包括截距时间法、互换法、射线追踪法、折射界模型、现场工作，同时还详细介绍了剪切波测试方法和技术。地震折射是该手册中对物探方法说明较详细的一种方法，虽然没有进行参数的具体规定，但其图解和公式较详细。

中国标准《水电水利工程物探规程》（DL/T 5010—2005）规定了地震折射应用条件、仪器设备、现场试验工作、测线网布置、现场准备工作、观测系统选择、激发和接收、地震记录、数据处理和资料解释等的规定，规定包括技术参数、流程和相关要求。中美地震标准的说明和规定就是典型的说明手册与技术规程的区别。

（2）地震反射。美国标准《工程物探和环境调查》（EM 1110-1-1802）采用图示和公式详细地介绍了各种地震反射观测系统的原理、主要参数、图解方法，主要包括共中心点反射（CDP）、共偏移反射（COG）、现场工作，同时还详细介绍了地震反射的数据处理流程和解释方法，由于地震反射的主要技术与计算机软件紧密相关，该标准当时在计算机还不普及的条件下很难做到像折射那样的规定和说明。

中国标准《水电水利工程物探规程》（DL/T 5010—2005）规定了地震反射应用条件、仪器设备、现场试验工作、测线网布置、现场准备工作、观测系统选择、激发和接收、地震记录、数据处理和资料解释等的规定，规定包括技术参数、流程和相关要求。中美地震反射标准在多次覆盖方面都缺少详细、有效的说明和规定，而多次覆盖是当代地震反射的核心技术。

（3）地震面波。美国标准《工程物探和环境调查》（EM 1110-1-1802）介绍了面波的原理、稳态面波的测量方法、面波频谱分析、相速度测量、现场工作，同时还详细介绍了地震面波速度的提取的反演方法、面波勘探的优缺点，该标准当时在计算机还不普及的条件下很难做到频谱分析，一般采用可控机械震源进行稳态测试。

中国标准《水电水利工程物探规程》（DL/T 5010—2005）规定了地震面波的应用条件、仪器设备、现场试验工作、测线网布置、现场准备工作、观测系统选择、激发和接收、地震记录、数据处理和资料解释等的规定，规定包括技术参数、流程和相关要求。中国标准的编制时间比美国标准晚10年，基本进入计算机时代，所以中国标准主要推荐瞬态面波，这种方法工作效率高。

2.3.4 弹性波测试

美国标准《工程物探和环境调查》（EM 1110-1-1802）没有系统介绍弹性波测试的内容，但在地震勘探、地下地球物理探测的章节中有相关内容的介绍。弹性波测试是中国水电水利工程中为快速检测岩体和混凝土体质量而产生的一种方法，主要是利用介质的声波、地震波速度和探测缺陷的原理来进行检测和测试。美国手册主要应用于前期勘探和环境调查，因此，没有该方面内容的详细介绍。

(1) 声波法。美国标准《工程物探和环境调查》(EM 1110-1-1802) 只在第7章进行了方法介绍，没有相关具体的规定和说明。

中国标准《水电水利工程物探规程》(DL/T 5010—2005) 规定了声波的应用条件、仪器设备、现场试验工作、现场准备、现场工作布置、现场测试、记录、数据处理和资料解释等的规定，规定包括技术参数、流程和相关要求。该方法中美两国标准没有可对比性。

(2) 地震波法。美国标准《工程物探和环境调查》(EM 1110-1-1802) 只在第3章和7.2节进行了方法介绍，没有相关具体的规定和说明。

中国标准《水电水利工程物探规程》(DL/T 5010—2005) 规定了地震波的应用条件、仪器设备、现场试验工作、现场准备、现场工作布置、现场测试、记录、数据处理和资料解释等的规定，规定包括技术参数、流程和相关要求。该方法中美两国标准没有可对比性。

2.3.5　层析成像

美国标准《工程物探和环境调查》(EM 1110-1-1802) 没有层析成像的内容。层析成像是依据计算机技术发展起来的，1995年以前，世界各国的计算机都不太普及，所以美国标准没有此方面内容。

中国标准《水电水利工程物探规程》(DL/T 5010—2005) 规定了声波CT、地震波CT、电磁波CT的应用条件、仪器设备、现场试验工作、现场准备、现场工作布置、现场测试、记录、数据处理和资料解释等的规定，规定包括技术参数、流程和相关要求。该方法中美两国标准没有可对比性。

2.3.6　水声勘探

美国标准《工程物探和环境调查》(EM 1110-1-1802) 在3.5节介绍了水底浅层剖面测量的理论和应用，以及适用条件，没有对该方法进行详细的说明和规定。

中国标准《水电水利工程物探规程》(DL/T 5010—2005) 规定了水声勘探的应用范围、适用条件、仪器设备、测线布置、现场工作、记录、数据处理和资料解释等。该方法中美两国标准没有可对比性。

2.3.7　放射性测量

美国标准《工程物探和环境调查》(EM 1110-1-1802) 没有对该方法进行详细的说明和规定。

中国标准《水电水利工程物探规程》(DL/T 5010—2005) 规定了放射性测量的方法、适用条件、仪器设备、测线布置、仪器标定、现场工作、数据处理和资料解释等。该方法中美两国标准没有可对比性。

2.3.8　综合测井

美国标准《工程物探和环境调查》(EM 1110-1-1802) 中，测井是内容最多、方法最全的，介绍的说明了测井工程流程、设备、优缺点、仪器校准、井眼效应分析等，并详细对自然电位、单电极、标准电阻率、侧向电阻率、聚焦电阻率、微电阻率、地层倾角、感应、放射性、自然伽玛、伽玛-伽玛、中子、声波、声速、全波列、水泥胶结、专用成像、井径、流体、温度、电导率、水流、完井、套管、井壁环形材料、钻孔偏斜等26种测井方法进行详细的说明和规定。

中国标准《水电水利工程物探规程》(DL/T 5010—2005)规定了电测井、声波、地震、自然伽玛、伽玛-伽玛、温度、电磁波、雷达、流体、磁化率、超声成像、钻孔电视、井径、井斜测井等方法，并对各方法的适用条件、仪器设备、现场准备工作、现场工作、检查和记录、数据处理和资料解释等进行了规定。由于该方法应用范围的差异，导致方法种类差异较大。

3 结论

(1) 美国标准《工程物探和环境调查》(EM 1110-1-1802)是一部团体标准，采用手册和介绍说明的方式，随意性较强，条理性、逻辑性不强，主要是帮助从业者了解该方面的技术。

(2) 中国标准《水电水利工程物探规程》(DL/T 5010—2005)是水电水利行业标准，严格按照国家技术标准编写规定编制，具有较强的格式、条文规定，适合于具有一定专业基础的物探技术人员使用，主要是规范工程物探质量和管理工作，每条均有较强的针对性。

(3) 中美标准的物探方法在一级分类上总体一致，如电法、电磁法、探地雷达都分属于电法和电磁法类，地震勘探的折射、反射和面波，地下物探的测井和测试类；但在详细分类上存在一定差异，主要表现在电法及二级分类上，层析成像、放射性测试在美国标准中没有涉及，而重力、磁法、航空物探在中国标准中没有涉及；中美国标准均有涉及但名称不同的有弹性波测试、振动观测。

(4) 由于没有收集到1995年以后的美国工程物探标准，本文所对比的美国标准技术落后于中国标准10年，一些物探方法的对比性较差。

(5) 美国标准大量的经验来自矿产资源调查，部分涉及工程勘探和水资源调查；中国标准本身来源中国水电水利数十年的工程经验，不仅在工程勘探和调查中发挥重大作用，并已成功应用于工程施工和运行阶段的质量检测领域，是为美国标准所不具备的。

(6) 中国标准针对物探勘探和物探检测工作专门用一章针对各种地质勘探项目和工程检测项目进行物探和检测的技术规定，具有较强的应用性。美国标准在一些方法后面采用工程实例来说明某种物探方法的使用情况。

(7) 附录和公式方面，中美国标准均进行了大量的引用，中国标准将物性参数、方法选择、公式和计算图作为附录；美国标准将参数、公式图表全部放入方法说明中，并附有大量的原理图。

水电水利工程土工试验规程对比研究

编制单位：中国电建集团成都勘测设计研究院有限公司

专题负责人 李小泉

编　　写 李小泉　罗　欣　李　建　李建国　罗启迅

校　　审 李小泉　李　建

核　　定 张　勇　张伯骥

主要完成人 李　建　罗启迅　李建国　杨凌云　杨玉娟　葛明明　鲁　涛　甘　霖　罗　欣　李小泉

1 引用的中外标准及相关文献

《水电水利工程土工试验规程》(DL/T 5355—2006)、《水电水利工程粗粒土试验规程》(DL/T 5356—2006)是由国家发展和改革委员会颁布的适用于电力行业工程质量控制的推荐性标准，适用于水利水电工程测定地基、边坡、地下洞室、填筑料等基本工程性质的室内和现场试验，以及对施工质量的控制和检验。上述两个标准包含了绝大部分无机土土工试验的试验项目，基本满足本行业的工程质量要求。

考虑到国外水电工程技术标准种类多，且与中国标准体系有较大差别，根据电建集团的工作安排，本文拟主要就《水电水利工程土工试验规程》(DL/T 5355—2006)、《水电水利工程粗粒土试验规程》(DL/T 5356—2006)与美国水电技术标准，包括美国材料与试验协会(ASTM)相关标准，美国陆军工程兵团(USACE)《实验室土料试验》(EM 1110-2-1906)及美国垦务局的《土工手册》。同时，本文也列入了部分与欧盟国家标准的对比研究成果供参考。

就目前掌握的资料看，美国材料与试验协会标准较为齐全，但未像中国一样划分行业(如水利、电力、交通)，因此《水电水利工程土工试验规程》(DL/T 5355—2006)、《水电水利工程粗粒土试验规程》(DL/T 5356—2006)中的试验项目，并不能找到完全对应的美国材料与试验协会标准。美国陆军工程兵团《实验室土料试验》(EM 1110-2-1906)包含了13项基础土工试验项目，较有行业针对性。美国垦务局的《土工手册》为土工原理及试验方法综述，未含土工试验的操作流程。故从实用角度出发，挑选了《水电水利工程土工试验规程》(DL/T 5355—2006)、《水电水利工程粗粒土试验规程》(DL/T 5356—2006)中常见的部分试验项目与美国材料与试验协会标准进行重点对比。

为结构完整和便于阅读，本文的章节编排与《水电水利工程土工试验规程》(DL/T 5355—2006)一致，未查到资料的条目亦予以保留。

本文引用主要对标文件见表1。

表1 引用主要对标文件

中文名称	英文名称	编号	发布单位	发布年份
水电水利工程土工试验规程	Specification for Soil Tests for Hydropower and Water Conservancy Projects	DL/T 5355—2006	国家发展和改革委员会	2006
水电水利工程粗粒土试验规程	Specification for Coarse - Grained Soil Tests for Hydropower and Water Conservancy Projects	DL/T 5356—2006	国家发展和改革委员会	2006
土的工程分类标准操作规程	Standard Practice for Classification of Soils for Engineering Purpose	ASTM D 2487—2006	美国材料与试验协会	
粒径分析和土参数测定用土样干法制备的操作规程	Standard Practice for Dry Preparation of Soil Samples for Particle - Size Analysis and Determination of Soil Constants	ASTM D 421-85	美国材料与试验协会	2007
岩土含水率(按质量计)试验室测定试验方法	Standard Test Methods for Laboratory Determination of Water (Moisture) Content of Soil and Rock by Mass	ASTM D 2216-50	美国材料与试验协会	

续表

中文名称	英　文　名　称	编　号	发布单位	发布年份
直接加热法测定土中含水率（水分）的试验方法	Standard Test Method for Determination of Water (Moisture) Content of Soil By Direct Heating	ASTM D 4959－07	美国材料与试验协会	
环刀法测定土原位密度和容重的试验方法	Standard Test Method for Density and Unit Weight of Soil in Place by the Sleeve Method	ASTM D 4564－08	美国材料与试验协会	
灌砂法测定土现场密度和容重的试验方法	Standard Test Method for Density and Unit Weight of Soil in Place by Sand－Cone Method	ASTM D 1556－07	美国材料与试验协会	
试坑灌水法岩土体密度原位测试	Standard Test Method for Density of Soil and Rock in Place by the Water Replacement Method in a Test Pit	ASTM D 5030－04	美国材料与试验协会	
土颗粒分析的试验方法	Standard Test Method for Particle－Size Analysis of Soils	ASTM D 422－63	美国材料与试验协会	2007
土壤中细于200号筛（75μm）粒料含量试验方法	Standard Test Methods for Amount of Material in Soils Finer than No. 200 (75－μm) Sieve	ASTM D 1140－00	美国材料与试验协会	2006
用标准功[12400ft·lbf/ft^3(600kN·m/m^3)]测土的室内击实特性的试验方法	Standard Test Methods for Laboratory Compaction Characteristics of Soil Using Standard Effort [12400ft·lbf/ft^3(600kN·m/m^3)]	ASTM D 698－07el	美国材料与试验协会	
重型击实[56000ft·lbf/ft^3(2700kN·m/m^3)]测土的室内击实特性试验方法	Standard Test Methods for Laboratory Compaction Characteristics of Soil Using Modified Effort [56000ft·lbf/ft^3(2700kN·m/m^3)]	ASTM D 1557－09	美国材料与试验协会	
黏性土不固结不排水三轴压缩试验的试验方法	Standard Test Method for Unconsolidated－Undrained Triaxial Compression Test on Cohesive Soils	ASTM D 2850－03a	美国材料与试验协会	2007
化学灌浆土无侧限抗压强度指数的试验方法	Standard Test Method for Unconfined Compressive Strength Index of Chemical－Grouted Soils	ASTM D 4219－08	美国材料与试验协会	
土固结排水直剪试验的标准试验方法	Standard Test Method for Direct Shear Test of Soils Under Consolidated Drained Conditions	ASTM D 3080－04	美国材料与试验协会	
黏性土的膨胀或湿陷的标准试验方法	Standard Test Methods for One－Dimensional Swell or Collapse of Cohesive Soils	ASTM D 4546－08	美国材料与试验协会	

2 主要研究成果

2.1 整体性差异

本文从适用范围、试验仪器、技术指标、控制条件、试验资料整理和强制性条文等方面，主要就中国标准《水电水利工程土工试验规程》（DL/T 5335—2006）、《水电水利工程粗粒土试验规程》（DL/T 5356—2006）与美国材料与试验协会标准进行了对比研究，取得的主要研究成果如下：

（1）中国标准《水电水利工程土工试验规程》（DL/T 5355—2006）、《水电水利工程粗粒土试验规程》（DL/T 5356—2006）仅适用于水电水利行业，能够满足本行业需求并严于一般的工民建标准，具有明显的行业针对性；而美国标准为跨行业的通用标准，二者最大的差异在于所处的标准建设体系。中国标准《水电水利工程土工试验规程》（DL/T 5355—2006）、《水电水利工程粗粒土试验规程》（DL/T 5356—2006）是单一的试验操作规程，而美国标准还包含参数整理及应用等多个方面，体现了“大岩土”勘察设计一体化的思路。如填筑土料的压实度部分，中国标准将其放在了设计类标准中而非土工类标准中。

（2）对标情况按试验项目统计：其中已对比试验项目 23 项，占总数的 68%；在已对比项目中对比结论为“基本一致”的项目 18 项，占已对比项目的 78%；在已对比项目中对比结论为“差异小”的项目 3 项，占已对比项目的 13%；在已对比项目中对比结论为“差异较大”的项目 2 项，占已对比项目的 9%。

从统计情况可看出：①基本一致和差异较小的试验项目占较大比例，而且是工程中常见的主要项目，能够满足中外工程要求和运用；②对差异较大的试验项目，可通过试验设备的配置，加强技术人员的培训，改善试验环境也能够满足中外工程要求和运用；③对于未查到试验项目，中国也属较少开展的试验项目。

由于中美标准试验原理和方法差别不大，如按照各自的试验套路和系统，均能获取可靠的试验结果。以当前各类型试验所配备的设备和现有试验人员的技术水平，经学习和培训后，能够满足按美国标准要求进行试验；或者可直接按中国标准进行试验，再将试验成果转换相应的美国标准提供给外方机构。

（3）中国标准《水电水利工程土工试验规程》（DL/T 5355—2006）、《水电水利工程粗粒土试验规程》（DL/T 5356—2006）对试验仪器要求不详尽，尤其粗粒土试验仪器部分，影响不同单位试验成果的可比性；美国标准对试验仪器的要求有详细规定，不同种类的试验能更好衔接和配套，试验成果的针对性及可比性亦更好。

2.2 适用范围差异

中国标准《水电水利工程土工试验规程》（DL/T 5335—2006）、《水电水利工程粗粒土试验规程》（DL/T 5356—2006）仅适用于电力行业水电水利工程领域中测定地基、边坡、地下洞室、填筑料等基本工程性质的室内和现场试验，以及对施工质量的控制和检验。研究对象限定于无机土。

美国标准的每个试验项目就是一则标准，每个试样项目有对应的适用范围，适用范围往往更灵活、广泛。

2.3　主要差异及应用注意事项

2.3.1　土的工程分类

中美标准在土的工程分类中虽分类原则相同，粗细界限相同，但仍存在一些细部差异。首先美国标准《土的工程分类标准操作规程》（ASTM D 2487 - 2006）标准适用范围更广泛，天然土壤均可，涉及矿物质及有机矿物质土壤分类，也可用于如页岩、黏土泥岩、贝壳、岩石碎屑等材料都适用；中国标准《水电水利工程土工试验规程》（DL/T 5355—2006）只适用于无机土。

中国标准《水电水利工程土工试验规程》（DL/T 5355—2006）与美国标准《土的工程分类标准操作规程》（ASTM D 2487 - 2006）的筛径略有不同；美国标准《土的工程分类标准操作规程》（ASTM D 2487 - 2006）规定为方孔筛，中国标准《水电水利工程土工试验规程》（DL/T 5355—2006）未规定，但现实中大多数情况下采用圆孔筛。

中国标准《水电水利工程土工试验规程》（DL/T 5355—2006）规定碎石（中砾石）最大粒径为200，而美国标准《土的工程分类标准操作规程》（ASTM D 2487 - 2006）规定中砾石（碎石）最大粒径为300。中国标准《水电水利工程土工试验规程》（DL/T 5355—2006）以0.075mm和60mm为界将粒组划分为巨粒、粗粒、细粒三类；美国标准《土的工程分类标准操作规程》（ASTM D 2487 - 2006）以0.075mm为界只分为粗、细两类。

由于美国标准《土的工程分类标准操作规程》（ASTM D 2487 - 2006）没有划分巨粒组，将砾石含量大于50%的土定名为砾石或砾类土，砂含量大于50%的土定名为砂类土。值得注意的是：①在美国标准中是先按照小于0.075mm颗粒的含量为小于5%、5%～12%和大于12%三个级别将砾类土和砂类土分为纯砾石（砂）、含粉土（或黏土）砾（砂）和粉土质（或黏土质）砾（砂），而中国标准《水电水利工程土工试验规程》（DL/T 5355—2006）对砾（砂）分细类的界限范围为小于5%、5%～15%和大于15%；②中国标准《水电水利工程土工试验规程》（DL/T 5355—2006）将$C_u \geqslant 5$且$C_c = 1 \sim 3$作为级配良好的条件，而美国标准中将$C_u \geqslant 4$且$C_c = 1 \sim 3$和$C_u \geqslant 6$且$C_c = 1 \sim 3$分别作为砾类土和砂类土级配良好的条件。

中美标准细粒土分类采用的塑性图有差异，中国标准《水电水利工程土工试验规程》（DL/T 5355—2006）显得更简洁使用方便，美国标准《土的工程分类标准操作规程》（ASTM D 2487 - 2006）的塑性图划分有过渡区域，稍显复杂，使用时应注意转折点和斜线方程。

2.3.2　土样和试样制备

中美标准土样和试样制备的目的有区别：中国标准《水电水利工程土工试验规程》（DL/T 5355—2006）土样制备的目的主要是制备各种力学试样，适用于粒径小于20mm的各类土。美国标准《粒径分析和土参数测定用土样干法制备的操作规程》（ASTM D 421 - 85）土样制备的目的在于进行颗粒粒径分析和土参数（界限含水率）测定。适用于细粒土试样。

2.3.3 密度试验-7.1 环刀法

中美标准研究对象的侧重点不同：美国标准《环刀法测定土原位密度和容重的试验方法》（ASTM D 4564－08）侧重于土堤、公路以及已压实土等填筑料的密度测定，而中国标准《水电水利工程土工试验规程》（DL/T 5355—2006）适用于原状细粒类土的密度测定。

2.3.4 比重试验

中美规程对比重的定义有差异：中国标准《水电水利工程土工试验规程》（DL/T 5355—2006）未在正文中提及比重的定义，但在条文说明中将土的比重定义为“土在105～110℃温度下烘至恒量时的质量与同体积4℃时纯水质量之比值”。美国标准ASTM D 854－2010在术语中比重的定义为“一种土壤颗粒的单位体积与相同体积的无气体20℃蒸馏水质量之比”。

两者试验的程序和步骤大值相同，在细节处理上略有差异：中国标准《水电水利工程土工试验规程》（DL/T 5355—2006）规定的试验样品质量大约为15g，ASTM D 854未具体规定。采用煮沸法脱气时，中国标准《水电水利工程土工试验规程》（DL/T 5355—2006）规定煮沸时间自悬液煮沸起砂类土不应少于30min，黏土、粉土不应少于1h。美国标准ASTM D 854规定只采用加热法（沸腾）时，在土壤水混合物完全沸腾后至少应保持2h。美国标准ASTM D 854对操作的描述上更详细，并提示了某些注意事项。美国标准ASTM D 854试验程序中有热平衡这一步，尽量排除了温度的影响因素，使试验结果更精确。美国标准ASTM D 854推荐称量试验后干土壤的质量，这样更能提供更加一致、可重复的结果。

美国标准ASTM D 854提及对于含有大于4.75mm（4号）筛子的粒子的土壤颗粒，应采用试验法美国标准ASTM C 127确定这些颗粒的比重，并计算平均比重。中国标准《水电水利工程土工试验规程》（DL/T 5355—2006）虽然也有测试5mm以上土颗粒比重的方法（浮称法、虹吸筒法）但并未提及加权比重的计算。

2.3.5 击实试验（轻型）

出于对仪器难免有尺寸误差的考虑，美国标准《用标准功［12400ft·lbf/ft^3(600kN·m/m^3)］测土的室内击实特性的试验方法》（ASTM D 698－07el）中还分别给出了击实仪的各技术指标的正负误差值，在中国标准《水电水利工程土工试验规程》（DL/T 5355—2006）中没有相关规定。

对于试验所用仪器设备，中国标准《水电水利工程土工试验规程》（DL/T 5355—2006）只列出了主要的仪器，美国标准《用标准功［12400ft·lbf/ft^3(600kN·m/m^3)］测土的室内击实特性的试验方法》（ASTM D 698－07el）中很详细对所需仪器的组件、尺寸大小、形状等进行了阐述，有些还附上平面图和立面图。美国标准《用标准功［12400ft·lbf/ft^3(600kN·m/m^3)］测土的室内击实特性的试验方法》（ASTM D 698－07el）对夯锤的规定描述全面，分别对手动夯和机械夯有详细的要求，并规定如果当承冲面磨损或凸起的程度过大，造成直径超出（2.00±0.01）in［(50.800±0.254)mm］的范围，应更换夯锤。中国标准《水电水利工程土工试验规程》（DL/T 5355—2006）中没有相关条文规定。

中国标准《水电水利工程土工试验规程》（DL/T 5355—2006）中对于试样含水率的调制方法的选择，是用干法制样还是湿法制样，提出宜根据土性及实际情况予以选用。因为压实试样含水率的调制方法，对黏粒含量愈大的土及一些特殊的土影响尤为显著。美国标准《用标准功［12400ft・lbf/ft^3（600kN・m/m^3）］测土的室内击实特性的试验方法》（ASTM D 698-07el）中则是将湿法制样作为首选。

由于击实完成后土面的情况具有不确定性，中国标准《水电水利工程土工试验规程》（DL/T 5355—2006）规定击实完成后，土面超出试样筒高度应小于6mm。美国标准《用标准功［12400ft・lbf/ft^3（600kN・m/m^3）］测土的室内击实特性的试验方法》（ASTM D 698-07el）规定将击后余土高出试模顶部6mm以上的击点作为放弃点。同时，规定如果第三层的最后一次夯击使得夯锤底部陷入试模顶面之下，也要放弃这个击实点。除非土非常柔韧，在修整过程中能够轻易地使之高出试模顶部。两相比较，美国标准《用标准功［12400ft・lbf/ft^3（600kN・m/m^3）］测土的室内击实特性的试验方法》（ASTM D 698-07el）的规定更全面。

手动夯的夯击模式，美国标准《用标准功［12400ft・lbf/ft^3（600kN・m/m^3）］测土的室内击实特性的试验方法》（ASTM D 698-07el）中图文并茂地阐述了规则，目的在于使试样土体受力均匀。中国标准《水电水利工程土工试验规程》（DL/T 5355—2006）没有相应的规定。

2.3.6　击实试验（重型）

中国标准《水电水利工程土工试验规程》（DL/T 5355—2006）适用于黏性粗粒类土，而美国标准《重型击实［56000ft・lbf/ft^3（2700kN・m/m^3）］测土的室内击实特性试验方法》（ASTM D 1557-09）不仅适用于黏性粗粒类土，也适用于细粒土、无黏性土，其适用范围更广。

美国标准《重型击实［56000ft・lbf/ft^3（2700kN・m/m^3）］测土的室内击实特性试验方法》（ASTM D 1557-09）有三种击实方法，其中方法A、方法B适用于通过4.75mm（9.5mm）筛的筛余量不超过总质量25%的情况，若筛余量在5%～25%，必须经行超径修正。因此，方法A、方法B有严格的条件限制，适用于样本数量较小，只能使用较小击实筒的情况。方法C只要0.75in（19.0mm）筛的筛余土料质量不超过30%就可以使用。中国标准《水电水利工程土工试验规程》（DL/T 5355—2006）击实筒只有一种尺寸，击实方法对应于美国标准《重型击实［56000ft・lbf/ft^3（2700kN・m/m^3）］测土的室内击实特性试验方法》（ASTM D 1557-09）规程方法C。

中国标准《水电水利工程土工试验规程》（DL/T 5355—2006）和美国标准《重型击实［56000ft・lbf/ft^3（2700kN・m/m^3）］测土的室内击实特性试验方法》（ASTM D 1557-09）试验仪器基本相同，但精度要求有差别。中国标准《水电水利工程土工试验规程》（DL/T 5355—2006）使用台秤，美国标准《重型击实［56000ft・lbf/ft^3（2700kN・m/m^3）］测土的室内击实特性试验方法》（ASTM D 1557-09）使用更精确的天平，因此精度要求更高。另外，美国标准《重型击实［56000ft・lbf/ft^3（2700kN・m/m^3）］测土的室内击实特性试验方法》（ASTM D 1557-09）规程中的主要仪器还包括烘箱、直尺、搅拌工具等，中国标准《水电水利工程土工试验规程》（DL/T 5355—2006）中虽未列入但在实际中也是常用仪器。

2.3.7 黄土湿陷性试验

中国标准《水电水利工程土工试验规程》(DL/T 5355—2006)中的黄土湿陷性试验,针对原状黄土测试湿陷性,而美国标准《黏性土的膨胀或湿陷的标准试验方法》(ASTM D 4546 - 08)针对室内压实或未扰动黏性土,其适用范围更广。

中国标准《水电水利工程土工试验规程》(DL/T 5355—2006)由于测试原状黄土结构湿陷,其要求原状土,且环刀直径相对大些,其余仪器要求基本一致。

中国标准《水电水利工程土工试验规程》(DL/T 5355—2006)要求保持天然含水状态和天然结构,而美国标准用于测量已压实或未扰动黏性土,可用试验室击实的或"原状"试件进行试验,而且美国标准《黏性土的膨胀或湿陷的标准试验方法》(ASTM D 4546 - 08)对于超径颗粒所占比例较高(4.75mm 以上的颗粒超过 5%),要在密度与含水率的修正条件下制样。其修正后密度变小,其湿陷偏小。

中国标准《水电水利工程土工试验规程》(DL/T 5355—2006)变形稳定后施加下一级压力,在要求的最大压力下变形稳定后,向容器内注水,而美国标准《黏性土的膨胀或湿陷的标准试验方法》(ASTM D 4546 - 08)每隔 5~10min,向各试件增加一次荷载,但总加荷时间不得超过 1h,以免试件变干,加水前的稳定时间有较大差异。加水后中国标准《水电水利工程土工试验规程》(DL/T 5355—2006)按每 1h 测读一次变形读数,直至变形稳定,美国标准《黏性土的膨胀或湿陷的标准试验方法》(ASTM D 4546 - 08)直到完成主膨胀或湿陷体积变化,且次膨胀/湿陷阶段的变形读数变化很小为止,差异小。

中国标准《水电水利工程土工试验规程》(DL/T 5355—2006)同时提供了双线法,美国标准《黏性土的膨胀或湿陷的标准试验方法》(ASTM D 4546 - 08)无双线法;美国标准《黏性土的膨胀或湿陷的标准试验方法》(ASTM D 4546 - 08)提供了单试件的单点先荷后湿试验与先湿后荷试验法,而中国标准《水电水利工程土工试验规程》(DL/T 5355—2006)无对应方法。

在结果整理上,中国标准《水电水利工程土工试验规程》(DL/T 5355—2006)计算原始试样高度下的变形系数,美国标准《黏性土的膨胀或湿陷的标准试验方法》(ASTM D 4546 - 08)计算天然压缩变形后的变形系数。

中美湿陷性试验标准针分别针对黄土与室内压实或未扰动黏性土,采用的试验仪器差别小,但试验稳定标准与数据后处理的计算方法不同,导致变形系数等试验成果差异较大,建议二者不要相互套用。

2.3.8 三轴剪切(CU)试验

对于标准的适用范围,美国标准 ASTM D 4767 - 2011 只适用于黏性土,中国标准《水电水利工程土工试验规程》(DL/T 5355—2006)适用于细粒类土和粒径不大于 20mm 的粗粒土。由于适用范围的不同,在中国标准《水电水利工程土工试验规程》(DL/T 5355—2006)中多一条砂类土的试样制备的小节。

固结稳定判别,美国标准 ASTM D 4767 - 2011 中是按照 D 2435 中的程序确定。在中国标准《水电水利工程土工试验规程》(DL/T 5355—2006)的条文说明中提出了有两种方法:一种是以固结排水量达到稳定作为固结标准;另一种是以孔隙水压力完全消散作为固结标准。在一般试验中，都以孔隙水压力消散度来检验固结完成情况，但本规程规定以孔隙水压力消散95%以上作为判别固结稳定标准。

剪切速率，美国标准ASTM D 4767－2011标准是按公式计算得出。在中国标准《水电水利工程土工试验规程》（DL/T 5355—2006）标准中规定剪切应变速率黏性土宜为每分钟应变0.05%～0.10%；其他土宜为每分钟应变0.1%～0.5%。当进行测孔隙水压力（$\overline{CU}$）试验时，剪切应变速率宜为0.5%～1.0%，并开孔隙水压力阀；当进行CU试验时，关孔隙水压力阀。同时在其规程的条文说明中说明了，对不同的土类应选择不同的剪切应变速率的原因。

对于主应力差修正，美国标准ASTM D 4767－2011成果整理中同时提出了如何进过滤纸带和橡皮膜修正。其中橡皮膜修正方法是建立在橡皮膜的约束影响与试样的轴向应变之间的关系之上的。中国标准《水电水利工程土工试验规程》（DL/T 5355—2006）中没有涉及主应力差修正问题，但对橡皮膜厚度的要求比美国标准ASTM D 4767－2011所要求的要薄。橡皮膜越薄，其约束作用对试验成果的影响越小。在剪切过程中橡皮膜的约束力随试样径向应变的增加而增大，导致主应力差出现误差。橡皮膜对试样强度的影响与橡皮膜自身的尺寸、厚度、刚度等因素有关，而且又与试样的性质、试验方法等也有关系。考虑实际情况比较复杂，目前没有公认的较为准确的修正方法。

2.3.9　三轴剪切（CU）试验

对于标准的适用范围，美国标准《黏性土不固结不排水三轴压缩试验的试验方法》（ASTM D 2850－03a）只适用于黏性土，中国标准《水电水利工程土工试验规程》（DL/T 5355—2006）适用于细粒类土和粒径不大于20mm的粗粒土。由于适用范围的不同，在中国标准《水电水利工程土工试验规程》（DL/T 5355—2006）中多一条砂类土的试样制备的小节。

美国标准《黏性土不固结不排水三轴压缩试验的试验方法》（ASTM D 2850－03a）专门分了一个小节（4.节）阐述了试验意义和用途，并对试验适用的工程条件有明确的规定：当认为荷载产生较快，使得所产生的孔隙水压力在加载期间来不及消散，使得固结在此期间来不及发生，这种情况就适用于该规程；当现场的加载条件明显不同于本试验方法所用条件时，就不能按本方法测得抗压强度。

2.3.10　无侧限抗压强度试验

中国标准《水电水利工程土工试验规程》（DL/T 5355—2006）原状样与美国标准ASTM D 2166/D 2166M－2013的土样试样直径、试样高度与直径比值基本一致，中国标准《水电水利工程土工试验规程》（DL/T 5355—2006）黏性土按每分钟轴向应变1%～3%的速率施加轴向压力，如读数无峰值时，则试验应进行到轴向应变达到20%为止。而美国标准ASTM D 2166/D 2166M－2013按轴向应变在每分钟2%～50%的速率施加载荷，如读数无峰值时，则试验应进行到轴向应变达到15%为止。加荷速率和停止标准略有区别。

2.3.11　直接剪切试验

中国标准《水电水利工程土工试验规程》（DL/T 5355—2006）直剪试验的适用于细粒土或粒径小于2mm的砂土，美国标准《土固结排水直剪试验的标准试验方法》

(ASTM D 3080-04) 未对土料最大粒径作明确限制，遵循根据土料最大粒径选择剪切盒尺寸的原则。采用美国标准的欧美地区很少做直剪试验，抗剪强度指标一般采用三轴试验确定；而中国直剪试验因为设备简单操作方便，被广泛采用。

美国标准《土固结排水直剪试验的标准试验方法》(ASTM D 3080-04) 中的直剪剪切方式只有一种，相当于中国标准《水电水利工程土工试验规程》(DL/T 5355—2006) 中的固结排水剪（快剪），且对样品的排水条件有严格要求；中国标准《水电水利工程土工试验规程》(DL/T 5355—2006) 且剪切方式有四种。

中国标准《水电水利工程土工试验规程》(DL/T 5355—2006) 中剪切盒尺寸是固定的，且形状为圆形。美国标准《土固结排水直剪试验的标准试验方法》(ASTM D 3080-04) 对剪切盒没有明确的尺寸要求，且形状分为圆形和方形，上下盒的间隙可以有间隙螺丝自由调节。美国标准《土固结排水直剪试验的标准试验方法》(ASTM D 3080-04) 测定土的固结排水强度，因此，透水板作为主要设备列入，且对透水板有严格的要求，透水板的选择必须根据土的特性加以选择，一般粉土和黏土适合采用渗透系数 $5.0\times10^{-4}\sim1.0\times10^{-1}$cm/s 的中等透水板，砂土适合采用渗透系数 $5.0\times10^{-2}\sim1.0\times10^{-1}$cm/s 的粗级透水板。中国标准《水电水利工程土工试验规程》(DL/T 5355—2006) 中虽然未列入透水板，但在实际操作中透水板的选择也遵循这一原则。另外，美国标准《土固结排水直剪试验的标准试验方法》(ASTM D 3080-04) 对加载装置，百分表、天平都有明确的精度要求，比中国标准《水电水利工程土工试验规程》(DL/T 5355—2006) 要求更为严格。

中国标准《水电水利工程土工试验规程》(DL/T 5355—2006) 中试样数量为 4 个，美国标准《土固结排水直剪试验的标准试验方法》(ASTM D 3080-04) 为不少于 3 个。中国标准《水电水利工程土工试验规程》(DL/T 5355—2006) 中剪切盒内径是固定的，因此试样的尺寸是确定的。在美国标准《土固结排水直剪试验的标准试验方法》(ASTM D 3080-04) 中，由于没有规定剪切盒的具体尺寸，试样尺寸只有下限、宽厚比和根据最大粒径确定的限制。中国标准《水电水利工程土工试验规程》(DL/T 5355—2006) 土样一般采用环刀制备（砂土在剪切盒中直接制备），美国标准《土固结排水直剪试验的标准试验方法》(ASTM D 3080-04) 中除原状土样外均可在剪切盒中直接制备。两规程均将原状土和扰动土的制备分别做了要求。中国标准《水电水利工程土工试验规程》(DL/T 5355—2006) 中击实试样一般先制备环刀试样，再推入剪切盒中，而美国标准《土固结排水直剪试验的标准试验方法》(ASTM D 3080-04) 中击实试样是在剪切盒中直接制备的。美国标准《土固结排水直剪试验的标准试验方法》(ASTM D 3080-04) 要求对制备击实试样的土料必须先进行静置，且对不同的土料列出了静置时间要求。中国标准《水电水利工程土工试验规程》(DL/T 5355—2006) 中对静置时间没有明确要求，实际操作中一般根据土性及经验确定静置时间。

中国标准《水电水利工程土工试验规程》(DL/T 5355—2006) 和美国标准《土固结排水直剪试验的标准试验方法》(ASTM D 3080-04) 确定最大垂直压力的原理基本一致，均根据工程具体要求计算确定或预估。对于较硬的土，可以一次性施加法向力。对于较软的土，需要分几次逐步施加法向力，以避免破坏试件。

中国标准《水电水利工程土工试验规程》(DL/T 5355—2006) 对垂直压力的施加原

则是：按等比或等差级数施加。美国标准《土固结排水直剪试验的标准试验方法》(ASTM D 3080－04）未明确垂直压力的施加原则，但这对试验成果并无影响。中国标准《水电水利工程土工试验规程》(DL/T 5355—2006）固结稳定标准根据一般经验确定。美国标准《土固结排水直剪试验的标准试验方法》(ASTM D 3080－04）更偏重量化，要求根据分级加荷单维固结性能的试验方法绘出固结曲线，计算固结度以确定固结是否完成。相对而言中国标准《水电水利工程土工试验规程》(DL/T 5355—2006）的判定标准更加简单明确，易于操作；美国标准《土固结排水直剪试验的标准试验方法》(ASTM D 3080－04）规程更为严格，注重量化，体现了土料的个体差异，但操作较为烦琐。

中国标准《水电水利工程土工试验规程》(DL/T 5355—2006）中剪切速率定给出了经验范围值，快剪试验为0.8～1.2mm/min，慢剪和反复剪不大于0.02mm/min。美国标准《土固结排水直剪试验的标准试验方法》(ASTM D 3080－04）注重量化，剪切速率须根据公式计算得出，亦体现了不同土料的个体差异。

中国标准《水电水利工程土工试验规程》(DL/T 5355—2006）和美国标准《土固结排水直剪试验的标准试验方法》(ASTM D 3080－04）中每级法向压力下抗剪强度取值均区分有峰值和无峰值情况两种情况，有峰值情况下两规程均取峰值；无峰值情况下，中国标准《水电水利工程土工试验规程》(DL/T 5355—2006）取剪切位移为4mm时的剪应力为抗剪强度，美国标准《土固结排水直剪试验的标准试验方法》(ASTM D 3080－04）取15%～20%相对水平位移，即相应于中国标准《水电水利工程土工试验规程》(DL/T 5355—2006）中的剪切位移0.93～2.47mm，两规程的抗剪强度取值有差异。

2.3.12　膨胀试验

美国标准《黏性土的膨胀或湿陷的标准试验方法》(ASTM D 4546－08）无自由膨胀率试验标准。中美膨胀试验标准都针对室内压实或未扰动黏性土，采用的试验仪器差别亦较小；但二者对含超径颗粒土样的密度、含水率控制有差别，试验稳定标准与数据后处理的计算方法存在不同，导致结果得出的膨胀率与膨胀压力差异较大。

3　值得中国标准借鉴之处

湿化、收缩、毛细管上升高度、孔隙压力消散、无黏性土天然休止角、静止侧压力系数等试验项目未收集到美国材料与试验协会标准原文，可大致分为两种情况：一部分试验项目受美方知识产权保护，难以收集到原文，该情况下可待收集资料后，在下步工作继续补充完善；另一部分试验项目（如毛细管上升高度、无黏性土天然休止角试验）在中国也属较少开展的试验项目，或在美国的其他标准体系中或根本就未开展。

由于中国标准《水电水利工程土工试验规程》(DL/T 5355—2006)、《水电水利工程粗粒土试验规程》(DL/T 5356—2006）为行业标准，而美国材料与试验协会标准为跨行业的通用标准，美国材料与试验协会标准的研究对象范围往往更广：美国人在一个大土木的思维框架内，将土作为“建材”中的一个种类来看待；而国人偏爱细分，不但在跨行业时区别对待，同一行业试验与设计类标准也分得较开；这也是中美两国文化和思维的差异体现。中美标准也在试验意图上存在差异：如同样是环刀法测密度，中国标准《水电水利工程土工试验规程》（DL/T 5355—2006）主要针对的是原状土，而美国标准《黏性土的膨胀或湿陷的标准试验方法》（ASTM D 4564－08）针对的是填筑料；同样是土样制备，中国标准《水电水利工程土工试验规程》（DL/T 5355—2006）介绍的是各种力学试样的制备方法和步骤，而美国标准《粒径分析和土参数测定用土样干法制备的操作规程》（ASTM D 421－85）的试样制备是为了做物性试验。再者美国标准往往在试验仪器、操作细节规定得更为详细：如颗分试验中美国标准《土颗粒分析的试验方法》（ASTM D 422－63）明确规定用方孔筛，而中国标准《水电水利工程土工试验规程》（DL/T 5355—2006）并未规定；击实试验，美国标准《用标准功 [12400ft·lbf/ft^3(600kN·m/m^3)] 测土的室内击实特性的试验方法》（ASTM D 698－07el）中很详细对所需仪器的组件、尺寸大小、形状等进行了阐述，并对击实操作过程的要求还附上平面图和立面图予以说明，而中国标准《水电水利工程土工试验规程》（DL/T 5355—2006）仅对仪器和过程简单说明。对试验仪器和操作细节的详细规定，有助于试验人员的理解和操作，也有利于不同种类的试验的衔接和配套。

所有这些差异可归纳为两方面：一是技术层面的差异；二是标准意图、理念方面的差异。技术层面的差异，技术人员可以逐步熟悉；而意图、理念方面的差异则需要往更开阔的思路上思考差异的来源，从差异中找到差距。

差异来源于两国标准体系长期建设过程。中美经济产业结构和体制的差异，导致两国标准体系的建设的模式完全不同。美国的标准体系建设由民间社会团体和企业主导，是一自下而上的过程，制定的标准体系具有多元化而分散的特点，但并不失完备。而中国标准体系的建设由政府部门主导，主要由各行业主管部委领导下的行业协会或大型企事业单位、科研院所制定，是一自上而下的过程。中国的土工试验标准经历了20世纪80年代以前参考苏联标准，改革开放后，又以参考英美标准为主，其中仍有部分标准思路、细节等带有苏联标准特点，表现为在设计采用经验指标、土的分类等问题上不配套、不系统；定名、分类、一些土工专业名称未统一等。各行业又自搞一套，似曾相识又各不相容，见惯了中国各种标准中土工定名的乱象，我们就更需迫切采纳和接受欧美标准。

通过本次中美技术标准的对比，得到的以上思考和启发，也可供水电行业标准的修订参考与借鉴。

水电水利工程岩石试验规程对比研究

编制单位： 中国电建集团成都勘测设计研究院有限公司

专题负责人 汤大明

编　　写 汤大明　徐洪海　费大军　来结合　王　旭　于新凯　夏骊娜

校　　审 汤大明　李　建　王　旭　于新凯　全　海

核　　定 张伯骥　张　勇　朴　苓

主要完成人 汤大明　李　建　费大军　来结合　王　旭　于新凯　夏骊娜

1 引用的中外标准及相关文献

根据电建集团针对国际业务的发展战略，在电建集团所属公司内广泛开展了水电行业中外标准对照研究工作。根据相关安排，本文为水电水利工程岩石试验中外标准对比，即以中国标准《水电水利工程岩石试验规程》（DL/T 5368—2007）为基础进行对比研究，由于暂未收集到欧盟和日本的相关试验标准，本文仅限于与美国相关岩石试验标准进行对比，收集到的美国岩石试验相关标准有：①美国材料与试验协会（ASTM）相关试验标准；②美国陆军工程兵团（USACE）《岩石试验手册》（1993 年版）；③美国垦务局（USBR）《岩石手册 第二部分》（2009 年版）的部分（其独有部分）。

本文引用主要对标文件见表 1，中美标准岩石试验方法对比见表 2。

表 1　　引用主要对标文件

中文名称	英文名称	编号	发布单位	发布年份
水电水利工程岩石试验规程	Code for Rock Tests of Hydroelectric and Water Conservancy Engineering	DL/T 5368—2007	国家发展和改革委员会	2007
水电水利工程岩体应力测试规程	Code for Rock Mass Stress Measurements of Hydroelectric and Water Conservancy Engineering	DL/T 5367—2007	国家发展和改革委员会	2007
美国材料与试验协会标准	American Society for Testing and Materials	ASTM 编号	美国材料与试验协会	
岩石试验手册	Rock Testing Handbook (Test Standards 1993)		美国陆军工程兵团	1993
岩石手册　第二部分	Rock Manual Part 2		美国垦务局	2009

表 2　　中美标准岩石试验方法对比

<table>
<tr><th rowspan="2">序号</th><th rowspan="2">名　　称</th><th>中国标准</th><th colspan="3">美　国　标　准</th><th rowspan="2">备注</th></tr>
<tr><th>《水电水利工程岩石试验规程》(DL/T 5368—2007)</th><th>美国材料与试验协会标准</th><th>美国陆军工程兵团《岩石试验手册》</th><th>美国垦务局《岩石手册 第二部分》</th></tr>
<tr><td>1</td><td colspan="5">岩块试验</td><td></td></tr>
<tr><td rowspan="3">1.1</td><td rowspan="3">比重试验</td><td rowspan="7">DL/T 5368—2007</td><td>ASTM C 127 - 07</td><td rowspan="3">107 - 93</td><td rowspan="3">6110</td><td rowspan="3"></td></tr>
<tr><td>ASTM D 6473 - 99</td></tr>
<tr><td>ASTM D 5779 - 08</td></tr>
<tr><td rowspan="4">1.2</td><td rowspan="4">密度试验</td><td>ASTM C 127 - 07</td><td rowspan="4">108 - 93</td><td rowspan="4"></td><td rowspan="4"></td></tr>
<tr><td>ASTM D 4914 - 08</td></tr>
<tr><td>ASTM D 5195 - 08</td></tr>
<tr><td>ASTM D 5030 - 13</td></tr>
</table>

续表

序号	名　　称	中国标准	美　国　标　准			备注
		《水电水利工程岩石试验规程》（DL/T 5368—2007）	美国材料与试验协会标准	美国陆军工程兵团《岩石试验手册》	美国垦务局《岩石手册第二部分》	
1.3	含水率试验	DL/T 5368—2007	ASTM D 2216 - 10 ASTM D 5520 - 08	106 - 93	5300	
1.4	吸水率		ASTM C 127 - 07 ASTM D 6473 - 99	107 - 93	6120	
1.5	膨胀性试验（水膨胀）		ASTM D 4435 - 13el ASTM D 5335 - 08		6265	美国材料与试验协会标准为受热膨胀
1.6	耐崩解性试验		ASTM D 4644 - 08	118 - 05	6260	
1.7	单轴抗压强度		ASTM D 7012 - 07el	111 - 89	6210	
1.8	冻融试验		ASTM D 5312 - 04	119 - 05		
1.9	单轴压缩变形试验		ASTM D 7012 - 07el	201 - 89	6220	
1.10	三轴试验		ASTM D 7012 - 07el	202 - 89， 204 - 80	6240	
1.11	劈裂法抗拉强度试验		ASTM D 3967 - 08	113 - 93	6235	
1.12	轴向拉伸抗拉强度试验		ASTM D 2936 - 08	112 - 93	6230	
1.13	直剪试验		ASTM D 5607 - 08	208 - 05 203 - 80	6250	
1.14	点荷载强度试验		ASTM D 5731 - 08	121 - 05 325 - 89	6535	
2	岩体变形试验					
2.1	承压板法（刚性、柔性）	DL/T 5368—2007	ASTM D 4394 - 08（刚） ASTM D 4395 - 10（柔）		6565（刚） 6567（柔）	
2.2	狭缝法试验		ASTM D 4729 - 08		6563	
2.3	双（单）轴压缩法试验					
2.4	钻孔径向加压法试验（刚、柔）		ASTM D 4971 - 08（刚）	363 - 89（柔） 368 - 89（刚）	6570（刚） 6575 - 09（柔）	
2.5	径向液压枕法试验		ASTM D 4506 - 08el	367 - 89	6560	
2.6	水压法试验			361 - 89 366 - 89		
2.7	承压板变形蠕变试验（刚）		ASTM D 4553 - 08		6565（刚）	中国标准无此项
2.8	孔（凹）底承压板法			364 - 89		中国标准无此项
3	岩体强度试验					

续表

序号	名称	中国标准	美国标准			备注
		《水电水利工程岩石试验规程》(DL/T 5368—2007)	美国材料与试验协会标准	美国陆军工程兵团《岩石试验手册》	美国垦务局《岩石手册 第二部分》	
3.1	混凝土/岩体接触面直剪试验	DL/T 5368—2007				
3.2	岩体软弱结构面直剪试验		ASTM D 4554-02 (2006)	321-80	6540	
3.3	岩体软弱结构面直剪蠕变试验					
3.4	岩体直剪试验					
3.5	岩体三轴试验					
3.6	岩体载荷试验					
3.7	岩体单轴压缩试验		ASTM D 4555-10		6530	中国标准无此项
3.8	钻孔剪切试验				6545	中国标准无此项
4	岩石声波测试					
4.1	岩块声波测试	DL/T 5368—2007	ASTM D 2845-08	110-93	6120	
4.2	岩体声波测试					
5	岩石（体）渗透试验					中国标准无此项
5.1	气压法（岩石）		ASTM D 4525-09			
5.2	流量泵法（岩石）				6310-09	
5.3	现场压水法（岩体）		ASTM D 4630-96 (2008)	381-80	6316	
5.4	压力脉冲法（岩体）		ASTM D 4631-95 (2008)		6314	
6	岩石锚杆性能检测试验					中国标准无此项
6.1	锚杆拉拔试验方法		ASTM D 4435-13el	323-80 117-05 326-05	6580	
6.2	锚杆长期荷载保持试验		ASTM D 4436-08		6588	

美国材料与试验协会相关岩石试验标准基本收集齐全；美国陆军工程兵团《岩石试验手册》目录可从相关网站上下载，标准收集到1993年版，目录中少部分于1995年和2005年增加或修订的标准未收集到；美国垦务局《岩石手册　第二部分》(2009年版）的目录也可从相关网站上下载，但只收集到其中的几个试验项目（其中本次对标用到的只

有 2 个），绝大部分未收集到。因此，本次标准对比以美国材料与试验协会和美国陆军工程兵团标准为主，由于这两个机构在很多试验项目上，其标准内容基本一致，且《岩土试验手册》未能全部翻译，标准对比实际是以美国材料与试验协会相关试验标准为主。

为阅读方便、直观，本文采用中国标准《水电水利工程岩石试验规程》（DL/T 5368—2007）的章节号进行编排，并按照章节条款顺序逐条进行对照，未查到对应美国标准资料的条目亦予以保留，在美国标准名称后表述为“未查到相关规定”；对比内容包括适用范围、试验仪器、试验步骤、试验资料计算整理、试验记录，以及条文说明等方面，每个条款后进行主要异同点分析，形成初步结论，并统一归类为“基本一致、有差异、差异较大、未查到相关规定”等层次表述。

2　主要研究成果

本文从岩石试验适用范围、试验仪器、控制条件、试验步骤、试验资料整理、试验记录等方面，以《水电水利工程岩石试验规程》（DL/T 5368—2007）为基础，与美国材料与试验协会相关试验标准为主，以及美国陆军工程兵团《岩石试验手册》、美国垦务局《岩石手册　第二部分》中的部分试验项目进行了对比研究，取得的主要研究成果如下。

2.1　整体性差异

中国标准体系的建设由政府部门主导，主要由各行业主管部门牵头，选择经验丰富的大型企事业单位、科研院所或行业协会进行制定，是一个自上而下的过程，每个行业均有自己的行业标准，这也在一定程度上出现了“重复建设”问题。《水电水利工程岩石试验规程》（DL/T 5368—2007）属于电力行业标准，由于水电工程一般具有体量大、规模大、工程等级高、荷载级别高等特点，因此该标准具有较强的针对性，其要求普遍高于其他行业标准，仅适用于水电水利工程测定地基、围岩、边坡、填筑料等岩体基本性质的室内和现场试验，以及对施工质量的控制和检验。

美国标准体系的建设一般由民间社会团体或部门、企业主导，是一自下而上的过程，制定的标准体系具有多元化特点，美国工程建设领域标准主要有美国材料与试验协会标准、美国陆军工程师兵团标准或手册和美国垦务局标准或手册，而美国陆军工程兵团《岩石试验手册》和美国垦务局《岩石手册　第二部分》中许多试验方法是直接参见美国材料与试验协会中的相关标准，以美国材料与试验协会相关试验标准最为齐全。美国标准不像中国分行业制定，美国材料与试验协会相关试验标准为跨行业标准，所有行业只要开展该项试验均采用美国材料与试验协会（或美国陆军工程兵团、美国垦务局）相关试验标准，这样避免了“重复性建设”。

另外，中国标准中量值单位均为国际单位，相关条款较为刚性，一般只提要求，不解释（个别条款有条文说明）；而美国标准中量值单位基本为英制，条款多采用讲解叙述形式，并阐述十分详细。

2.2 适用范围差异

中国标准《水电水利工程岩石试验规程》(DL/T 5368—2007)仅适用于电力行业水电水利工程领域中的相关试验；而美国材料与试验协会(或美国陆军工程兵团、美国垦务局)相关试验标准适用于各个行业，没有行业的区分和限制。

2.3 主要差异及应用注意事项

2.3.1 室内岩块试验

(1)中美标准在比重试验、密度试验、含水率试验、吸水性试验及膨胀性试验项目上，没有一一对应的标准，美国标准多为将比重、密度、吸水性等多个指标的试验方法合为一个标准，双方差异较大。

对于物理力学性质试验中，凡是涉及试件烘干时，中国标准《水电水利工程岩石试验规程》(DL/T 5368—2007)烘干温度均为105～110℃，而美国标准均为(110±5)℃，二者略有差异，但这对试验结果几乎没有影响。

1)比重试验。收集到的与岩石比重试验相关的美国标准编号有：美国材料与试验协会的ASTM C 127、ASTM D 6473、ASTM D 5779，美国陆军工程兵团的107以及美国垦务局的6110。美国陆军工程兵团的107与美国材料与试验协会的ASTM C 127是同一标准，美国垦务局的6110没有收集到原文资料，只查到相关目录。

美国材料与试验协会的ASTM C 127主要是关于混凝土粗骨料的密度、相对密度(比重)和吸水率的试验方法要求，与中国标准《水电水利工程岩石试验规程》(DL/T 5368—2007)中岩石比重试验基本没有对应性；ASTM D 6473-99为“侵蚀控制用岩石比重和吸水性的试验方法”，ASTM D 5779-08为“表观岩石比重和受土壤侵蚀控制人造材料的标准试验方法”，与中国标准《水电水利工程岩石试验规程》(DL/T 5368—2007)有一点对应性，但对应性不好，两者采用的方法完全不同。中国标准《水电水利工程岩石试验规程》(DL/T 5368—2007)采用的是比重瓶法，美国材料与试验协会的ASTM D 6473和ASTM D 5779实际采用的是水中称量法，因此，差异较大。但中国标准在吸水性试验项目上也应用了水中称量法。

比重试验中国标准《水电水利工程岩石试验规程》(DL/T 5368—2007)采用比重瓶法，试验结果更准确可靠，尤其对于含封闭空隙的岩石，获得的是真正意义上的比重；美国材料与试验协会标准ASTM D 6473和ASTM D 5779均采用的是水中称量法，试验结果应为视比重或表观比重。美国材料与试验协会的ASTM C 127、ASTM D 6473和ASTM D 5779与中国标准《水电水利工程岩石试验规程》(DL/T 5368—2007)中吸水性试验对应性更好。

2)密度试验。收集到的与岩石密度试验相关的美国标准编号有：美国材料与试验协会的ASTM C 127、ASTM D 4914、ASTM D 5195、ASTM D 5030，美国陆军工程兵团的107。美国陆军工程兵团的107与美国材料与试验协会的ASTM C 127是同一标准。

中国标准《水电水利工程岩石试验规程》(DL/T 5368—2007)中岩石密度试验采用量积法、水中称量法或密封法。美国材料与试验协会的ASTM D 4914是用砂置换法在现场对土壤和岩石（主要是针对土）的密度进行测定，ASTM D 5195 是用放射线测量表面下深层土壤和岩石密度的现场测试方法，ASTM D 5030 试坑灌水法岩土体（主要是针对土）密度原位测试，与中国标准《水电水利工程岩石试验规程》（DL/T 5368—2007）岩石密度试验完全没有对应关系，所以不进行比较。

美国材料与试验协会标准 ASTM C 127 主要是关于混凝土粗骨料的密度、相对密度（比重）和吸水率的试验方法要求，其密度为混凝土骨料包含空隙的平均密度，与中国标准《水电水利工程岩石试验规程》（DL/T 5368—2007）一般岩石的密度试验没有对应关系，差异很大，但与中国标准《水电水利工程岩石试验规程》（DL/T 5368—2007）中水中称量法有一点共性。烘干时间：中国标准《水电水利工程岩石试验规程》（DL/T 5368—2007）为 24h；美国标准为烘干至恒量，规定虽有差异，但对试验结果几乎没有影响，因为中国标准《水电水利工程岩石试验规程》（DL/T 5368—2007）中烘干 24h 后试件也已达到了恒量。

3）含水率试验。查到的与岩石含水率试验相关的美国标准编号有：美国材料与试验协会的 ASTM D 2216、ASTM D 5220，美国陆军工程兵团的 106，以及美国垦务局的 5300。美国陆军工程兵团的 106 资料未翻译，美国垦务局的 5300 没有收集到原文资料，只查到相关目录。

美国材料与试验协会的 ASTM D 5220 是“运用中子深度探测方法测试现场土体和岩石的每单位体积水质量的标准试验方法”，与中国标准《水电水利工程岩石试验规程》（DL/T 5368—2007）中岩石含水率试验完全没有对应关系，所以不进行比较。

美国材料与试验协会的 ASTM D 2216 为“岩土含水量（水分含量）（按质量计）试验室测定标准试验方法”，与中国标准有一点对应性，但其重点是对土的含水量测定，双方差异较大。对于烘干温度差异前已述及。烘干时间：中国标准《水电水利工程岩石试验规程》（DL/T 5368—2007）为 24h；美国材料与试验协会标准要求达到恒定质量，所需要时间随材料类型、试件大小、烘箱类型和功率以及其他因素而变。多数情况下，通宵烘干试件 12～16h 就够了，特别是当采用了压力通风时。因此，烘干温度要求基本一致；烘干时间有差异，但对试验结果基本没有影响。

4）吸水性试验。查到的与岩石吸水性试验相关的美国标准编号有：美国材料与试验协会的 ASTM C 127、ASTM D 6473，美国陆军工程兵团的 107 以及美国垦务局的 6110。美国陆军工程兵团的 107 与美国材料与试验协会的 ASTM C 127 相同，美国垦务局的 6110 没有收集到原文资料，只查到相关目录。

美国材料与试验协会的 ASTM C 127 是针对混凝土粗骨料的吸水率试验，与中国标准《水电水利工程岩石试验规程》（DL/T 5368—2007）中一般岩石的吸水性试验对应性不好，所以未进行比较。

美国材料与试验协会的 ASTM D 6473 为“侵蚀控制用岩石比重和吸水性的试验方法”，与中国标准有一定对应性，但差异也大。吸水性试验，中国标准先烘干、称烘干质量，然后再自由泡水、煮沸，称湿质量、饱和质量；而美国材料与试验协会的 ASTM C 127 操作步骤正好相反，它是先浸水、称湿质量，然后再烘干、称干质量。中国标准《水电水利工程岩石试验规程》（DL/T 5368—2007）中自由浸水时间为 48h，需做饱和吸水率；美国标准浸水时间为（24±4)h，不测饱和吸水率。中国标准《水电水利工程岩石试验规程》（DL/T 5368—2007）对水温没有要求，为试验室常温，而美国材料与试验协会标准对自由浸水水温要求为20～30℃（68～86℉），二者有差异。此外，中国标准《水电水利工程岩石试验规程》（DL/T 5368—2007）对试件形状、大小有要求，美国材料与试验协会标准没有具体要求，但它采用的试件质量更大。中国标准《水电水利工程岩石试验规程》（DL/T 5368—2007）要求试件数量为3个；美国材料与试验协会标准要求最少为5个或8个，差异较大。试件数量越多，可以避免个别试件出现的偶然性，试验成果更真实准确，但同时增加了工作量。

5）膨胀性试验。收集到与岩石膨胀性试验相关的美国标准有：美国材料与试验协会的ASTM D 4535、ASTM D 5335和美国垦务局的6265（美国垦务局的6265没有收集到原文资料，只查到相关目录）。

岩石膨胀性试验，中国标准是针对岩石遇水后出现膨胀（主要针对含亲水性矿物的一些软岩），并测定其膨胀率、膨胀压力等的试验方法，而美国材料与试验协会的ASTM D 4535和ASTM D 5335均是岩石受热后出现膨胀的相关试验方法，完全没有对应性，所以未进行比对。

6）耐崩解性试验。该项试验中美标准基本一致。中美标准都要求试件质量为40～60g，但中国标准《水电水利工程岩石试验规程》（DL/T 5368—2007）要求试件加工为浑圆状，而美国标准只要求试件为大致等维的岩块，可以是天然的，也可以为锤子凿断制备的，相较而言中国标准《水电水利工程岩石试验规程》（DL/T 5368—2007）更为严谨，从试件形状方面减少了由于试件翻滚碰撞引起的掉渣、掉块，从源头上减少了试验误差；中国标准《水电水利工程岩石试验规程》（DL/T 5368—2007）对残留试件、水的颜色和水中沉积物等的描述、建议分析内容要求更详细，并规定了称量准确至0.01g，从称量的精度上保证了成果的可靠性。

（2）单轴抗压强度、单轴压缩变形及三轴试验，这3项试验，美国材料与试验协会的ASTM D 7012 - 07el是合三为一写入同一标准中，均在三轴试验机上进行。由于三轴试验机为刚性试验机，自动化程度高，能测定试件破坏过程中的全部应变及变形，更能揭示岩石破坏过程中的变形机理，又实现一机和一试件多用，因此用三轴试验机优化了试验，提高了效率，也是值得中国借鉴的发展方向。

1）单轴抗压强度试验。由于美国材料与试验协会的ASTM D 7012 - 07el是合三为一的标准，因此与中国标准《水电水利工程岩石试验规程》（DL/T 5368—2007）中的“单轴抗压强度试验”不是一一对应关系，差异较大。中国标准《水电水利工程岩石试验规程》（DL/T 5368—2007）中该项试验是在压力机上进行，而美国标准中是在三轴试验机系统上进行，操作更复杂，程序多，自动化程度也高。

加载速度上，中国标准《水电水利工程岩石试验规程》（DL/T 5368—2007）中以每秒0.5～1.0MPa的速率加载，逐级测读载荷与各应变片应变值直至试件破坏，美国标准中轴向加载以应力、应变速率控制，而应力、应变速率又通过大量的试验调查来选取，因岩石类别而异。

中国标准《水电水利工程岩石试验规程》（DL/T 5368—2007）明确同一含水状态和

同一加压方向下，每组试件数量为3个；而美国标准没有明确试件数量。

美国标准侧重三轴试验，计算公式为有侧压的抗压强度公式，当围压σ_3为0时，即为单轴抗压强度。因此，差异较大。

但这些差异对试验成果不会带来本质的区别，影响很小。

2）单轴压缩变形试验。由于美国材料与试验协会的ASTM D 7012-07el是合三为一的标准，并且采用两套不同的试验系统（该项试验，中国在压力试验机上进行，美国在三轴试验机上进行），因此与中国标准《水电水利工程岩石试验规程》（DL/T 5368—2007）中"单轴压缩变形试验"没有一一对应的条款。

在设备上，中国标准《水电水利工程岩石试验规程》（DL/T 5368—2007）需要在试件上贴电阻片或利用千分表测量应变、变形，美国标准采用的三轴试验系统，其设备包括变形、应变测试组件，差异较大。加载速度上，中美标准略有差异（见前"单轴抗压强度试验"）。

该项试验，中国标准《水电水利工程岩石试验规程》（DL/T 5368—2007）是测定试件在单轴压缩条件下的轴向和横向应变值，据此计算岩石弹性模量和泊松比，规程中用两种方法计算岩石弹性模量和泊松比，即岩石平均弹性模量与岩石割线弹性模量及相对应的泊松比；而美国试验在三轴试验机上完成，其变形参数成果为杨氏模量和泊松比，其中杨氏模量又有3种取值方法：①固定比例极限强度下测得的切线模量；②轴向应力应变曲线线性部分的平均模量；③固定比例极限强度下测得的割线模量。

对于应变、弹模、泊松比的计算方法双方基本一致，只是美国标准三轴试验中，应变是可以直接读取的，视设备而定，因此用三轴试验机作压缩变形试验简化了试验，提高了效率。

虽然中美标准测试手段上差异较大，但只要载荷、应变（变形）测量准确，对试验成果基本没有影响，但由于弹性模量选取方式上的差异，可能带来试验结果的不同。

3）冻融试验。中美标准在试件形状、尺寸、数量及设备上都有差异，在操作及冷冻循环上也有差异。

中国标准《水电水利工程岩石试验规程》（DL/T 5368—2007）通过试验除了获得冻融损失率外，还要进行冻融前后饱和单轴抗压强度试验并计算，以求得冻融系数，因此要求制成规则试件，试件宜为圆柱体，直径为48～54mm，高径比为2.0～2.5，试件数量为6个；美国标准不进行冻融系数相关试验，仅要求试件形状为板块状，厚（64±6）mm，边长不小于125mm，数量没明确，但取样时，样品不能少于五块岩性单位，差异较大。

中美标准在主冻设备上基本一致，都采用冰柜、冷冻库或冻融机，美国标准较中国标准《水电水利工程岩石试验规程》（DL/T 5368—2007）多了照相机和立体显微镜，用于冻融前后对试件观察、描述并拍照。

中国标准《水电水利工程岩石试验规程》（DL/T 5368—2007）中冷冻温度为（－20±2）℃，冷冻时间为4h，解冻温度为（20±2）℃，解冻时间为4h；美国材料与试验协会标准冷冻温度为（－18± 2.5）℃，冷冻时间至少为12h（可选择16h），解冻温度为（32±2.5）℃，解冻时间至少为8h（不长于12h）。可见美国标准冻融温差更大，冷冻和融解时间更长（可能与试件尺寸更大有关），这将有助试件在冻融过程中的开裂和掉块，因此，试验得到的冻融质量损失率可能更大。

中国标准《水电水利工程岩石试验规程》（DL/T 5368—2007）中冻融次数明确为25次、50次或100次；美国标准对冻融次数没有明确。

冻融质量损失率，中国标准《水电水利工程岩石试验规程》（DL/T 5368—2007）是用冻融前后饱和试件质量差来进行计算，而美国材料与试验协会标准是用冻融前后试件烘干质量差来进行计算，这一点美国标准更科学严谨。

中国标准《水电水利工程岩石试验规程》（DL/T 5368—2007）除了获得冻融质量损失率外，还进行冻融前后饱和单轴抗压强度对比试验，以求取冻融系数；美国标准只做冻融质量损失率。

因此，中美标准差异较大。

4）三轴试验。中美标准在试验基础要求及设备上基本一致。围压加载也基本一致，中国标准以每秒0.05MPa的加载速度同步施加侧向压力和轴向压力至预定的侧压力值，美国标准围压应当在5min内统一加载到规定的等级。轴向载荷施加，中国标准《水电水利工程岩石试验规程》（DL/T 5368—2007）以每秒0.5～1.0MPa的加载速率施加轴向载荷，逐级测读轴向载荷及轴向变形，直至试件破坏；美国标准以应力、应变速率控制，而应力、应变速率又通过大量的试验调查来选取，因岩石类别而异，这点也基本一致，但美国标准更优，试验成果可能更准确。另外，美国标准还对压力室升温作了细致说明，这点中国标准没有提及，因此，中美标准有差异。

中国标准《水电水利工程岩石试验规程》（DL/T 5368—2007）计算及成果：主要是为了获取根据库仑-莫尔强度准则确定岩石在三向应力状态下的抗剪强度参数 f、c 值，另外根据（$\sigma_1-\sigma_3$）与轴向应变关系曲线，获取特征点的强度参数。其中库仑-莫尔强度参数列出了两种求取方法：① 在 $\tau-\sigma$ 坐标图上绘制莫尔应力圆来获取；② 在 $\sigma_1-\sigma_3$ 关系曲线上建立线性方程并获曲线的斜率和截距，再计算库仑-莫尔强度准则参数（f，c）。

在以 σ_1 为纵坐标和 σ_3 为横坐标的坐标图上，点绘出各试件成果的坐标点，并建立线性方程式：

$$\sigma_1=F\sigma_3+R$$

再根据参数 F、R，按下列公式计算库仑-莫尔强度准则参数（f，c）：

$$f=\frac{F-1}{2\sqrt{F}}$$

$$c=\frac{R}{2\sqrt{F}}$$

美国标准计算及成果：①抗压强度；②轴向应变及横向应变；③杨氏模量 E；④泊松比 ν；⑤绘制莫尔圆，计算库仑-莫尔强度准则参数（$\tan\phi$，c）。其计算成果包含了单轴抗压强度试验和单轴压缩变形试验成果。

双方在莫尔应力圆上获取库仑-莫尔强度准则参数上相同，美国标准更符合现在三轴试验机特点，功能多，控制严密。

总体上看，三轴试验，中美标准基本一致。

5）劈裂法抗拉强度试验。中美标准基本一致，试验设备基本相同，技术指标基本一致。存在差异为：① 每组试件数量，中国标准《水电水利工程岩石试验规程》（DL/T 5368—2007）3个，美国标准10个；②承压垫条，中国标准《水电水利工程岩石试验规程》（DL/T 5368—2007）为直径1mm的钢丝垫条，或宽度与试件直径之比为0.08～0.10的胶木板垫条，美国标准为0.01*D*的厚卡纸垫（*D*为试件直径），或厚度达到0.25in（6.4mm）胶合板垫。垫条的差异可能影响试验成果，美国标准试验值可能偏高；③加载速率上，中国标准《水电水利工程岩石试验规程》（DL/T 5368—2007）以每秒0.3～0.5MPa的速率加载直至破坏，软质岩宜适当降低加载速率，美国标准按适当的速度匀速施加荷载，使试件破坏所需的时间为1～10min范围内，时间由岩石类型决定。这点对试验成果影响很小。

6）轴向拉伸法抗拉强度试验。中美标准总体基本一致，存在差异为：①试件数量：中国标准《水电水利工程岩石试验规程》（DL/T 5368—2007）要求每组为3个，美国标准为10个；②加载控制：中国标准《水电水利工程岩石试验规程》（DL/T 5368—2007）以每秒0.3～0.5MPa的速率加载直至破坏，软质岩适当降低加载速率；美国标准持续施加拉力，不能有导致试验失败的振动，按适当的速度匀速施加荷载，使试件破坏所需的时间为5～15min。该差异对试验成果应无实质影响。

7）直剪试验。试件：中国标准《水电水利工程岩石试验规程》（DL/T 5368—2007）要求采用立方体或圆柱体试件，边长或直径不宜小于150mm，高度不小于直径，试件数量为5个；美国标准则可以为任意不规则试件，最小样本尺寸不小于岩体中最大晶体尺寸的10倍，同时，剪切面不小于1900 mm^2（相当于立方体边长45mm，圆柱直径50mm），试件数量至少3个。相较而言，中国标准《水电水利工程岩石试验规程》（DL/T 5368—2007）试件尺寸更大，代表性更好，试验成果更准确可靠。对于岩石结构面中含有充填物的直剪试验，最大法向应力以不挤出充填物为宜，美国标准对此未提及。

试验步骤：中国标准《水电水利工程岩石试验规程》（DL/T 5368—2007）的步骤是安装、填料，然后加载，试件和剪切盒之间间隙直接填填充料，填充要求没有明确，加载第一次剪切完成后，不需要进行单点摩擦试验，但要进行与第一次剪切同法向压力下的二次剪切，以求得抗剪峰值强度；美国标准的步骤是先封装、固化，再安装，再加载，而且封装程序严格细腻，封装材料也很考究，加载第一次剪切完成后，利用该试件重复进行单点摩擦试验，以计算残余强度。

资料成果整理：美国标准对不规则试样和偏心试样的剪切面面积计算很考究，不规则试样，根据样品横断面的外部轮廓或者剪断面临摹到纸上，使用求积仪测量其面积；偏心试样，利用偏心角进行面积换算。中国标准《水电水利工程岩石试验规程》（DL/T 5368—2007）由于基本上为规则试件，无此要求，其他资料成果整理，双方一致。

8）点荷载强度试验。在试件尺寸、试件数量、试验操作步骤上，中美标准基本一致。美国标准针对层状、片状等各向异性岩石还进行了专门记述，要求专门分组，在垂直和平行薄弱面两个方向分别进行测试，以求得岩石在相应方向上的最大和最小点荷载强度；中国标准《水电水利工程岩石试验规程》（DL/T 5368—2007）虽未有专门说明，但也是分方向进行试验，并求取各向异性指数。

对于点荷载强度、点荷载强度指数、等价岩芯直径换算，以及点荷载强度各向异性指数的计算公式，中美标准也基本一致。

只是当等价岩芯直径不等于50mm，且其试验数据较少时，中美标准均按下列公式进行修正，计算岩石点荷载强度指数修正公式为

$$I_{s(50)}=FI_s$$

$$F=\left(\frac{D_e}{50}\right)^m$$

修正取值：中国标准《水电水利工程岩石试验规程》（DL/T 5368—2007）由同类岩石的经验值确定，而在美国标准中 m 取值为0.45，试件尺寸接近50mm时取0.5。

美国标准中有根据点荷载强度指数对单轴抗压强度进行估算的相关计算方法，而中国标准中无此内容。

2.3.2 岩体变形试验

现场岩体变形试验，中国标准《水电水利工程岩石试验规程》（DL/T 5368—2007）中的方法有：承压板法、狭缝法、单（双）轴压缩法、钻孔径向加压法、径向液压枕法、水压法，共6种；美国标准中没有单（双）轴压缩法，但另有承压板变形蠕变试验和孔（凹）底承压板法。承压板变形蠕变试验，虽然中国标准《水电水利工程岩石试验规程》（DL/T 5368—2007）中没有，但该项工作已在中国多个大中型工程中开展，因此将美国材料与试验协会标准上的相关内容附于本文，以供参考。

中美标准共有试验方法比对成果如下。

2.3.2.1 承压板法

承压板法分刚性承压板法和柔性承压板法，中国标准《水电水利工程岩石试验规程》（DL/T 5368—2007）中条文是合在一起的，当需特别说明时才将条文分开，美国标准中刚性承压板法和柔性承压板法是两个不同编码的标准。

（1）中国标准《水电水利工程岩石试验规程》（DL/T 5368—2007）中承压板面积不宜小于2000cm^2，即直径为50.5cm，试点表面起伏差不宜大于承压板直径的1%；美国标准建议的承压板尺寸为1.5～3.25ft（0.46～0.99m），表面起伏差不应超过1in（约25mm）。总体上中国标准对试点制备的要求更高。

（2）中国标准《水电水利工程岩石试验规程》（DL/T 5368—2007）只测量承压板一侧变形，美国标准则在传力柱两端安装承压板，分别测量承压面和反力面两端面的岩体变形，工作量有增加。

（3）中国标准《水电水利工程岩石试验规程》（DL/T 5368—2007）中最大加载应力不宜小于设计应力1.2倍，美国标准中最大加载应力约为设计应力2倍，中美标准加载都是5个循环，正常稳定时间也相近，美国标准在特别要求时，试验总时间可超过10d。

（4）在刚性和柔性承压板试验中，美国标准列出了有中心孔和无中心孔的计算公式；中国标准《水电水利工程岩石试验规程》（DL/T 5368—2007）在刚性承压板试验中只列出了无中心孔的计算公式，在柔性承压板试验中只列出了有中心孔的计算公式，但凡列出的计算公式，中美标准一致。

总体上，二者有差异。

2.3.2.2 狭缝法

(1) 试点制备方面，中国标准《水电水利工程岩石试验规程》(DL/T 5368—2007) 要求：在工程岩体受力方向的长度和宽度不宜小于狭缝长度的3倍，在此范围内的岩体性质应相同，试点表层受扰动的岩体宜清除干净，试点表面应修凿平整，表面起伏差不宜大于狭缝长度的2%；美国标准则要求：垂直缝向距最远端测点1ft（约0.30m），狭缝长度方向距缝端1ft（约0.30m）以上，对表面松动、破损、或锤击哑声部分应清除，表面起伏差不宜大于2in（约51mm）。

(2) 量测系统安装，中国标准《水电水利工程岩石试验规程》(DL/T 5368—2007) 要求：在试点狭缝两侧垂直长度方向中心轴线上，对称埋设测量标点各1个，标点与狭缝中心距离为狭缝长度的0.33倍，也可增加至各2个或3个标点测试，对如何安装测表有说明；美国标准要求：建议埋设测量标点位置为与缝口中心距离为狭缝体宽度的1倍，只在中心线上设标点，对如何安装表架没有说明。因此，二者有差异。

(3) 加压及稳压方面，中国标准《水电水利工程岩石试验规程》(DL/T 5368—2007) 要求：试验最大压力不宜小于预定压力的1.2倍，压力宜分为5级，按最大压力等分施加（或卸压），每级压力加压后应立即读数，以后每隔10min读数一次；美国标准要求：试验最大压力（千斤顶峰值应力）应尽可能高，并且由该领域的测试工程师根据千斤顶、岩石强度以及抵消压力来确定，压力不分级，以100 lbf/in^2（约0.7MPa）逐渐递增上加（或卸压），达到峰值后，稳15min，此时每隔5min读一次变形值。因此，在试验及稳定标准上，中美标准差异较大。

(4) 资料整理计算方面，中国标准《水电水利工程岩石试验规程》(DL/T 5368—2007) 按下列公式计算变形参数（变形模量）：

$$E=\frac{pl}{2W\rho}\left[(3+\mu)-\frac{2(1+\mu)}{\rho^2+1}\right]$$

$$\rho=\frac{2y+\sqrt{4y^2+l^2}}{l}$$

美国标准计算包括平面应力计算和变形模量计算，其中变形模量计算又分为两种情况：

1) 狭缝一侧的变形模量，记为 E，计算如下：

$$E=PLR/(2\pi\Delta Y)$$

2) 当穿过狭缝测量形变时计算的变形模量，应改写上面公式求出模量 E：

$$E=K(P/\Delta Y)$$

中国标准《水电水利工程岩石试验规程》(DL/T 5368—2007) 只列出了穿过狭缝测量形变时的计算公式，而且与美国标准的相应公式有差异。中国标准《水电水利工程岩石试验规程》(DL/T 5368—2007) 的计算公式中系数 ρ，与测量点距千斤顶中心线的距离和狭缝长度有关；美国标准的计算公式中系数 K 取决于测试的几何形状，与测量点距千斤顶中心线的距离和千斤顶长度有关。因此，二者有差异。

总体上，该项试验中美标准有差异。

2.3.2.3 钻孔径向加压法

（1）钻孔径向加压法试验的主要设备为钻孔压力变形计，钻孔压力变形计多种多样，根据其结构大致分为两类：一类是橡胶套式，该种又分为体积膨胀式和压力传感式；另一类是类活塞式，该类又分为软接触式和硬接触式两种。中国标准《水电水利工程岩石试验规程》(DL/T 5368—2007) 中没有体积膨胀式钻孔压力变形计，其他都有相应说明；美国标准几种钻孔压力变形计全有。探头埋设步骤大体一致，具体操作上因各种变形计而不同。

（2）初始定位压力中美标准有一定差异，中国标准《水电水利工程岩石试验规程》(DL/T 5368—2007) 中为0.5～2MPa，美国标准中为0.35MPa。

（3）由于钻孔压力变形计的不一致，因此中美标准在最大应力确定、试验过程、加载循环及计算方法上都不同，个别相近，美国标准间也有很大差异。钻孔径向加压法是一种很不统一的试验方法。

1）试验最大压力及循环方式上的差异。

中国标准《水电水利工程岩石试验规程》(DL/T 5368—2007)：应根据需要而定，可为预定压力的1.2～1.5倍。压力可分为5～10级，按最大压力等分施加。加压方式宜采用逐级一次循环法或大循环法。

美国材料与试验协会的ASTM D 4971－08：压力量级——对岩石进行过载试验获取。当岩石变形加大，但是压力却没有相应的增加，此时即为破坏压力；压力循环——每种岩石材料至少进行25%的测验，进行多级循环并逐步加大荷载，以评价永久变形和压力循环对变形模量的影响。压力峰值预估为最大值的30%、60%、100%。在每一个循环，至少等分5段递增及递减压力，循环结尾，应回到最初定位应力。

美国陆军工程兵团的368－89：膨胀计加载为分级加载和卸载，典型的分级为4级，分别为最大预定应力25%、50%、75%、100%；承压加载速率为0.5MPa/min或更小；当加到最后一级压力时，至少稳定1min以检定非弹性变形，每级卸压速率要达到规定的0.5MPa/min。

美国垦务局的6575－09：最大工作压力不要超标，对直径79.4mm的钻孔约最大工作压力为30MPa，对直径82.5mm的钻孔最大工作压力约为20MPa；分8～10个大约相等的增量步增加压力到最大值。软岩可能需要小增量。应尽可能提高最大值，但不能超出实验仪器的安全工作压力；在最大试验压力下，保持施加的压力不变至少10min或指定更长。

2）计算方法上的差异。

(a) 中国标准《水电水利工程岩石试验规程》(DL/T 5368—2007)。

a）采用钻孔膨胀计或钻孔压力计进行试验时，按下列公式计算变形参数：

$$E=p(1+\mu)\frac{d}{\Delta d}$$

b）采用钻孔千斤顶进行试验时，按下列公式计算变形参数：

$$E=Kp(1+\mu)\frac{d}{\Delta d}$$

(b) 美国材料与试验协会的 ASTM D 4971－08。现场可以获取粗略的岩体理论模量，$E_{理论}$从岩芯试验值除以 2.5 的系数减值而得；泊松比的估计可以采用室内试验值或者取 $\nu=0.25$。从以上信息中估计最小水压力的值 $Q_{h\min}$，要求完全接触。

当记录完全接触时，计算模量 $E_{计算}$：

$$E_{计算}=(0.86JE\Delta Q_h T^*)/(\Delta D/D)$$

$$E_{计算}=1.24JE\Delta Q_h T^*/(\Delta D/D)$$

$E_{计算}<7\text{GPa}$ (10^6lbf/in^2)，对 $E_{计算}$，$E_{理论}$修正可以忽略，计算值可以代替理论值。

(c) 美国陆军工程兵团的 368－89。这种分装的膨胀计，是不能直接获取弹性形变形的，要根据不同的膨胀计修正表达式：

$$E=K(\nu,\beta)\frac{\Delta Pd}{\Delta U_d}$$

由弹性假定，弹性模量计算公式如下：

$$E=(1+\nu)\frac{pa}{Ur}$$

(d) 美国垦务局的 6575－09。变形模量是基于在弹性及均匀介质中空腔圆筒受均布径向压力的应用。理论解为

$$E_R=\frac{2(1+\nu)rp}{\Delta d}$$

针对膨胀计进行修改，得变形模量 E 的方程为

$$E=2(1+\nu)(\nu_o+\nu_m)\frac{1}{\dfrac{\Delta V}{P_{b2}-P_{b1}}-c}$$

探头中施加的压力得出

$$P_b=0.955P_g+5.97\Delta h,\text{kPa}$$

或英制单位

$$P_b=0.955P_g+0.264\Delta h,\text{lbf/in}^2$$

因此，总体上中美标准差异较大。

2.3.2.4　径向液压枕法

该试验方法的内容在美国陆军工程兵团与材料与试验协会的标准中是一样的，只是美国陆军工程兵团的 367－89 采用的单位是公制，而美国材料与试验协会的 ASTM D 4506－08 采用的单位是英制。

该试验方法中国标准《水电水利工程岩石试验规程》(DL/T 5368—2007) 中的很多条文，如：试验场地要求、液压枕要求、变形测量断面规定、底板混凝土条块浇筑要求、承力框安装规定、连接管路规定、温度控制等，美国标准中都没有，美国标准中的一些条款，试验人员资格审查、报告要求、精度和偏差，中国标准《水电水利工程岩石试验规程》(DL/T 5368—2007) 中也没有，可见侧重点不一。

(1) 试验最大压力、循环及稳定标准上的差异。

中国标准《水电水利工程岩石试验规程》(DL/T 5368—2007)：试验最大压力不宜小于预定压力的 1.2 倍。压力宜分为 5～10 级，按最大压力等分施加；加压方式宜采用逐级

一次循环法。根据需要，也可采用逐级多次循环法；缓慢地进行加压，当所有压力表同时达到预定压力后应立即读数，以后每隔 15min 读数一次，当所有测表相邻两次读数差与同级压力下第一次变形读数和前一级压力下最后一次变形读数差之比小于 5%时，可认为变形稳定，并进行加压或退压。每次加压或退压稳定时间不宜少于 1h。

美国材料与试验协会的 ASTM D 4506－08：加载过程至少包括 3 个加载和卸载循环，每个循环的最大压力逐渐增大；一般最大压力为 $1000lbf/in^2$（约 7MPa），这由设计荷载决定；对于每一个加载循环，以 $100lbf/(in^2 \cdot min)$（约 0.7MPa/min）的平均加载速率增加到该循环的最大压力，每个循环的荷载和位移读数不少于 10 个。在达到该循环的最大压力后，保持压力恒定 10min，然后以同样的速度减少压力至接近 0，测量另三组压力-位移读数。对于最后一个周期，保持最大压力 24h，评估蠕变。卸载阶段，与加载阶段类似读取相应的压力和位移读数。

中国标准加载分 5～10 级，采用逐级一次循环法或逐级多次循环法；美国标准则要求至少 3 个加载和卸载循环，每个循环的最大压力逐渐增大，稳压时间上美国标准最后一个周期要长得多，有评估蠕变目的。

（2）计算方法上的差异。

1）中国标准《水电水利工程岩石试验规程》（DL/T 5368—2007）：

（a）按下列公式计算作用于岩体表面的压力：

$$p=\frac{nqA_{\mathrm{f}}}{2\pi RL}$$

（b）按下列公式计算变形参数：

$$E=p(1+\mu)\frac{R}{\Delta R}\varphi$$

$$K=\frac{p}{\Delta R}\varphi$$

$$K_0=K\frac{R}{100}$$

2）美国材料与试验协会的 ASTM D 4506－08：

（a）修正施加的荷载，给出作用在测试洞室衬砌的等效分散压力 p_1：

$$p_1=\frac{\sum b}{2\pi r_1}p_m$$

（b）计算对应于衬砌正下方“测量半径”r_2 处的等效压力 p_2；这个半径在扁千斤顶、衬砌和松散岩石正下方不规则应力区域以外。

$$p_2=\frac{r_1}{r_2}p_1=\frac{\sum b}{2\pi r_2}p_m$$

$$p_1 2\pi r_1=p_m\sum b$$

$$p_1=\frac{\sum b}{2\pi r_1}p_m$$

$$p_2=p_1\frac{r_1}{r_2}$$

（c）叠加法只对严格的弹性变形有效，但如果岩石是适度的塑性，这种方法也是一种很好的近似计算方法。两个虚拟加载长度对应的位移的叠加是“无限长试验洞室”的等效位移。相对于试验洞室的直径，试验洞室的长度较小，这种情况下叠加是必要的。

（d）在位移图上绘出长时间的测试结果、最大压力下的 Δ_d、最大的压力 P_2。按正确的比例绘制每个加载循环的测试数据，得到完整的长期压力位移曲线。总位移 Δ_t 中的弹性位移 Δ_e 和塑料位移 Δ_p 可以在通过最后一次卸载的变形值计算得到

$$\Delta_t=\Delta_p+\Delta_e$$

（e）使用下面的基于弹性理论的公式，可以从压力—位移图得到弹性模量 E，和变形模量 D：

$$E=\frac{p_2r_2}{\Delta_e}\frac{(1+\nu)}{\nu}$$

$$D=\frac{p_2r_2}{\Delta_t}\frac{(1+\nu)}{\nu}$$

（f）作为（e）的替代方法，考虑到裂缝和松动区的影响，原状岩石弹性模量岩石的可以通过下面的公式获得：

$$E=\frac{p_2r_2}{\Delta_e}\left[\frac{(1+\nu)}{\nu}+\ln\frac{r_3}{r_1}\right]$$

$$D=\frac{p_2r_2}{\Delta_t}\left[\frac{(1+\nu)}{\nu}+\ln\frac{r_3}{r_1}\right]$$

在计算上，中国标准《水电水利工程岩石试验规程》（DL/T 5368—2007）只列出以开挖岩体表面处岩体变形模量公式和抗力系数公式，美国标准不仅列出了开挖岩体表面处岩体变形模量和弹性模量公式，也列出了开挖原状岩体变形模量和弹性模量公式，因此，美国标准更全面一些；中美标准开挖岩体表面处岩体变形模量公式本身也有差异，很难判断孰优孰劣。

因此，总体上中美标准差异较大。

2.3.2.5　水压法

中美标准在内壁防渗、测试断面要求、加载循环上都有差异，中国标准中很多要求美国标准也都没有对应的条款，但在方法本身上二者又没有本质的区别。

（1）试验最大压力、循环及稳定标准上的差异。

中国标准《水电水利工程岩石试验规程》（DL/T 5368—2007）：①试验最大压力不宜小于预定压力的 1.2 倍。压力宜分为 5～10 级，按最大压力等分施加。②加压前应对各测表进行充水后的初始稳定读数观测，每隔 15min 同时测读各测表一次，连续三次读数不变，可开始加压试验，并将此读数作为各测表的初始读数值。应检查与充水前的初始读数值的差异。③加压方式宜采用逐级一次循环法。根据需要，也可采用逐级多次循环法。④缓慢地进行充水加压，当各压力表达到预定每级压力并稳定后应立即读数，以后每隔 15min 读数一次，当所有测表相邻两次读数差与同级压力下第一次变形读数和前一级压力下最后一次变形读数差之比小于 5%时，可认为稳定，并进行加压或退压。每次加压或退压稳定时间不宜少于 1h。

美国陆军工程兵团的 361－89：①试验至少进行三次加压和卸压循环，每次循环的最大压力逐次递增。②每次循环以 0.05MPa/min 的平均速率加载到最大压力，其间最少读数 3 次。③每次循环加载到最大压力时稳压（波动范围最大压力的±2%），记录变形与时间函数关系，直到约 80%的长期变形被测读。每一循环卸压以 0.05MPa/min 的平均速率降压至近 0，其间至少读取 3 次数据。④最后一次循环最大压力稳压到没有再观测到变形发生，这一循环卸压分步完成，读取压力及相应的变形。

中国标准《水电水利工程岩石试验规程》（DL/T 5368—2007）加载分 5～10 级，采用逐级一次循环法或逐级多次循环法；美国标准则要求至少 3 个加载和卸载循环，每个循环的最大压力逐渐增大，稳压时间上美国标准最后一个周期更长。中美标准差异较大，主要表现在加载方式和循环方式上。

（2）计算方法上的差异。

1）中国标准《水电水利工程岩石试验规程》（DL/T 5368—2007）：

（a）按下列公式计算变形参数：

$$E=p(1+\mu)\frac{D}{\Delta D}$$

$$K=\frac{2p}{\Delta D}$$

$$K_0=K\ \frac{D}{200}$$

（b）当采用混凝土或砂浆防渗时，作用于岩体表面的压力应按下列公式计算：

$$p=p_0\ \frac{d}{D}$$

2）美国陆军工程兵团的 361－89：

（a）E 值由下式计算：

$$E=(1+\nu)\frac{Pia^2}{r(Ur)}$$

（b）当只测到表面变形时，计算公式简化为

$$E=(1+\nu)\frac{Pia}{Ur}$$

在计算上，美国标准分别列出了岩石表面半径向变形、试验洞段衬里半径向变形的弹模计算公式；中国标准列出试验洞段衬里半径向变形的弹模计算公式及相应的抗力系数计算公式，还列出了采用混凝土或砂浆防渗时，作用于岩体表面的压力计算公式。二者在试验洞段衬里半径向变形的弹模计算公式是一样的，不过二者关注点不一样，美国标准关注弹性模量及长期变形，中国标准更关注抗力系数。

因此，总体上中美标准有差异。

2.3.3 岩体强度试验

关于岩体强度试验中国标准《水电水利岩石试验规程》（DL/T 5368—2007）有 6 项，分别为：①混凝土/岩体接触面直剪试验；②岩体软弱结构面直剪试验；③岩体软弱结构面直剪蠕变试验；④岩体直剪试验；⑤岩体三轴试验；⑥岩体载荷试验。其中，岩体三轴

试验、岩体载荷试验美国标准未查到相关资料。岩体剪切试验美国 3 家机构分别都查到了 1 个相关标准，分别是美国材料与试验协会的 ASTM D 4554、美国陆军工程兵团的 321－80、美国垦务局的 6540，收集到美国材料与试验协会的 ASTM D 4554、美国陆军工程兵团的 321－80 两个标准。这两个标准内容是相同，都是关于岩体软弱结构面直剪试验，其建议软岩岩体强度试验在保护罩强度足够的话，可参考该标准，而硬岩直剪试验，建议在室内进行。因此，岩体强度试验只进行了岩体软弱结构面直剪试验对比，对比成果如下。

中美标准在试体剪前、剪后的操作上，荷载系统安装、主要设备上（位移计除外）基本一致，主要差异体现在以下几点：

（1）推力方法。美国标准未说明是采用平推法还是斜推法，但从给出的计算公式和图例来看，采用的是斜推法。

（2）试件尺寸。美国标准要求试体尺寸一般是 700mm×700mm×350mm，中国标准《水电水利岩石试验规程》（DL/T 5368—2007）一般是 500mm×500mm×250mm。美国标准试体尺寸更大，意味着代表性更好。

（3）测表安装。剪切过程中美国标准要求测量剪位移、法向位移、侧位移，测表为 8 只；中国标准只测量剪位移和法向位移，测表一般为 4 只。

（4）法向应力。中国标准中剪切面上最大法向应力，不宜小于预定的法向应力，但不应使软弱结构面中的夹泥挤出；美国标准对于法向应力没有明确说明。

（5）试验操作。美国标准在施加剪切荷载前有一固结阶段，是为了测取主固结时间 t_{100}（对于“排水”试验，尤其是测试黏土填充的非连续面时，达到峰值强度的总时间需超过 $6t_{100}$），当四个法向测量仪中每个法向位移改变速度都低于 0.005mm/min，并且持续了至少 10min 时间，就表示完成了固结过程，可以开始施加剪切荷载，剪应力加到峰值强度至少分 10 级，峰值后要继续试验取得残余应力，总剪位移为 5～10cm，试验层面上至少有一个试体要做单点摩擦试验，且要做 5 次；中国标准没有固结阶段要求，在法向荷载施加至预定载荷后，按每 5min 测读一次，当连续两次测读的法向位移之差不大于 0.01mm 时，视为稳定（对于充填泥或含泥的软弱结构面，按每 10min 或 15min 测读一次，连续两次读数之差不超过 0.05mm，可视为稳定），即可施加剪切载荷，并按预估最大剪切载荷分 8～12 级施加，峰值后继续施加剪切力至测得趋于稳定的值（剪位移比美国标准小），之后卸除剪切荷载，再进行二次剪切以求得抗剪峰值强度，试件在需要时才进行单点摩擦。因此，双方在试验操作上差异大，相较而言，中国标准试验时间要短许多。

（6）试验成果整理。双方均是基于库仑-莫尔准则，中国标准获取的是抗剪断、抗剪强度（c、ϕ）值；美国标准获取成果参数为峰值强度和残余强度的 c、ϕ 值。双方在试验成果整理上有差异。

因此，总体上该项试验中美标准有差异。

2.3.4　岩石声波测试

岩石声波测试，中国标准《水电水利岩石试验规程》（DL/T 5368—2007）有两项，分别为：岩块声波测试和岩体声波测试。关于岩石声波测试，美国 3 家机构都查到了 1 个相关标准，分别是美国材料与试验协会的 ASTM D 2845、美国陆军工程兵团的 110－93 和美国垦务局的 6120，收集到资料的为美国材料与试验协会的 ASTM D 2845、美国陆军工程兵团的110－93，而美国陆军工程兵团的110－93是引用的美国材料与试验协会的ASTM D 2845标准。美国材料与试验协会的ASTM D 2845是关于岩块声波测试的标准，因此岩石声波测试只进行了岩块声波测试对比，对比成果如下：

（1）计算超声波弹性常数中所允许的各向异性限度，美国规程有要求，中国标准没有相关规定。

（2）试件尺寸及加工要求。

中国标准：共振法试件的长度与直径之比为3～5。圆柱体试件直径宜为48～54mm；含大颗粒的岩石，试件的直径应大于岩石中最大颗粒直径的10倍；试件高度与直径之比宜为2.0～2.5。试件精度要求：试件两端面不平行度误差不应大于0.05mm，沿试件高度，直径的误差不应大于0.3mm；端面应垂直于试件轴线，最大偏差不应大于0.25°。同一状态下，每组试验试件的数量为3个。

美国标准：试件尺寸，脉冲行进距离与最小侧向尺寸之比，建议不要超过5。脉冲在岩石中的行进距离不得低于平均晶粒尺寸的10倍，以便能准确测定平均传播速度。试件最小侧向尺寸不得低于压缩波波长的5倍，以便测得真实的波速；波长不得低于平均晶粒尺寸的3倍。

中国标准对试件尺寸、加工精度等要求更严格具体；但试件长度和岩石晶体及测试波长等关系，美国标准有详细论述，中规程基本未述及。

（3）仪器方面，中国标准提出包括哪些设备、仪器，美国标准不但述及了所需仪器、设备，还详细说明了仪器如何校准等事项。

（4）中国标准测试方法有脉冲超声法和共振法；美国标准只有脉冲超声法，但操作程序叙述的更具体。

（5）对于可能存在各向异性的岩石，美国标准要求进行3个正交方向的压缩波速测试，并计算各向异性程度。各向异性程度，是用压缩波速与3个方向测得速度均值的最大差异百分比表示。若各向异性程度大于2%，超声波弹性常数计算公式不再适用；中国标准只要求进行平行和垂直2个方向的测试。

（6）计算公式双方一致，中国标准多了共振法测试计算公式，但没提各向异性程度要求，横波和纵波单独计算弹性模量，成果称为动弹性模量；美国标准适用条件为：速度各向异性程度小于等于2%，各向异性程度，是用压缩波速与3个方向测得速度的均值的最大差异百分比表示。公式中包含压缩波和剪切波，成果直接称为杨氏弹性模量。

尽管中美标准在部分试验项目上差异较大，但试验原理和方法上总体差异不大，按照各自的试验设计思路和系统，均能获取实用可靠的试验结果。

3 值得中国标准借鉴之处

（1）美国标准体系的建设一般由民间社会团体或部门、企业主导，是一自下而上的过程，制定的标准体系具有多元化特点，并十分完备，其标准一般都是跨行业设计，具有通用性，对于各行业只要开展该项工作均适用，这既避免了“重复建设”，也避免标准过多导致的交叉重叠和“管理混乱”。

（2）美国标准，岩石单轴抗压强度、单轴压缩变形、三轴试验是合在一起的，且均在三轴试验机上进行。由于三轴试验机为液压伺服刚性机，既保证了设备刚度，又有很高的自动化程度，能测定试件破坏过程中的全过程变形，更能揭示岩石破坏过程中的变形机理，且实现一机多用、一试件多用，因此既简化了试验过程，又提高了效率，值得借鉴。

（3）岩石冻融试验，中国标准冷冻温度为（－20±2）℃，冷冻时间为4h，解冻温度为（20±2）℃，解冻时间为4h；美国材料与试验协会标准，冷冻温度为（－18±2.5）℃，冷冻时间为16h，解冻温度为（32±2.5）℃，解冻时间为8h。美国材料与试验协会标准的冻融温差更大，冷冻和解冻时间更长，利于试件冷冻和融解更充分，值得借鉴。

（4）美国标准中有承压板岩体变形蠕变试验，现行中国标准中没有，但该项工作已在中国多个工程开展，值得借鉴，并在中国标准下次修订时增补。

（5）美国标准中有岩体单轴压缩试验，但现行中国标准中没有。岩体单轴压缩试验美国已经开展了很长时间，并进行了大量工作，值得借鉴，并可在中国标准下次修订时增补。

（6）岩体软弱结构面直剪试验，美国标准在剪切前有一固结阶段，这对黏土类软弱夹层，且有一定厚度的软弱结构面尤为重要，值得借鉴。

（7）岩块声波测试，对于各向异性岩石，美国标准要进行3个正交方向的压缩波速测试，并计算各向异性程度，超声波弹性常数计算公式适用条件为：速度各向异性程度小于等于2%；各向异性程度，是用压缩波速与3个方向测得速度均值的最大差异百分比表示。

水电水利工程岩体应力测试规程对比研究

编 制 单 位：中国电建集团成都勘测设计研究院有限公司

专题负责人　汤大明
编　　　写　汤大明　徐洪海　于新凯　王　旭
校　　　审　汤大明　李　建　全　海　来结合
核　　　定　张伯骥　张　勇　朴　苓
主要完成人　汤大明　徐洪海　李　建　于新凯　费大军　来结合　王　旭

1　引用的中外标准及相关文献

本次对标的中国标准以《水电水利工程岩体应力测试规程》（DL/T 5367—2007）为基础，所对照的美国岩石试验相关标准包括：①美国材料与试验协会（ASTM）相关试验标准；②美国陆军工程兵团（USACE）《岩石试验手册》（1993年版）；③美国垦务局（USBR）《岩石手册　第二部分》（2009年版）。

本文引用主要对标文件见表1，中美标准中岩体应力测试方法总对比见表2。

为阅读方便、直观，本文采用中国标准《水电水利工程岩体应力测试规程》（DL/T 5367—2007）的章节号进行编排，并按照章节条款顺序逐条进行对照，未查到对应美国标准资料的条目亦予以保留，在美国标准名称后表述为“未查到相关规定”；对比内容包括适用范围、试验仪器、试验步骤、试验资料计算整理、试验记录，以及条文说明等方面，每个条款后进行主要异同点分析，形成初步结论，并统一归类为“基本一致、有差异、差异较大、未查到相关规定”等层次表述。

表1　　引用主要对标文件

中文名称	英文名称	编号	发布单位	发布年份
水电水利工程岩体应力测试规程	Code for Rock Mass Stress Measurements of Hydroelectric and Water Conservancy Engineering	DL/T 5367—2007	国家发展和改革委员会	2007
水电水利工程岩石试验规程	Code for Rock Tests of Hydroelectric and Water Conservancy Engineering	DL/T 5368—2007	国家发展和改革委员会	2007
美国材料与试验协会标准		ASTM编号	美国材料与试验协会	
岩石试验手册	Rock Testing Handbook (Test Standards 1993)		美国陆军工程兵团	1993
岩石手册　第二部分	Rock Manual Part 2		美国垦务局	2009

表2　　中美标准中岩体应力测试方法总对比

序号	名称	中国标准	美国标准			备注
		《水电水利工程岩体应力测试规程》(DL/T 5367—2007)	美国材料与试验协会相关试验标准	美国陆军工程兵团《岩石试验手册》	美国垦务局《岩石手册　第二部分》	
1	孔壁应变法（套钻解除）	DL/T 5367—2007	—	—	—	美国标准未查到相关规定
2	孔底应变法（套钻解除）		—	—	—	美国标准未查到相关规定
3	孔径变形法（套钻解除）		ASTM D 4623-08	341-80	6550	美国3个标内容一致
4	水压致裂法		ASTM D 4645-08	未查到相关规定	6555	美国2个标内容一致
5	表面应变法		—	—	—	美国标准未查到相关规定
6	光弹应力计法（套钻解除）	未查到相关规定	未查到相关规定	342-89	未查到相关规定	

2 主要研究成果

本文从岩体应力测试的适用范围、试验仪器、试验步骤、试验资料整理、试验记录等方面，以《水电水利工程岩体应力测试规程》（DL/T 5367—2007）为基础，与美国材料与试验协会相关试验标准、美国陆军工程兵团《岩石试验手册》、美国垦务局《岩石手册　第二部分》（2009 年版）岩体应力测试项目进行了对比研究，取得的主要研究成果如下。

2.1 整体性差异

对标准本身而言，中国标准用的是国际单位，标准条款类似于刚性条款，只说要求，一般不解释（个别条款有条文说明）。美国标准用的标准单位大都是英制，标准很多地方采用的是叙述形式，其中美国材料与试验协会相关试验标准更接近中国标准。

2.2 适用范围差异

中国标准体系的建设由政府部门主导，主要由各行业主管部门牵头，选择经验丰富的大型企事业单位、科研院所或行业协会进行制定，是一个自上而下的过程，每个行业均有自己的行业标准，这也在一定程度上出现了“重复建设”，水电工程一般具有体量大、规模大、工程等级高、荷载级别高等特点，因此《水电水利工程岩体应力测试规程》（DL/T 5367—2007）具有较强的针对性，其要求普遍高于其他行业标准，仅适用于水电水利工程测定地基、围岩、边坡的岩体应力状况测试。美国标准中关于岩体应力测试标准使用的工程范围没有明确的要求，每一个地应力测试标准只要满足试验条件在各个领域都是可以使用的。

2.3 内容方面

中国标准则列有孔壁应变法、孔底应变法、孔径变形法、水压致裂法、表面应变法 5 种测试方法，其中有 4 种是国际岩石力学推荐的方法。美国 3 大系列岩石试验标准中，岩体应力测试只有三种方法标准，分别为孔径变形法、水压致裂法和光弹应力计法，其中光弹应力计法不是国际岩石力学协会推荐的方法，只有美国陆军工程兵团《岩石试验手册》（1993 年版）采用。

2.4 在具体测试方法方面

中美标准共有的方法为孔径变形法、水压致裂法，这两种方法也是目前中国采用很普遍的地应力测试方法，二者在主要设备、试验过程、计算及其他要求和控制上都是相近或一致的，总体基本一致。二者在个别关键点上也有一定差异：

（1）孔径变形法。美国标准中要求每个钻孔至少进行 6 段测试，中国规程中没有明确规定，这主要是由于各个变形计每段取得的数据是不一样的。美国标准中的应变输出指示仪是可将变形计率定系数输入其中，输出值为仪器的变形值；中国规程中数据采集是静态电阻应变仪，率定系数输入到后期的计算公式中。美国采用的变形计是美国矿务局（USBM）变形计，该变形计为三分向计，感测点互成60°，3个感测点；中国变形计是美国矿务局变形计改进而来，为四分向计，感测点互成45°，4～8个感测点，由于感测点增加了，因此测试段就减少了，提高了效率；在变形计埋设定位上，由于采用偏心盘技术中国定位误差在±1°以内，比美国的精确。美标中明确了开孔尺寸为用6in（152mm），与解除孔径一致，中国现行标准中没有明确规定，旧标准中明确了解除尺寸为130mm或150mm，小孔不需要画线定位。围压试验方面，中国标准要求原位测试，这样可以避免一些误差，可能是由于变形计要重复多次使用的原因，美国标准没有要求原位测试。

（2）水压致裂法。测试设备方面，中国标准中列有安装器、压力表、流量传感器，美国标准中未列有这3项，安装器在使用中应该不是必须；美国标准中列有在已经钻好的孔中（机组已撤场）使用的三脚架，同时列出了各设备的详细用途，而中国标准只列出设备名称。美国标准中只是提出了对整套设备进行校准检定要求，对具体操作未做说明，中国规程中则对试压压力明确不低于15MPa，同时对钻孔也提出了明确要求，美国标准要求试验加压过程中，封隔器压力始终要比试验段压力高出2MPa左右，中国标准没有明确要求。美国标准中对岩石破裂裂缝的几种情况：竖向裂缝、竖向裂缝和水平裂缝（共存）、水平裂缝、倾斜裂缝都提出了相应的计算方法和公式或处理意见；中国规程没有分情况说明，只列出了一套计算公式，该套计算对应的是竖向裂缝情况，美国标准数据处理内容更完整。另外，中美标准中计算的个别符号也不一样。对瞬时关闭压力 p_s（美国标准中称试验段闭合压力）的取值，该值很难直接读取，操作中一般都是从压力-时间曲线上确定，美国标准中有建议在该曲线上参考“Lee 和 Haimson 介绍的一些方法”来取值，具体方法在标准上也没有列出，中国标准中此取值没有说明，而该取值又极其重要。

3　值得中国标准借鉴之处

在水压致裂法数据处理方面，美国标准中对岩石破裂裂缝的几种情况：竖向裂缝、竖向裂缝和水平裂缝（共存）、水平裂缝、倾斜裂缝都提出了相应的计算方法和公式或处理意见。中国规程没有分情况说明，只列出了一套计算公式，该套计算对应的是竖向裂缝情况。因此，美国标准数据处理内容更完整，值得中国标准借鉴学习。

第二部分

中外主要建筑材料标准对比研究

中美混凝土用钢筋标准对比研究

编 制 单 位：中国电建集团中南勘测设计研究院有限公司

专题负责人 郭学谋

编　　　写 刘凯远　刘尚坤

校　　　审 黄东霞

核　　　定 郭学谋　成　方　许长红

1　对比的中美标准及相关文献

1.1　对比的中美标准

对比研究的中美混凝土配筋用钢筋产品标准分别是《混凝土配筋用低合金带肋钢筋与光圆钢筋标准》（ASTM A 706M－2014）、《混凝土配筋用碳钢带肋钢筋与光圆钢筋标准》（ASTM A 615M－2014）、《钢筋混凝土用钢　第2部分：热轧带肋钢筋》（GB 1499.2—2007）、《钢筋混凝土用钢　第1部分：热轧光圆钢筋》（GB 1499.1—2008）。

1.1.1　美国材料与试验协会 ASTM A 706/A 706M－2014 与 ASTM A 615/A 615M－2014 标准概述

ASTM A 706/A 706M－2014 与 ASTM A 615/A 615M－2014 为美国材料与试验协会（ASTM）制定的混凝土配筋用钢筋产品标准，由隶属美国材料与试验协会的 A01 “钢铁、不锈钢及相关合金”委员会管辖，并由 A01.05 “钢铁”分委员会直接负责。ASTM A 706/A 706M－2014、ASTM A 615/A 615M－2014 版本于 2014 年 4 月 1 日批准，2014 年 5 月出版；前一版本分别为 2013 年批准的 ASTM A 706/A 706M－2013、ASTM A 615/A 615M－2013；ASTM A 706/A 706M 于 1974 年首次获准，ASTM A 615/A 615M 于 1968 年首次获准。

标准由正文、附录（强制性信息）、变更一览表构成。ASTM A 706 和 ASTM A 615 标准为英寸-磅单位制，ASTM A 706M 和 ASTM A 615M 为 SI 国际单位制，以 SI 单位表示的数值列于括号内。每一种单位制必须独立使用。

ASTM A 706/A 706M－2014 标准适用于以直条或盘卷交货的混凝土配筋用低合金带肋钢筋和光圆钢筋。钢筋等级按（下）屈服强度特征值分为 420（MPa）级、550（MPa）级两种；钢筋设 11 种规格（尺寸）；标准对钢筋的机械性能和化学成分进行了限制，尤其是对钢筋的屈服强度上限、实测抗拉强度与实测屈服强度之比（强屈比）作出了明确要求。

ASTM A 615/A 615M－2014 标准适用于以直条或盘卷交货的混凝土配筋用碳钢带肋钢筋和光圆钢筋。钢筋等级按（下）屈服强度特征值分为 280（MPa）级、420（MPa）级、520（MPa）级、550（MPa）级四种，钢筋设 11 种规格。标准对钢筋的机械性能提出了要求，对磷含量进行了限制。与 ASTM A 706M 不同的是，ASTM A 615M 对钢筋的屈服强度上限、强屈比没有要求，A615M 中 420 级、550 级钢筋伸长率按不同直径分别为 7%～9%和 6%～7%，均低于 A706M 中同级钢筋 10%～14%和 10%～12%的要求。

另外，两标准均在附录中提出了区别于正文（标准型）的可选钢筋。可选钢筋与正文钢筋的主要区别：①两标准的可选钢筋与正文钢筋标识尺寸有所不同，可选钢筋的标识尺寸可视为公称直径，而标准型钢筋则不可。②对于 ASTM A 706/A 706M－2014 标准，可选钢筋的抗拉强度要求高于正文钢筋。

ASTM A 706/A 706M 低合金钢筋在强度、延性、质量上都比 ASTM A 615/A 615M 碳钢钢筋更加优良，因此可以广泛用于地震地区。

1.1.2 GB 1499.2—2007 与 GB 1499.1—2008 标准概述

GB 1499.2—2007 和 GB 1499.1—2008 是由中国钢铁工业协会提出、全国钢标准化技术委员会归口管理、中华人民共和国国家质量监督检验检疫总局与中国国家标准化管理委员会批准发布的混凝土配筋用钢筋产品标准。《钢筋混凝土用钢　第 2 部分：热轧带肋钢筋》(GB 1499.2—2007）由中冶集团建筑研究总院等七家单位起草，《钢筋混凝土用钢　第 1 部分：热轧光圆钢筋》（GB 1499.1—2008）由国家建筑钢材质量监督检测中心等八家单位起草。GB 1499.2—2007 版本于 2007 年 8 月 14 日发布，2008 年 3 月 1 日实施，代替《钢筋混凝土用热轧带肋钢筋》（GB 1499—1998）；该标准于 1979 年 2 月首次发布。GB 1499.1—2008 版本于 2008 年 3 月 31 日发布，2008 年 9 月 1 日实施，自实施之日起《低碳钢热轧圆盘条》(GB/T 701—1997）中建筑用盘条部分、《钢筋混凝土用热轧光圆钢筋》（GB 13013—1991）作废；2012 年 12 月 13 日由国家标准化管理委员会批准的 GB 1499.1—2008 第 1 号修改单，删除了有关 HPB235 钢筋的内容。

《钢筋混凝土用钢　第 2 部分：热轧带肋钢筋》（GB 1499.2—2007）由前言、正文、规范性附录 A 与 B 以及资料性附录 C 构成；《钢筋混凝土用钢　第 1 部分：热轧光圆钢筋》(GB 1499.1—2008）由前言、正文、规范性附录 A 与 B 构成。标准采用 SI 国际单位制。

热轧带肋钢筋包括普通热轧钢筋和细晶粒热轧钢筋，分 HRB335 或 HRBF335、HRB400 或 HRBF400、HRB500 或 HRBF500 六种牌号，等级分别为 335MPa、400MPa、500MPa；对有较高要求的抗震结构钢筋适用牌号后加“E”，并规定了实测抗拉强度与实测屈服强度之比（强屈比）、钢筋实测屈服强度与屈服强度特征值之比（屈服强度上限限制）以及最大力总伸长率。对于其他要求如：钢筋的化学成分含量、外形、重量、尺寸偏差、力学和工艺性能、检验试验等，标准也都做了明确规定。

《钢筋混凝土用钢　第 1 部分：热轧光圆钢筋》（GB 1499.1—2008）标准对钢筋的化学成分含量、外观、重量、尺寸偏差、力学和加工性能、检验试验等都做了明确规定。根据“GB 1499.1—2008《钢筋混凝土用钢　第 1 部分：热轧光圆钢筋》国家标准第 1 号修改单”，热轧光圆钢筋目前只有 HPB300 一种牌号，等级为 300MPa。

1.1.3 中外混凝土用钢筋标准的基本情况和相互关系

（1）欧洲《钢筋混凝土用钢：可焊接钢一般技术条件》（BS EN 10080：2005）与英国《钢筋混凝土用钢：可焊接钢筋及盘卷产品技术条件》（BS 4449 - 2005＋A2 - 2009）基本等同，都仅规定了 500MPa 的强度等级，但从标准体系的完整性来说较为科学，所包含的认证体系与检验方案都被各国采用。

（2）美国《混凝土配筋用低合金带肋钢筋与光圆钢筋标准》(ASTM A 706/A 706M - 2014）和《混凝土配筋用碳钢带肋钢筋与光圆钢筋标准》(ASTM A 615/A 615M - 2014）的技术要求有较大的不同，前者有 420MPa、550MPa 两个等级，不仅有焊接性能要求，也有屈服强度上下限与强屈比的要求，是高质量要求的钢筋；后者有 280MPa、420MPa、520MPa、550MPa 四个等级，无焊接性能、屈服强度上限、强屈比的要求。

（3）澳大利亚/新西兰的《钢筋混凝土用钢筋》(AS/NZS 4671：2001）规定了 250N、300E、500L、500N、500E 三个等级五个级别，明确规定了 L 为较低等级、N 为普通等级、E 为抗震等级。标准对抗震钢筋提出了技术要求，中国标准对抗震钢筋的规定也是参照了澳大利亚/新西兰标准的规定。

（4）加拿大《钢筋混凝土用碳素钢筋》（CSAG 30.18-09）规定了400R、400W、500R、500W四个牌号，对于常规用途的400R与500R化学成分仅规定了磷含量，对于有焊接要求的400W、500W化学成分与力学性能都有比较严格的要求。

（5）日本《钢筋混凝土用钢筋》（JIS G 3112：2010）参照了ISO国际标准，但钢筋等级是按本国的使用要求规定的，在一些具体的指标上也有一些不同的规定，如生产工艺。

（6）国际标准化组织制定的《钢筋混凝土用钢　第2部分：带肋钢筋》（ISO 6935-2：2007）是各国钢筋标准的大组合，包括用于非焊接的10个钢筋等级，以及用于焊接的11个钢筋等级。

（7）《钢筋混凝土用钢　第2部分：热轧带肋钢筋》（GB 1499.2—2007）非等效采用国际标准《钢筋混凝土用钢 第2部分：带肋钢筋》（ISO 6935-2：1991）的基本框架，由于该国际标准当时正在修订，所以参考了国际标准的修订稿“ISO/DIS 6935-2（2005）”。《钢筋混凝土用钢　第1部分：热轧光圆钢筋》（GB 1499.1—2008）非等效采用国际标准《钢筋混凝土用钢　第1部分：光圆钢筋》（ISO 6935-1：1991），参考了国际标准的修订稿“ISO/DIS 6935-1（2005）”。《钢筋混凝土用钢　第2部分：热轧带肋钢筋》（GB 1499.2—2007）和《钢筋混凝土用钢　第1部分：热轧光圆钢筋》（GB 1499.1—2008）的修订还参考了其他国家同类标准的内容，充分考虑了中国钢筋生产、使用的经验和要求，对原标准的内容做了相应的修改和调整。

1.2　相关文献

（1）《混凝土配筋用低合金带肋钢筋与光圆钢筋标准》（ASTM A 706/A 706M-2014）。

（2）《混凝土配筋用碳钢带肋钢筋与光圆钢筋标准》（ASTM A 615/A 615M-2014）。

（3）《钢筋混凝土用钢　第2部分：热轧带肋钢筋》（GB 1499.2—2007）。

（4）《钢筋混凝土用钢　第1部分：热轧光圆钢筋》（GB 1499.1—2008）。

（5）GB 1499.1—2008《钢筋混凝土用钢　第1部分：热轧光圆钢筋》国家标准第1号修改单。

（6）《金属材料　拉伸试验　第1部分：室温试验方法》（GB/T 228—2010）。

（7）《钢产品机械性能试验方法与定义》（ASTM A 370-2014）。

（8）《试验机力值的校准规程》（ASTM E 4-2014）。

（9）《金属材料拉伸试验方法》（ASTM E 8M-2013a）。

（10）《钢及钢产品交货一般技术要求》（GB/T 17505—1998）。

（11）《型钢验收、包装、标志及质量证明书的一般规定》（GB/T 2101—2008）。

（12）《中美建筑用钢筋标准及应用对比分析》，高迪、林常青，四川理工学院学报（自然科学版）第26卷第4期，2013年8月。

2　主要对照内容

《混凝土配筋用低合金带肋钢筋与光圆钢筋标准》（ASTM A 706M-2014）与GB 1499

[《钢筋混凝土用钢　第 2 部分：热轧带肋钢筋》（GB 1499.2—2007）、《钢筋混凝土用钢　第 1 部分：热轧光圆钢筋》（GB 1499.1—2008）]、《混凝土配筋用碳钢带肋钢筋与光圆钢筋标准》（ASTM A 615M－2014）与 GB 1499 [《钢筋混凝土用钢　第 2 部分：热轧带肋钢筋》（GB 1499.2—2007）、《钢筋混凝土用钢　第 1 部分：热轧光圆钢筋》（GB 1499.1—2008）] 的主要对照内容包括以下十七个方面，各对照内容的对标点如下：

（1）标准适用范围对标点。适用的单位制、钢筋交货型式、钢筋外形、钢筋混凝土结构、钢筋可焊性、钢筋轧制工艺、钢筋化学成分。

（2）主要术语对标点。带肋钢筋、光圆（面）钢筋、横肋、纵肋、肋、钢筋公称直径、肋高、肋间距。

（3）钢筋订货内容对标点。一般内容、特殊内容。

（4）钢筋等级对标点。等级分级依据、等级设置与强度、牌号标识（或构成）。

（5）钢筋规格对标点。规格设置、规格对应性、钢筋密度。

（6）钢筋重量（质量）允许偏差要求对标点。带肋钢筋重量允许偏差、光圆钢筋重量允许偏差。

（7）钢筋化学成分要求及化学成分分析方法对标点。带肋钢筋的化学成分要求、光圆钢筋的化学成分要求、化学成分分析方法。

（8）带肋钢筋横肋基本要求及测量对标点。横肋形状和式样、横肋与钢筋轴线的夹角、同侧与相对侧面横肋的方向、肋间距与测量、肋间隙、肋高与测量。

（9）钢筋拉伸（力学）性能要求对标点。带肋钢筋拉伸性能要求、光圆钢筋拉伸性能要求。

（10）钢筋弯曲性能要求对标点。带肋钢筋弯曲性能要求、光圆钢筋弯曲性能要求。

（11）钢筋表面质量要求对标点。钢筋表面质量要求。

（12）钢筋试验检验对标点。项目、组批规则、拉伸与弯曲试验试样截面的规定。

（13）钢筋拉伸试验对标点。拉伸试验（屈服强度、抗拉强度、伸长率等）方法与原理，拉伸试验机准确度、环境温度、控制速率的规定。

（14）钢筋复验对标点。复验前提条件、试件数量、合格判定的规定，试验结果无效判定的规定。

（15）钢筋检查（验）、交货验收与拒收对标点。检查（验）、交货验收与拒收的规定。

（16）钢筋标志对标点。带肋钢筋标志、光圆钢筋标志的规定。

（17）钢筋的包装及包装标识对标点。包装及包装标识的规定。

3　主要研究成果

3.1　美国材料与试验协会与 GB 1499 钢筋标准在适用范围、钢筋等级、钢筋规格方面的差异

（1）钢筋标准适用范围。ASTM A 706M、ASTM A 615M、GB 1499.2、GB 1499.1 混凝土配筋（或钢筋混凝土）用钢筋产品标准有各自的适用范围。

美国材料与试验协会钢筋标准按化学成分分为低合金钢筋标准（ASTM A706M）和碳钢钢筋标准（ASTM A615M），GB 1499 不按化学成分划分；美国材料与试验协会钢筋标准未明确规定不适用范围，GB 1499 不适用于由成品钢材再次轧制的再生钢筋、GB 1499.2 不适用于余热处理钢筋；美国材料与试验协会钢筋标准钢筋为模铸或连铸钢材轧制钢筋，GB 1499.2 钢筋为普通或细晶粒热轧钢筋，GB 1499.1 钢筋为氧气转炉、电炉冶炼钢热轧钢筋；GB 1499.2 的抗震钢筋、GB 1499.1 钢筋、ASTM A 706M 钢筋适用于抗震混凝土结构或地区，GB 1499.2 的非抗震钢筋、ASTM A 615M 钢筋一般不适用于抗震混凝土结构或地区；ASTM A 706M、GB 1499 钢筋为焊接钢筋，ASTM A 615M 钢筋为非焊接钢筋。

（2）钢筋等级。美国材料与试验协会钢筋标准与 GB 1499 的钢筋等级强度不同，带肋钢筋等级设置有一定差异，光圆钢筋的等级设置差异较大。美国材料与试验协会钢筋标准带肋与光圆钢筋等级为 280MPa、420MPa、520MPa、550MPa 级；GB 1499 带肋钢筋等级为 335MPa、400MPa、500MPa 级，光圆钢筋等级只有 300MPa 级。

（3）钢筋规格。对于带肋钢筋，在公称直径（或 ASTM 近似公称直径）6～60mm 范围，GB 1499 设有公称直径 6mm、8mm、14mm、18mm、22mm 规格而 ASTM 无，美国材料与试验协会钢筋标准有 60mm 规格而 GB 1499 无，11 种带肋钢筋规格中有 1 种（60mm 规格）与 GB 1499 无对应；对于光圆钢筋，美国材料与试验协会钢筋标准的规格在近似公称直径 10～60mm 范围，GB 1499 的规格在公称直径 25mm 及以下。

3.2　美国材料与试验协会与 GB 1499 钢筋标准在拉伸（力学）性能、弯曲性能、化学成分、重量（质量）允许偏差、带肋钢筋横肋等技术要求方面的差异

（1）拉伸（力学）性能要求。美国材料与试验协会钢筋标准与 GB 1499 钢筋抗拉强度、屈服强度、伸长率的限值不同。ASTM A 706M（低合金）钢筋以限值、GB 1499 抗震带肋钢筋以“实测屈服强度与规定的屈服强度特征值之比不大于 1.30”限制了屈服强度上限，ASTM A 706M 钢筋与 GB 1499 抗震带肋钢筋提出了相同的强屈比要求，ASTM A 615M（碳钢）钢筋、GB 1499 非抗震带肋钢筋、GB 1499 光圆钢筋无屈服强度上限和强屈比要求。

（2）弯曲性能要求。在带肋钢筋弯曲试验规定的弯芯直径上，美国材料与试验协会钢筋标准与 GB 1499 互有大小。对于光圆钢筋，美国材料与试验协会钢筋标准规定的弯芯直径为（3～9）d，GB 1499 为 1d。

（3）化学成分要求。对比 ASTM A 706M（低合金）与 GB 1499 带肋钢筋，GB 1499 限制了氮含量而 ASTM A 706M 未限制，ASTM A 706M 硅含量限值低于 GB 1499 较多，ASTM A 706M 与 GB 1499 碳当量计算公式不同。对于 ASTM A 706M 与 GB 1499 光圆钢筋，ASTM A 706M 以碳当量方式限制了钼和钒含量，GB 1499 光圆钢筋无碳当量、钼和钒含量要求。对于 ASTM A 615M（碳钢）与 GB 1499，GB 1499 限制了钢筋的碳、硅、锰、磷、硫、铜、镍、铬、钼、钒、氮、碳当量等（光圆钢筋无钼、钒、氮、碳当量）化学成分含量，ASTM A 615M 仅限制了磷含量，其磷含量略大于 GB 1499 的限值；

此外，美国材料与试验协会钢筋标准增加了钢筋生产过程的化学成分限值。

（4）重量（质量）允许偏差要求。对于带肋钢筋，GB 1499 设有上限（超重）而美国材料与试验协会钢筋标准不设，且两者的限值不同；对于光圆钢筋，美国材料与试验协会钢筋标准以直径允许偏差作为重量允许偏差的要求，GB 1499 则以实际重量与理论重量的偏差作为要求。

（5）带肋钢筋横肋基本要求。对于肋间距要求，美国材料与试验协会钢筋标准以最大平均间距表示，GB 1499 以公称间距＋允许偏差表示；对于肋间隙（横肋末端间隙），美国材料与试验协会钢筋标准大于 GB 1499 的限值；对于肋高要求，GB 1499 取肋的最高点为肋高并以公称肋高＋允许偏差表示，美国材料与试验协会钢筋标准取典型横肋的平均值。

3.3 美国材料与试验协会与 GB 1499 钢筋标准在试验检验与复验规定、拉伸试验方法方面的差异

（1）试验检验规定。美国材料与试验协会钢筋标准与 GB 1499 主要是技术要求有无所致试验检测项目不同，此外，美国材料与试验协会钢筋标准未规定钢筋试验检测的组批重量，GB 1499 的组批重量通常不大于 60t。

（2）复验规定。在钢筋拉伸或弯曲或重量试验结果不符合标准技术要求而进行复验时，美国材料与试验协会钢筋标准对拉伸试验复验前提（不合格拉伸试验结果与其标准值之差）有规定，限定实测抗拉强度与其标准值之差在 14MPa 范围内、实测屈服强度与其标准值之差在 7MPa 范围内、或实测伸长率与其标准值之差在 2 个百分点范围内，GB 1499 无拉伸试验这一复验前提限定。

（3）拉伸试验方法。美国材料与试验协会钢筋标准与 GB 1499 钢筋标准采用各自引用方法进行钢筋的拉伸试验（抗拉强度、屈服强度、伸长率等），试验控制速率互有大小，美国材料与试验协会钢筋标准的钢筋伸长率的原始标距为 200mm，GB 1499 钢筋伸长率的原始标距为比例标距（5 倍公称直径）。

3.4 美国材料与试验协会钢筋标准与 GB 1499 钢筋标准在检查（验）、交货验收与拒收、带肋钢筋标志、包装及包装标识规定方面的差异

（1）检查（验）规定。对于类型，GB 1499.2 分非规定检查和规定检查，GB 1499.1 一般为非规定检查，美国材料与试验协会钢筋标准为规定检查；对于主体，美国材料与试验协会钢筋标准的民间采购为需方，政府采购为承包商，GB 1499 不分民间与政府采购，GB 1499.2 为需方，GB 1499.1 为制造商；对于地点，美国材料与试验协会钢筋标准在制造商，GB 1499 一般在制造商，制造商不具备检查所需设备时，可以在第三方进行。

（2）交货验收与拒收规定。需方根据自检试验结果对产品拒收时，美国材料与试验协会钢筋标准规定需方应立即报告给制造商，代表拒收产品的测试试样应从报告给制造商之日起保留两周，GB 1499 未明确规定时间。

（3）带肋钢筋标志的规定。对于原产地或厂名的标志，美国材料与试验协会钢筋标准采用代表制造商名称的字符或符号，GB 1499 采用代表厂名的拼音字母缩写。对于规格的

标志，美国材料与试验协会钢筋标准采用钢筋标识数字（非公称直径），GB 1499 采用公称直径（阿拉伯）数字。对于牌号标志，美国材料与试验协会钢筋标准的牌号标志有两种，或用 1 个数字表示（但该数字与牌号的第 1 个数字不一定相同），或在钢筋上轧制长度不少于 5 个横肋间距的连续纵线，以纵线条数区分牌号；GB 1499 的牌号标志采用阿拉伯数字加英文字母表示，数字表示等级（该数字与等级的第 1 个数字相同），普通钢筋用 1 个数字，细晶粒钢筋在数字前加 C，抗震钢筋在数字后再加 E。对于钢筋品种标志，美国材料与试验协会钢筋标准有在钢筋表面轧制品种标志要求，GB 1499 在标牌上标识。

（4）包装及包装标识规定。美国材料与试验协会钢筋标准包装及包装标识分民间和政府采购规定，GB 1499 未明确区分。

中外水泥标准对比研究

编制单位：中国电建集团昆明勘测设计研究院有限公司

专题负责人　凌　云　林星平　翟祥军
编　　　写　林星平　武　玲　董海英
校　　　审　解　敏　唐　芸
审　　　核　凌　云　殷　洁　许文涛
主要完成人　林星平　武　玲　董海英　翟祥军　初必旺　刘　波

1 中外水泥标准简述

水泥是混凝土的核心组分，为保证水泥产品质量，世界各国在本国的技术标准中对水泥性能进行了规定。由于各国矿产资源、冶炼工业的具体情况及技术发展水平各不相同，水泥标准存在较大差异。随着贸易全球化和生产技术的进步，各国水泥标准也在相互借鉴并往统一的方向发展。除了中国的水泥标准外，国际上水泥标准主要有美国标准和欧洲标准两大体系。

美国水泥产品标准主要由美国材料与试验协会（ASTM）的《硅酸盐水泥》（ASTM C 150/C 150M - 17）、《混合水硬性水泥》（ASTM C 595/C 595M - 17）、《水硬性水泥标准性能》（ASTM C 1157/C 1157M - 11）三大标准组成。《硅酸盐水泥》（ASTM C 150/C 150M - 17）中水泥组分以硅酸盐熟料和石膏为主，不添加或少量添加混合材（添加剂），并按水泥性能和用途分为 6 种基本类型及 4 种引气型共 10 种水泥品种。《混合水硬性水泥》（ASTM C 595/C 595M - 17）按混合材的品种及掺量分为 4 种基本类型，混合材种类包括矿渣、火山灰质材料和石灰石，混合材掺量最高可达 95%。《水硬性水泥标准性能》（ASTM C 1157/C 1157M - 11）标准对水泥组分、化学成分和矿物组成没有限制，只规定了水泥的性能指标，并按水泥性能和用途分为 6 种基本类型。《水硬性水泥标准性能》（ASTM C 1157/C 1157M - 11）在美国三大标准中影响较大且应用面较广，代表了通用水泥标准的发展方向，在北美地区广泛接受和采用。

欧洲从 1969 年开始准备工作，制定统一的水泥产品标准，并于 1992 年正式颁布了通用水泥标准《水泥—第 1 部分：通用水泥的组分、技术要求和合格准则》（EN 197 - 1：2011）。经过不断修订，该标准现已成为欧洲的主要水泥标准。该标准按水泥组分划分为 5 大类 27 个水泥品种，涵盖了不掺或少掺混合材的硅酸盐水泥和掺有一定量混合材的混合水泥。水泥中混合材种类包括矿渣、硅灰、火山灰质材料、粉煤灰、煅烧页岩和石灰石，混合材掺量最高可达 95%。

中国从 1952 年开始制定水泥标准，现已逐步形成了自己的水泥标准体系。中国的水泥主要分为通用水泥和特种（专用）水泥两大类。通用水泥标准是《通用硅酸盐水泥》（GB 175—2007），水泥按混合材品种和掺量分为 6 类 8 个品种，水泥中混合材种类包括矿渣、火山灰质材料、粉煤灰和石灰石，混合材掺量最高为 70%。特种水泥标准主要包括《中热硅酸盐水泥 低热硅酸盐水泥 低热矿渣硅酸盐水泥》（GB/T 200—2003）、《抗硫酸盐硅酸盐水泥》（GB/T 748—2005）、《低热微膨胀水泥》（GB 2938—2008）、《道路硅酸盐水泥》（GB/T 13693—2017）等。

为落实电建集团“国际优先发展”战略，加快走出去步伐，电建股份科技部提出了开展“国际工程技术标准应用研究”重大专项。中国电建昆明勘测设计研究院有限公司承担了其中的“中外水泥标准对照研究”子课题，根据工作安排，本文考虑中国电建集团的行业特点，选择了美国、欧洲及中国主要的水泥标准进行对照研究。

2 对照的中外标准及内容

本次对照研究所选中外水泥标准及相关资料见表 1，主要工作内容为两个部分：

（1）对所选美国标准《硅酸盐水泥》（ASTM C 150/C 150M - 17）、《混合水硬性水泥》（ASTM C 595/C 595M - 17）、《水硬性水泥标准性能》（ASTM C 1157/C 1157M - 11），欧洲标准《水泥—第 1 部分：通用水泥的组分、技术要求和合格准则》（EN 197 - 1：2011）4 个国外水泥标准的英文原稿进行中文翻译或校译。

（2）将所选 4 个国外水泥标准与中国标准《通用硅酸盐水泥》（GB 175—2007）、《中热硅酸盐水泥 低热硅酸盐水泥 低热矿渣硅酸盐水泥》（GB/T 200—2003）、《抗硫酸盐硅酸盐水泥》（GB/T 748—2005）进行对比研究，对比内容包括水泥的分类、性能指标、试验方法、检验规则等。此外，按照标准的条款顺序逐条对照，并进行异同点分析及归纳总结。

表 1 中外水泥标准及相关资料

分类	编 号	中文名称	英 文 名 称	发布单位	文中简称	发布年份
美国标准	ASTM C 150/C 150M - 17	硅酸盐水泥	Standard Specification for Portland Cement	美国材料与试验协会	ASTM C 150	2017
	ASTM C 595/C 595M - 17	混合水硬性水泥	Standard Specification for Blended Hydraulic Cements		ASTM C 595	2017
	ASTM C 1157/C 1157M - 11	水硬性水泥标准性能	Standard Performance Specification for Hydraulic Cement		ASTM C 1157	2011
欧洲标准	EN 197 - 1：2011	水泥—第 1 部分：通用水泥的组分、技术要求和合格准则	Cement Part 1：Composition，specifications and conformity criteria for common cements	欧洲标准委员会	EN 197 - 1	2011
中国标准	GB 175—2007	通用硅酸盐水泥	Common Portland Cement	中华人民共和国国家质量监督检验检疫总局、中国国家标准化管理委员会	GB 175	2007
	GB/T 200—2003	中热硅酸盐水泥 低热硅酸盐水泥 低热矿渣硅酸盐水泥	Moderate Heat Portland Cement Low Heat Portland Cement Low Heat Portland Slag Cement	中华人民共和国国家质量监督检验检疫总局	GB 200	2003
	GB/T 748—2005	抗硫酸盐硅酸盐水泥	Sulfate Resistance Portland Cement	中华人民共和国国家质量监督检验检疫总局、中国国家标准化管理委员会	GB 748	2005

3　主要研究成果

3.1　水泥分类

中外水泥标准中对水泥的分类主要有两种方法：①按水泥组分进行分类。②按水泥的性能及用途进行分类。不同标准体系所划分的各类型水泥名称存在一定差异，但其水泥组分、混合材品种及掺量、性能指标等均具有可比性，在选择水泥品种时可考虑替代使用。

从水泥的分类可以看出，不同标准体系水泥种类较多，强度值范围较广。在 20 世纪 80 年代前，纯硅酸盐水泥应用较普遍，之后混合水泥逐渐成为应用最广泛的水泥。水泥是混凝土的核心组分，混凝土的拌和物性能和硬化后性能或多或少取决于所用水泥的性能，这是选用水泥的基础。但是，没有哪种水泥在所有的环境条件下都是最好的，在很多情况下，可以选用不止一种类型或强度等级的水泥。水泥的选用取决于供货、经济性、特殊的环境要求、荷载情况、建造速度以及结构形式等。随着混凝土技术的进步与创新，特别是混凝土高性能外加剂及掺合料的普遍使用，配制出所需性能的混凝土对水泥品种及性能的依赖有所降低。例如，采用低强度等级的水泥也能配制出高强度混凝土，采用普通水泥也能配制出具有低水化热或抵抗硫酸盐侵蚀的特定性能混凝土。这使得水泥品种的适用范围增加，有效减少了根据混凝土性能选择水泥品种时的限制。

3.2　水泥性能指标的异同

（1）对于化学指标，除了美国标准 ASTM C 1157 未对水泥化学指标进行限制外，欧洲标准 EN 197－1 对化学指标的要求相对最为宽松。美国标准 ASTM C 150、ASTM C 595 对化学指标的要求最为复杂，其中对烧失量、三氧化硫的限制较为细致，要求也较严，但未规定氯离子含量要求。中国标准 GB 175、GB 200 和 GB 748 中，GB 175 所规定的水泥氯离子含量及 P·Ⅰ型水泥不溶物含量要求最为严格，其余水泥化学指标要求介于欧洲标准 EN 197－1 与美国标准 ASTM C 150、ASTM C 595 之间。

（2）对于物理指标，欧洲标准 EN 197－1 仅规定了初凝时间和安定性（沸煮法）要求，未规定终凝时间和细度要求，指标要求相对最为宽松。美国标准（ASTM C 150、ASTM C 595 和 ASTM C 1157）对初凝时间增加了上限要求，安定性采用压蒸法，对部分水泥有细度要求，未规定终凝时间要求。中国标准（GB 175、GB 200 和 GB 748）对初凝时间和终凝时间均有要求，安定性采用沸煮法，对部分水泥有细度要求。

中国标准与欧洲标准对水泥安定性的检测均采用沸煮法，美国标准则采用压蒸法，两种方法差异较大。沸煮法为常温常压，适用于检测游离氧化钙（$f-CaO$）造成的体积膨胀；压蒸法为高温高压，对氧化镁（MgO）及游离氧化钙（$f-CaO$）均较敏感，可用于检测氧化镁及游离氧化钙造成的体积膨胀。对于氧化镁引起的膨胀，中国标准及欧洲标准通过限制水泥或水泥熟料中氧化镁含量来进行控制。当氧化镁含量超出标准要求时，中国标准须通过压蒸法进行验证。

（3）对于水泥强度指标，美国标准 ASTM C 150、ASTM C 595 和 ASTM C 1157 未

划分强度等级，没有强度等级高低之分，根据水泥品种不同，对 1d、3d、7d、28d 四个龄期中的 2～3 个龄期抗压强度有要求，对强度要求相对最为宽松，28d 龄期最高抗压强度要求仅为不小于 28.0MPa（与中国强度等级为 32.5 的水泥强度要求接近）；欧洲标准 EN 197－1 按 28d 抗压强度划分为三个强度等级（32.5、42.5、52.5），又按早期强度分为 N（普通）、R（早强）、L（低早强）三类，并根据水泥品种不同，对 2d、7d、28d 三个龄期中的两个龄期（2d 和 28d 为主）强度有要求，EN 197－1 对强度等级 32.5 及 42.5 水泥 28d 强度不仅有最小值要求，还有最大值要求，相对较严格。中国标准 GB 175、GB 200 和 GB 748 按 28d 抗压强度共划分为有四个强度等级（32.5、42.5、52.5、62.5），按 3d 强度分为普通型和 R 型（早强型）两类，并根据水泥品种不同，对 3d、7d、28d 三个龄期中的 2～3 个龄期（3d 和 28d 为主）强度有要求。欧洲标准和中国标准在水泥强度等级划分及强度要求上有较多共同点。另外，不同于美国标准和欧洲标准，中国标准对抗折强度亦有指标要求。

（4）对于水化热及抗硫酸盐性能指标，美国标准 ASTM C 150、ASTM C 595 和 ASTM C 1157 中，ASTM C 150 除对性能指标有限制外，还对矿物成分和特殊化学指标有限制；ASTM C 595 和 ASTM C 1157 仅对性能指标有限制。欧洲标准 EN 197－1 对水泥矿物成分和特殊化学指标限制较多，仅对低热水泥有性能指标限制。中国标准 GB 175 仅对水泥熟料有矿物成分和特殊化学指标限制；GB 200 和 GB 748 既有性能指标限制，又有矿物成分或特殊化学指标限制。

（5）对于水泥其他指标要求，美国水泥标准 ASTM C 150、ASTM C 595、ASTM C 1157 对水泥有砂浆含气量要求。另外，ASTM C 150 有早凝试验要求（选择性指标）；ASTM C 1157 有砂浆棒膨胀率要求，有早凝试验（选择性指标）、抑制碱-骨料反应性能试验要求（选择性指标）；ASTM C 595 对水泥有压蒸收缩率要求，对低热水泥有干缩率和需水量比要求。欧洲水泥标准 EN 197－1 对 CEM Ⅳ型水泥有火山灰性要求；中国标准对干缩率有试验方法，但无控制指标要求。

需要指出的是，欧洲标准和中国标准通常是在混凝土中添加引气剂，并按混凝土含气量进行控制，以达到满足耐久性的要求，因此水泥性能指标中无水泥砂浆含气量要求；美国标准 ASTM C 1157 由于没有化学指标限制，因此增加了砂浆棒膨胀率来检测水泥所含有的硫酸盐可能导致的膨胀；中国标准中，针对碱活性骨料，相关试验方法及要求收录在混凝土骨料标准中。

3.3 水泥试验方法的异同

（1）对于水泥胶砂强度，中国标准和欧洲标准试验方法基本一致，结果具有可比性；中国标准与美国标准试验方法则明显不同，采用中国试验方法得出的抗压强度大于采用美国试验方法得到的结果，且存在一定线性关系。

（2）对于水泥凝结时间，都采用维卡仪测定法。中国标准和欧洲标准试验方法基本一致，在精度要求及判定条件上略有区别；中国标准与美国标准则存在明显区别，会对试验结果造成一定影响。

（3）对于水泥安定性，中国标准和欧洲标准试验方法基本一致，都采用沸煮法（雷氏夹法），用于检测游离氧化钙造成的体积膨胀，但中国标准在判定条件上严于欧洲标准；美国标准采用压蒸法，用于检测氧化镁及游离氧化钙造成的体积膨胀，在检测方法及适用范围上与中国标准、欧洲标准存在明显不同。

（4）对于水泥细度，都采用筛析法来测定水泥的筛余细度、采用透气法来测定水泥的比表面积，不同标准体系所用这两种方法的原理及计算基本一致。当采用相同的筛孔尺寸时，筛析法试验结果具有可比性；当采用相同的基准水泥（标准物质）时，透气法所测比表面积具有可比性。

（5）对于水泥化学指标，不同标准体系采用的化学分析方法不完全一致，但检验结果具有可比性。

不同标准体系水泥试验方法中，均对所采用的试验仪器及设备提出了具体要求，不同标准体系所采用的仪器设备亦存在一定差异。

3.4　水泥抽样及验收的异同

中国标准中交货时水泥的质量验收可抽取实物试样以其检验结果为依据，也可以生产者同编号水泥的检验报告为依据。采取何种方法验收由买卖双方商定，并在合同或协议中注明。美国标准中的相关规定与中国标准基本一致。欧洲标准 EN 197－1 仅在参考附件中规定了交货时水泥验收限值，未涉及其他验收条款。

当以抽取实物试样的检验结果为验收依据时，都另行规定了抽样方法标准，美国及欧洲相关标准中抽样及检验的内容规定得更为细致。

4　值得中国标准借鉴之处

美国标准《水硬性水泥标准性能》（ASTM C 1157/C 1157M－11）对水泥组分、化学成分和矿物组成没有指标要求，突破了传统水泥标准对此的限制，减少了新品种材料在水泥中的应用束缚。ASTM C 1157 标准只规定了水泥的性能指标，但较传统水泥标准增设了相关性能指标要求进行质量控制，具有“开放性”的特点。ASTM C 1157 标准中水泥品种涵盖了 ASTM C 150 和 ASTM C 595 标准中所有一般用途和特殊用途的水泥品种，在美国三大水泥标准中影响较大且应用面较广，代表了通用水泥标准的发展方向，在北美地区广泛接受和采用，值得中国水泥标准借鉴。

中美混凝土骨料标准对比研究

编制单位： 中国电建集团北京勘测设计研究院有限公司

专题负责人 李志山　赵晓菊
主要完成人 赵晓菊　郑海伦　董延安
审　　核 李志山　董延安

1 对照的中美标准及相关文献

根据电建集团“‘国际工程水电勘测设计技术标准应用研究’工作大纲”要求，本文主要从以下几个方面对中美混凝土骨料标准进行对比分析：

（1）细骨料的技术性能要求及其试验方法，主要包括碱活性、表观密度、吸水率、有害物质含量、坚固性、石粉含量（含泥量）等。

（2）粗骨料的技术性能要求及其试验方法，主要包括碱活性、表观密度、吸水率、有害物质含量、坚固性、针片状颗粒含量、压碎指标等。

为了确保对标工作的完整性，本次对比研究工作不仅按要求收集了工作大纲要求的3项相关的美国材料与试验协会（ASTM）标准和3项中国国家和行业标准外，还增加收集了16项美国材料与试验协会标准和5项中国行业标准参与对比工作。

1.1 对照的美国材料与试验协会标准

（1）《混凝土骨料标准规范》（ASTM C 33/C 33M－2016）。

（2）《粗、细集料的筛分分析的标准试验方法》（ASTM C 136/C 136M－2014）。

（3）《标准砂的标准规范》（ASTM C 778－2013）。

（4）《集料的体积密度（单位重量）及孔隙度的标准试验方法》（ASTM C 29/C 29M－2009）。

（5）《测定混凝土用细集料有机杂质的标准试验方法》（ASTM C 40/C 40M－2011）。

（6）《骨料取样的操作规程》（ASTM D 75/D 75M－13）。

（7）《用硫酸钠或硫酸镁测试集料坚固性的标准试验方法》（ASTM C 88－2013）。

（8）《用冲洗法测定矿物集料中细于75μm（No.200）筛的材料量的标准试验方法》（ASTM C 117－2013）。

（9）《集料内轻质颗粒的标准试验方法》（ASTM C 123/C 123M－2014）。

（10）《混凝土与混凝土骨料名词的标准定义》（ASTM C 125－86）。

（11）《粗集料的相对密度（比重）和吸收性的标准试验方法》（ASTM C 127－2015）。

（12）《用洛杉矶试验机测定小粒径粗集料耐磨耗与抗撞击性的标准试验方法》（ASTM C 131/C 131M－2014）。

（13）《集料中黏土块和易碎粒料的标准试验方法》（ASTM C 142/C 142M－2010）。

（14）《水泥集料潜在碱活性的标准试验方法（砂浆棒法）》（ASTM C 227－2010）。

（15）《集料的潜在碱-硅酸反应活性的标准试验方法（化学法）》（ASTM C 289－2007）。

（16）《混凝土用集料的岩相检验标准指南》（ASTM C 295/C 295M－2012）。

（17）《使用洛杉矶试验机的磨耗和冲击测定大规格粗骨料抗降解性的标准试验方法》（ASTM C 535－2012）。

（18）《用作混凝土骨料的碳酸盐岩石潜在碱活性的标准试验方法（岩石柱

法）》（ASTM C 586－2011）。

（19）《测定胶凝材料和集料组合料潜在碱－硅酸反应的标准试验方法（快速砂浆棒法）》（ASTM C 1567－2013）。

1.2 对照的中国标准

（1）《水工混凝土砂石骨料试验规程》（DL/T 5151—2014）。

（2）《建设用卵石、碎石》（GB/T 14685—2011）。

（3）《建设用砂》（GB/T 14684—2011）。

（4）《水工混凝土施工规范》（DL/T 5144—2015）。

（5）《水工碾压混凝土施工规范》（DL/T 5112—2009）。

（6）《水电水利工程天然建筑材料勘察规程》（DL/T 5388—2007）。

（7）《水工混凝土抑制碱－骨料技术规范》（DL/T 5298—2013）。

（8）《水利水电工程天然建筑材料勘察规程》（SL 251—2015）。

《建设用砂》（GB/T 14685—2011）、《建设用卵石、碎石》（GB/T 14685—2011）由中华人民共和国国家质量监督检验检疫总局和中国国家标准化管理委员会发布，为国家标准；《水工混凝土施工规范》（DL/T 5144—2015）、《水工碾压混凝土施工规范》（DL/T 5112—2009）、《水电水利工程天然建筑材料勘察规程》（DL/T 5388—2007）、《水工混凝土砂石骨料试验规程》（DL/T 5151—2014）、《水工混凝土抑制碱－骨料技术规范》（DL/T 5298—2013）为中华人民共和国电力行业标准；《水利水电工程天然建筑材料勘察规程》（SL 251—2015）为中华人民共和国水利行业标准。

2 混凝土骨料分类及技术指标

2.1 混凝土骨料分类

混凝土骨料是指在混凝土中起骨架或填充作用的粒状松散材料，分粗骨料和细骨料。粗骨料分天然粗骨料和人工粗骨料常用的有砾（卵）石、碎石等；细骨料分天然细骨料和人工细骨料，主要指天然砂、人工砂等。

参照《水工混凝土施工规范》（DL/T 5144—2015），粗骨料（砾石、碎石）的分级可分为小石、中石、大石和特大石，粒径分别为5～20mm、20～40mm、40～80mm和80～150mm。

参照《建设用砂》（GB/T 14684—2011），细骨料（砂）按细度模数可分为粗砂、中砂、细砂三种规格，细度模数分别为3.7～3.1、3.0～2.3、2.2～1.6；参照《水电水利工程天然建筑材料勘察规程》（DL/T 5388—2007），细骨料（砂）按照不同粒径的颗粒含量可进一步分类为极粗砂、粗砂、中砂、细砂、微细砂、极细砂，粒径分别为5.0～2.5mm、2.5～1.25mm、1.25～0.63mm、0.630～0.315mm、0.315～0.158mm、0.158～0.075mm。

2.2　混凝土骨料主要技术指标

混凝土骨料的技术指标包括颗粒级配、砂细度模数、含泥量、人工砂的石粉含量、人工砂的微粒含量等多项指标，并根据骨料各自的特性有所不同。混凝土骨料主要技术指标见表1。

表1　　　　混凝土骨料主要技术指标

项　　目	粗　骨　料		细　骨　料	
	天然粗骨料 （砾石）	人工粗骨料 （碎石）	天然细骨料 （天然砂）	人工细骨料 （人工砂）
颗粒级配	√	√	√	√
细度模数	—	√	√	√
平均粒径	—	—	√	√
含泥量	√	√	√	—
石粉含量	—	—	—	√
微粒含量	—	—	—	√
泥块含量	√	√	√	√
表观密度	√	√	√	√
堆积密度	√	√	√	√
松散堆积空隙率	√	√	√	√
有机质含量	√	√	√	√
硫化物及硫酸盐含量	√	√	√	√
轻物质含量	√	√	√	√
氯化物含量	—	—	√	√
云母含量	—	—	√	√
表面含水率	—	—	√	
饱和面干含水率	—	—	—	√
吸水率	√	√	—	—
水溶盐含量	—	—	√	—
压碎指标	√	√	—	√
针片状含量	√	√	—	—
软弱颗粒含量	√	√	—	—
超逊径颗粒含量	√	√	—	—
磨蚀	√	√	—	—
冻融损失率	√	√	—	—
骨料的坚固性	√	√	√	√
骨料碱活性	√	√	√	√

注　“√”表示有该指标项目；“—”表示没有该指标项目。

在混凝土结构中，粗骨料起着骨架作用，细骨料起着填充作用，各个技术指标都影响着混凝土的质量。因此，严格控制粗、细骨料的技术指标，是保证混凝土质量的一个控制要点。

3 主要对照内容

本文主要从以下几个方面开展中美混凝土骨料标准对比分析工作。

3.1 混凝土骨料质量技术名词术语对比

混凝土骨料质量技术名词术语按照表1所列项目进行对比。混凝土骨料质量技术名词术语对标规范如下。

3.1.1 美国标准

《混凝土骨料标准规范》(ASTM C 33/C 33M－2016)。

3.1.2 中国标准

(1)《建设用砂》(GB/T 14684—2011)。

(2)《建设用卵石、碎石》(GB/T 14685—2011)。

(3)《水工混凝土施工规范》(DL/T 5144—2015)。

(4)《水电水利工程天然建筑材料勘察规程》(DL/T 5388—2007)。

(5)《水利水电工程天然建筑材料勘察规程》(SL 251—2015)。

(6)《水工碾压混凝土施工规范》(DL/T 5112—2009)。

(7)《水工混凝土抑制碱-骨料技术规范》(DL/T 5298—2013)。

3.2 混凝土骨料质量技术指标要求对比

混凝土骨料质量技术指标要求按照表1所列项目进行对比。混凝土骨料质量技术指标名词要求对标标准如下。

3.2.1 美国标准

(1)《混凝土骨料标准规范》(ASTM C 33/C 33M－2016)。

(2)《标准砂的标准规范》(ASTM C 778－2013)。

3.2.2 中国标准

(1)《建设用砂》(GB/T 14684—2011)。

(2)《建设用卵石、碎石》(GB/T 14685—2011)。

(3)《水工混凝土施工规范》(DL/T 5144—2015)。

(4)《水电水利工程天然建筑材料勘察规程》(DL/T 5388—2007)。

(5)《水利水电工程天然建筑材料勘察规程》(SL 251—2015)。

(6)《水工碾压混凝土施工规范》(DL/T 5112—2009)。

(7)《水工混凝土抑制碱-骨料技术规范》(DL/T 5298—2013)。

3.3 混凝土骨料试验方法对比

细骨料试验方法对比主要包括颗粒级配、堆积及紧密密度、有机质含量、含泥量、轻物质、泥块含量。

粗骨料试验方法对比主要包括颗粒级配、堆积及紧密密度、含泥量、轻物质、泥块含量、比重试验，抗磨蚀试验。

此外，本文还对混凝土骨料坚固性试验方法、骨料碱活性检验方法进行对比。

混凝土骨料试验方法对标标准如下：

3.3.1　美国标准

(1)《集料的体积密度（单位重量）及孔隙度的标准试验方法》(ASTM C 29/C 29M－2009)。

(2)《粗、细集料的筛分分析的标准试验方法》(ASTM C 136/C 136M－2014)。

(3)《测定混凝土用细集料有机杂质的标准试验方法》(ASTM C 40/C 40M－2011)。

(4)《用冲洗法测定矿物集料中细于 75μm（No.200）筛的材料量的标准试验方法》(ASTM C 117－2013)。

(5)《集料内轻质颗粒的标准试验方法》(ASTM C 123/C 123M－2014)。

(6)《集料中黏土块和易碎粒料的标准试验方法》(ASTM C 142/C 142M－2010)。

(7)《粗集料的相对密度（比重）和吸收性的标准试验方法》(ASTM C 127－2015)。

(8)《用洛杉矶试验机测定小粒径粗集料耐磨耗与抗撞击性的标准试验方法》(ASTM C 131/C 131M－2014)。

(9)《使用洛杉矶试验机的磨耗和冲击测定大规格粗骨料抗降解性的标准试验方法》(ASTM C 535－2012)。

(10)《用硫酸钠或硫酸镁测试集料坚固性的标准试验方法》(ASTM C 88－2013)。

(11)《水泥集料潜在碱活性的标准试验方法（砂浆棒法）》(ASTM C 227－2010)。

(12)《集料的潜在碱-硅酸反应活性的标准试验方法（化学法)》(ASTM C 289－2007)。

(13)《混凝土用集料的岩相检验标准指南》(ASTM C 295/C 295M－2012)。

(14)《用作混凝土骨料的碳酸盐岩石潜在碱活性的标准试验方法（岩石柱法)》(ASTM C 586－2011)。

(15)《测定胶凝材料和集料组合料潜在碱-硅酸反应的标准试验方法（快速砂浆棒法)》(ASTM C 1567－2013)。

3.3.2　中国标准

(1)《建设用砂》(GB/T 14684—2011)。

(2)《建设用卵石、碎石》(GB/T 14685—2011)。

(3)《水工混凝土砂石骨料试验规程》(DL/T 5151—2014)。

需要说明的是：①混凝土骨料质量技术指标对比，对于美国标准没要求的，中国国标及行标有要求，或者美国标准有要求，中国国标及行标没要求的，均进行对照。②骨料常规试验方法的对比，主要是针对美国标准要求的试验项目与中国国标及行标要求的同样试验项目进行对比，对于中国国标及行标有的试验项目，而美国标准没有的试验项目则不进行对比。

3.4 混凝土骨料检验要求对比

对参与对比的美国和中国标准所涉及的混凝土骨料检验要求进行查阅和对比。

4 主要研究成果

通过对美国标准（以下简称美标）、中国国家标准（以下简称国标）及电力行业标准（以下简称行标）对比，主要研究成果如下。

4.1 混凝土骨料质量技术名词术语

4.1.1 细骨料定义

美标：①通过 9.5mm 筛及几乎全部通过 4.75mm 筛，并以 0.075mm（75μm）筛上筛余为主的骨料。②通过 4.75mm 筛并在 0.075mm（75μm）筛上余留的这部分骨料。

国标：定义为粒径小于 4.75mm 混凝土骨料。

行标：粒径小于 5mm 的混凝土骨料为细骨料。

4.1.2 粗骨料定义

美标：①以 4.75mm 筛上筛余为主的骨料。②4.75mm 筛上余留的这部分骨料（注：这两个定义在不同情况下可替换使用。定义①适用于天然状态或加工后的全部骨料；定义②适用于一部分骨料）。

国标：粒径大于 4.75mm 的混凝土骨料。

行标：粒径大于等于 5mm 的混凝土骨料。

4.1.3 砂的细度模数

美标、国标及行标砂的细度模数定义相同，为小于某筛孔径各号筛的累计筛余百分率的总和除以 100 来表示，但中美标准的筛孔径不同。

4.1.4 含泥量

美标、国标及行标含泥量定义相同，均为小于 0.075mm（75μm）的颗粒含量。

4.1.5 机制砂的石粉及微粒含量

石粉含量：①美标和国标石粉含量定义相同，均为小于 0.075mm（75μm）的颗粒含量；②行标将人工砂中粒径小于 0.16mm 的颗粒定义为石粉。

微粒含量：行标《水工碾压混凝土施工规范》（DL/T 5112—2009）将人工砂中粒径小于 0.08mm 的颗粒定义为微粒。

4.1.6 泥块含量

细骨料：美标将粒径大于 1.18mm 颗粒，以水洗、手捏后粒径小于 0.85mm（850μm）粒径的颗粒定义为黏土块和易碎粒料；国标定义为砂中原粒径大于 1.18mm，经水浸洗、手捏后小于 0.6mm（600μm）的颗粒；行标定义为砂中粒径大于 1.25mm，以水洗、手捏后变成小于 0.63mm 颗粒的含量。

粗骨料：美标将粒径小于 9.5mm 和大于 9.5mm 颗粒，分别以水洗、手捏后粒径分别小于 2.36mm 和 4.75mm 粒径的颗粒，定义为黏土块和易碎粒料；国标泥块含量是卵石、碎石中原粒径大于4.75mm，经水浸洗、手捏后小于2.36mm的颗粒含量；行标泥块含量是原粒径大于5mm，经水浸洗、手捏后小于2.5mm的颗粒含量。

4.1.7　轻物质

美标定义轻物质不仅包括比重小于2.0的物质（煤炭或褐煤），还包括比重大于2.0的轻质物质（如比重低于2.4的燧石和页岩）。国标和行标定义的轻物质只是表观密度（比重）小于2.0的物质。

4.1.8　粗骨料的针片状

美标《混凝土与混凝土骨料名词的标准定义》（ASTM C 125－86）定义长片状颗粒指骨料中限定长方形棱柱体长与宽之比大于规定值的骨料颗粒；扁平颗粒指骨料中限定长方形棱柱体宽厚比大于规定值的骨料颗粒。

国标及行标定义为凡岩石的颗粒的长度大于该颗粒所属粒径的平均粒径的2.4倍者为针状颗粒；厚度小于平均粒径的0.4倍者为片状颗粒。平均粒径指该粒径上、下限的平均值。

4.2　混凝土骨料质量技术指标要求

4.2.1　细骨料

美标对骨料质量技术指标的限制不分天然砂和机制砂；国标对含泥量（石粉）和泥块含量分别对天然砂和机制砂提出了限制要求，其他质量技术指标不分天然砂和机制砂，但要求机制砂在满足坚固性指标外还要满足压碎指标；行标对天然砂和机制砂分别提出了质量技术指标的限制。

4.2.1.1　颗粒级配及细度模数

（1）美标和国标、行标均为方孔筛，但行标与美标、国标的孔径不同，美标和国标的孔径相同。

（2）美标、国标均给出了级配要求，但要求不同；行标仅给出了中砂的颗粒级配要求。

（3）美标、国标和行标均给出了细度模数指标，且指标值不同。国标对粗、中、细砂分别给出了细度模数值，行标按人工砂和天然砂给出了细度模数推荐值。

4.2.1.2　含泥量、石粉含量

（1）含泥量。美标给出了限制要求，并对不受磨耗的混凝土使用骨料的含泥量进行了特别限制。国标按Ⅰ级配、Ⅱ级配、Ⅲ级配类别分别给出了限制要求。行标给出了按规定设计龄期混凝土抗压强度标准值不小于30MPa和有抗冻要求、设计龄期混凝土抗压强度标准值小于30MPa时的限制要求。

（2）石粉含量。美标对受磨耗和不受磨耗混凝土的骨料石粉含量分别进行限制。国标分别按*MB*值不大于1.4或快速法试验合格、*MB*值大于1.4或快速法试验不合格进行石粉含量的限制。行标按用途对常态混凝土和碾压混凝土分别进行了限制。

4.2.1.3　泥块含量

美标、国标对天然砂及机制砂都给出了限制要求，行标不论是天然砂还是机制砂泥块含量均不允许存在。

4.2.1.4 堆积密度

美标规定测试用的铲除程序的使用仅在特殊规定的情况下使用；国标、行标给出了限制要求。

4.2.1.5 有机质含量

美标规定浅于标准色；国标规定有机质含量应合格；行标对天然砂应浅于标准色，人工砂不允许存在。

4.2.1.6 轻物质含量

对比重小于2.0轻物质含量，天然砂美标、国标和行标限制要求相同；且美标和国标对机制砂也给出了限制，与天然砂的限制要求相同。

4.2.1.7 坚固性

美标按试验所用溶液不同（硫酸钠或硫酸镁），限制要求不同，国标、行标试验均采用硫酸钠溶液，国标按Ⅰ级配、Ⅱ级配、Ⅲ级配类别分别给出了限制，行标按有无抗冻要求给出了限制。

4.2.1.8 其他质量技术指标

国标、行标对表观密度、云母含量、硫酸盐及硫化物含量进行了限制，且行标对机制砂的饱和面干吸水率进行了限制，国标对氯化物、压碎指标（机制砂）进行了限制，美标对上述指标均未限制。

4.2.2 粗骨料

美标及行标《水工混凝土施工规范》（DL/T 5144—2015）对骨料质量技术指标的限制不分天然（卵石）和人工（碎石）；国标只是压碎指标对卵石和碎石提出了不同的限制要求，其余质量技术指标要求相同。行标 DL/T 5388 对卵石和碎石分别提出了质量技术指标的限制。

4.2.2.1 颗粒级配

美标、国标及行标试验筛均为方孔筛，但中外标准的筛孔径不同；美标、国标均给出了级配要求，但要求不同。

4.2.2.2 含泥量

美标、国标及行标给出了不同的限制要求，国标按Ⅰ级配、Ⅱ级配、Ⅲ级配类别分别给出了限制，行标《水工混凝土施工规范》（DL/T 5144—2015）按不同的粒径级分别进行了限制，行标《水电水利工程天然建筑材料勘察规程》（DL/T 5388—2007）对人工轧制粗骨料按不同的粒径级分别进行了限制。

4.2.2.3 泥块含量

美标泥块含量根据混凝土建筑物的类型或位置及地区风化程度给出了限制指标；国标按Ⅰ级配、Ⅱ级配、Ⅲ级配类别分别进行了限制；行标泥块不允许存在。

4.2.2.4 轻物质含量

美标对比重小于2.0煤和褐煤及比重大于2.0燧石根据混凝土建筑物的类型或位置及地区风化程度给出了轻物质含量（包括天然粗骨料和人工粗骨料）的限制指标。行标天然粗骨料不允许存在轻物质。

4.2.2.5　坚固性

美标按试验所用溶液不同（硫酸钠或硫酸镁），限制要求不同，国标、行标试验均采用硫酸钠溶液，国标按Ⅰ级配、Ⅱ级配、Ⅲ级配类别分别给出了限制，行标按有无抗冻要求给出了限制。

4.2.2.6　耐磨耗和抗撞击性（磨蚀）

美标、行标给出了不同的限制要求，国标没有规定。

4.2.2.7　其他质量技术指标

国标、行标对有机质含量、硫化物及硫酸盐含量、表观密度、堆积密度、吸水率、针片状含量、压碎指标进行了限制；行标对软弱颗粒含量及超、逊径含量也进行了限制；美标对上述指标均未限制。

4.2.3　骨料的碱活性

美标、国标及行标均对碱活性骨料提出了限制要求。且规定岩相法鉴定结果，骨料被评为非碱活性时，即作为最终结论。如评定为骨料含有碱-硅酸反应活性组分时，需进行快速砂浆棒法，依据试验结果进行评定：①当14d膨胀率小于0.10%时，在大多数情况下可以判定为无潜在碱-硅酸反应危害。②当14d膨胀率大于0.20%时，可以判定为有潜在碱-硅酸反应危害。③当14d膨胀率为0.10%～0.20%时，不能最终判定有潜在碱-硅酸反应危害，可以按照砂浆长度法再进行试验来判定。当岩相法评定为骨料含有碱-碳酸盐反应活性组分时，需进行岩石柱法试验，以鉴定骨料是否具有潜在碱活性。

4.3　混凝土骨料试验方法

4.3.1　颗粒级配

美标、国标及行标试验方法均为筛析法，但中外标准的筛孔径不同、试验用料量不同、筛后试样质量要求不同。

4.3.2　堆积密度、紧密密度

堆积密度：美标、国标及行标堆积密度试验均采用松散堆积法。

紧密密度：美标细骨料采用捣棒法，粗骨料采用捣棒法和筛选法；国标粗细骨料均采用垫实法；行标粗骨料采用振动台法和垫实法。国标和行标粗骨料虽然均为垫实法，但筒底垫放的圆钢直径不同。

4.3.3　有机质含量

美标、国标及行标有机质含量试验方法均为标准溶液比色法，但使用的标准溶液不同，美标为重铬酸钾，国标和行标为鞣酸。

4.3.4　含泥量

美标、国标及行标均可采用淡水冲洗法，但试验用料量不同，使用的筛孔径不同。美标还可用湿润剂冲洗法。

4.3.5　泥块含量

细骨料：美标、国标均采用清水浸泡、水冲洗的方法，但试验用料量及筛孔径均不同；行标使用手捏碎法。

粗骨料：美标、国标及行标均采用清水浸泡、水冲洗的方法，但由于泥块定义不同，

使用的筛孔径不同，试验用料量不同，试验结果计算方法不同。

4.3.6 比重小于2.0的轻物质含量

美标、国标及行标细骨料轻物质含量均采用氯化锌溶液法，但试验时所用网篮孔径不同；美标给出了粗骨料轻物质的试验方法，国标和行标没有。

4.3.7 粗骨料比重试验

美标、国标及行标均采用浮称法，但试验用料量不同，且美标对单粒级试验用料提出了要求；国标最大粒径不大于37.5mm的粗骨料还可用广口瓶法测定。

4.3.8 粗粒土抗磨蚀试验

美标、行标均采用磨耗试验机法，但试验筛孔径不同；国标没有抗磨蚀试验。

4.3.9 坚固性试验

美标、国标及行标均采用硫酸钠溶液浸泡法，但试验用筛孔径、试验过程中试样浸泡及烘干时间、浸泡试样的溶液温度、5次循环后清洗试样水的温度均不相同。美标还可用硫酸锌溶液浸泡法。

4.3.10 骨料碱活性试验

(1) 美标、国标及行标均首先通过岩相法进行鉴定，进行岩相法鉴定时3个标准对每个粒级应判别的最少颗粒数量不同。

(2) 碱-硅酸反应：美标、国标及行标均可采用快速砂浆棒法、砂浆棒法及混凝土棱柱法，但3个标准成型时、养护室测长室的温度和湿度不同，碱含量不同，试件用水泥与集料的用量不同，成型样本的过程控制不同。美标还可采用化学法。

(3) 碱-碳酸盐反应：美标、国标及行标均采用岩石柱法。但美标试样的形状除直立圆柱，还可用带有圆锥形断面或平行端面的方形棱镜；国标除直立圆柱外，仲裁时采用棱柱体试件；行标为圆柱体。

4.4 混凝土骨料检验要求

对参与对比的美国和中国标准所涉及的混凝土骨料检验要求进行查阅和对比，仅有《水工碾压混凝土施工规范》(DL/T 5112—2009) 包含混凝土骨料检验要求，其他中美标准未涉及相关内容。

5 主要结论

5.1 混凝土骨料质量技术名词术语

(1) 混凝土骨料定义不同。

1) 细骨料。美标及国标定义为粒径小于4.75mm颗粒；行标定义为粒径小于5mm的混凝土骨料。

2) 粗骨料。美标和国标定义为粒径大于4.75mm的颗粒；行标定义为粒径大于等于5mm的混凝土骨料。

(2) 人工砂石粉定义不同。美标和国标石粉含量定义相同，均为小于75μm的颗粒含量。行标将人工砂中粒径小于0.16mm的颗粒定义为石粉。

（3）泥块定义不同。

1）细骨料。美标将粒径大于1.18mm颗粒，以水洗、手捏后粒径小于850μm粒径的颗粒定义为黏土块和易碎粒料。国标定义为砂中原粒径大于1.18mm，经水浸洗、手捏后小于600μm的颗粒。行标定义为砂中粒径大于1.25mm，以手捏后变成小于0.63mm颗粒。

2）粗骨料。美标将粒径小于9.5mm和大于9.5mm颗粒，分别以水洗、手捏后粒径分别小于2.36mm和4.75mm粒径的颗粒，定义为黏土块和易碎粒料；国标泥块是卵石、碎石中原粒径大于4.75mm，经水浸洗、手捏后小于2.36mm的颗粒。行标泥块含量是原粒径大于5mm，经水浸洗、手捏后小于2.5mm的颗粒。

（4）轻物质的定义。美标定义轻物质不仅包括比重小于2.0的物质（煤炭或褐煤），还包括比重大于2.0的轻质物质（如比重低于2.4的燧石和页岩）。国标和行标定义的轻物质只是表观密度（比重）小于2.0的物质。

5.2　混凝土骨料质量技术指标要求

（1）细骨料。美标及国标分别对天然砂含泥量、人工砂石粉含量进行了限制，其他质量技术指标不分天然砂和机制砂，但国标要求机制砂在满足坚固性指标外还要满足压碎指标；行标对天然砂和机制砂分别提出了质量技术指标的限制。

（2）粗骨料。美标及行标《水工混凝土施工规范》（DL/T 5144—2015）对骨料质量技术指标的限制不分天然（卵石）和人工（碎石）；国标只是压碎指标对卵石和碎石提出了不同的限制要求，其余质量技术指标要求相同。行标《水电水利工程天然建筑材料勘察规程》（DL/T 5388—2007）对卵石和碎石分别提出了质量技术指标的限制。

（3）美标、国标、行标对骨料质量技术指标限制的数值不同。

（4）骨料技术指标限制项目：国标、行标多于美标。

1）细骨料。国标、行标对表观密度、云母含量、硫酸盐及硫化物含量进行了限制，且行标对机制砂的饱和面干含水率及人工砂微粒含量进行了限制，国标对氯化物、压碎指标（机制砂）进行了限制，美标对上述指标均未限制。

2）粗骨料。国标、行标对有机质含量、硫化物及硫酸盐含量、表观密度、堆积密度、吸水率、针片状含量、压碎指标进行了限制；且行标对软弱颗粒含量及超、逊径含量进行了限制；美标对上述指标均未限制。

5.3　混凝土骨料试验方法

美标、国标、行标三标准骨料的紧密密度、细骨料的泥块含量试验方法不同，其余技术指标的试验方法虽然相同，但试验的用料量、试验过程中质量控制要求不同，如坚固性试验，试验过程中试样浸泡及烘干时间、浸泡试样的溶液温度、5次循环后清洗试样水的温、骨料碱活性试验砂浆棒法试件成型时养护室测长室的温度和湿度，碱含量，试件用水泥与集料的用量，成型样本的过程控制等均不相同。

5.4 混凝土骨料检验要求

对参与对比的美国材料与试验协会和中国标准所涉及的混凝土骨料检验要求进行查阅和对比，仅有《水工碾压混凝土施工规范》（DL/T 5112—2009）包含混凝土骨料检验要求，其他中美标准未涉及相关内容。

6 主要体会

通过对美标、国标、行标三类混凝土骨料标准的对比，对其质量技术指标含义、要求、试验方法、检验要求等方面有了初步认识，主要体会如下：

（1）美标、国标、行标三类标准的范围及适用对象不同，美标与国标适合各种建筑混凝土，而行标主要适用于水工混凝土。

（2）美标、国标、行标粗细骨料定义不同，美标、国标相似度较高，但美标和行标差异较大，指标没有一一对应的关系，不能给出对比标准好坏的评定。

（3）从美标、国标、行标三者比较，行标对混凝土骨料质量技术指标性能要求较全面，而美标、国标较为接近。

（4）由于粗细骨料定义（包括某些技术指标定义）不同，试验方法不同，即使试验方法相同但试验过程控制要求不同以及计算方法不同，技术指标不能简单地用数值进行比较。如人工砂的石粉含量定义不同，美标为小于 0.075mm 的颗粒，行标为小于 0.16mm 的颗粒，且计算公式也不相同；再如细骨料泥块含量，美标和国标均采用清水浸泡，淘洗的方法，行标用手捏碎泥块，然后过筛，因此得到的泥块含量数值不能进行简单的比较。

综上所述，国外工程实践中，鉴于以上存在的差异，承接项目的技术人员与国外业主工程师应首先沟通和确定使用的规程规范与技术标准。严格按照双方确定的规程规范与技术标准执行，以保证项目质量。

中美混凝土掺合料标准对比研究

编 制 单 位： 中国电建集团贵阳勘测设计研究院有限公司

专题负责人 龙起煌
编　　　写 王建琦　李　倩　陈光耀　方　伟
校　　　审 张细和
核　　　定 龙起煌
主要完成人 张细和　王建琦　李　倩　陈光耀　方　伟

1 引用的中外标准及相关文献

本文主要选择4项美国混凝土协会（ACI）标准分别与8项中国混凝土矿物掺合料标准进行对照研究，并重点对比分析3个方面：①掺合料的品种、分类及使用范围。②掺合料的性能指标。③工程应用要求。

本文收集的美国混凝土掺合料技术相关标准如下：

（1）《天然火山灰或加工过的火山灰在混凝土中的应用》（ACI 232.1R－12）。

（2）《粉煤灰在混凝土中的应用》（ACI 232.2R－03）。

（3）《混凝土结构用高掺量粉煤灰》（ACI 232.3R－14）。

（4）《混凝土中硅粉使用导则》（ACI 234R－06）。

以上4项美国混凝土协会标准中引用了美国材料与试验协会（ASTM）、加拿大标准协会（CSA）及欧洲标准，此处不再单独列出。

本文收集到的中国矿物掺合料标准如下：

（1）《矿物掺合料应用技术规范》（GB/T 51003—2014）。

（2）《用于水泥和混凝土中的粉煤灰》（GB/T 1596—2005）。

（3）《用于水泥和混凝土中的粒化高炉矿渣粉》（GB/T 18046—2008）。

（4）《砂浆和混凝土用硅灰》（GB/T 27690—2011）。

（5）《水泥砂浆和混凝土用天然火山灰质材料》（JG/T 315—2011）。

（6）《水工混凝土掺用粉煤灰技术规范》（DL/T 5055—2007）。

（7）《水工混凝土掺用石灰石粉技术规范》（DL/T 5304—2013）。

（8）《水工混凝土掺用磷渣粉技术规范》（DL/T 5387—2007）。

（9）《水工混凝土掺用天然火山灰质材料技术规范》（DL/T 5273—2012）。

（10）《粉煤灰混凝土应用技术规范》（GB/T 50146—2014）。

（11）《水工混凝土施工规范》（DL/T 5144—2015）。

其中，（3）、（7）、（8）分别为高炉矿渣粉、石灰石粉和磷渣粉的技术规范，本文未收集到相关的美国标准，因此，未使用（3）、（7）、（8）进行对比。本文引用主要对标文件见表1～表4。

表1 《天然火山灰或加工过的火山灰在混凝土中的应用》（ACI 232.1R－12）引用主要对标文件

中文名称	英文名称	编号	发布单位	文中简称
天然火山灰或加工过的火山灰在混凝土中的应用	Report on the Use of Raw or Processed Natural Pozzolans in Concrete	ACI 232.1R－12	美国混凝土协会	ACI标准
水泥砂浆和混凝土用天然火山灰质材料	Natural Pozzolanic Materials Used for Cement Mortar and Concrete	JG/T 315—2011	中华人民共和国住房和城乡建设部	中国标准
水工混凝土掺用天然火山灰质材料技术规范	Technical Specification of Natural Pozzolan for Use in Hydraulic Concrete	DL/T 5273—2012	国家能源局	中国标准

表 2 《粉煤灰在混凝土中的应用》(ACI 232.2R-03) 引用主要对标文件

中文名称	英 文 名 称	编 号	发 布 单 位	文中简称
粉煤灰在混凝土中的应用	Use of Fly Ash in Concrete	ACI 232.2R-03	美国混凝土协会	ACI 标准
水工混凝土掺用粉煤灰技术规范	Technical Specification of Fly Ash for Use in Hydraulic Concrete	DL/T 5055—2007	中华人民共和国国家发展和改革委员会	中国标准
用于水泥和混凝土中的粉煤灰	Fly Ash Used for Cement and Concrete	GB/T 1596—2005	中华人民共和国国家质量监督检验检疫总局、中国国家标准化管理委员会	中国标准
水工混凝土施工规范	Specifications for Hydraulic Concrete Construction	DL/T 5144—2015	国家能源局	中国标准

表 3 《混凝土结构用高掺量粉煤灰》(ACI 232.3R-14) 引用主要对标文件

中文名称	英 文 名 称	编 号	发 布 单 位	文中简称
混凝土结构用高掺量粉煤灰	Report on High-Volume Fly Ash Concrete for Structural Applications	ACI 232.3R-14	美国混凝土协会	ACI 标准
水工混凝土掺用粉煤灰技术规范	Technical Specification of Fly Ash for Use in Hydraulic Concrete	DL/T 5055—2007	中华人民共和国国家发展和改革委员会	中国标准
粉煤灰混凝土应用技术规范	Technical Code for Application of Fly Ash Concrete	GB/T 50146—2014	中华人民共和国住房和城乡建设部、中华人民共和国国家质量监督检验检疫总局	中国标准

表 4 《混凝土中硅粉使用导则》(ACI 234R-06) 引用主要对标文件

中文名称	英 文 名 称	编 号	发 布 单 位	文中简称
混凝土中硅粉使用导则	Guide for the Use of Silica Fume in Concrete	ACI 234R-06	美国混凝土协会	ACI 标准
矿物掺合料应用技术规范	Technical Code for Application of Mineral Admixture	GB/T 51003—2014	中华人民共和国住房和城乡建设部、中华人民共和国国家质量监督检验检疫总局	中国标准
砂浆和混凝土用硅灰	Silica Fume for Cement Mortar and Concrete	GB/T 27690—2011	中华人民共和国国家质量监督检验检疫总局、中国国家标准化管理委员会	中国标准

从对收集到的ACI标准的校译工作和对标工作中发现，本文的4项ACI标准是美国混凝土协会发布的技术报告，报告以汇总欧美等国的研究机构或个人对混凝土掺合料的微观机理和宏观性能研究成果为主，提出了在应用过程中需注意的问题和现有研究成果的不足；简单介绍了欧美等国家对掺合料的工程应用实例、技术指标要求和混凝土配合比设计中应注重的指标，但没有介绍相关技术指标的试验方法。总体来说，ACI标准是美国混凝土协会对欧美等地区混凝土掺合料研究成果的汇总和分析报告，而中国标准是中国对混

凝土掺合料的应用技术要求。

2 主要对照内容

本文的主要工作内容为两个部分：

（1）ACI标准中文译稿的校译：以ACI标准英文原稿为基础，对收集到的中文译稿进行了校译，包括：对中文译稿中漏翻、错翻和不够通顺的段落与词汇进行了补充翻译和润色；对译文中一些未采用上标、下标的化学表达式和科学计数法字母和符号进行调整；对译文中计量单位和专用名词进行了校核并统一调整等。

（2）ACI标准与中国标准的对比：为使对比成果报告容易理解、层次分明，分别以4项ACI标准的章节号进行编排，并按照章节条款顺序逐条进行对照，未查到对应中国标准资料的条目亦予以保留，在中国标准名称后表述为“未查到相关规定”；对比内容包括掺合料的品种、分类及使用范围、性能指标和工程应用要求等，每个条款后进行主要异同点分析，形成初步结论，并统一归类为：“基本一致、有差异、差异较大、未查到相关规定或内容”等层次表述。

3 主要研究成果

3.1 ACI标准与中国标准适用范围的差异

本文的4项ACI标准是美国混凝土协会发布的技术报告，是指导工程规划、设计和施工的技术参考文件，旨在供工程人员评估工程设计文件和施工文件的合理性和可行性。报告以汇总欧美等国的研究机构或个人对混凝土掺合料的微观机理和宏观性能研究成果为主，提出了在应用过程中需注意的问题和现有研究成果的不足；简单介绍了欧美等国家对掺合料的工程应用实例、技术指标要求和混凝土配合比设计中应注重的指标，没有具体介绍相关技术指标的试验方法、过程和设备。

而本次用于对标的中国标准分别是推荐性建筑工业行业标准、推荐性电力行业标准和推荐性国家标准。标准规定了国家和行业对各种掺合料的技术指标要求和工程应用要求。标准中对相关技术指标的制定原理和依据介绍较少，而对施工过程的要求介绍更为具体和详细。

本次对标工作是以ACI标准为基础，与一个或多个中国标准进行对照，从研究成果来看，ACI标准的主要内容是欧美国家对掺合料研究成果介绍的报告，是用于指导工程规划、设计和施工的技术参考文件，没有行业的区分和限制，ACI标准偏重介绍掺合料技术指标制定的依据、原理和应用成果分析，而中国标准是规定掺合料应用的具体技术要求，偏重技术指标和应用要求的规定，有行业的区分和限制。

3.2 ACI标准与中国标准性能指标方面的差异

（1）天然火山灰活性：《天然火山灰或加工过的火山灰在混凝土中的应用》（ACI

232.1R－12）标准中基于强度和游离态氢氧化钙数量减少两方面来评估天然火山灰活性，并提出了石灰吸收值、凝结时间、酸碱溶出度、导电性、力学强度等五种试验方法。中国标准主要针对火山灰性试验（石灰吸收值）和力学强度试验方法。

（2）天然火山灰细度：在描述天然火山灰细度方面，《天然火山灰或加工过的火山灰在混凝土中的应用》（ACI 232.1R－12）标准中采用布莱恩细度和粒径分布表示天然火山灰细度特征，中国标准采用的是45μm方孔筛筛余质量分数。

（3）粉煤灰烧失量与细度综合考虑：《粉煤灰在混凝土中的应用》（ACI 232.2R－03）中对于F类粉煤灰采用烧失量（百分比）和45μm［325号（0.0018in）］筛网筛余量（百分比）进行综合计算。仅当烧失量超过6%时，限制其最大筛余量为少于34%。中国标准无指标要求。

（4）粉煤灰均匀性：《粉煤灰在混凝土中的应用》（ACI 232.2R－03）中指出，美国材料与试验协会《用于波特兰水泥混凝土掺合料的粉煤灰和原状或煅烧的天然火山灰》（ASTM C 618—2003）要求控制粉煤灰的均匀性，即限制了一段时期内粉煤灰的密度和细度变化。而《水工混凝土掺用粉煤灰技术规范》（DL/T 5055—2007）中提出粉煤灰的均匀性可用需水量比或细度为考核依据；《用于水泥和混凝土中的粉煤灰》（GB/T 1596—2005）中要求以细度（45μm方孔筛筛余）为考核依据，均未提及粉煤灰密度指标的考核。

（5）粉煤灰导致的砂浆棒干缩：《粉煤灰在混凝土中的应用》（ACI 232.2R－03）标准中提到了粉煤灰的干缩指标，即当采购方要求说明与不掺粉煤灰砂浆棒相比，粉煤灰是否会导致砂浆棒收缩量大幅度增加时，应限制掺粉煤灰砂浆棒28d干缩率。中国标准尚无相关要求。

3.3　ACI标准与中国标准仪器设备及试验方法的差异

（1）火山灰强度活性指数试验及要求。《天然火山灰或加工过的火山灰在混凝土中的应用》（ACI 232.1R－12）标准中试验配比采用20%天然火山灰和80%硅酸盐水泥混合，而中国标准采用30%天然火山灰和70%硅酸盐水泥配比。ACI标准中强度活性指数试验龄期分为7d与28d，而中国标准中只以28d强度作为判定依据。

（2）粉煤灰细度试验。《粉煤灰在混凝土中的应用》（ACI 232.2R－03）标准中指出，在多数情况下，对于粉煤灰细度的规定是采用湿筛法限制45μm［325号（0.0018in）］筛网上筛余量。中国标准对细度试验采用的是干筛法。

（3）粉煤灰安定性试验。《粉煤灰在混凝土中的应用》（ACI 232.2R－03）中通过蒸压膨胀或收缩来测量粉煤灰安定性，如果推荐混凝土中粉煤灰成分超过胶凝材料的20%，蒸压试验中使用的浆体应含有相同比例粉煤灰。中国对于安定性试验采用的是雷氏夹法，试验净浆中水泥与粉煤灰比例为7∶3。

（4）粉煤灰活性系数试验。《粉煤灰在混凝土中的应用》（ACI 232.2R－03）介绍了美国材料与试验协会《用于波特兰水泥混凝土掺合料的粉煤灰和原状或煅烧的天然火山灰》（ASTM C 618—2003）和加拿大标准协会《胶凝材料纲要》（CSA A3000）中的强度活性系数的快速试验法，即7d强度活性试验。其中，美国材料与试验协会《用于波特兰水泥混凝土掺合料的粉煤灰和原状或煅烧的天然火山灰》（ASTM C 618—2003）中7d试验采用了实验室标准养护温度23℃（73℉），而加拿大标准协会《胶凝材料纲要》（CSA A3000）规定7d试验的养护温度为65℃（149℉）。中国标准对于粉煤灰活性系数试验采用的是28d标准养护。

3.4 量值单位的差异

ACI标准中量值单位基本为英制，条款多采用讲解叙述形式，并阐述十分详细。中国标准中量值单位均为国际单位，相关条款较为刚性，一般只提要求，不解释（个别条款有条文说明）。

中外混凝土外加剂标准对比研究

编制单位：中国电建集团华东勘测设计研究院有限公司

专题负责人　黄　维　李新宇
编　　　写　谢国帅　李新宇　吴冰洋
校　　　审　李新宇
核　　　定　任金明　黄　维

1 对比的中外标准及相关文献

混凝土材料是当今世界上应用最广泛、用量最大的土木工程材料，具有易成型、价格低廉等优点，在今后相当长的时间内仍然是主要的土木工程材料。但随着土木工程规模越来越大、质量要求越来越高，传统的混凝土技术已无法满足工程需要。为此，混凝土外加剂在20世纪30年代应运而生，且品种不断增多、性能不断改善。当然，这也归功于人们对混凝土外加剂作用认识程度的提高和研究的重视，而各种外加剂本身不但从微观、亚微观层次改变了硬化混凝土的结构和性能，而且在某些方面彻底改善了新拌混凝土的性能，进而改变了混凝土的施工工艺。混凝土外加剂的出现和应用也彻底改变了“混凝土只是由水泥、砂、石和水拌和并经浇筑、养护和硬化而成的硬化体”的传统概念。由于其突出作用，混凝土外加剂已成为混凝土原材料中除水泥、砂、石和水之外的第五组分，亦被认为是混凝土工艺和应用技术上继19世纪中叶和20世纪初的钢筋混凝土、预应力混凝土之后的第三次重大突破。

混凝土外加剂是一种在混凝土搅拌之前或拌制过程中加入的、用以改善新拌和硬化混凝土性能的材料。各种混凝土外加剂的应用改善了新拌和硬化混凝土性能，促进了混凝土新技术的发展，促进了工业副产品在胶凝材料系统中更多的应用，还有助于节约资源和环境保护，已经逐步成为优质混凝土必不可少的材料。早在20世纪30年代，国外就开始使用木质素磺酸盐减水剂；60年代初日本和德国先后研制成萘系和三聚氰胺系高效减水剂，之后混凝土外加剂进入迅速发展和广泛应用时代；90年代新型聚羧酸系高性能减水剂开始推广应用。为了规范混凝土外加剂品质，美国、欧洲、日本等均制定了相关标准，应用较广的标准有《混凝土化学外加剂技术规程》（ASTM C 494）、《混凝土、砂浆与净浆外加剂》（EN 934）、《混凝土外加剂标准》（JIS A 6204）等。此外，为了指导混凝土外加剂应用，国外出版了一系列专著和专门报告，传播较广的有《混凝土化学外加剂报告》（ACI 212.3R）。

中国混凝土外加剂的研究和应用起步相对较晚，20世纪50年代开始木质素磺酸盐减水剂和引气剂的研究和应用，到80年代，中国外加剂生产和应用初具规模。1987年，中国编制并颁布了国家标准《混凝土外加剂》（GB 8076—1987），该标准适用于土建工程用混凝土及制品使用的混凝土外加剂，原则上也适用砂浆及净浆用外加剂，制定该标准的目的是按规定的材料和条件进行试验，以评定外加剂质量，而不是为了施工单位选用外加剂。《混凝土外加剂》（GB 8076—1987）包括普通减水剂、高效减水剂、早强减水剂、缓凝减水剂、引气减水剂、早强剂、缓凝剂和引气剂等八种外加剂。到目前为止，《混凝土外加剂》（GB 8076—1987）已经过两次修订，最新的版本是2008年12月31日发布、2009年12月30日开始实施的《混凝土外加剂》（GB 8076—2008）。《混凝土外加剂》（GB 8076—2008）中包括有高性能减水剂（有早强型、标准型和缓凝型等三种类型）、高效减水剂（有标准型和缓凝型两种类型）、普通减水剂（有早强型、标准型和缓凝型等三种类型），引气减水剂、泵送剂、早强剂、缓凝剂和引气剂等13种外加剂，该标准的目的仍然是按规定的材料和条件进行试验以评定外加剂质量。中国还根据情况制定了

《混凝土外加剂定义、分类、命名与术语》(GB/T 8075—2005)、《混凝土外加剂匀质性试验方法》(GB/T 8077—2012)、《混凝土外加剂中释放氨的限量》(GB 18588—2001)、《混凝土膨胀剂》(GB 23439—2009)、《混凝土防腐阻锈剂》(GB/T 31296—2014) 等一系列外加剂标准。为规范混凝土外加剂应用，还专门制定了《混凝土外加剂应用技术规范》(GB 50119—2013)，形成了较为完整的混凝土外加剂标准或规范体系。此外，各行业结合自身特点，也制定了相关行业标准，如《水工混凝土外加剂技术规程》(DL/T 5100—2014)。

电建集团为落实"国际优先发展"战略，加快走出去步伐，提出了开展"国际工程技术标准应用研究"重大专项。中国电建集团华东勘测设计研究院有限公司承担了其中的"混凝土外加剂标准对照"子课题，首先翻译了《混凝土化学外加剂技术规程》(ASTM C 494－2016)、《喷射混凝土用外加剂技术规程》(ASTM C 1141－2015)、《混凝土引气剂技术规程》(ASTM C 260－2010) 3项美国材料与试验协会 (ASTM) 标准。其次，主要选择《混凝土化学外加剂技术规程》(ASTM C 494－2016)、《喷射混凝土用外加剂技术规程》(ASTM C 1141－2015)、《混凝土引气剂技术规程》(ASTM C 260－2010) 3项美国材料与试验协会标准，与《混凝土外加剂定义、分类、命名与术语》(GB/T 8075—2005)、《混凝土外加剂》(GB/T 8076—2008)、《混凝土外加剂匀质性试验方法》(GB/T 8077—2012)、《混凝土外加剂应用技术规范》(GB 50119—2013)、《水工混凝土外加剂技术规程》(DL/T 5100—2014) 等中国混凝土外加剂标准从外加剂定义和分类、外加剂匀质性技术指标、掺外加剂混凝土性能指标要求、试验方法、工程应用要求等方面进行对照研究。

对照研究过程中，考虑到3项美国材料与试验协会标准主要是关于混凝土化学外加剂、速凝剂和引气剂的品质标准，没有关于外加剂应用方面的规定，专门增加了美国混凝土协会 (ACI)《混凝土化学外加剂报告》(ACI 212.3R－2010) 作为参考，此外，还参考了欧洲《混凝土、砂浆与净浆外加剂 第二部分：混凝土外加剂—定义、要求、合格性、标记和标签》(EN 934－2：2009)、日本《混凝土外加剂标准》(JIS A 6204：2006)。考虑到混凝土膨胀剂、防腐阻锈剂在中国电建集团海外项目中应用较少，欧美工程师对这些外加剂的认可程度也很有限，国外主要的外加剂标准或规范中也未提及，仅美国材料与试验协会 *Standard Specification for Expansive Hydraulic Cement* (ASTM C 845－2004) 规定了膨胀水泥的品质，因此对照研究时未对混凝土膨胀剂和防腐阻锈剂开展对照研究。此外，考虑到中国混凝土外加剂的行业标准或规范大同小异，考虑到电建集团的实际情况，这里主要选择《水工混凝土外加剂技术规程》(DL/T 5100—2014) 进行对照，其余行业标准或规范未纳入。

混凝土化学外加剂和矿物掺和料均可称为混凝土外加剂，如《混凝土外加剂定义、分类、命名与术语》(GB/T 8075—2005) 中就将磨细矿渣、硅灰、粉煤灰等矿物掺和料作为混凝土外加剂。但由于通常的外加剂是指混凝土化学外加剂，不包括矿物掺和料，本报告中如未做特殊说明，所说混凝土外加剂均指混凝土化学外加剂。

表1列出了中外混凝土外加剂标准对照研究用到的标准或相关资料。

表 1　　中外混凝土外加剂标准对照研究用到的标准或相关资料

美国标准与其他标准或资料	中　国　标　准
《混凝土化学外加剂技术规程》(ASTM C 494 - 2016) 《喷射混凝土用外加剂技术规程》(ASTM C 1141 - 2015) 《混凝土引气剂技术规程》(ASTM C 260 - 2010) 《混凝土、砂浆与净浆外加剂 第二部分：混凝土外加剂—定义、要求、合格性、标记和标签》(EN 934 - 2：2009)(参考) 《混凝土外加剂标准》(JIS A 6204：2006)(参考) 《混凝土化学外加剂报告》(ACI 212.3R - 2010)(参考)	《混凝土外加剂》(GB/T 8076—2008) 《混凝土外加剂定义、分类、命名与术语》(GB/T 8075—2005) 《混凝土外加剂匀质性试验方法》(GB/T 8077—2012) 《混凝土外加剂应用技术规范》(GB 50119—2013) 《水工混凝土外加剂技术规程》(DL/T 5100—2014)

2　主要对照内容

本文的主要工作内容分为两个部分：

(1) 美国标准翻译。对用于对照研究的 3 项美国材料与试验协会标准，即《混凝土化学外加剂技术规程》(ASTM C 494/C 494M - 2016)、《喷射混凝土用外加剂技术规程》(ASTM C 1141/C 1141M - 2015)、《混凝土引气剂技术规程》(ASTM C 260/C 260M - 2010) 进行了全文翻译。

(2) 中外混凝土外加剂标准对比。以美国材料与试验协会标准《混凝土化学外加剂技术规程》(ASTM C 494/C 494M - 2016) 为主线，参考《混凝土化学外加剂报告》(ACI 212.3R - 2010) 等标准，与中国标准《混凝土外加剂》(GB 8076—2008)、《水工混凝土外加剂技术规程》(DL/T 5100—2014) 等进行了对比研究。主要研究内容包括外加剂定义和分类、外加剂匀质性技术指标、掺外加剂混凝土性能指标要求、外加剂品质检验试验方法和工程应用要求等。

3　主要研究成果

3.1　中外混凝土外加剂标准适用范围的差异

本次用于对照的美国标准《混凝土化学外加剂技术规程》(ASTM C 494 - 2016)、《喷射混凝土用外加剂技术规程》(ASTM C 1141 - 2015)、《混凝土引气剂技术规程》(ASTM C 260 - 2010) 3 项美国材料与试验协会标准是关于混凝土化学外加剂、速凝剂和引气剂的品质标准，没有行业限值和外加剂应用方面的规定；用于参考的欧洲标准《混凝土、砂浆与净浆外加剂 第二部分：混凝土外加剂—定义、要求、合格性、标记和标签》(EN 934 - 2：2009) 和日本标准《混凝土外加剂标准》(JIS A 6204：2006) 也是关于混凝土外加剂品质的标准，只规定混凝土外加剂的品质，不涉及外加剂应用。本次用于参考的《混凝土化学外加剂报告》(ACI 212.3R - 2010) 则主要用于指导混凝土外加剂的选择及其应用。

本次用于对照的中国标准中，《混凝土外加剂》(GB/T 8076—2008) 是外加剂品质标准，与美国材料与试验协会标准、欧洲外加剂标准和日本外加剂标准的适用范围基本一致；《混凝土外加剂应用技术规范》（GB 50119—2013）主要规定外加剂在混凝土工程中的应用，主要包括外加剂的品种选择、掺量、施工、质量控制等内容，与《混凝土化学外加剂报告》（ACI 212.3R-2010）的内容较为接近；《水工混凝土外加剂技术规程》（DL/T 5100—2014）既规定了外加剂品质，又规定了外加剂应用要求。

总体而言，中外混凝土外加剂标准适用范围基本一致，具体内容则有差异。其中，美国材料与试验协会、欧洲和日本的外加剂标准偏重外加剂品质，美国混凝土协会标准偏重系统介绍各种外加剂的优点，并指导各种外加剂的应用；中国标准既有外加剂品质标准，也有应用技术标准，此外各行业还根据自身特点还制定了相应的行业标准，适用于行业混凝土工程的外加剂品质技术要求及其应用。

3.2　中美混凝土外加剂标准性能指标的差异

（1）外加剂定义和分类。中美标准对外加剂的定义基本相同。减水剂的分类略有差异，美国标准根据减水率高低分为减水剂和高效减水剂；中国标准则分为高性能减水剂、高效减水剂、普通减水剂三类。

（2）外加剂匀质性。中美标准外加剂匀质性检验项目及其指标存在一定差异。美国标准包括外加剂的含固量、密度和红外光谱分析；中国标准与欧洲标准较为接近，除含固量和密度外，还包括水泥砂浆减水率、氯离子含量、总碱量、含水率、细度（仅针对粉剂）、pH 值、硫酸钠含量和不溶物含量。

（3）掺外加剂混凝土性能。中美标准掺外加剂混凝土性能指标存在一定差异。主要差异体现在抗压强度比、龄期、抗拉强度比、相对耐久性指标等方面。

3.3　中美混凝土外加剂标准试验方法和试验内容的差异

（1）外加剂品质检验试验原材料和配合比主要参数。中美标准外加剂品质检验试验原材料和配合比主要参数存在一定差异。主要体现在水泥品种、水泥用量、骨料级配等方面。

（2）外加剂品质检验试验内容。中美标准外加剂品质检验试验内容存在较大差异。美国标准分三个层级的试验，分别为初始认可阶段试验、有限制的复检试验、购货商要求的匀质性和等效性试验；中国标准则分为出厂检验、型式检验和到货检验。

3.4　中外混凝土外加剂标准工艺方面的差异

中外混凝土外加剂标准均未涉及相关内容。

4　值得中国标准借鉴之处

（1）美国材料与试验协会标准《混凝土化学外加剂技术规程》（ASTM C 494-2016）为控制外加剂均质性提供了一种有效手段——红外光谱，该测试比对生产企业提供的外加剂红外光谱图与被测样品的红外光谱图，若其红外光谱图无明显差异，则可判定该外加剂样品的有效成分符合要求。利用红外光谱对外加剂有效成分是否符合要求给出判断，有利于快速、准确发现外加剂产品的质量波动，避免不合格的外加剂用于混凝土中，提高混凝土质量。值得中国标准借鉴。

（2）与中国标准仅规定掺外加剂混凝土 28d 以内龄期的抗压强度比相比，美国材料与试验协会标准《混凝土化学外加剂技术规程》（ASTM C 494－2016）除了要求掺外加剂混凝土的 28d 以内龄期的抗压强度比之外，还对掺外加剂混凝土的 90d、6 个月、1 年龄期的抗压强度比，以及 3d、7d、28d 龄期的抗拉强度比进行了要求，相比更注重外加剂对混凝土长龄期性能的影响，值得中国标准借鉴。

中美混凝土标准对比研究（一）

编制单位：中国电建集团成都勘测设计研究院有限公司

专题负责人　张　勇　钟贻辉
编　　　写　王　毅　钟贻辉
审　　　核　杨宏伟　杨忠义　杨代六
主要完成人　王　毅　钟贻辉　徐中浩　丁　庆　鲁少林　郑　凯

1 对照的中美标准及相关文献

根据电建集团“国际工程水电勘测设计技术标准应用研究”工作计划安排，本文选择12项美国标准［4项美国混凝土协会（ACI）标准和8项美国材料与试验协会（ASTM）标准］与相应的中国标准进行对照研究，对标内容涵盖混凝土配合比设计方法、混凝土取样方法、混凝土的制备和养护等内容。与之对照的中国标准主要以电力行业标准和国家标准为主，其他行业标准作为补充。本次对照标准及其相互关系见表1。

表1　　对照标准及其相互关系

编号	美 国 标 准	中 国 标 准	对应关系
1	《常规、重型、大体积混凝土配合比选择规程》(ACI 211.1-91)	《水工混凝土配合比设计规程》(DL/T 5330—2005) 《大体积混凝土施工规范》(GB 50496—2009) 《水工混凝土施工规范》(DL/T 5144—2015) 《普通混凝土配合比设计规程》(JGJ 55—2011) 《混凝土结构工程施工规范》(GB 50666—2011)	—
2	《新拌混凝土取样的标准操作规程》(ASTM C 172-14a)	《普通混凝土拌合物性能试验方法标准》(GB/T 50080—2002)	不等同或不等效
3	《实验室中混凝土试样的制备和养护的标准实施规程》(ASTM C 192-14)	《水工混凝土试验规程》(DL/T 5150—2001)	不等同或不等效
4	《现场混凝土试样的制备和养护标准实施规程》(ASTM C 31M-12)	《水工混凝土试验规程》(DL/T 5150—2001)	不等同或不等效
5	《贯入阻力法测定混凝土凝结时间的试验方法》(ASTM C 403-08)	《水工混凝土试验规程》(DL/T 5150—2001)	不等同或不等效
6	《混凝土强度的现场评定方法》(ACI 228.1R-03)	《建筑结构检测技术标准》(GB/T 50344—2004) 《回弹法检测混凝土抗压强度技术规程》(JGJ/T 23—2001) 《超声回弹法综合法检测混凝土强度技术规程》(CECS 02：2005) 《拔出法超声回弹综合法检测混凝土强度技术规程》(CECS 69：2011) 《水工混凝土试验规程》(DL/T 5150—2001)	—
7	《早期抗压强度测试及预测后期强度的方法》(ASTM C 918-13) 《成熟度法评估混凝土强度的标准方法》(ASTM C 1074-11)	《早期推定混凝土强度试验方法标准》(JGJ/T 15—2008) 《建筑工程冬期施工规范》(JGJ/T 104—2011)	不等同或不等效
8	《混凝土钻取芯样和锯取试样的制备和试验方法》(ASTM C 42-13)	《钻芯法检测混凝土强度技术规程》(CECS 03：2007) 《水工混凝土试验规程》(DL/T 5150—2001)	不等同或不等效
9	《灌孔混凝土取样和试验的标准试验方法》(ASTM C 1019-13)	《混凝土砌块（块）砌体用灌孔混凝土》(JC 861—2008)	附录B参照
10	《纤维增强混凝土标准规范》(ASTM C 1116-10)	《纤维混凝土应用技术规范》(JGJ/T 221—2010)	不等同或不等效

续表

编号	美国标准	中国标准	对应关系
11	《混凝土耐久性导则》(ACI 201.2R-08)	《水工混凝土耐久性技术规范》(DL/T 5241—2010) 《水工混凝土施工规范》(DL/T 5144—2015) 《水工混凝土抑制碱骨料反应技术规程》(DL/T 5298—2013) 《混凝土结构耐久性设计规范》(GB/T 50476—2008)	—
12	《大体积混凝土指南》(ACI 207.1R-05)	《水工混凝土施工规范》(DL/T 5144—2015)	

2　主要对照内容

本次对照以一个国外标准为脉络，选择关键内容（对标点）与相应的中国标准进行对照研究。本次对照研究的对标点见第2.1～2.12节。

2.1　混凝土配合比设计

（1）设计原则。

（2）配制强度与强度保证率。

（3）设计步骤。

2.2　新拌混凝土取样

（1）适用范围。

（2）取样时间、数量。

（3）取样方法。

2.3　实验室中混凝土试样的制备和养护

（1）适用范围。

（2）试验仪器。

（3）试件形状、尺寸。

（4）试件的制作和养护。

2.4　现场混凝土试样的制备和养护

（1）适用范围。

（2）试验仪器。

（3）试件形状、尺寸。

（4）试件的制作和养护。

2.5　贯入阻力法测定混凝土凝结时间的试验方法

（1）仪器设备。

（2）试样制备方法。
（3）试验条件。
（4）试验步骤。
（5）结果处理方法。

2.6 测定早期抗压强度并预测后期强度的试验方法和成熟度法评估混凝土强度的方法

（1）早期强度预测后期强度的方法。
（2）成熟度法适用范围。
（3）成熟度法预测公式。
（4）成熟度法预测公式推导方法。

2.7 混凝土强度的现场评定方法

（1）不同检测方法的适用范围。
（2）取样数量。
（3）每个位置平行试验数量。
（4）测区和测点位置的分布及要求。

2.8 钻芯法检测混凝土强度

（1）适用范围。
（2）取芯位置、方法。
（3）试件要求。
（4）试验条件。

2.9 灌孔混凝土取样和试验的标准试验方法

（1）适用范围。
（2）试件尺寸。
（3）试模材质。

2.10 纤维增强混凝土

（1）拌合物性能检验项目。
（2）硬化混凝土的验收。
（3）抽样检验频率。

2.11 混凝土耐久性

（1）混凝土冻融破坏的预防措施。
（2）混凝土碱活性的评定方法及预防措施。
（3）混凝土硫酸盐侵蚀的预防措施。

（4）混凝土抗渗措施。

（5）混凝土抗冲磨措施。

2.12　大体积混凝土

（1）原材料选择。

（2）配合比设计。

（3）温度控制。

（4）施工。

（5）养护。

3　主要研究成果

3.1　混凝土配合比设计

该部分对中美混凝土配合比设计方法进行对比，总体而言，中美标准配合比设计原则和设计方法大致相同，在设计步骤上略有差异。

3.1.1　配合比设计原则

中美两国标准关于混凝土配合比设计原则和考虑的主要因素比较接近，即主要考虑混凝土的工作性、强度及耐久性等，此外，对于大体积混凝土还考虑其产生的热量，延长设计龄期。

3.1.2　配制强度与强度保证率

对于混凝土配制强度，ACI 要求混凝土强度同时满足单个试验准则［$f'_{cr}=f'_c+2.33S_s-3.5$（$f'_c\leqslant 35$）或 $f'_{cr}=0.90f'_c+2.33S_s$（$f'_c\geqslant 35$）］和三个试验的移动平均准则（$f'_{cr}=f'_c+1.34S_s$），中国标准只需满足三个试验的移动平均准则（$f_{cu,0}=f_{cu,k}+t_\sigma$）。

中国标准一般 28d 强度保证率为 95％，大体积混凝土强度保证率一般在 80％～90％之间。

以美国混凝土协会标准中的 3 个试验的移动平均准则公式与中国标准进行比对，在有标准差试验数据的情况下，美国混凝土协会标准中的强度保证率在 90％～95％之间；而当无标准差试验数据时，将中国标准差推荐值代入计算，美国混凝土协会标准中的强度保证率在 98％左右。

3.1.3　混凝土配合比设计方法

（1）中美标准均根据混凝土结构断面、钢筋间距等来确定适用于工程的混凝土坍落度。

（2）中美标准均根据混凝土结构断面尺寸及钢筋间距等条件确定粗骨料的最大粒径，在具体的规定上有所差异：

1）相同点。《常规、重型、大体积混凝土配合比选择规程》（ACI 211.1-91）和《混凝土结构工程施工规范》（GB 50666—2011）均要求粗骨料最大公称粒径不超过钢筋最小净距的 3/4［在《水工混凝土施工规范》（DL/T 5144—2015）中该值为 2/3］、不超过板厚的1/3［在《水工混凝土施工规范》（DL/T 5144—2015）中该值为1/2］。此外，中美标准均建议在满足要求的情况下，尽可能选用较大粒径骨料。

2）不同点。对于粗骨料最大公称粒径与模板之间最小净距的关系，中美标准的规定不同，《常规、重型、大体积混凝土配合比选择规程》（ACI 211.1－91）中要求公称最大粒径不得超过两模板之间最小净距离的1/5，而在《混凝土结构工程施工规范》（GB 50666—2011）中，该值为1/4；此外，对于板式结构，中国标准《混凝土结构工程施工规范》（GB 50666—2011）在规定粗骨料最大公称粒径不超过板厚1/3的同时，限定粗骨料最大公称粒径不超过40mm，美国标准《常规、重型、大体积混凝土配合比选择规程》（ACI 211.1－91）则仅要求不超过板厚的1/3，对骨料粒径未做限制。

（3）对于用水量的估算，中美标准均是根据骨料粒径、形状及拌合物坍落度等来估算，相同粒径、坍落度下给出的用水量建议值也比较接近。

（4）对于水胶比的确定，中美标准均建议根据工程所使用的原材料通过试验建立的水胶比与混凝土强度关系式来确定。当无试验资料时，美国标准直接给出相应强度等级所对应的水胶比，中国标准则给出了相关的计算公式，以及相关参数的建议值（无实测值时），采用计算法确定。

（5）在粗细骨料用量的确定方法上，中美标准差异较大。美国标准《常规、重型、大体积混凝土配合比选择规程》（ACI 211.1－91）根据骨料最大公称粒径和细骨料的细度模数确定粗骨料的体积，然后采用质量法或绝对体积法计算细骨料用量，中国标准《普通混凝土配合比设计规程》（JGJ 55—2011）则根据骨料最大公称粒径和砂的粗细确定粗细骨料的比例（砂率），然后根据绝对体积法或质量法计算粗细骨料用量。

3.2 新拌混凝土取样

该部分主要对中美标准中，关于现场（一般是在混凝土从搅拌机中转至运输车辆中时进行取样）新鲜混凝土取样方法进行对照研究，从对照结果来看，中美标准无大的差异。

3.2.1 取样时间

对于取样时间，中美标准均要求取样完成时间不超过15min。对进行混凝土拌合物性能试验（坍落度、含气量等）的时间，中美标准均要求在取样完成后5min内开始测试；对于抗压强度试验，美国材料与试验协会标准要求在15min内进行装模，中国标准《普通混凝土拌合物性能试验方法标准》（GB/T 50080—2002）的要求为5min。

3.2.2 取样数量

美国材料与试验协会标准根据骨料最大粒径确定取样数量，其中强度试验用样本不得小于28L；中国标准《普通混凝土拌合物性能试验方法标准》（GB/T 50080—2002）根据试验所需量确定取样量，一般多于试验所需量的1.5倍，且不少于20L。

3.2.3 取样方法

中美标准均规定应在中间部分料中取样，其中中国标准《普通混凝土拌合物性能试验方法标准》（GB/T 50080—2002）规定在同一盘混凝土或用一车混凝土中的约1/4处、1/2处和3/4处之间分别取样，《水工混凝土施工规范》（DL/T 5144—2015）仅强调取样的随机性，并不要求具体的取样方法；美国标准则根据不同的搅拌设备规定取样的次数，例如，从固定式搅拌机、转筒式搅拌机和连续式混凝土搅拌机中取样时，取两个以上样品，从摊铺拌合机中取样时，取 5 个以上样品。

3.3　实验室中混凝土试样的制备和养护

该部分对中美标准关于混凝土试件在实验室中的制备和养护方法进行对比，结果表明，中美标准在混凝土标准试件尺寸、拌和温度、加料顺序、搅拌方法、捣实方法及养护条件等方面均有一定差异。

3.3.1　试件尺寸

对于抗压强度标准试件，美国材料与试验协会标准一般采用圆柱体试件，中国标准中一般采用立方体试件。但对于试件尺寸与骨料最大公称粒径关系，中美规定相同，均要求骨料最大粒径不超过试模最小边长的 1/3。

3.3.2　骨料状态

对于骨料状态，中美标准均以饱和面干状态下的质量为准。

3.3.3　试件的制作和养护

（1）拌和温度。美国材料与试验协会标准要求在混凝土拌制前各材料温度和实验室温度应控制在 20～30℃，中国标准要求实验室和材料温度控制在（20±5）℃。

（2）加料顺序（机械搅拌）。美国材料与试验协会标准一般先加入粗骨料和部分拌和水，然后启动搅拌机，搅拌机一边转动，一边加入细骨料、水泥和水；中国标准按石料、胶凝材料、砂料、水依次加入搅拌机。

（3）拌和时间。美国材料与试验协会标准规定全部成分都加入搅拌机后，拌和 3min 的混凝土，然后停顿 3min，最后再拌和 2min；中国标准规定加入全部拌和料后搅拌 2～3min。

3.3.4　捣实方法

中美标准均根据混凝土的坍落度来选择，不同之处在于，中国标准以 90mm 为界限，坍落度不大于 90mm 的混凝土宜用振动振实，大于 9mm 的宜用捣棒捣实；美国材料与试验协会标准以 25mm 为界限，坍落度小于 25mm 采用插捣方式成型，大于等于 25mm 时，采用插捣或振捣方式成型。

3.3.5　养护

（1）拆模时间。美国材料与试验协会标准规定在浇筑后（24±8）h 进行拆模，中国标准为 24～48h。

（2）养护条件。美国材料与试验协会标准规定在（23.0±2.0）℃的温度下进行湿润养护，中国标准要求在（20±3）℃，相对湿度 95%以上的养护室养护。

3.4　现场混凝土试样的制备和养护

该部分对中美标准中关于施工现场混凝土样品的制备和养护方法进行对照研究，结果表明，中美标准在混凝土标准试件尺寸、成型方法及养护条件等方面均有一定差异。

3.4.1　试件尺寸

对于抗压强度标准试件，美国材料与试验协会标准一般采用圆柱体试件，中国标准中一般采用立方体试件。但对于试件尺寸与骨料最大公称粒径关系，中美规定相同，均要求骨料最大粒径不超过试模最小边长的1/3。

3.4.2 成型方法

(1) 对于捣实方法，中美标准均根据混凝土的坍落度来选择，不同之处在于，中国标准以90mm为界限，坍落度不大于90mm的混凝土宜用振动振实，大于90mm的宜用捣棒捣实；美国材料与试验协会标准以25mm为界限，坍落度小于25mm采用插捣方式成型，大于等于25mm时，采用插捣或振捣方式成型。

(2) 采用插入式振捣棒振实时，中美标准要求基本相同，一般每100mm分层装料，对于捣棒插入下层的位置，中国标准为20～30mm，与美国材料与试验协会标准规定的25mm基本一致。

(3) 对于振捣成型，中国标准一次装模，以混凝土表面出浆作为振捣充分的依据；美国材料与试验协会标准则一般分两次装模以凝土表面相对光滑，大气泡不再从表面冒出时作为判断振捣充分的标准。

3.4.3 养护条件

(1) 标准养护。对于脱模前的养护，中国标准和美国材料与试验协会标准对于温度的要求有所不同，相较而言，美国材料与试验协会标准的要求更加宽泛；对于脱模后的养护，美国材料与试验协会标准规定在温度为(23.0±2.0)℃的湿润环境中养护，中国标准要求在为(20±3)℃，湿度95%以上的环境中养护。

(2) 现场养护。美国材料与试验协会标准对现场圆柱体和梁型试件的养护要求为尽量靠近所代表的混凝土所在位置。梁试件在试验开始前的(24±4)h将梁试件转移至氢氧化钙饱和水中存放，以确保各试件有相同的湿度条件。中国未查询到圆柱体及梁试件的现场养护标准。

3.5 贯入阻力法测定混凝土凝结时间的试验方法

该部分对中美标准中贯入法测定混凝土凝结时间的试验方法进行对照研究，结果表明中美标准的主要差异在于试验所用测针承压面积不同，此外，测试温度及测试步骤上也略有差异。

3.5.1 仪器设备

(1) 砂浆筒。中国标准对材质，尺寸进行了具体的规定，美国标准则仅对材质和尺寸提出要求，并不规定具体尺寸。

(2) 测针。中国标准使用的测针承载面积有100mm²、50mm²、20mm²三种；美国材料与试验协会标准使用的测针承载面积为645mm²、323mm²、161mm²、65mm²、32mm²、16mm²六种。

(3) 筛孔孔径。美国材料与试验协会标准为4.75mm；中国标准为5mm，基本相同。

(4) 贯入阻力仪。美国材料与试验协会标准要求贯入阻力仪的精度为10N，中国标准为1kg，基本一致。

3.5.2 试验温度

中国标准为(20±3)℃；美国材料与试验协会标准为20～25℃。

3.5.3　贯入深度和时间

中美标准要求相同。

3.5.4　测点间距要求

美国材料与试验协会标准和中国标准均要求测点间距大于15mm，美国材料与试验协会标准还要求测点间距大于贯入针直径的两倍。此外，美国材料与试验协会标准还要求测点距离容器侧壁的距离为25～50mm之间，中国标准则无要求。

3.5.5　测试时间和频率

（1）中国标准。加水后2h开始测试，后续间隔1h测一次。

（2）美国材料与试验协会标准。根据外加剂品种的不同，开始测试的时间有所不同，比如常规混合料3～4h后开始测试，间隔半小时到1h进行后续试验，含速凝剂的混合料，1～2h后开始试验，间隔30min进行后续试验。

3.5.6　结果处理

对于试验结果的处理，中国标准和美国材料与试验协会标准基本一致，均是通过绘制贯入阻力与时间关系曲线来确定混凝土凝结时间。对于凝结时间的判定，中美标准基本一致，以3.5MPa和28MPa（美国材料与试验协会标准为27.6MPa）划两条平行横坐标的直线，直线与曲线交点的横坐标值即为初凝时间和终凝时间。

3.6　测定早期抗压强度并预测后期强度的试验方法和成熟度法预测混凝土强度

该部分对利用混凝土早期强度预测后期强度的试验方法及成熟度法评估混凝土强度的相关中美标准进行对比，结果表明，中美标准在利用早期强度预测后期强度的方法不同，在成熟度法预测混凝土强度方法上基本一致，只是在推导预测公式时采用的混凝土龄期不同。

3.6.1　测定早期抗压强度并预测后期强度的试验方法

中美利用早期强度预测后期强度的方法不同，美国材料与试验协会标准采用成熟度法，中国标准通过建立早期强度与28d强度之间的关系进行预测。

3.6.2　成熟度法预测混凝土强度

（1）预测公式。中美标准均有成熟度指数法和等效龄期法两种方法，其中成熟度指数法在中国标准中主要用于蓄热或综合蓄热法养护的混凝土。

（2）推导公式时采用的强度龄期。美国标准为1d、3d、7d、14d和28d，而中国标准为1d、2d、3d、7d、28d。

3.7　混凝土强度的现场评定方法

美国混凝土协会标准通过引用美国材料与试验协会标准相关检测方法标准和其他国家标准，对各检测方法的使用范围、样本容量、试验数量及测区和测点等内容进行论述，与中国相关标准相比，二者在使用范围、样本容量、试验数量及测区和测点等内容上不尽相同，但也无大的差异。

3.7.1　不同检测方法的适用范围

中美标准均根据强度规定了不同检测方法的适用范围（见表2）。与美国标准相比，中国标准中，回弹指数法适用范围稍大，射钉法和拔出法适用范围较小，对于超声法，国内主要用于建筑物内部损伤探测，用于抗压强度检测时主要结合回弹法，即超声回弹综合法。

表 2　　中美标准不同方法适用范围　　单位：MPa

检测方法	美国标准	中国标准
回弹指数法	10～40	10～60
射钉法	10～120	10～40
拔出法	2～130	10～80
超声波速法	1～70	10～70（超声回弹法）

在工程实际使用中，回弹法和超声综合法应用较广泛，射钉法和拔出法使用较少。

3.7.2 取样数量

美国标准根据结构构件的不同规定不同检测方法的样本容量，中国标准根据不同的检测类别规定了最小样本容量，在此基础上，规定了不同检测方法的样本数量。

3.7.3 每个位置平行试验数量

与美国标准相比，中国标准中回弹法每个测区测点数量更多；对于拉拔法，美国标准根据建筑物是否新建，测点数分别为 3 个和 1 个，中国标准均为 3 个（见表 3）。

表 3　　中美标准不同方法平行试验数量　　单位：个

测试方法	各位置最少测点数量		
	美国标准		中国标准
	新建建筑物	现有建筑物	
回弹数法	10	10	16
射钉法	3	3	3
拉拔法	1	3	3
超声波速法	2	5	3（超声回弹法）

3.7.4 测区及测点的要求

中美标准均规定了各种方法的测区及测点的位置、大小等要求，虽然具体的规定有一定差异（见表 4），但目的都是保证试验位置免收其他因素的干扰，使试验结果具有代表性。

表 4　　中美标准不同方法对测区及测点的要求

测试方法	美　国　标　准	中　国　标　准
回弹数法	构件最小厚度：100mm 位置最小直径：300mm 测点最小间距：25mm	相邻测区最大间距：2m 测区离构件边缘：0.2～0.5m 测区尺寸：≥0.04m^2，宜为 200mm×200mm 测点最小净距：20mm 测点与钢筋、预埋件的最小距离：30mm
射钉法	最小距离 射钉之间：175mm 离混凝土边缘：100mm	测区：200mm 的等边三角形 射钉最小间距：140mm 离混凝土边缘：100mm

续表

测试方法	美 国 标 准	中 国 标 准
拔出法	最小净距 插入物之间：插入物头部直径的10倍 离构件边缘：头部直径的4倍 从破坏面边缘到钢筋：1倍头部直径或者最大骨料粒径，以大者为准	后装拔出法 最小净距/尺寸 插入物之间：250mm 离构件边缘：圆环式拔出仪100mm，三点式150mm 测试部位混凝土厚度：80mm 预埋拔出法 最小净距/尺寸 预埋物之间：250mm 离构件边缘：100mm 测试部位混凝土厚度：80mm

3.8　钻芯法检测混凝土强度

该部分对中美标准中关于钻芯法检测混凝土强度的试验方法进行对照研究，结果表明，中美的主要差异在于标准试件的尺寸和形状。

3.8.1　适用范围

美国标准适用于非喷射混凝土的检测方法，中国标准则没有限制；美国标准对混凝土强度的上限没有规定，中国标准要求混凝土强度不大于80MPa。

3.8.2　取芯位置、方法

美国材料与试验协会标准规定取芯位置的同时，也规定了芯样钻取的方向；中国标准仅规定了取样的部位要求，对钻芯的方向没有提出要求。

3.8.3　试件要求

（1）中美标准对试件的直径要求不同，美国材料与试验协会标准要求直径最小值取94mm和2倍粗骨料公称最大粒径中的较大值；《钻芯法检测混凝土强度技术规程》（CECS 03：2007）中芯样标准试件的直径最小值取骨料公称最大粒径的3倍，采用小直径试件时，其公称直径不小于70mm且不得小于骨料最大粒径的2倍。

（2）中美芯样标准试件不同，美国抗压强度标准试件为长径比1.9～2.1的圆柱体，当与立方体试件强度进行对比时，采用长径比1.0～1.05的芯样，一般采用ϕ150mm×300mm或ϕ100mm×200mm尺寸试件；《钻芯法检测混凝土强度技术规程》（CECS 03：2007）芯样抗压强度标准试件的长径比为0.95～1，一般采用ϕ100mm×100mm、ϕ150mm×150mm或ϕ200mm×200mm尺寸试件。

（3）对于试件的各端面与轴线的垂直度误差，美国材料与试验协会标准要求不超过0.5°，《钻芯法检测混凝土强度技术规程》（CECS 03：2007）的要求为1°；对于试件端面平整度误差，美国材料与试验协会标准要求不超过0.050mm，《钻芯法检测混凝土强度技术规程》（CECS 03：2007）为0.1mm，美国材料与试验协会标准要求比《钻芯法检测混凝土强度技术规程》（CECS 03：2007）要求略严格。

（4）对于端面不符合规范要求的试件，中美标准均采用打磨或补平的方法；当需要补平时，《钻芯法检测混凝土强度技术规程》（CECS 03：2007）一般采用环氧胶泥或聚合物砂浆，对于强度低于40MPa的试件，也可以采用水泥砂浆、水泥净浆、聚合物水泥砂浆或硫磺胶泥补平，美国标准一般采用石膏或硫磺砂浆或非胶结性垫块。

（5）美国材料与试验协会标准要求试件在湿润的状态下进行试验，《钻芯法检测混凝土强度技术规程》（CECS 03：2007）要求在自然干燥状态下进行测试，水工行业标准《水工混凝土试验规程》（DL/T 5150—2001）则要求试件在饱和状态下进行测试。

3.8.4 试验精度

美国材料与试验协会标准对同一试验者及不同实验室之间检测结果的差异提出了要求，中国标准一般对不同试验室见的误差没有要求。

3.9 灌孔混凝土取样和试验的标准试验方法

该部分对中美标准灌孔混凝土取样和试验方法进行对照研究，结果表明，中美标准灌孔混凝土试件尺寸不同，留样时所用模具材质或底模材质不同。

3.9.1 试件尺寸

美国材料与试验协会标准试件为一个正方形截面的棱柱体，高是截面边长的两倍；《普通混凝土力学性能试验方法》（GB/T 50081—2002）中规定标准值采用边长为150mm的立方体试件。

3.9.2 试模材质

《灌孔混凝土取样和试验的标准试验方法》（ASTM C 1019－13）中规定，采用与施工现成所用块材完全相同的混凝土砌块做留样时的侧模，中国标准一般采用钢模或胶膜。

3.10 纤维增强混凝土

本部分主要对中美标准中纤维混凝土的质量检验和验收进行对照研究。其主要差异如下：

（1）对于混凝土拌合物性能检验，中国标准的试验项目比ASTM的要求更多，硬化混凝土的验收则基本相同。

（2）对于硬化混凝土验收的检验项目，中美标准基本一致。

（3）对于原材料的检验频率，美国材料与试验协会标准根据拌合方法规定了不同的抽样频率，中国标准则根据浇筑量规定抽样频率；对硬化混凝土的检验频率，美国材料与试验协会标准根据拌合方法规定了不同的抽样频率，中国标准则根据浇筑量规定抽样频率。

3.11 混凝土耐久性

本部分对中美标准中关于混凝土耐久性（包括冻融、碱骨料反应、硫酸盐侵蚀、渗透、磨损）保证措施进行对照研究，总体而言，中美标准无大的差异。

3.11.1 混凝土的冻融

中美标准在混凝土的防冻措施上基本一致，即在养护方面加强混凝土的早期保温，防止早期受冻；在配合比设计方面采用引气和限制最大水胶比的方法。二者的主要差别在混凝土受冻临界温度上，美国标准规定在混凝土的温度降到冰点以下前，混凝土应达到的最低强度为3.5MPa，当混凝土可能受到多次冻融作用时，临界强度为20MPa；《水工混凝土耐久性技术规范》（DL/T 5241—2010）规定，大体积混凝土的受冻临界强度为7.0MPa，非大体积混凝土受冻临界强度为设计强度的85%。

3.11.2　碱骨料反应

（1）中美标准对碱骨料反应活性的鉴别方法基本一致，一般先采用岩相法确定反应类型，对于碱-硅酸反应，则采用砂浆棒快速法和棱柱体法进行进一步判定；对于碱-碳酸反应，则采用岩石柱法和混凝土棱柱体法进行进一步判定。

（2）中美标准均禁止使用碱-碳酸活性的骨料，而碱-硅酸活性的骨料，可采取有效抑制措施后用于混凝土。

（3）对于碱骨料反应的抑制措施，中美标准一般均采用使用低碱水泥、限制混凝土总碱量和采取活性矿物掺合料等方法，此外美国标准还提出化学外加剂（锂盐、钡盐等）的方法。

（4）中美标准对水泥中的碱含量要求相同，均规定水泥中的碱不大于0.6%。

（5）对于掺合料中的最大碱含量的要求，美国标准为1.5%，中国标准粉煤灰、矿渣、硅粉的最大碱含量分别为2.0%、1.0%和1.5%。

（6）对于总碱量，国际上混凝土碱含量限制通常为2.5～4.5kg/m^3，中国标准为2.5～3.5kg/m^3。

（7）对于掺合料中碱的取值方法，部分国家将粉煤灰和矿渣中碱的量分别取其总碱量的1/6和1/2，中国标准取值分别为1/5和1/2。

3.11.3　化学侵蚀（硫酸盐侵蚀）

中美标准的硫酸盐侵蚀防治措施基本一致：限制水胶比，同时采用抗硫酸盐水泥或普通硅酸盐水泥掺加矿物掺合料。

对于不同侵蚀等级，美国标准和中国标准《混凝土结构耐久性设计规范》（GB/T 50476—2008）混凝土原材料的选择也基本一致：弱侵蚀环境中，水泥中C_3A小于8%；中度侵蚀环境中，水泥中C_3A小于5%；强侵蚀环境中，水泥中C_3A小于5%，并同时掺加矿物掺合料。中国在水工混凝土标准《水工混凝土耐久性技术规范》（DL/T 5241—2010）中，对水泥中C_3A含量要求更高：弱侵蚀环境中，水泥中C_3A小于5%（中抗硫酸盐水泥）；中度侵蚀环境中，水泥中C_3A小于3%（高抗硫酸盐水泥）。

3.11.4　渗透

对有抗渗要求的混凝土，美国标准对混凝土最大水胶比和最小强度均提出了要求，中国标准则只要满足设计抗渗等级即可。

3.11.5　磨损

在水工建筑物抗冲磨的设计方面，中美标准主要采取减少砂石等杂质进入水工建筑物，相较而言，中国标准的规定更加详细、具体。

在抗冲磨材料的选择方面，中美标准基本一致，一般是采用坚硬的骨料、使用高性能减水剂和硅粉提高混凝土强度、掺加钢纤维或使用有机材料进行表面防护等。

3.12　大体积混凝土

本部分对中美标准关于大体积混凝土（不包括碾压混凝土）原材料选择、配合比设计及施工方法等进行对照研究，总体而言，中美标准无大的差异。

3.12.1 原材料选择

中美标准均建议优先适用发热量小的水泥品种，如中热水泥、低热水泥等。同时，中美标准均建议掺入掺合料来提高工程的经济性，降低发热量。

3.12.2 配合比设计

大体积混凝土配合比基本与普通混凝土配合比设计步骤基本一致。不同之处在于，大体积混凝土设计时需要考虑混凝土产生的热量。

3.12.3 温度控制

对于大体积混凝土浇筑温度的控制措施，中美标准基本一致，主要采用以下方法：

（1）采用低水化热水泥，控制胶材用量。

（2）预冷骨料、拌和水等混凝土原材料。

（3）分层、分块浇筑。

（4）埋置冷却水管，通水冷却。

（5）表面保温，减小内外温差等。

3.12.4 施工

（1）搅拌设备。中美标准均可采用自落式、强制式搅拌机。

（2）搅拌时间。美国标准根据搅拌量确定搅拌时间，中国标准根据搅拌机容量和骨料最大粒径以及搅拌机的类型确定搅拌时间。

（3）浇筑。中美标准均建议采用分层浇筑的方法，对于浇筑层的厚度，中国标准一般为300～500mm，美国标准为300～510mm，基本一致。此外，在振捣上层混凝土时，中美标准均要求振动棒要插入下层50～100mm。

3.12.5 养护

（1）养护措施。中美标准的养护方法均为湿养护，一般采用洒水养护、喷雾、流水等方法。

（2）养护时间。美国标准一般养护时间为14d，中国标准为28d，当胶材中使用了火山灰材料或主要利用后期强度时，中美标准均要求适当延长养护时间。

4 结论

从对标的成果来看，中美标准在混凝土的配合比设计、取样方法、成型与养护、耐久性等方面的总体思路和原则是基本一致的，在具体的设计要求、试验仪器、试验方法等细节方面不尽相同，但差别不大；在标准试件的尺寸和形状上的差异比较明显，是中美标准体系的一个主要差异。

中美混凝土标准对比研究（二）

编制单位：中国电建集团西北勘测设计研究院有限公司

专题负责人　万　里　毕亚丽
编　　　写　张　勇　毕亚丽
审　　　核　郑树俊　张　勇　毕亚丽
主要完成人　毕亚丽　张　勇　吴文博

1　对照的中美标准及相关文献

电建集团为落实“国际优先发展”战略，加快走出去步伐，提出了开展“国际工程技术标准应用研究”重大专项课题，中国水电顾问集团积极承担并开展“国际工程水电勘测设计技术标准应用研究”，中国电建集团西北勘测设计研究院有限公司承担了研究专题三中“中美混凝土标准对照研究”7项标准的对照研究工作。

美国材料与试验协会（ASTM）的7项标准分别为：

《圆柱体混凝土试件抗压强度的标准试验方法》（ASTM C 39/C 39M－14a）。

《混凝土抗弯强度的标准试验方法》（ASTM C 78/C 78M－10）。

《混凝土抗快速冻融的标准试验方法》[ASTM C 666/C 666M－03（R2008）]。

《水硬性水泥混凝土坍落度的标准试验方法》（ASTM C 143/C 143M－12）。

《受压混凝土静态弹性模量和泊松比的标准试验方法》（ASTM C 469/C 469M－14）。

《圆柱体混凝土试件的劈裂抗拉强度标准试验方法》（ASTM C 496/C 496M－11）。

《硬化混凝土耐穿透性标准试验方法》[ASTM C 803/C 803M－03（R2010）]。

用以上7项标准与中国电力行业标准《水工混凝土试验规程》（DL/T 5150—2001）相对应的试验方法进行对照研究。

对照研究中，考虑到《普通混凝土拌合物性能试验方法标准》（GB/T 50080—2016）、《普通混凝土力学性能试验方法标准》（GB/T 50081—2002）、《普通混凝土长期性能和耐久性能试验方法标准》（GB/T 50082—2009）是国家标准，被普遍采用，且该标准与国际标准接轨，因此在对标时，将此3项标准纳入一起进行研究。

表1列出了中美混凝土标准对照研究中用到的相关标准或资料。

表1　中美混凝土标准对照研究中用到的相关标准或资料

美国标准	中国标准
《圆柱体混凝土试件抗压强度的标准试验方法》（ASTM C 39/C 39M－14a） 《混凝土抗弯强度的标准试验方法》（ASTM C 78/C 78M－10） 《混凝土抗快速冻融的标准试验方法》[ASTM C 666/C 666M－03（R2008）] 《水硬性水泥混凝土坍落度的标准试验方法》（ASTM C 143/C 143M－12） 《受压混凝土静态弹性模量和泊松比的标准试验方法》（ASTM C 469/C 469M－14） 《圆柱体混凝土试件的劈裂抗拉强度标准试验方法》（ASTM C 496/C 496M－11） 《硬化混凝土耐穿透性标准试验方法》[ASTM C 803/C 803M－03（R2010）]	《水工混凝土试验规程》（DL/T 5150—2001） 《普通混凝土拌合物性能试验方法标准》（GB/T 50080—2016） 《普通混凝土力学性能试验方法标准》（GB/T 50081—2002） 《普通混凝土长期性能和耐久性能试验方法标准》（GB/T 50082—2009）

表1中的美国标准均为美国材料与试验协会所制定，是C类标准（水泥、陶瓷、混凝土与砖石材料），由隶属美国材料与试验协会的C09“混凝土及混凝土集料”委员会管辖。

中国电力行业标准《水工混凝土试验规程》（DL/T 5150—2001）由中国水利水电工程总公司提出，由电力行业水电施工标准化技术委员会归口管理，中华人民共和国国家经济贸易委员会批准，2001 年 12 月 26 日发布，2002 年 5 月 1 日实施。

中国国标《普通混凝土拌合物性能试验方法标准》(GB/T 50080—2016）由中华人民共和国建设部批准，2016 年 8 月 18 日发布，2017 年 4 月 1 日实施。

中国国标《普通混凝土力学性能试验方法标准》(GB/T 50081—2002）由中华人民共和国建设部批准，2003 年 1 月 10 日发布，2003 年 6 月 1 日实施。

中国国标《普通混凝土长期性能和耐久性能试验方法标准》(GB/T 50082—2009）由中华人民共和国建设部批准，2009 年 11 月 30 日发布，2010 年 7 月 1 日实施。

美国材料与试验协会标准正文主要包括 1 适用范围、2 参考文献、3 意义和用途、4 仪器设备、5 试件或取样、6 试验程序、7 计算、8 试验报告、9 精度与偏差、10 关键词等内容。

《水工混凝土试验规程》(DL/T 5150—2001）标准正文主要包括 1 目的和适用范围、2 仪器设备、3 操作步骤、4 试验结果处理（含计算和有效数据取舍）四大部分内容。与美国材料与试验协会标准相比较，基础内容都含有，但相对较简单。

中美标准简况及相互关系见表 2。

表 2　　中美标准简况及相互关系表

序号	美国标准	中国标准		相互关系
1	《圆柱体混凝土试件抗压强度的标准试验方法》(ASTM C 39/C 39M－14a)	《水工混凝土试验规程》(DL/T 5150—2001)	第 4.2 节：混凝土立方体抗压强度试验	不等同或不等效
			第 4.7 节：混凝土轴心抗压强度试验	基本一致
			第 6.6 节：混凝土芯样强度试验	不等同或不等效
		《普通混凝土力学性能试验方法标准》(GB/T 50081—2002)	第 6 章：抗压强度试验	不等同或不等效
			第 7 章：轴心抗压强度试验	基本一致
2	《混凝土抗弯强度的标准试验方法》(ASTM C 78/C 78M－10)	《水工混凝土试验规程》(DL/T 5150—2001)	第 4.5 节：混凝土抗弯强度试验	基本一致
		《普通混凝土力学性能试验方法标准》(GB/T 50081—2002)	第 10 章：抗折强度试验	基本一致
3	《受压混凝土静态弹性模量和泊松比的标准试验方法》(ASTM C 469/C 469M－14)	《水工混凝土试验规程》(DL/T 5150—2001)	第 4.7 节：混凝土轴心抗压强度与静力抗压弹性模量试验	基本一致
		《普通混凝土力学性能试验方法标准》(GB/T 50081—2002)	第 8 章和附录 C：静力受压弹性模量试验	基本一致
4	《圆柱体混凝土试件的劈裂抗拉强度标准试验方法》(ASTM C 496/C 496M－11)	《水工混凝土试验规程》(DL/T 5150—2001)	第 4.3 节：混凝土劈裂抗拉强度试验	不等同或不等效
			第 6.6 节：混凝土芯样强度试验	不等同或不等效
		《普通混凝土力学性能试验方法标准》(GB/T 50081—2002)	第 9 章和附录 D：劈裂抗拉强度试验	不等同或不等效

续表

序号	美国标准	中国标准		相互关系
5	《水硬性水泥混凝土坍落度的标准试验方法》（ASTM C 143/C 143M-12）	《水工混凝土试验规程》（DL/T 5150—2001）	第3.2节：混凝土拌和物坍落度试验	基本一致
		《普通混凝土拌合物性能试验方法标准》（GB/T 50080—2016）	第4.1节：坍落度试验	基本一致
6	《混凝土抗快速冻融的标准试验方法》［ASTM C 666/C 666M-03（R2008）］	《水工混凝土试验规程》（DL/T 5150—2001）	第4.23节：混凝土抗冻性试验	基本一致
		《普通混凝土力学性能试验方法标准》（GB/T 50081—2002）	第4章：抗冻试验	基本一致
7	《硬化混凝土耐穿透性标准试验方法》［ASTM C 803/C 803M-03（R2010）］	《水工混凝土试验规程》（DL/T 5150—2001）	附录F：射钉法检测混凝土强度	基本一致

2 主要对比内容

对以上所列美国材料与试验协会的7项标准和《水工混凝土试验规程》（DL/T 5150—2001）主要关注的对标点如下（每个标准根据情况不同各有侧重）：

（1）标准目的及适用范围。

（2）标准试验方法。

（3）标准所用仪器设备。

（4）标准试验步骤。

（5）标准计算方法。

（6）标准精度偏差及有效数据取舍。

（7）标准评价指标。

3 主要研究成果

3.1 标准编号

美国材料与试验协会的每一标准（试验方法）都以“ASTM＋字母分类代码＋标准序号＋制定年份＋标准英文名称”单独编号、成册。

《水工混凝土试验规程》（DL/T 5150—2001）、《普通混凝土拌合物性能试验方法标准》（GB/T 50080—2016）、《普通混凝土力学性能试验方法标准》（GB/T 50081—2002）、《普通混凝土长期性能和耐久性能试验方法标准》（GB/T 50082—2009）各为一册书，以“DL/GB＋标准序号＋制定年份＋标准中文名称”编号，其中包含了很多的单项试验方法，各单项试验方法成不同章节。

3.2　标准采用的单位制

美国材料与试验协会的7项标准，数值采用国际标准单位和英寸-磅单位，各自自成标准体系。由于两个单位体系的数值并不完全相同，应彼此独立使用。《水工混凝土试验规程》（DL/T 5150—2001）采用国际单位制。

3.3　美国材料与试验协会标准与中国标准的主要差异

3.3.1 《圆柱体混凝土试件抗压强度的标准试验方法》(ASTM C 39/C 39M－14a)

（1）试件的形状和尺寸是主要差别之一。《圆柱体混凝土试件抗压强度的标准试验方法》（ASTM C 39）标准指出圆柱体抗压强度试件为ϕ150mm×300mm和ϕ100mm×200mm成型圆柱体及钻取的芯样，并以圆柱体抗压强度试验结果作为混凝土配比、拌和及浇筑质量控制的基础。而《水工混凝土试验规程》（DL/T 5150—2001）标准中对混凝土试件提及了两种尺寸的试验方法，一种是150mm×150mm×150mm的立方体试件，另一种是150mm×150mm×300mm的棱柱体试件（或ϕ150mm×300mm的圆柱体试件）。中国一般以150mm×150mm×150mm的立方体试件的抗压强度试验结果作为标准值，用作混凝土配比、拌和及浇筑质量控制的基础。对于混凝土芯样试件，《水工混凝土试验规程》（DL/T 5150—2001）规定试件的长直比应不小于1.0，直径可以是100mm、150mm或200mm。《圆柱体混凝土试件抗压强度的标准试验方法》（ASTM C 39）指出试件密度不小于800kg/m^3，《水工混凝土试验规程》（DL/T 5150—2001）并未对试件密度作出要求。

（2）中美标准在试件强度系数的修正方法及系数上也有一定差别。《圆柱体混凝土试件抗压强度的标准试验方法》（ASTM C 39）抗压强度采用ϕ150mm×300mm和ϕ100mm×200mm圆柱体，试验结果计算时专门对其他不同高径比（不大于2.0）给出了不同的修正系数，但并未提及不同直径试件抗压强度之间的换算关系。《水工混凝土试验规程》（DL/T 5150—2001）在使用立方体试件时，规定混凝土立方体抗压强度以边长为150mm的立方体试件的抗压强度为标准，其他尺寸试件的试验结果均应换算成标准值，对于边长为100mm、300mm、450mm的立方体试件，试验结果应分别乘以换算系数0.95、1.15、1.36。在使用棱柱体试件时，试件为150mm×150mm×300mm的棱柱体和ϕ150mm×300mm的圆柱体，高径比固定为2。规范只给出了ϕ150mm×300mm的圆柱体试件抗压强度换算为150mm×150mm×300mm的棱柱体时系数为0.95。对于混凝土芯样试件，《水工混凝土试验规程》（DL/T 5150—2001）给出了不同长直比的芯样试件抗压强度换算成长直比为1.0的试件抗压强度的换算系数关系图，并且规定对于长直比为1.0，直径分别为100mm、150mm、200mm的芯样试件换算成150mm×150mm×150mm的标准立方体抗压强度时，应分别乘以换算系数1.0、1.04、1.18。

（3）两国标准在加荷速率上有所差异。《圆柱体混凝土试件抗压强度的标准试验方法》（ASTM C 39M）规定加荷速率为（0.25±0.05）MPa/s，《水工混凝土试验规程》（DL/T 5150—2001）规定加荷速率为0.3～0.5MPa/s。

（4）两国标准在数据精度与偏差的处理上有所不同。《圆柱体混凝土试件抗压强度的标准试验方法》（ASTM C 39）规定了不同尺寸、不同环境（试验室、野外）偏差及精度系数。《水工混凝土试验规程》（DL/T 5150—2001）对同组 3 个试件测试数值的取舍给出了详细说明，即取 3 个试件的平均值为该组试件的抗压强度值。当 3 个试件强度中最大值或最小值之一，与中间值之差超过中间值的 15%时，取中间值。当 3 个实践中的最大值和最小值与中间值之差均超过中间值的 15%时，该组试验应重做。

3.3.2 《混凝土抗弯强度的标准试验方法》(ASTM C 78－10)

（1）加荷速率是中美标准的差别之一。《混凝土抗弯强度的标准试验方法》（ASTM C 78）指出无冲击连续加载，速率通过计算而得，与试件高度、宽度及跨度有关，而《水工混凝土试验规程》（DL/T 5150—2001）指出以 250N/s 的速率连续而均匀的加载，采用 100mm×100mm 断面小梁试件时，加荷速率应为 110N/s。

（2）中美标准在数据计算及有效值取舍上也有较大差别。《混凝土抗弯强度的标准试验方法》（ASTM C 78）将抗弯试验结果称为断裂模量（或破裂系数），《水工混凝土试验规程》（DL/T 5150—2001）称为抗弯强度。《混凝土抗弯强度的标准试验方法》（ASTM C 78）试件对 3 种不同断裂位置的计算公式及有效值分别列出，并对试验精度和偏差做了明确要求。《水工混凝土试验规程》（DL/T 5150—2001）说明取 3 个试件的平均值为该组试件的抗弯强度值。当 3 个试件强度中最大值或最小值之一，与中间值之差超过中间值的 15%时，取中间值。当 3 个试件中的最大值和最小值与中间值之差均超过中间值的 15%时，该组试验应重做。

（3）尺寸效应及换算系数是中美标准主要差别之一。《水工混凝土试验规程》（DL/T 5150—2001）说明当采用 100mm×100mm×400mm 非标准试件时，需应乘以尺寸换算系数 0.85，而《混凝土抗弯强度的标准试验方法》（ASTM C 78）未明确提及。

3.3.3 《混凝土抗快速冻融的标准试验方法》[ASTM C 666M－03 (R2008)]

（1）试验方法的参数上有所差异。

1）《混凝土抗快速冻融的标准试验方法》[ASTM C 666M－03（R2008）] 规定一个冻融循环历时为 2～5h，在降温和升温终了时，试件中心温度应为（－18±2)℃和（4±2)℃；《水工混凝土试验规程》（DL/T 5150—2001）规定一个冻融循环历时为 2～4h，在降温和升温终了时，试件中心温度应为（－17±2)℃和（8±2)℃。

2）《混凝土抗快速冻融的标准试验方法》[ASTM C 666M－03（R2008）] 规定：如无特殊要求，成型的混凝土试件应在养护 14d 后进行试验；而《水工混凝土试验规程》（DL/T 5150—2001）规定：如无特殊要求，成型的混凝土试件应在养护 28d 后进行试验。

3）《混凝土抗快速冻融的标准试验方法》[ASTM C 666M－03（R2008）] 规定的测试间隔为每 36 次冻融循环测试 1 次，《水工混凝土试验规程》（DL/T 5150—2001）规定每 25 次冻融循环测试 1 次。

4）《混凝土抗快速冻融的标准试验方法》[ASTM C 666M－03（R2008）] 试验用试件宽度、高度或直径应在 75～125mm 之间；试件的长度应在 275～405mm 之间。《水工混凝土试验规程》（DL/T 5150—2001）规定试件尺寸为 100mm×100mm×400mm 的棱柱体。

（2）抗冻试验结果参数是中美标准主要差别之一。《混凝土抗快速冻融的标准试验方法》[ASTM C 666M－03（R2008）] 包含 3 个指标参数，分别为相对动弹性模量、耐久指数、长度变化率。而《水工混凝土试验规程》（DL/T 5150—2001）有 2 个参数，分别为相对动弹性模量和质量损失率。

（3）抗冻结果评价是中美标准又一主要差别点。《混凝土抗快速冻融的标准试验方法》[ASTM C 666M－03（R2008）] 指出：①每个试件应持续循环 300 次或持续至其相对动弹性模量达到其原始值的 60%（取决于哪个首先发生）；②对于可选的试件长度变化试验，0.10%的长度变化可以作为试验结束的标志。《水工混凝土试验规程》（DL/T 5150—2001）则认为：①相对动弹性模量下降至初始值的 60%或质量损失率达 5%时，即可认为试件已达破坏，并以相应的冻融循环次数作为该混凝土的抗冻等级（以 F 表示）；②若冻融循环至预定的循环次数，而相对动弹性模量或质量损失率均未达到上述指标，可认为试验的混凝土抗冻性已满足设计要求。

3.3.4 《水硬性水泥混凝土坍落度的标准试验方法》(ASTM C 143M－12)

两国标准测试混凝土坍落度的试验方法基本一致，对拌和物的描述和试验精度上略有差异。

（1）《水工混凝土试验规程》（DL/T 5150—2001）增加了稠度、黏聚性、含砂情况、析水情况等通过目测判定混凝土拌和物性质的方法。

（2）《水硬性水泥混凝土坍落度的标准试验方法》（ASTM C 143M－12）从不同单位精度、变率、单人操作精度、多试验室精度等诸多方面做了详细的描述和分析。而《水工混凝土试验规程》（DL/T 5150—2001）的第 3.2 节“混凝土拌合物坍落度试验”未提及。

3.3.5 《受压混凝土静态弹性模量和泊松比的标准试验方法》(ASTM C 469M－14)

（1）纵向应变的测量装置的不同是中美两国标准的主要差别之一。《受压混凝土静态弹性模量和泊松比的标准试验方法》（ASTM C 469M－14）中，应变测量架中下面的箍圈是固定于试件上，上面的箍圈固定在两个径向对应点上，可以自由转动，且只用一块千分表来测量纵向变形。而《水工混凝土试验规程》（DL/T 5150—2001）中，应变测量架由两个箍圈组成，均固定于试件上，不能自由转动。两箍圈之间配有两块千分表，固定于测量架的相对面上，用于测量试件相对两面的纵向变形值。由于试件有棱柱体（150mm×150mm×300mm）和圆柱体（ϕ150mm×300mm）两种，因此应变测量架也有方形和圆形两种。

（2）横向应变的测试方法也有一定差异。《受压混凝土静态弹性模量和泊松比的标准试验方法》（ASTM C 469M－14）中主要采用伸长仪来测试，伸长仪的箍圈通过两点固定于试件上，箍圈一侧用铰链固定，另一侧安装测量仪进行测量。中国大多试验机构均采用粘贴应变片的方法测定试件的横向变形。

（3）中美标准在计算弹性模量的方法上也有一定差别。《受压混凝土静态弹性模量和泊松比的标准试验方法》（ASTM C 469M－14）中，计算的是从 50 个微应变相对应的应力到 40%极限破坏应力之间的割线弹性模量，而《水工混凝土试验规程》（DL/T 5150—2001）中，计算的是从 0.5MPa 到 40%极限破坏应力之间的割线弹性模量，起点位置不同。

（4）两国标准在数据精度与偏差的处理上有所不同。《受压混凝土静态弹性模量和泊松比的标准试验方法》（ASTM C 469M－14）规定，不同批次的任意两个圆柱体试件试验结果的差值不应超过平均值的 5%。《水工混凝土试验规程》（DL/T 5150—2001）规定，弹性模量以三个试件测值的平均值作为试验结果。如果其中 1 个试件在测定弹性模量后，其抗压强度值与轴心抗压强度值相差超过后者 20%时，则将该值剔除，取余下 2 个试件测值的平均值作为试验结果，如一组中可用的测值少于 2 个时，该组试验应重做。

3.3.6 《圆柱体混凝土试件的劈裂抗拉强度标准试验方法》(ASTM C 496M－11)

（1）试件的形状不一样是中美两国标准的主要差异之一。《圆柱体混凝土试件的劈裂抗拉强度标准试验方法》（ASTM C 496M－11）中则习惯使用直径 150mm，高 300mm 的圆柱体作为标准试件，而《水工混凝土试验规程》（DL/T 5150—2001）中对于成型的混凝土采用 150mm×150mm×150mm 的立方体试件作为标准试件，混凝土芯样试件可以是 ϕ100mm×100mm、ϕ150mm×150mm、ϕ200mm×200mm 的圆柱体，不同直径的试件劈拉强度没有换算系数，但工程中常用 ϕ150mm×150mm 的圆柱体。

（2）两国标准中，垫条的材质和尺寸也是主要差异之一。《圆柱体混凝土试件的劈裂抗拉强度标准试验方法》（ASTM C 496M－11）所采用的垫条为 3.2mm 厚，25mm 宽，长度不小于 150mm 的无缺陷胶合板，且不可重复使用。而《水工混凝土试验规程》（DL/T 5150—2001）中所采用的垫条为截面 5mm×5mm，长约 200mm 的钢制方垫条，可重复使用。

（3）两国标准中加荷速率也有一定差异。《圆柱体混凝土试件的劈裂抗拉强度标准试验方法》（ASTM C 496M－11）中的加荷速率为 0.7～1.4MPa/min。而《水工混凝土试验规程》（DL/T 5150—2001）中的加荷速率为 0.04～0.06MPa/s，相当于 2.4～3.6MPa/min，高于《圆柱体混凝土试件的劈裂抗拉强度标准试验方法》（ASTM C 496M－11）中的加荷速率。

3.3.7 《硬化混凝土耐穿透性标准试验方法》[ASTM C 803M－03 (R2010)]

（1）射钉与探头的尺寸有些差别。《硬化混凝土耐穿透性标准试验方法》[ASTM C 803M－03（R2010）] 中的探头长度为 79.4mm，端头直径为 7.9mm，在距插入端部约 14.3mm 长度范围内直径减小为 6.4 mm。《水工混凝土试验规程》（DL/T 5150—2001）中的射钉长 75mm 左右，直径为 4～7mm。

（2）两国标准中，射钉（探头）间的间距不同。《硬化混凝土耐穿透性标准试验方法》[ASTM C 803M－03（R2010）] 中，探头之间的距离不得小于 175mm；《水工混凝土试验规程》（DL/T 5150—2001）中，射钉之间距离不得小于 140mm，其余间距要求相同。

（3）两国标准对测点有效性的判断原则基本相同。均是根据三个测点的极差值是否满足规定来判定测点的有效性，不同的是，两国标准中对极差的规定值略有差别。《硬化混凝土耐穿透性标准试验方法》[ASTM C 803M－03（R2010）] 规定的极差要求值略大一些。

（4）两国标准对混凝土的评价目的不同。《硬化混凝土耐穿透性标准试验方法》[ASTM C 803M－03（R2010）] 主要根据测区探头的外露长度值来评价混凝土的均一性。

而《水工混凝土试验规程》（DL/T 5150—2001）需要根据预先标定的强度——外露长度的关系式将测值换算为混凝土的强度，用于评价混凝土的强度。

4　值得中国标准借鉴之处

（1）美国标准对仪器设备的要求较中国严格，尤其体现在仪器设备的容量、加荷速率荷载示值、仪器精度等方面，值得中国借鉴。

（2）美国标准在数据精度与偏差的要求上较中国标准严格。大部分标准对单人操作不同试件间、同一试验室内不同人员之间、不同试验室间偏差和变化系数提出了确切要求。值得中国标准学习和借鉴。

（3）美国标准特别注重有针对性的安全技术措施，这值得中国借鉴。

5　建议

从7个标准的对照来看，中美标准在试验方法的总体思路上基本是一致的，大部分内容是相通的，不同点主要集中的试件形状和尺寸、加荷速率等方面。为提高中国标准在国际项目中的通用性，便于与美国标准相互替换，建议开展以下研究工作：

（1）对照美国标准中试件的形状和尺寸，收集相关资料，整理分析与中国标准中不同形状和尺寸试件的抗压强度对应关系。

（2）对照美国标准中的加荷速率，收集资料，研究不同加荷速率对混凝土力学性能测试结果的影响及相互对应关系。

第三部分

中外水工建筑物设计标准对比研究

水电枢纽工程等级划分及设计安全标准对比研究

编制单位：中国电建集团华东勘测设计研究院有限公司

专题负责人 黄　维
编　　写 梁金球　黄熠辉　鄢　镜　郑惠峰　杨　飞　林小芳　王　亮　董宝顺　张发鸿
校　　审 刘西军　彭　育　潘益斌　江亚丽　江金章　程开宇　任　奎　薛　阳　赵　琳　杨　飞　刘加进　田迎春　武启旺　富　强
核　　定 叶建群　黄　维
主要完成人 黄　维　任　奎　薛　阳　梁金球　黄熠辉　鄢　镜　郑惠峰　杨　飞　田迎春　林小芳　王　亮　武启旺　董宝顺　富　强　张发鸿

1　引用的中外标准及相关文献

本文对照的《水电枢纽工程等级划分及设计安全标准》，内容涉及工程等级划分、洪水设计、抗震设计、结构稳定、边坡稳定等设计标准，外国标准并没有类似标准文本能够与之完全对应。因此本文按照各部分内容分别寻找与之内容相关的外国标准进行对照研究。另外，除美国标准外，其他一些国家的标准原文收集较为困难，在本文中引用了部分中国已有研究成果。本文引用的主要中外标准见表1。

表1　　引用的主要中外标准

序号	中文名称	英文名称	编号	发布单位	发布年份
1	水电枢纽工程等级划分及设计安全标准	Classification & Design Safety Standard of Hydropower Projects	DL 5180—2003	国家经济贸易委员会	2003
2	水电工程防震抗震设计规范	Code for Seismic Design of Hydropower Projects	NB 35057—2015	国家能源局	2015
3	防洪标准及水电水利工程设计洪水计算规范中美水电技术标准对比研究报告	—	—	中国电建集团华东勘测设计研究院	2014
4	大坝安全检查推荐导则	Guidelines for Safety Inspections of Dams	ER 1110-2-106	美国陆军工程兵团（USACE）	1979
5	重力坝设计	Gravity Dam Design	EM 1110-2-2200	美国陆军工程兵团	1995
6	拱坝设计	Arch Dam Design	EM 1110-2-2201	美国陆军工程兵团	1994
7	水工钢筋混凝土结构强度设计	Strength Design for Reinforced-concrete Hydraulic Structures	EM 1110-2-2104	美国陆军工程兵团	1992
8	水电站	Hydropower	EM 1110-2-1701	美国陆军工程兵团	1989
9	溢洪道水力设计	Hydraulic Design of Spillways	EM 1110-2-1603	美国陆军工程兵团	1992
10	水电站厂房建筑物的规划与设计	Planning and Design of Hydroelectric Power Plant Structures	EM 1110-2-3001	美国陆军工程兵团	1995
11	泄水建筑物结构设计与评估	Structural Design and Evaluation of Outlet Works	EM 1110-2-2400	美国陆军工程兵团	2003
12	土坝和堆石坝的设计和施工考虑	General Design and Construction Considerations for Earth and Rock-fill Dams	EM 1110-2-2300	美国陆军工程兵团	2004
13	混凝土结构稳定分析规范	Stability Analysis of Concrete Structures	EM 1110-2-2100	美国陆军工程兵团	2005
14	边坡稳定性	Slope Stability	EM 1110-2-1902	美国陆军工程兵团	2003
15	水工混凝土结构的抗震设计与评估	Earthquake Design & Evaluation of Concrete Hydraulic Structure	EM 1110-2-6053	美国陆军工程兵团	2007
16	土石坝　第4章：静力稳定分析	Embankment Dams Chapter 4: Static Stability Analysis	DS-13（4）-6	美国垦务局（USBR）	2011

续表

序号	中文名称	英文名称	编　号	发布单位	发布年份
17	土石坝　第6章：超高	Embankment Dams Chapter 6：Freeboard	DS-13（6）-2	美国垦务局	2012
18	重力坝设计	Design of Gravity Dams	—	美国垦务局	1976
19	小坝设计	Design of Small Dams	—	美国垦务局	1987
20	水电站进水口设计导则	Guidelines for Design of Intakes for Hydroelectric plants	—	美国土木工程师学会（ASCE）	1995
21	水电工程规划设计土木工程导则　第四卷　小型水电站	Civil Engineering Guidelines for Planning and Designing Hydroelectric Developments Vol4. Small-scale Hydro	—	美国土木工程师学会	1989
22	建筑物和其他结构最小设计荷载	Minimum Design Loads for Buildings and Other Structures	SEI 7-10	美国土木工程师学会	2010
23	水电工程规划设计土木工程导则　第五卷　抽水蓄能和潮汐电站	Civil Engineering Guidelines for Planning and Designing Hydroelectric Developments Vol5. Pumped Storage and Tidal Power	—	美国土木工程师学会	1989
24	水电项目工程评估导则	Engineering Guidelines for the Evaluation of Hydropower Projects	—	美国联邦能源管理委员会（FERC）	1999
25	大坝安全联邦导则：大坝潜在风险分类体系	Federal Guidelines for Dam Safety：Hazard Potential Classification System for Dams	—	美国联邦应急管理署（FEMA）	2004
26	混凝土结构设计规范	Building Code Requirements for Structural Concrete	ACI 318M-11	美国混凝土协会（ACI）	2011
27	岩石基础	Rock Foundation	EM 1110-1-2908	美国陆军工程兵团	

2　主要研究成果

2.1　整体性的差异

（1）中国标准的水利水电枢纽工程的等级划分体系与美国标准及世界其他一些国家的划分体系差异较大。中国标准根据枢纽工程的水库库容、装机容量等要素将水利水电枢纽工程进行分等，又根据工程等别、建筑物的作用和重要性将水工建筑物进行分级。美国标准是按照水库库容和坝高划分工程规模，对建筑物不再进行级别划分，但是美国标准将工程失事后可能造成的危害风险程度作为要素，对工程进行风险等级划分。与美国相类似，英国、俄罗斯（苏联）、加拿大、澳大利亚、德国、巴西、印度等国及国际大坝委员会一般都是以库容、坝高或是工程失事后的危害等因素划分工程等级，对建筑物不再划分级别。

（2）中国标准在洪水设计标准方面与美国标准及世界其他一些国家的划分体系差异较大。中国标准采用设计和校核两级洪水标准，大多采用频率洪水设计。美国标准则只有一级设计标准，没有校核标准的概念，且大多采用最大可能洪水（PMF）或其倍数作为设计洪水。从洪水标准的设防层级来看，中国、俄罗斯（苏联）、德国、日本等国及国际大坝委员会均是采用设计（或正常）和校核（或非常）洪水两级标准，美国、英国、澳大利亚、加拿大、巴西、印度等国只采用设计洪水一级标准；从洪水标准的表示方法来看，中国、俄罗斯、德国、日本、澳大利亚等国采用频率洪水为主，美国、印度、加拿大等国采用 PMF 为主。

（3）中国标准的抗震设防体系与美国标准及世界其他一些国家的设防体系有一定差异。中国标准对甲类设防中的壅水建筑物采用两级水准设防，其他水工建筑物采用一级水准设防。美国标准采用多级设防的抗震设防水准体系，其他一些国家也多采用两级抗震设防水准体系。

2.2　适用范围的差异

中国标准系统规定了水电枢纽工程及其水工建筑物的等级划分、洪水设计标准、抗震设计标准以及结构、边坡等相关设计标准，美国标准也有针对这些内容的相关规定，但这些规定分散于多个标准文件中，并未集中统一规定。中国标准为行业性标准，对电力行业所有规模的新建和改建水电枢纽工程均有约束力，美国标准多为部门标准或是企业标准，其有效性为本部门或企业所属的相关部门，对其他部门或企业所属的水电工程设计及建设并无约束力，但企业标准也服从于美国联邦相关主管机构的要求。

2.3　主要差异及应注意事项

2.3.1　结构设计方法

中国标准主要采用分项系数法进行结构设计，美国标准采用安全系数法进行结构设计。虽然美国标准采用单一的安全系数法，但在计算荷载时，根据结构重要性等因素会有相应的荷载系数，或是其他修正系数。

2.3.2　工程及建筑物等级划分

中国标准根据枢纽工程的水库库容、装机容量以及在国民经济中的重要性，将水利水电枢纽工程分为 5 个等别，又根据工程等别、建筑物的作用和重要性将水工建筑物分为 5 个级别。美国标准是按照水库库容和坝高划分了 3 个类别的工程规模，对建筑物不再进行级别划分，但是美国标准考虑了工程失事后可能造成的危害风险程度，将工程分为 3 个潜在风险等级。与美国相类似，英国、俄罗斯（苏联）、加拿大、澳大利亚、德国、巴西、印度等国及国际大坝委员会一般都是以库容、坝高或是工程失事后的危害等因素将工程分为 2～4 个等级，对建筑物不再划分级别。中国标准在进行等级划分时虽然没有将工程失事后造成的危害作为等级划分的指标，但是在具体条文中规定了对于失事后损失巨大或影响十分严重的水工建筑物，在经过技术论证后可提高建筑物的级别。除此以外，中国标准还针对建筑物单一指标较高或工程地质条件特别复杂等特殊情况，具体规定了提高或降低建筑物级别的要求。

中国标准对水工建筑物划分了级别，以此作为基础确定相应建筑物的设计标准。美国及其他国家标准对水工建筑物并无级别之分，使用中应注意按照相应要素对工程进行区分，并进一步确定相关设计标准。

2.3.3 洪水设计标准

中国标准是根据水工建筑物的级别，对山区、丘陵区和平原区、滨海区两种情况采用不同的洪水设计标准，并且中国的洪水设计标准分为设计标准和校核标准两级，大多采用频率洪水设计。美国标准是根据工程的潜在风险等级和工程规模确定相应的洪水设计标准取值范围，并且美国的洪水设计标准只有一级，没有校核标准的概念，大多采用最大可能洪水（PMF）或其倍数作为设计洪水。从洪水标准的设防层级来看，中国、俄罗斯（苏联）、德国、日本等国及国际大坝委员会均是采用设计（或正常）和校核（或非常）洪水两级标准，美国、英国、澳大利亚、加拿大、巴西、印度等国只采用设计洪水一级标准；从洪水标准的表示方法来看，中国、俄罗斯（苏联）、德国、日本、澳大利亚等国采用频率洪水为主，美国、印度、加拿大等国采用 PMF 为主。美国等外国标准应对工程失事后的危害风险进行专门评估以确定洪水设计标准，这与中国标准确定洪水设计标准的方法不同。

对于消能防冲建筑物的洪水设计标准，中国标准一般情况下取值低于大坝的洪水设计标准，而美国标准一般情况下要按大坝的洪水设计标准取值，但允许在消能工发生不危及主要建筑物安全运行的条件下可以低于大坝的洪水设计标准。

对于潮汐电站，中国标准根据水工建筑物级别划分了 4 级洪水设计标准，其取值范围为 20～100 年一遇以上，取值范围广，防洪标准高；美国标准针对三种设计工况采用不同频率的设计风速所对应的波高，按最高静水位加上相应的波高作为防洪最高水位，其最高频率为 100 年一遇。

对于临时性水工建筑物的洪水设计标准，中国标准根据建筑物级别等指标确定洪水设计标准，取值范围在 3～50 年一遇洪水。美国标准对混凝土坝导流工程基于风险分析和经验判断，通常选择 5 年、10 年或 25 年一遇洪水；对土石坝，一般永久泄水工程导流，大型围堰的规划、设计和施工应与主坝的工程权限相同，小型围堰可由承包商负责。

2.3.4 抗震设计标准

中国标准的抗震设防体系与美国标准及世界其他一些国家的设防体系有一定差异。中国标准对甲类设防中的壅水建筑物采用两级水准设防，其他水工建筑物采用一级水准设防。其设防水准及性能目标表述为：在设计地震（根据设防类别取 50 年内超越概率 10%、5%或 100 年内超越概率 2%）作用下容许局部损坏但可修复，在校核地震（根据设防类别取 100 年内超越概率 1%、5%或最大可信地震 MCE）作用下保持基本稳定不发生溃坝。美国标准并无建筑物级别之分，所以并不像中国标准根据建筑物级别调整地震参数，而是在考虑地震荷载时，根据风险水平计入地震荷载的重要性系数。

美国标准采用多级设防的抗震设防水准体系，其他一些国家也多采用两级抗震设防水准体系。其设防水准及性能目标表述为：在经历了运行基准地震 OBE（寿命内概率超过 50%，相当于 100 年设计寿命项目 144 年重现期）后可使用并处于弹性阶段；经历最大设计地震 MDE（100 年周期内其概率至少超过 10%，或 1000 年重现期，对于关键结构，

MDE 与 MCE 相同）后处于塑性阶段但破坏可控制；经历 MCE（小概率事件，对关键结构采用）后处于塑性阶段但防止倒塌。一般结构设计是按强度设计（采用 MDE）和使用可靠性设计（采用 OBE）分别进行。

其他多数国家的大坝抗震设计标准或导则中，虽然多采用 MDE（或安全评价地震 SEE）和 OBE（或强度水准地震 SLE）两级抗震设防水准，但一些国家如加拿大、英国、瑞士等实际都只按 MDE 进行大坝抗震设计，在重要大坝抗震设计中，重现期为 100～200 年的 OBE，一般不起控制作用。对于不同等级的大坝，取不同的设防水准，对低等级的大坝，其 MDE 取为 OBE，显然是属于“分类设防”而并非对同一个大坝采用“多级设防”的概念。对于重要大坝，多取 MCE 作为 MDE，MCE 的重现期大多为 5000～10000 年，或由确定性方法求得。其性能目标多为不因溃坝导致库水下泄失控。OBE 的性能目标则为可修复的轻微损坏。

中国标准明确指出对地震基本烈度在 6 度以上、坝高超过 200m 或总库容大于 100 亿 m^3的大（1）型工程，以及基本烈度在 7 度以上，坝高超过 150m 的大（1）型工程，其建筑物应进行专门的抗震分析；对工程建成后受水库诱发地震影响烈度大于 6 度时，应补充进行抗震验算和采用相应抗震措施。美国标准的地震区划图将全国划分了 0～4 的六个类别（其中 2 区分为 2A 和 2B 区）。一般情况下，至少要对 2～4 区的壅水建筑物和 1～4 区的泄水建筑物（含进水塔）进行抗震分析；其余情况下的壅、泄水建筑物一般不需进行抗震分析，但指出了即使是在地震 0 区，如果工地附近发生地震可能对本工程的进水口结构带来不利影响时也应当进行抗震验算。

中国标准中对于 MCE 下的重力坝抗震安全评价准则没有明确规定，在当前中国的大坝抗震设计实践中，通常采用的是以大坝坝踵开裂不超过帷幕中心线和头部不出现贯穿性开裂进行评价。美国对于 MCE 下的重力坝抗震安全评价，采用十分保守的坝体强度参数进行计算，加之由于美国标准中的反应谱值较大，大坝会出现较为严重的非线性损伤破坏。然而，大坝的抗震安全性依据震后的静力稳定安全性进行评价（不关注地震过程中大坝出现的损伤破坏和坝体稳定），强调大坝整体滑动量对坝体排水功能的影响，认为只要滑动量不超过排水孔直径的某一比例（例如 30%），则排水功能维持正常，并不强调帷幕是否破坏。

美国和其他国家的标准中各设防水准采用的地震重现期及超越概率与中国标准不同，并且外国标准无建筑物级别之分，所以不像中国标准根据建筑物级别调整地震参数，而是在考虑地震荷载时根据风险水平计入地震荷载的重要性系数，因此在抗震验算时应注意地震动参数的取值。

2.3.5　安全超高

中国标准的坝顶高程为正常蓄水位或校核洪水位加上波浪高度、风壅高度及安全超高。美国标准中各部门或企业的规定并不完全相同，联邦能源管理委员会、垦务局及陆军工程师兵团拱坝标准提出采用一定高度的实体防浪墙作为坝顶超高，而陆军工程师兵团重力坝和土石坝标准则要求坝顶超高通过浪高和爬高确定，并且美国标准中并无专门的安全超高项。

中国标准中，在设计及校核工况下计算风浪爬高时，都采用了最大可能风速进行计算，只是考虑了不同的系数，美国标准在最高水位时计算浪高用的风速选用库水位处于或接近于最高水位时的风速；在正常蓄水位时，都采用了最大可能风速进行风浪爬高的计算。

中国标准在计算土石坝超高量时，未考虑坝体或地基沉降造成的高度损失，该部分的量在土石坝填筑时，根据应力应变的计算成果考虑了预留沉降，在河床及两岸根据坝高或覆盖层的厚度不同，考虑了不同的预留沉降量；美国标准中，在计算坝体超高量时，就已经考虑了坝体或地基沉降造成的高度损失。在超高量计算过程中应注意计入这部分超高量。

中国标准在滑坡涌浪计算时没有专门考虑滑坡体量比较大时影响水库库容而产生的水位的整体抬高（置换库容）；美国标准对于最小超高组合和正常超高组合，均应考虑滑坡产生的涌浪和（或）置换库容。

中国标准规定将坝顶超高作为防浪墙顶高程的要求计算时，坝顶高程应不低于正常运用洪水时的水库静水位，但在各种坝型的设计标准中，均规定坝顶高程应高于水库最高静水位，美国标准容许最高库水位等于非溢流坝的坝顶高程。

2.3.6 结构整体稳定

中国标准根据不同的水工建筑物级别，对应相应的结构安全级别，提出相应的结构重要性系数。同样，美国标准在稳定性要求上，需要考虑安全级别以及不同的荷载组合。虽然美国标准中对于建筑物没有级别概念，但是，对于混凝土结构的稳定性分析，对关键结构和一般结构进行了区分。对于土石坝的坝坡稳定计算，中美标准都采用刚体极限平衡法作为基本计算方法，中国标准主要采用瑞典圆弧法或简化毕肖普法，美国标准主要推荐斯宾塞法或简化毕肖普法。美国标准最小安全系数要求与中国标准采用简化毕肖普法时1级建筑物的最小安全系数基本一致。中美标准对于计算工况也都主要都考虑了施工期、竣工期、稳定渗流期、校核洪水位、水位骤降和地震工况等。另外，美国标准还要求对坝体内排水系统失效工况进行分析，作为异常条件工况，最小安全系数1.2。

2.3.7 边坡抗滑稳定

中美标准均是以极限平衡法作为建筑物边坡稳定性计算的基本方法，最常用的均是条分法。中国标准要求对于1级、2级边坡采用两种或以上方法进行稳定性验算，美国标准虽无边坡级别之分，但也指出除勘察阶段外，宜根据结构的风险水平，在极限平衡法的之外，再采用一个或多个方法验算边坡稳定性。

有限单元法在中美标准中均作为补充分析方法。中国有限元法采用降强或超载的方式，能够直接获得边坡的安全系数，也有采用有限元计算应力场，在滑面上进行积分而获得针对某一滑面的稳定安全系数，该方法与美国标准中采用有限元计算的土质边坡应力计算安全系数基本一致。美国标准对于岩质开挖边坡，推荐采用离散单元法进行变形机理分析。

中国标准的边坡安全系数是在分级的基础上，根据运用工况或荷载组合进行确定，边坡的分级根据其相关的建筑物等级确定。美国陆军工程师团工程师手册中安全系数量值取决于对土质边坡岩土抗剪强度指标的把握性和边坡破坏后果的严重性。美国陆军工程师团工程师手册中将稳定安全系数1.3作为基本的稳定标准，即在抗剪强度指标较有把握和破坏后果严重性较小时取用。对于岩质开挖边坡，美国标准以边坡失稳的后果严重程度进行区分。对于失稳后果严重的重要岩质边坡，要求计算安全系数最低为2.0。对于失稳不会造成人身伤害或财产重大损失的次要边坡或临时施工边坡，要求计算安全系数最低为1.3。对于受地震荷载的岩质边坡最低要求的安全系数为1.1。

中美标准对于边坡最小安全系数的取值规定不同，计算时应注意正确取值，同时还应结合考虑已获取的岩土抗剪强度指标是否合适。

3　值得中国标准借鉴之处

（1）美国等一些国家的标准在确定洪水设计标准时，引入了工程失事后的灾害风险指标，中国标准在确定洪水设计标准时，虽然在具体条文里也规定了可以根据工程失事后对下游的危害调整洪水设计标准，但并未直接采用工程失事后的灾害风险作为划分设计标准的指标。随着中国国民经济水平的发展，人们风险意识的增强，以及对灾害可能造成生命和财产损失的重视，是否有必要将工程失事后的灾害风险作为确定洪水设计标准的指标，值得中国水利水电工作者及相关主管机构思考。

（2）美国标准规定消能防冲建筑物的洪水设计标准一般情况下要按大坝的洪水设计标准取值，中国标准对于消能防冲建筑物的洪水设计标准一般情况下取值是低于壅水建筑物，最大为100年一遇。而实际设计过程中，在进行消能防冲建筑物设计时，设计人员也多会用大坝校核洪水去复核验算。因此，从注重安全的角度来看，可考虑借鉴美国标准的做法，采用大坝设计洪水标准作为消能防冲建筑物的设计标准。

水电水利工程水文计算规范对比研究

编制单位：中国电建华东勘测设计研究院有限公司

专题负责人　富　强
编　　写　富　强　张磊磊　张善亮　戴保保　张发鸿　朱　聪
校　　审　程开宇　陈美丹　沈小勤　陈顺维　金　敏　富　强　刘光保　曹长相
　　　　　程开宇
核　　定　计金华　吴世东　洪允云
主要完成人　富　强　张磊磊　张善亮　吕小帅　徐郡璘　顾晨霞　刘金华　郭　靖

1　引用的中外标准及相关文献

本文的对照工作以中国标准《水电水利工程水文计算规范》（DL/T 5431—2009）为基础，对其中的每条规定均与美国标准进行对比。由于美国工程设计的专业体系和内容与中国存在较大差异，很难找到与中国水文专业完全对应的标准或规范，经过大范围的查找和筛选之后，本次对标选择美国陆军工程兵团（USACE）的《水电工程水文》（ER 1110－2－1463）和《水电站》（EM 1110－2－1701）作为主要的对标对象。同时，参与对标的美国标准范围和类型均较宽泛，主要来自美工陆军工程兵团标准体系，也包括部分美国垦务局（USBR）、美国土木工程师学会（ASCE）等其他标准规范。

本文引用的中美标准及相关文献见表1。

表1　　引用的中美标准及相关文献

序号	中文名称	英文名称	编　号	发布单位	发布年份
中　国　标　准					
1	**水电水利工程水文计算规范**	**Specification for Hydrologic Computation of Hydropower and Water Resources**	DL/T 5431—2009	国家能源局	2009
2	水利水电工程水文计算规范	—	SL 278—2002	水利部	2002
3	水利水电工程设计洪水计算规范	—	SL 44—2006	水利部	2006
4	水电工程水情自动测报系统技术规范	—	NB/T 35003—2013	国家能源局	2013
5	水电水利工程泥沙设计规范	—	DL/T 5089—1999	国家能源局	1999
美国标准及文献					
1	**水电工程水文**	**Hydrologic Engineering for Hydropower**	ER 1110－2－1463	美国陆军工程兵团	1992
2	**水电站**	**Hydropower**	EM 1110－2－1701	美国陆军工程兵团	1985
3	陆域水文分析	Hydrologic Analysis of Interior Areas	EM 1110－2－1413	美国陆军工程兵团	1987
4	水库水文工程技术要求	Hydrologic Engineering Requirements for Reservoirs	EM 1110－2－1420	美国陆军工程兵团	1997
5	融雪径流	Runoff from Snowmelt	EM 1110－2－1406	美国陆军工程兵团	1998
6	工程设计与冰情工程设计	Engineering and Design Ice Engineering	EM 1110－2－1612	美国陆军工程兵团	2002
7	洪水径流分析	Flood－Runoff Analysis	EM 1110－2－1417	美国陆军工程兵团	1993

续表

序号	中文名称	英文名称	编号	发布单位	发布年份
8	地下水文规范	Groundwater Hydrology	EM 1110-2-1421	美国陆军工程兵团	1999
9	喀斯特清查标准和脆弱性评估程序不列颠哥伦比亚省-2.0版	Karst Inventory Standards and Vulnerability Assessment Procedures for British Columbia 2.0		资源信息标准委员会	2003
10	风暴潮分析和设计水位确定	Storm Surge Analysis and Design Water Level Determinations	EM 1110-2-1412	美国陆军工程兵团	1986
11	洪水减灾风险分析研究	Risk-Based Analysis for Flood Damage Reduction Studies	EM 1110-2-1619	美国陆军工程兵团	1996
12	明渠水流测量	Liquid Flow Measurement in Open Channels	ISO 555-1	国际标准化组织	1973

注 加黑字体的标准及文献为主要对照的标准及文献。

2 主要研究成果

2.1 整体性差异

中美标准在规范编制目的上基本一致，都为了统一全国范围或本行业范围内的水电水利工程的水文计算方法而制订相关规范。中美标准都对水文分析的相关内容、步骤、方法、参数计算选取等进行了较为详细的说明，故中美标准在整体上基本一致。但在部分具体技术内容方面，如径流计算的方法、径流系列的要求等方面差异较大。

2.2 适用范围差异

中美在标准适用范围上略有差异。中国标准支持其适用于全国范围内的大、中型工程的水文计算，而美国标准基本是指导本行业机构的应用，在一定范围内也鼓励各州、地方政府和私人组织使用国家的方法。

2.3 主要差异及应用注意事项

（1）中美标准对径流资料还原以及插补的要求原则上基本一致。对径流还原要求的不同在于中国标准要求还原成为天然径流，美国标准认为只需是表示一种状态的径流系列即可；径流插补延长方面的区别在于美国标准所认可的方法要宽于中国标准，包含了随机方法、降雨-径流模型方法等。

（2）中美两国标准在径流计算上有体系性的差异。中国标准以频率计算为基础，以设计径流为水文分析的成果，作为能量指标计算和设计的途径。美国标准体系则应用流量历时曲线，计算整体能量指标，没有推荐中国广泛应用的设计径流概念。

（3）美国标准对融雪径流、河冰等特殊情况下的水文计算推荐使用数值模型进行计算，并且较为关注计算过程中的物理机理。同时，美国标准也较为强调实测数据的获得和观测手段的应用。

3　值得中国标准借鉴之处

3.1　多种方法的推荐

美国标准对设计采用计算方法的限定较中国标准更为宽泛，中国标准通常推荐使用数理统计方法进行工程水文设计，而美国标准鼓励例如随机数学方法、数值模拟方法等在设计工作中的使用。这有利于在不同的条件下开展工作，是一个值得借鉴的方面。

3.2　非常规条件下推荐使用的方法

对于常规条件下的水文计算，中美两国标准在理论体系方面有一定差异，但总体来讲从不同的角度都能合理的指导设计工作。

在无资料、缺资料或对融雪径流、冰清等特殊情况下的水文设计，美国标准倾向通过数值模拟、理论分析等数学物理方法解决问题，相比于中国标准以经验参数为主的整体思路，有一定的借鉴意义。但这种思路要求有较好的资料基础作为支撑，其在中国或其他地方的适用性有待进一步证明。

3.3　对径流系列一致性的要求

中国标准在径流资料在一致性的方面的要求较为严格，在人类活动影响较大的情况下通常需要还原计算。美国标准由于其国内边界条件相对稳定，并不要求必须还原水文资料为天然情况，只需采用一致条件下的基础资料即可。这一思路在社会经济较为发达、水利建设充分稳定的地区值得借鉴和推广。

防洪标准及水电工程设计洪水计算规范对比研究

编制单位：中国电建华东勘测设计研究院有限公司

项目负责人 张发鸿

编　　写 张发鸿　富　强　朱　聪　吕小帅　张磊磊　刘金华　戴保保　薛　阳
王　亮　武启旺　王璟玉　陈　明

校　　核 程开宇　刘西军　韩晓卉　武启旺　陈　涛　陈美丹　沈小勤　陈顺维
富　强　张发鸿

审　　查 刘光保　曹长相　程开宇　黄　维　田迎春　江金章

核　　定 计金华　吴世东　洪允云　高　悦

主要完成人 张发鸿　富　强　张磊磊

1 引用的中外标准及相关文献

本文对照的内容主要包括“防洪标准”和“水电工程设计洪水计算”两部分，下文将分别进行对照。本文中防洪标准部分的对标工作以中国的《水电枢纽工程等级划分及设计安全标准》(DL 5180—2003) 为主，参考《防洪标准》(GB 50201—94) 中相应内容进行中美洪水标准对照，对照的主要美国规范标准为美国陆军工程兵团 (USACE) 的《大坝安全检查推荐导则》、美国联邦应急管理署 (FEMA)《大坝安全联邦导则：大坝潜在风险分类体系》《大坝安全联邦导则：大坝入库设计洪水的选择与修正》等；设计洪水计算部分以《水电工程设计洪水计算规范》(报批稿) 为基础，对上述中国标准中的每条规定与美国标准进行对比，对照的主要美国标准为美国陆军工程兵团的《水文频率分析》《洪水径流分析》，美国内政部、美国地质勘察局、涉水数据协调办公室的《洪水流量频率确定导则——17B公报》，美国垦务局 (USBR) 的《14号设计标准：大坝附属结构（溢洪道和泄流建筑物)》等标准。本文引用的中美标准及相关文献见表1。

表1 本文引用的中美标准及相关文献

分类	序号	中文名称	英文名称	编号	发布单位	发布年份
中国标准及文献	1	**水电枢纽工程等级划分及设计安全标准**	**Classification & Design Safety Standard of Hydropower Projects**	DL 5180—2003	国家经济贸易委员会	2003
	2	**防洪标准**	**Standard for Flood Control**	GB 50201—94	国家技术监督局/建设部	1994
	3	**水电工程设计洪水计算规范**	**Regulation for Calculating Design Flood of Hydropower Projects**	NB/T 35046—2014	国家能源局	
	4	水利水电工程等级划分及洪水标准	Standard for Classification and Flood Control of Water Resources and Hydroelectric Project	SL 252—2000	水利部	2000
	5	水利水电工程设计洪水计算规范	Regulation for Calculating Design Flood of Water Resoureces and Hydropower Projects	SL 44—2006	水利部	2006
	6	梯级水库群设计洪水研究成果报告	—	—	水电水利规划设计总院、中南勘测设计研究院、西北勘测设计研究院	2009
	7	水利水电工程设计洪水计算手册	—	—	水利部长江水利委员会水文局、水利部南京水文水资源研究所	1991
美国标准及文献	1	**大坝安全检查推荐导则**	**Guidelines for Safety Inspections of Dams**	ER 1110-2-106	美国陆军工程兵团	1979
	2	**大坝安全联邦导则：大坝潜在风险分类体系**	**Federal Guidelines for Dam Safety: Hazard Potential Classification System for Dams**	—	美国联邦应急管理署	2004

续表

分类	序号	中文名称	英文名称	编号	发布单位	发布年份
美国标准及文献	3	大坝安全联邦导则：大坝入库设计洪水的选择与修正	Federal Guidelines for Dam Safety: Selecting and Accomodating Inflow Design Floods for Dams	—	美国联邦应急管理署	2004
	4	水文频率分析	Hydrologic Frequency Analysis	EM 1110-2-1415	美国陆军工程兵团	1993
	5	洪水径流分析	Flood-Runoff Analysis	EM 1110-2-1417	美国陆军工程兵团	1993
	6	洪水流量频率确定导则——17B公报	Guidelines for Determining Flood Flow Frequency	Bulletin 17B	美国内政部、美国地质勘察局、涉水数据协调办公室	1982
	7	14号设计标准：大坝附属结构（溢洪道和泄流建筑物）	Design Standards: No. 14: Appurtenant Structures for Dams (Spillways and Outlet Works	—	美国垦务局	2013
	8	重力坝设计	Design of Gravity Dams	—	美国垦务局	1976
	9	小坝设计（第三版）	Design of Small Dams	—	美国垦务局	1987
	10	水电工程水文	Hydrologic Engineering for Hydropower	ER-1110-2-1463	美国陆军工程兵团	1992
	11	水电站	Hydropower	EM 1110-2-1701	美国陆军工程兵团	1985
	12	水文频率估算	Hydrologic Frequency Estimation	ER 1110-2-1450	美国陆军工程兵团	1992
	13	标准工程洪水的确定	Standard Project Flood Determination	ER 1110-8-1411	美国陆军工程兵团	1992
	14	大坝水库洪水入流设计	Inflow design of floods for dams and reservoirs	EM 1110-8-2	美国陆军工程兵团	1991
	15	水文工程研究设计	Hydrologic Engineering Studies Design	EP1110-2-9	美国陆军工程兵团	1994
	16	融雪径流	Runoff from Snowmelt	EM 1110-2-1406	美国陆军工程兵团	1998
	17	陆域水文分析	Hydrologic Analysis of Interior Areas	EM 1110-2-1413	美国陆军工程兵团	1987
	18	降低洪水损失水文工程技术要求	Hydrologic Engineering Requirements for Flood Damage Reduction Studies	EM 1110-2-1419	美国陆军工程兵团	1995
	19	水库水文工程技术要求	Hydrologic Engineering Requirements for Reservoirs	EM 1110-2-1420	美国陆军工程兵团	1997
	20	工程设计 防洪风险分析研究	Engineering and Design - Risk - Based Analysis for Flood Damage Reduction Studies	EM 1110-2-1619	美国陆军工程兵团	1996
	21	水文工程管理	Hydrologic Engineering Management	ER 1110-2-1460	美国陆军工程兵团	1989

续表

分类	序号	中文名称	英文名称	编号	发布单位	发布年份
美国标准及文献	22	洪水验算规则	Flood Proofing Regulations	EP 1165-2-314	美国陆军工程兵团	1995
	23	流域径流水文分析	Hydrologic Analysis of Watershed Runoff	ER 1110-2-1464	美国陆军工程兵团	1994
	24	潮汐水力学	Tidal Hydraulics	EM 1110-2-1607	美国陆军工程兵团	1991
	25	可能最大降水估算手册	Manual on Estimation of Probable Maximum Precipitation	—	世界气候组织	2009
	26	水文实践指南 第二卷分析、预报和其他应用	Guide to Hydrological Practices Volume Ⅱ Analysis, Forecasting and Other Applications	—	世界气候组织	1983
	27	美国105°子午线以东区域的可能最大降水估算	Probable Maximum Precipitation Estimates, United States East of the 105th Meridian	HMR No. 51	美国陆军工程兵团、国家海洋和大气委员会	1978
	28	美国105°子午线以东区域可能最大降水估算的应用	Application of Probable Maximum Precipitation Estimates, United States East of the 105th Meridian	HMR No. 52	美国陆军工程兵团、国家海洋和大气委员会	1982
	29	潮汐水力学	Tidal Hydraulics	EM 1110-2-1607	美国陆军工程兵团	1991
	30	水文学手册	Handbook of Hydrology	—	麦格劳-希尔集团(McGraw-Hill)	1992
	31	水工混凝土结构的地震设计与评估	Earthquake Design & Evaluation of Concrete Hydraulic Structure	EM 1110-2-6053	美国陆军工程兵团	2007
	32	溢洪道水力设计	Hydraulic Design of Spillways	EM 1110-2-1603	美国陆军工程兵团	1992
	33	工程设计——水电站	Engineering and Design-Hydropower	EM 1110-2-1701	美国陆军工程兵团	1989
	34	水力发电厂建筑物规划设计	Planning and Design of Hydroelectric Power Plant Structures	EM 1110-2-3001	美国陆军工程兵团	2008
	35	水电项目工程评估导则	Engineering Guidelines for The Evaluation of Hydropower Projects	—	美联邦能源管理委员会(FERC)大坝安全检查处	1991—2004
	36	重力坝设计	Gravity Dam Design	EM 1110-2-2200	美国陆军工程兵团	1995
	37	水力设计准则	Corps of Engineers Hydraulic Design Criteria	—	美国陆军工程兵团	1987
	38	水文风险	Hydrologic Risks	EP 1110-2-7	美国陆军工程兵团	1988

续表

分类	序号	中文名称	英文名称	编号	发布单位	发布年份
美国标准及文献	39	拱坝设计	Arch Dam Design	EM 1110-2-2201	美国陆军工程兵团	1994
	40	水库出口水力设计	Hydraulic Design of Reservoir Outlet Works	EM 1110-2-1602	美国陆军工程兵团	1980
	41	海岸保护工程水力设计	Hydraulic Design for Coastal shore Protection Projects	EM 1110-2-1407	美国陆军工程兵团	1997
	42	泄水工程结构设计与评估	Structural Design and Evaluation of Outlet Works	EM 1110-2-2400	美国陆军工程兵团	2003
	43	大坝安全——政策与步骤	Safety of Dams-Policy and Procedures	EM 1110-2-1156	美国陆军工程兵团	2011
	44	水电工程规划设计土木工程导则 第一卷 大坝的规划设计有关课题	Civil Engineering Guidelines for Planning and Designing Hydroelectric Developments Vol. 1	—	美国土木工程师学会（ASCE）	1989
	45	水电工程规划设计土木工程导则 第五卷 抽水蓄能和潮汐电站	Civil Engineering Guidelines for Planning and Designing Hydroelectric Developments Vol. 5	—	美国土木工程师学会	1989
	46	设计标准概述	General Design Standards	DS 1-1-2	美国垦务局	2012
	47	土石坝	Embankment Dams	DS 13-3	美国垦务局	2012
	48	大坝水文安全现行导则汇集	Summary of Existing Guidelines for Hydrologic Safety of Dams	FEMA P 919	美国联邦应急管理署	2012

注 加黑字体的标准及文献为主要对照的标准及文献。

2 主要研究成果

通过对中美标准在防洪标准及水电水利工程设计洪水计算上的对照研究，初步对比找出了中美标准在整体性、适用范围、规范主要内容上所存在的差异。主要包括以下几方面内容。

2.1 防洪标准

2.1.1 整体性差异

中美标准在标准所规定的内容上基本一致。中美标准均较明确规定了水电枢纽工程的工程等别划分、水工建筑物级别划分等技术指标，以及水工建筑物的洪水设计标准、安全超高、抗震设计标准、整体稳定设计安全标准、边坡抗滑稳定安全标准等内容，但在划分标准上略有差异。

2.1.2 适用范围差异

中美在标准适用范围上基本一致，都是适用于该国内大、中、小型水利工程。略有差异之处在于美国标准还列出了其不适用的小规模工程的划分界限，而中国标准虽然进行了工程等级划分，但并未明确规定其不适用于在工程等级划分范围以下的工程。

2.1.3　主要内容差异

（1）中美在标准条款执行上差异较大。中国标准仅规定对于规模巨大、特别重要的水电枢纽工程，水工建筑物设计基准期和设计安全标准，可进行专门研究论证，经主管部门审查批准确定。而美国标准不论工程规模的大小，都可根据工程本身的实际情况和工程师自己的经验确定工程标准，不必拘泥于标准中的条款，灵活性更强。

（2）中美标准对于水利水电枢纽工程的等级划分体系差异较大。中国标准根据枢纽工程的水库库容、装机容量以及在国民经济中的重要性，将水利水电枢纽工程分为 5 个等别，又根据工程等别、建筑物的作用和重要性将水工建筑物分为 5 个级别；而美国标准是按照水库库容和坝高划分了 3 个类别的工程规模，对建筑物不再进行级别划分，但是美国标准却考虑了工程失事后可能造成的危害风险程度，将工程分为 3 个潜在风险等别。相比而言，中国标准的工程等级划分体系指标多，划分的比较细致；美国标准的工程等级划分体系相对简单，但更加强调工程失事后的潜在风险。

（3）中美标准在洪水设计标准方面的差异较大。中国标准是根据水工建筑物的级别，对山区、丘陵区和平原区、滨海区两种情况采用不同的设计洪水标准，并且中国的设计洪水标准分为设计标准和校核标准两级。美国标准相对简单，是根据工程的潜在风险等别和坝高确定相应的设计洪水标准取值范围，并且美国的设计洪水标准就只有一级，没有校核标准的概念。

（4）美国的设计洪水标准大多采用 PMF 或 PMF 的倍数，中国的设计洪水标准大多采用频率洪水，只有在极少数特殊情况下经过论证及报批后才能采用 PMF。总体来看，美国标准所采用的洪水设计标准大多情况下要高于中国标准。

2.2　水电水利工程设计洪水计算对照

2.2.1　整体性差异

中美标准在规范编制目的上本一致，都为了统一全国范围或本行业范围内的水利水电工程的设计洪水计算方法而制订相关规范。中美标准都对水文分析及洪水计算的相关内容、步骤、方法、参数计算选取等进行了较为详细的说明，故中美标准在整体上基本一致，但在部分如频率曲线线型、频率计算参数计算及选取、洪水过程线计算等方面的差异较大。

2.2.2　适用范围差异

中美在标准适用范围上略有差异。中国标准支持其适用于全国范围内的大、中型工程的设计洪水计算，而美国标准在要求联邦范围内的机构采用标准中所推荐的方法外，也鼓励各州、地方政府和私人组织使用国家的方法，但在涉及机构和民众较多的重大项目中要求必须使用联邦导则。

2.2.3　规范主要内容差异

2.2.3.1　基础资料及历史洪水信息

中美标准在频率计算基础数据选择上的原则均基本一致，基本与中国水文频率计算中提到的“可靠性、代表性、一致性”的原则一致。略有差异之处在于中国标准对洪水一致性处理和需要考虑洪水还原的情况进行了更为详细的说明；而美国标准中考虑到了气象循环对水文系列的影响。

中美标准在历史洪水相关信息的选取上基本一致，都很重视应用历史洪水信息来提高设计洪水成果的可靠性，但在历史洪水的应用上差异较大。

2.2.3.2 根据流量资料计算设计洪水

(1) 洪水系列。中美标准在洪水系列选样上基本一致。在洪水系列长度上略有差异。

(2) 经验频率公式及频率分布线性。中美标准在此上差异较大。中美标准在频率分布线型的选用上差异较大。中国标准规定洪水（暴雨）频率计算所采用曲线线型应为皮尔逊Ⅲ型。对特殊情况，经分析论证后也可采用其他线型；美国相关标准规定美国洪水频率分布线型通常采用对数皮尔逊-Ⅲ型分布；暴雨频率计算按惯例是通常采用 Gumbel 分布，也可采用对数正态分布、P-Ⅲ分布和对数 P-Ⅲ分布。

(3) 参数估计。由于中美标准在经验频率公式及频率分布线性有较大差异，在参数估计上也差异较大。中国一般采用计算采用矩法、概率权重法或权函数法等估计参数初值，采用数学期望公式计算经验频率；美国设计洪水频率计算公式则为 $\log Q=\overline{X}+KS$，且参数的最终不应与其全国范围的广义偏态系数图有较大的冲突。

(4) 设计洪水过程线。中美标准在设计洪水过程线的计算上差异较大，中国设计洪水分析重视洪水三要素——“洪峰、洪量、洪水过程线”的控制，在用频率计算确定出设计频率下的洪峰、洪量后，再选用典型洪水过程线放大的方法来计算洪水过程线；美国标准基本不采用这种模式，它们一般用降雨径流模型来计算设计洪水过程线。

2.2.3.3 根据暴雨资料推求设计洪水

中美在由雨量推求设计洪水的方法基本一致，均为先通过查图或频率分析得到设计点暴雨，然后借由点面关系将之转化为面雨量，再通过扣损法作净雨分析，最后通过单位线法或推理公式法作汇流分析。汇流分析中，中美两国主要是用单位线法和推理公式法，其中美国许多无资料中小流域的洪水估计中，SCS 法已替代了推理公式法。

2.2.3.4 PMP/PMF 计算

中美 PMP 的估算方法是基本一致的。虽然美国关于 PMP 计算的方法更多更广，PMP 的相关研究、计算成果更加丰富，但真正广泛应用在工程设计中的还是与中国相同的 4 种方法，即：水汽放大方法、暴雨移植法、暴雨组合法和暴雨时面深概化法。

中美在 PMF 的计算思路上是基本一致的，都是在确定了 PMP 的时面分布后，采用一定的产汇流计算方法或降雨径流模型将其转为 PMF。

3 值得中国标准借鉴之处

(1) 防洪标准。虽然有些水库规模不大，但是位于重要城市的上游或都市圈之内，如很多大城市的供水水库，一旦失事将对城市（至少水库下游区域）产生毁灭性灾难，造成大量的人员伤亡和财产损失。对于此类水库，中国标准通常仅为 1000～2000 年一遇校核标准，美国标准则为 PMF。其实对于此类非常重要的水库，即使其规模不大，但也应该提高一两个工程设计等级甚至采用万年一遇、PMF都是可以的。美国标准将工程（失事）的风险放在首要考虑地位，是中国标准值得借鉴之处。

(2) 对洪水计算方法来讲，中美两国的标准都较为成熟，相互都有可以借鉴之处，但亦不能完全照搬。

比如美国在PMP/PMF，尤其在PMP上有着比中国明显更加系统、更加深入、更加多样的研究成果，开展这方面研究的部门已较为广泛。美国经过多年的研究，已对其国内105°子午线以东区域各流域面积尺度、在不同历时下的PMP进行了研究分析计算，绘制了PMP等值线图，并出版了各种PMP估算相关的导则和手册，基本均已用于水利水电工程设计洪水的生产设计实践中。美国在PMP/PMF方面丰富、全面、深入的研究和研究成果，对PMP/PMF在美国水电工程水文计算中的推广应用以及成果合理性分析上起到了重要的推动作用。

中国的PMP/PMF研究成果相对较少，除了在20世纪70年代末期的PMP/PMF研究高潮期水利部及各省份水利部门编制了全国及各省份的24h PMP暴雨等值线图之外，尚无更多有较大影响的成熟研究成果。

在PMP/PMF的理论研究、资料积累、工程实践应用上，美国有很多地方值得中国借鉴。

水工建筑物荷载设计规范对比研究

编制单位：中国电建集团中南勘测设计研究院有限公司

专题负责人　周跃飞
编　　写　陈浩波　王　勇　陈　平　谢柳林　陈　特　周跃飞　杨　利
校　　审　黄永春　杨　利　曾雪艳　张孟七　熊春耕　周跃飞
核　　定　肖　峰
主要完成人　周跃飞　陈浩波　杨　利　王　勇　陈　平　谢柳林　陈　特

1　引用的中外标准及相关文献

本文以中国标准《水工建筑物荷载设计规范》（DL 5077—1997）为基础，与美国水工建筑物荷载设计标准进行对比，收集和引用的美国水工荷载设计相关标准有：①美国土木工程师学会（ASCE）《建筑物和其他结构最小设计荷载》（ASCE/SEI 7－10）；②美国陆军工程兵团（USACE）《水工钢筋混凝土结构强度设计》（EM 1110－2－2104）、《重力坝设计》（EM 1110－2－2200）等标准；③美国其他部门相关标准有关内容。引用的美国主要水电技术标准见表1。

表1　　引用的美国主要水电技术标准

序号	标　准　名　称	编　号	发布单位	发布年份
1	重力坝设计 *Gravity Dam Design*	EM 1110－2－2200	美国陆军工程兵团	1995
2	岩石中的隧洞和竖井 *Tunnels and Shafts in Rock*	EM 1110－2－2901	美国陆军工程兵团	
3	冰工程 *Ice Engineering*	EM 1110－2－1612	美国陆军工程兵团	2002
4	水力发电厂建筑物规划设计 *Planning and Design of Hydroelectric Power Plant Structures*	EM 1110－2－3001	美国陆军工程兵团	
5	泵站结构和建筑设计 *Structural and Architectural Design of Pumping Stations*	EM 1110－2－3104	美国陆军工程兵团	
6	水力设计准则 *Hydraulic Design Criteria*		美国陆军工程兵团	
7	溢洪道水力设计 *Hydraulic Design of Spillways*	EM 1110－2－1603	美国陆军工程兵团	1990
8	岩石加固 *Rock Reinforcement*	EM 1110－1－2907	美国陆军工程兵团	
9	水工钢筋混凝土结构强度设计 *Strength Design for Reinforced Concrete Hydraulic Structures*	EM 1110－2－2104	美国陆军工程兵团	1992
10	混凝土结构稳定分析规范 *Stability Analysis of Concrete Structures*	EM 1110－2－2100	美国陆军工程兵团	2005
11	土石坝的设计与施工 *General Design and Construction Considerations for Earth and Rock－Fill Dams*	EM 1110－2－2300	美国陆军工程兵团	2004
12	灌浆技术 *Grouting Technology*	EM 1110－2－3506	美国陆军工程兵团	1984
13	边坡稳定 *Slope Stability*	EM 1110－2－1902	美国陆军工程兵团	2003

续表

序号	标 准 名 称	编 号	发布单位	发布年份
14	挡土墙和防洪堤 *Retaining and Flood Walls*	EM 1110-2-2502	美国陆军工程兵团	1989
15	重力坝设计 *Design of Gravity Dam*		美国垦务局(USBR)	
16	拱坝设计 *Design of Arch Dam*		美国垦务局	
17	大坝附属结构（溢洪道及泄水建筑物）设计标准 *Appurtenant Structures for Dams* (*Spillways and Outlet Works*) *Design Standard*	Design Standard No. 14	美国垦务局	
18	土石坝设计 *Embankment dams*	Design Standard No. 13	美国垦务局	
19	小坝设计 *Small Dam Design*		美国垦务局	
20	建筑物和其他结构最小设计荷载 *Minimum Design Loads for Buildings and Other Structures*	ASCE/SEI 7-10	美国土木工程师学会	
21	水电工程规划设计土木工程导则 *Civil Engineering Guidelines for Planning and Designing Hydroelectric Developments*		美国土木工程师学会	
22	压力钢管 *Steel Penstock*		美国土木工程师学会	
23	混凝土结构设计规范 *Building Code Requirements for Structural Concrete*	ACI 318M-11	美国混凝土协会（ACI）	
24	水电项目工程审查评估导则 *Evaluation of Hydropower Project Engineering Review Guide*		美国联邦能源管理委员会（FERC）	
25	海岸防护手册 *Shore Protection Manual*	SPM（1984）		1984

本次水工荷载标准对标，大部分荷载与美国土木工程师学会《建筑物和其他结构最小设计荷载》（ASCE/SEI 7-10）进行对照，该标准的最新版本为 ASCE/SEI 7-16，根据网站介绍，新版的主要变化为对美国各地风、雪、地震等资料的更新，因此不会影响到本文采用 ASCE/SEI 7-10 对照研究的有关成果。对于水工建筑物特有或有其自身特点的水工荷载，在美国陆军工程兵团和美国垦务局水电设计标准和设计手册中有规定的，以水电标准内容为主，其中美国陆军工程兵团主要从相关网站上下载英文版，标准比较齐全。美国垦务局的《小坝设计》等相关标准，主要来源于中国原水利部规划设计院组等翻译的中文版。受资料来源限制，收集到的美国标准不够全面，也不一定是最新的版本。

为阅读方便、直观，本文采用中国标准《水工建筑物荷载设计规范》（DL 5077—1997）的章节号进行编排，并按照章节条款顺序逐条进行对照，未查到对应美国标准资料的条目亦予以保留，在美国标准名称后表述为“未查到相关规定”；对比内容包括适用范围、基本原则、作用分类与作用组合、建筑物自重及永久设备自重、静水压力、扬压力、动水压力、地应力及围岩压力、土压力和淤沙压力、风荷载和雪荷载、冰压力和冻胀力、浪压力、楼面及平台活荷载、桥机和门机荷载、温度作用、地震作用、灌浆压力等的设计计算规定，以及相关的附录等内容，每个条款后进行主要异同点分析，形成初步结论，并统一归类为“基本一致、有差异、差异较大、未查到相关规定”等层次表述。

2　主要研究成果

本文从水工建筑物荷载设计适用范围、基本原则、作用分类与作用组合，以及自重、水压力、扬压力等各种作用的取值标准、计算规定等方面，以《水工建筑物荷载设计规范》（DL 5077—1997）为基础，与美国陆军工程兵团、美国垦务局、美国土木工程师学会等标准中的有关内容进行了对比研究，取得的主要研究成果如下。

2.1　整体性差异

中国标准体系的建设由政府部门主导，主要由各行业主管部门牵头，选择经验丰富的大型企事业单位、科研院所或行业协会进行制定，是一个自上而下的过程，每个行业均有自己的行业标准。《水工建筑物荷载设计规范》（DL 5077—1997）属于电力行业标准，适用于各类水工建筑物的结构设计，是下一层次的水工建筑物结构设计规范的基础，该标准具有较强的针对性和强制性。

美国标准体系的建设一般由民间社会团体或部门、企业主导，是一自下而上的过程，制定的标准体系具有多元化特点，美国水电工程建设领域标准主要有美国陆军工程兵团标准或手册和美国垦务局标准或手册，在荷载计算和结构计算中也涉及美国土木工程师学会、美国混凝土协会等相关标准，标准的内容主要在于将工程设计人员的设计共识形成系统的指导手册，在执行的强制性方面不如中国标准要求严格。

中国标准的条文按照标准编写规定编写，规范条文的体例、格式、用词、量值单位等均应符合标准编写规定，相关条款较为刚性，在条文中只提要求，不作解释，但条款一般附有条文说明，条文说明不做引申；而美国标准的编写相对自由，标准内容多采用讲解叙述形式，理论依据、公式推导、设计计算实例等常有出现，阐述十分详细，有助于使用者理解。

中国标准引用文件仅限于已发布的中国标准；美国标准引用文件不受限制，除本体系标准外，也可以是其他系统相关标准、文献等。中国标准中量值单位统一采用国际单位制；美国标准中单位基本为英制，有时也用国际单位。

2.2　适用范围差异

中国标准《水工建筑物荷载设计规范》（DL 5077—1997）适用于各类水工建筑物的结构设计；美国土木工程师学会《建筑物和其他结构最小设计荷载》（ASCE/SEI 7－10）适用于符合建筑法的建筑物和其他结构，类似于中国标准《建筑结构荷载规范》（GB 50009—2012）；美国陆军工程兵团和美国垦务局各有自己的标准体系，其标准中重点介绍自重、水压、扬压力、地震作用等在水工结构中起主要作用或有其特殊性的荷载，未详细介绍的其他荷载，一般按《建筑物和其他结构最小荷载》（ASCE/SEI 7－10）取值计算，避免了标准的“重复建设”。美国陆军工程兵团隶属美国国防部，是负责防洪工程建设与管理的主要部门，其主要职责是负责全美防洪工程的规划、设计、建设、管理及防洪标准、规范的制定。而美国垦务局则负责以灌溉、供水为主的水利工程的建设与管理。美国陆军工程兵团标准适用于兵团总部及下属部门设计的土木工程。相对而言，美国陆军工程兵团承担的大中型的体系和收集到的资料较为完整，本文对水工建筑物主要荷载以美国陆军工程兵团水电标准体系为主，以《建筑物和其他结构最小设计荷载》（ASCE/SEI 7-10）为补充进行对照研究。

中美标准体系的编制思路不同，中国标准《水工建筑物荷载设计规范》（DL 5077—1997）对水工建筑物的主要荷载统一进行规定，作为下一层次水工结构设计规范的基础；美国《建筑物和其他结构最小设计荷载》（ASCE/SEI 7-10）与之类似，而美国陆军工程兵团和美国垦务局的水电标准体系中没有专门的水工建筑物荷载设计规范，水工建筑物荷载的有关内容分别在《重力坝设计》等设计手册荷载与结构设计章节中列出，对与其他体系标准中相同的内容，对其计算方法一般不重复说明。

中国标准对水工建筑物主要荷载，均规定了取值原则、计算方法和相应的公式、图标。对于计算原则一致、理论成熟的主要荷载，中美标准是一致的。对于一些理论不够成熟，计算经验性较强的荷载，中国标准一般推荐其中的一种公式，美国标准在介绍考虑因素、影响、主要理论的同时，可能介绍多个经验公式，也可能不做具体介绍，由工程师自主把握。

2.3 主要差异及应用注意事项

2.3.1 基本原则

中国标准以“安全适用、经济合理、技术先进”为基本原则，美国标准强调“公众健康、安全和福利”，没有强调技术性和经济性。中国标准的目的是统一水工结构设计的作用取值标准，具有强制性，美国标准主要反映各参与方的共识，不保证其准确、完整、适用，不具有强制性。

根据中国《水利水电工程结构可靠性设计统一标准》（GB 50199—2013）的要求，中国水工结构设计宜采用以概率理论为基础、以分项系数表达的极限状态设计方法。当缺乏统计资料时，结构设计可根据可靠的工程经验或必要的试验研究进行，也可采用容许应力法或单一安全系数法等方法进行。水工结构应按承载能力极限状态和正常使用极限状态设计。

美国土木工程师学会的《建筑物和其他结构最小设计荷载》（ASCE/SEI 7-10）和美国陆军工程兵团的《水工钢筋混凝土结构强度设计》（EM 1110-2-2104）规定建筑结构和水工结构按强度和适用性设计。美国土木工程师学会规定的强度设计方法有三种：荷载抗力系数设计法（LRFD）、容许应力设计法（ASD）和基于性能的设计方法（Performance-Based Procedures）。荷载抗力系数设计法（LRFD）采用分项系数的设计表达式；容许应力设计法（ASD）采用单一安全系数的设计表达式；基于性能的设计方法（Performance-Based Procedures）采用分析或者分析与试验相结合的方法。正常使用极限状态设计是为了保证结构的适用性。

两国标准的基本设计方法是一致的，但在具体的设计表达式、分项系数设置和取值等方面有所不同。有关内容的中美标准对照参见电建集团组织的《混凝土重力坝设计规范》（NB 35026—2014）、《水工混凝土结构设计规范》（DL/T 5057—2009）等对标成果。

美国陆军工程兵团针对水工结构的强度设计法，提出单荷载系数法和修正的 ACI 318 荷载系数法均适用，并采用水力系数替代附加的适用性分析。非水工结构则不使用水力系数。

美兵团和垦务局等水工建筑物设计手册，对设计应考虑的荷载均有说明，重力坝等水工建筑物的设计按相应标准进行荷载取值。只有在这些标准中未做规定时，才按建筑荷载标准取值。而中国的水工结构设计标准，在编制时首先应考虑与水工建筑物荷载设计标准一致，在荷载标准未做规定或结构作用特殊时，才另做规定。

2.3.2　作用分类与作用组合

中国的《水工建筑物荷载设计规范》（DL 5077—1997）根据《水工结构可靠性设计统一标准》（GB 50199—2013）的原则规定作用分类、作用代表值、分项系数和作用效应组合。美国《建筑物和其他结构最小设计荷载》（ASCE/SEI 7-10）统一了美国各种结构设计规范的基本设计原则、荷载组合原则、组合系数的取值、荷载计算取值规定等，类似于中国的《建筑结构荷载规范》（GB 50009—2012），并包括了类似于中国抗震规范中的抗震设防标准、地震动参数及地震作用的取值标准等内容。《混凝土结构设计规范》（ACI 318-11）也规定了强度设计法的各种荷载组合和相应的荷载系数，《水工钢筋混凝土结构强度设计》（EM 1110-2-2104）对水工结构的设计荷载再乘以水力系数。

中国标准根据作用随时间的变异分为永久作用、可变作用和偶然作用，分别规定了每一种作用的作用分项系数。美国标准将所有永久荷载以外的荷载都归为可变荷载。

中美标准对作用效应和结构抗力的计算方法相同，均为标准值与分项系数的乘积，但分项系数的设置与取值不同。中国标准按照承载能力极限状态和正常使用极限状态分别进行作用效应组合，承载能力极限状态基本组合的设计表达式为 $\gamma_0\psi S(\gamma_G G_k,\gamma_Q Q_k,\sigma_k)\leqslant\frac{1}{\gamma_{d1}}R\left(\frac{f_k}{\gamma_m},\sigma_k\right)$；其作用效应中包含了结构重要性系数和设计状况系数，而在结构抗力中考虑了反映其他不定性的结构系数。美国标准分别按荷载抗力系数设计法和容许应力设计法确定荷载组合。《混凝土结构设计规范》（ACI 318-11）规定的强度设计基本表达式为：设计强度不小于规定强度［Φ（标准强度）$\geqslant U$］。水工结构的设计荷载 U_h 为荷载效应乘基本荷载系数再乘以水力系数。其荷载组合中的荷载系数及水工结构的水力系数，也体现了中国标准中结构系数的内容，与中国标准中的作用分项系数不具有可比性，本报告不对此进行深入的比较。

关于中美标准结构设计方法、设计表达式、分项系数设置与取值等的对比研究，可参见电建集团组织的《混凝土重力坝设计规范》（NB/T 35026—2014）、《水工混凝土结构设计规范》（DL/T 5057—2009）等对标成果。

2.3.3　建筑物自重及永久设备自重

2.3.3.1　建筑物自重

中美部分建筑结构材料自重对比见表 2。从表 2 可以看出，中美两国采用的常用建筑结构材料自重相当，美国建筑结构荷载规范提出的是材料设计荷载最小密度，常用的混凝土容重等换算后较中国标准略低。

表 2　　中美部分建筑结构材料自重对比表　　单位：kN/m³

序　号	材 料 名 称	中 国 标 准	美 国 标 准
1　钢铁	（1）钢材、铸钢 （2）铸铁	78.5 72.5	77.3 70.7
2　水工混凝土、砂浆	（1）素混凝土 （2）钢筋混凝土 （3）水泥砂浆	23.5～24.0 24.0～25.0 20.0	22.6 23.6 20.4
3　水泥	轻质松散，$\varphi_c=20°$ 散装，$\varphi_c=30°$ 袋装压实，$\varphi=40°$ 矿渣水泥	12.5 14.5 16.0 14.5	14.1
4　砌石	浆砌块石 花岗岩 石灰岩 砂岩	 23.0～24.0 22.0～23.0 20.0～21.0	22.6
5　回填土石（不包括土石坝）	（1）抛块石 抛块石（水下）	17.0～18.0 10.0～11.0	13、14.1
	（2）细砂、粗砂（干）	14.5～16.5	14.1、16.7
	（3）卵石（干） 砂夹卵石（干，松） 砂夹卵石（干，压实） 砂夹卵石（湿） 黏土夹卵石（干，松）	16.0～18.0 15.0～17.0 16.0～19.2 18.9～19.2 17.0～18.0	砂砾 15.7 17.3 18.9
	（4）砂土 （干，松） （干，压实） （湿，压实）	 12.2 16.0 18.0	黏土 9.9 15.7 17.3

在无试验资料时，中国标准提出的大体积混凝土容重为 23.5～24.0kN/m³，美国陆军工程兵团和美国垦务局等标准提出的混凝土容重为 23.6kN/m³。中国标准还根据试验统计，提出了根据骨料重度、最大粒径选取混凝土重度的建议表。两国标准均提出最终应通过试验测定混凝土容重。

中美标准均以现场试验结果作为土石坝坝体设计重度取值的基础。中国标准对土坝材料重度作出了根据设计计算内容采用不同重度的具体规定。在无试验资料时，中国标准对于中、小土石坝，还给出了根据堆石、砂、土类型取用的建议值。美国标准未给出相应的建议值。

2.3.3.2　自重作用分项系数

美国建筑荷载标准，对于荷载抗力系数法的荷载基本组合，与风荷载、地震作用等其他荷载组合时，恒载的荷载系数为 1.2 和 0.9，与中国标准普通水工混凝土结构的 1.05、0.95 相比，变异要大。但与荷载组合有关，其中包含了其他因素。对于容许应力设计法的荷载组合，恒载的荷载系数通常为1。对于大体积混凝土，美国陆军工程兵团和美国垦务局的《重力坝设计》等手册，采用单一安全系数和容许应力法设计，相当于作用分项系数1.0。

2.3.3.3　永久设备自重

中美标准均要求计算恒载时考虑永久设备的重量，中国标准提出永久设备的自重标准值采用设备的铭牌重量，未找到美国标准中设备重量如何采用的规定。

2.3.4　静水压力

2.3.4.1　一般规定

中美标准静水压力的计算公式相同，均按计算点与水位的高差确定该点水压强度（$p_{wr}=\gamma_w H$），水压力分布图形为上小下大的三角形直线分布。

中国标准荷载组合包含三种设计状况：持久设计状况、偶然设计状况和短暂设计状况，根据设计状况确定作用代表值，美国标准将荷载条件分为正常、非常和极端三种条件，规定相应的荷载组合。中美标准在进行荷载组合时，均考虑了各种作用同时出现的可能性。对于持久设计状况和正常荷载组合，一般采用水库正常蓄水位。对于偶然设计状况和非常或极端荷载组合，只考虑一种极端荷载，水库最高设计水位与地震作用不同时出现。两国总的设计原则是一致的，荷载组合的具体规定有区别。

2.3.4.2　枢纽建筑物静水压力

中国标准对大坝、水工闸门、电站厂房、隧洞竖井等各种计算工况采用的上、下游水位规定比较详细，美国垦务局《重力坝设计》等标准对重力坝的荷载组合、对应荷载和水位规定较细，对隧洞等结构计算中应采用的水位则未找到相关规定。由于两国采用的洪水标准不同，因此设计洪水水位肯定有差别。

2.3.4.3　水工闸门的静水压力

中国标准根据设计工况下的计算水位和闸门运用条件确定；美国标准考虑了三种静水荷载：最大静水荷载；设计静水荷载（考虑10年一遇洪水）；正常静水荷载（一年中超越概率50%）。

2.3.4.4　管道及地下结构的外水压力

对钢筋混凝土衬砌隧洞的外水压力，中美标准均强调排水的作用，并根据排水效果进行折减。中国标准的计算公式为$P_{ck}=\beta_e\gamma_w H_e$，规定按设计地下水位线与隧洞中心的高差确定外水压力作用水头H_e，并根据围岩地下水活动状态，结合所采取的排水措施等情况在0～1.0之间取折减系数β_e；美国标准认为有正确的排水，设计外水压力可取最大外水压力的25%和3倍洞高的水压力，施工期可取较低的外水压力。在隧洞附近对围岩进行固结灌浆，作用在混凝土衬砌上的外水压力可以按地下水头的0.68折减。

钢衬压力隧洞外水压力取值，中国标准规定，如埋深较浅且未设排水的压力隧洞其外水压力作用水头宜按设计地下水位与管道中心线之间的高差确定；设有排水措施的，外水压力适当折减。美国标准提出，水缘节理较发育的地方流动，特定位置上的地下水压力可能比其垂直距离更大；如首端灌浆帷幕失效，上游高压水沿衬砌混凝土裂隙流动，作用在衬砌钢板上，其压力等于运行时的静水压力；钢管放空时，很小的外水压力可能使钢管失稳，因此隧洞钢衬需设置外排水系统。

2.3.5 扬压力

2.3.5.1 一般规定

中美标准均认为扬压力作用在整个建基面或全部截面上，扬压力强度在截面上下游处的大小与上下游水位对应，当下游无水时该点扬压力强度为0。扬压力的影响因素与基础地质条件、防渗排水措施有关。

中国标准在进行设计计算时，一般按规范取值。美国标准在最终设计时，比较重视渗流分析与实测结果。

中国标准对扬压力图形又区分浮托力、渗透力、排水孔前扬压力及残余扬压力等，主要是为了根据其各自的变异性采用不同的作用分项系数。美国标准无此区分，美国陆军工程兵团、美国垦务局等水电标准对重力坝等结构设计采用单一安全系数法。

2.3.5.2 混凝土坝的扬压力

中美标准对坝基扬压力分布图形规定基本一致，当坝基没有排水时，扬压力水头按从上游到下游直线变化。当坝基设有排水孔时，扬压力在排水孔处折减。但中国标准对排水孔减小扬压力的效果考虑得比较充分，因而扬压力系数α取得也较小，如对实体重力坝河床坝段和岸坡坝段分别取0.25和0.35。美国标准考虑相对保守，也比较重视基础情况、渗流分析与实测结果。美国垦务局采用系数0.33，美国陆军工程兵团则认为其效果为25%～50%（相当于$\alpha=0.75\sim0.5$），如果基础试验和流量分析证明排水的合理性，排水效力最大可增加到67%（相当于$\alpha=0.33$），且要经CECW-ED批准。

中国标准对于坝基设置帷幕和排水，并抽排的情况的扬压力分布单独做了规定。因此当下游水位较高时，可通过设置抽排系统减小坝基扬压力，优化坝体断面。美国标准无相应的规定。

美国标准特别规定了坝踵无压应力情况的扬压力分布图形，除地震产生的坝踵拉应力外，其他情况坝踵出现拉应力区未达到排水孔时，拉应力区取全水头，在排水孔处折减。当拉应力区穿过排水孔时，则认为排水失效，拉应力区取全水头，以下按上下游水位差直线变化。

美国垦务局对坝体内部截面扬压力分布图形与中国标准一致，但设有排水孔时，中国规定重力坝截面渗透压力强度系数为0.2，较美国垦务局的0.33要小。美国陆军工程兵团认为常态混凝土不透水，按从上游到下游直线变化，统一折减50%考虑。考虑到排水孔多靠近上游面，按此方法算得的扬压力较中国标准要大。

中国标准对于碾压混凝土坝的扬压力计算目前与常态混凝土重力坝相同，美国标准认为与碾压混凝土渗透性有关，需具体分析。

中美标准关于黏土铺盖和护坦对延长渗径、减小基础扬压力的作用认识是一致的，中国标准规定可根据经验或设计情况折减。

2.3.5.3 水闸的扬压力

岩基上闸坝的扬压力与重力坝一致，透水基础的闸坝与渗流有关，这一点中美标准是一致的。软基上的水闸底面扬压力，中国标准提出用改进阻力系数法或流网法计算。美国标准主张渗流分析确定。

2.3.5.4　水电站厂房和泵站扬压力

中国标准岩基上的厂房扬压力参照重力坝扬压力图形计算；厂坝一体时，厂房基底扬压力与坝体共同考虑。软基上的厂房与泵站扬压力计算，参照软基上的水闸。美国标准更多基于假定的渗流线，扬压力假定为线性变化。完整的扬压力可以通过打入地基的排水井改变。但是，扬压力折减不应超过泵站进水口处完整扬压力水头与排水管处水头差的50%。

2.3.6　动水压力

2.3.6.1　一般规定

中美标准关于动水压力的基本理论是一致的，动水压力的计算，应区分恒定流和非恒定流。对于恒定流，尚应区别渐变流或急变流等不同流态，并采用相应的方法计算。对于复杂的结构需要通过模型试验和分析确定。

2.3.6.2　渐变流时均压强

中美标准关于渐变流时均压强的计算一致，服从静水压力分布规律（$\rho_{tr}=\rho_w gh\cos\theta$）。对于溢洪道堰顶部位，由于水流从缓流变为急流，为非渐变流，其压强分布不符合从上到下呈三角形线性变化的静水压强分布规律，甚至可能出现负压，因此，该部位的压力应另行计算。美国标准常将该部位水流对堰顶的压力忽略不计。在离反弧段等曲线不远处也会很快降到静水压力。

2.3.6.3　反弧段水流的离心力

反弧段水流的作用力均与单宽流量、流速、反弧半径等有关。中国标准对运动水流作用于反弧段的压力的计算方法为基于质量和速度计算离心力的基本方法，然后对整个反弧段进行积分计算合力（$p_{cr}=q\rho_w v/R$），并分解到水平向和竖向［$P_{xr}=q\rho_w v(\cos\varphi_2-\cos\varphi_1)$，$P_{yr}=q\rho_w(\sin\varphi_2+\sin\varphi_1)$］，物理概念明确。

美国陆军工程兵团《水力设计准则》和《溢洪道水力设计》（EM 1110－2－1603）指出，离心力公式和涡流模拟法等近似方法都曾建议用来计算溢流坝挑坎的压力。近似于涡流模拟法的研究指出，对于较高的坝，挑坎压力可用下式表示：

$$\frac{h_p}{H_T}=f\left(\frac{q}{R\sqrt{2gH_T}},\frac{\alpha}{\alpha_T}\right)$$

根据总水头与流速的近似关系，可通过计算实例查图计算进一步对比。

2.3.6.4　消力池尾槛冲击力

中国标准的计算公式为

$$P_{ir}=K_d A_0\frac{\rho_w v^2}{2}$$

若将尾槛迎水面投影面积 A_0 用 k 尾槛宽度 B 和水深 h 的乘积代替，则单位宽度的冲击力为

$$p_{ir}=K_d h\frac{\rho_w v^2}{2}$$

美国陆军工程兵团《溢洪道水力设计》（EM 1110－2－1603）给出的公式为

$$P_B=C_D\rho\left(\frac{V_B^2 h}{2}\right)$$

两者在形式上是一致的，其基本依据为流体的动量方程。关于阻力系数，中国标准规定对于消力池中未形成水跃、水流直接冲击尾槛的情况，可取 $K_d=0.6$；对于消力池中已形成水跃且 $3\leqslant F_r\leqslant 10$ 的情况，可取 $K_d=0.1\sim0.5$；美国标准建议单排挡板取 0.6、双排挡板取 0.4。

2.3.6.5 脉动压力

未查到美标中关于脉动压力的计算公式。

2.3.6.6 水击压力

中国标准压力水道水锤压力计算式

$$\Delta H_r=K_y\xi H_0$$

式中：ζ 为水锤压力相对值，可用解析法或数值积分法求得；H_0 为静水头；K_y 为修正系数，取 1.0～1.4。

美国标准基本水锤方程为

$$\Delta h=\frac{a}{g}\Delta v$$

式中：Δh 为水锤压力；a 为波速；Δv 为速度改变量。

中国标准对水锤压力计算的控制工况及静水头取值原则做了明确规定，美国标准只罗列了机组或阀门各种可能的运行方式，未明确水锤压力计算的控制工况。美国土木工程师学会标准《水电工程规划设计土木工程导则》的“第二卷 水道”及美国垦务局设计标准《输水系统》对水锤压力有相关的描述，但比较笼统，对应中国标准，很难找到相对应的条款。

2.3.7 地应力及围岩压力

2.3.7.1 一般规定

在围岩定义及分类方面，中国标准根据不同的岩体结构特征，将岩体分为块状、层状、碎裂、散体四种类型。美国标准采用基于 RQD 的 RMR 和 Q 系统分类法，以及 RSR 分类法。

2.3.7.2 岩体初始地应力（场）

在地应力方面，中美标准采用的理论方法一致，认为初始地应力是重力场与构造应力的叠加，对于重要结构，须根据现场实测资料并结合区域地质构造等因素来分析地应力。中国标准指出当具备少量资料时，模拟计算或反演分析可作为确定地应力（场）的重要手段。

中美标准对于均质且未受扰动的岩体，初始垂直应力场可视为重力场，计算公式一致，即垂直地应力

$$\sigma_{vk}=\gamma_R H$$

水平地应力

$$\sigma_{hk}=K_0\sigma_{vk}$$

岩体侧压力系数

$$K_0=\nu_R/(1-\nu_R)$$

式中：ν_R 为岩石的泊松比。

美国陆军工程兵团手册认为大多数岩石的泊松比介于 0.15～0.35，则 K_0 介于 0.22～0.55 之间；而美国土木工程师学会《水电工程规划设计土木工程导则》给出的系数为 0.5～1.0。对于地质构造运动影响，中国标准根据工程实测资料统计分析，给出构造应力影响系数的取值范围 1.2～2.5，岩体侧压力系数 1.1～3.0。美国标准则指出应考虑残余应力及构造应力对地应力的影响，但这种影响难以定量预测。

2.3.7.3　围岩压力

在围岩压力方面，中美标准皆提出了有关围岩结构类型以及相应的围岩压力计算或估计方法。中美标准基于不同围岩的分类方法给出了相应的计算方法或公式。美国标准通过表格的形式，以裂隙间距和岩体 *RQD* 值对岩体进行分类，列出了各类型围岩的初始和最终围岩压力值范围，分类较中国标准更为详细。

2.3.8　土压力和淤沙压力

2.3.8.1　挡土建筑物的土压力

中美标准关于挡土建筑物土压力的基本理论相同，均分为主动土压力、被动土压力和静止土压力，其分布为从上到下增加的线性分布。

（1）主动土压力计算的基本公式为库仑-莫尔公式（$F_{ak}=\frac{1}{2}\gamma H^2 K_a$），总土压力与土容重、填土高度的平方、主动土压力系数成正比。其关键在于主动土压力系数 K_A 的计算，该系数与填土内摩擦角 ϕ、墙背与铅垂向角度 ε（或墙背与水平向角度 θ）、填土与水平向角度 β、墙背与填土外摩擦角 δ、黏性或无黏性土的参数等有关，美国标准中的主动土压力公式为

$$P_{AH}=\frac{1}{2}K_A\gamma' h^2-2c\sqrt{K_A}h+\frac{2c^2}{\gamma'}$$

无黏性土主动土压力系数公式为

$$K_A=\frac{\sin^2(\theta+\phi)\cos\delta}{\sin\theta\sin(\theta-\delta)\left[1+\sqrt{\frac{\sin(\phi+\delta)\sin(\phi-\beta)}{\sin(\theta-\delta)\sin(\theta+\beta)}}\right]^2}$$

（2）当墙摩擦角忽略（$\delta=0$），表达式简化为

$$K_A=\frac{\sin^2(\theta+\phi)}{\sin^2\theta\left[1+\sqrt{\frac{\sin\phi\sin(\phi-\beta)}{\sin\theta\sin(\theta+\beta)}}\right]^2}$$

（3）当墙摩擦角为 0°，且墙背铅直（$\theta=90°$），

$$K_A=\frac{\cos^2\phi}{\left[1+\sqrt{\frac{\sin\phi\sin(\phi-\beta)}{\cos\beta}}\right]^2}$$

（4）当墙摩擦角为 0°，墙背铅直，填土水平时，库仑-莫尔公式中的 K_A 简化为

$$K_A=\frac{1-\sin\phi}{1+\sin\phi}=\tan^2\left(45°-\frac{\phi}{2}\right)$$

即为朗肯公式。

中国标准中的主动土压力公式为

$$K_a=\frac{\cos(\varepsilon-\beta)}{\cos^2\varepsilon\cos^2(\varepsilon-\beta+\varphi+\delta)}\{\cos(\varepsilon-\beta)\cos(\varepsilon+\delta)+\sin(\varphi+\delta)\sin(\varphi-\beta)$$
$$+2\eta\cos\varepsilon\cos\varphi\sin(\varepsilon-\beta+\varphi+\delta)$$
$$-2\sqrt{[\cos(\varepsilon-\beta)\sin(\varphi-\beta)+\eta\cos\varepsilon\cos\varphi][\cos(\varepsilon+\delta)\sin(\varphi+\delta)+\eta\cos\varepsilon\cos\varphi]}\}$$

当黏聚力 $C=0$，式中 $\eta=0$，上式简化为

$$K_a=\frac{\cos(\varepsilon-\beta)}{\cos^2\varepsilon\cos^2(\varepsilon-\beta+\varphi+\delta)}\{\cos(\varepsilon-\beta)\cos(\varepsilon+\delta)+\sin(\varphi+\delta)\sin(\varphi-\beta)$$
$$-2\sqrt{[\cos(\varepsilon-\beta)\sin(\varphi-\beta)][\cos(\varepsilon+\delta)\sin(\varphi+\delta)]}\}$$

当墙背摩擦角 $\delta=0$ 时，

$$K_a=\frac{\cos(\varepsilon-\beta)}{\cos^2\varepsilon\cos^2(\varepsilon-\beta+\varphi)}\{\cos(\varepsilon-\beta)\cos(\varepsilon)+\sin(\varphi)\sin(\varphi-\beta)$$
$$-2\sqrt{[\cos(\varepsilon-\beta)\sin(\varphi-\beta)]\cos\varepsilon\sin\varphi}\}$$

当墙背垂直时，$\varepsilon=0$，

$$K_a=\frac{\cos\beta}{\cos^2(-\beta+\varphi)}[\cos\beta+\sin\varphi\sin(\varphi-\beta)-2\sqrt{\cos\beta\sin(\varphi-\beta)\sin\varphi}]$$

当填土水平时，$\beta=0$，

$$K_a=\frac{1}{\cos^2\varphi}(1+\sin^2\varphi-2\sin\varphi)=\frac{1-\sin\varphi}{1+\sin\varphi}$$

与美国标准中公式相同。

中国标准中还明确了填土的黏聚力 C 和摩擦角 φ 的取值，根据平均值和变异进行计算。

静止土压力的计算，基本公式为

$$F_{0k}=\frac{1}{2}\gamma H^2K_0$$

静止土压力的计算，中国标准除给出了按泊松比计算的公式$\left(K_0=\frac{\nu}{1-\nu}\right)$外，对于正常固结黏土，还给出了按填土有效内摩擦角计算的公式（$K_0=1-\sin\varphi'$），与美挡土墙设计标准中静止土压力计算的 Jaky 公式是一致的。

对于被动土压力，中国标准未做规定，认为被动土压力一般对建筑物稳定有利，因而设计一般不予考虑，而将其作为安全储备。

2.3.8.2 上埋式埋管的土压力

中国标准中垂直土压力的计算公式为

$$F_{sk}=K_s\gamma H_dD_1$$

即根据管顶上覆土的重量并考虑垂直土压力系数计算，垂直土压力系数根据地基类别取值在 1.0～1.42 之间。美国标准垂直土压力的计算公式

$$W_w=\gamma_dH_d$$

未考虑垂直土压力系数。中国标准侧向土压力计算公式

$$F_{tk}=K_t\gamma H_0 D_d$$

侧向土压力系数

$$K_t=\mathrm{tg}^2\left(45°-\frac{\varphi}{2}\right)$$

即按上一节中无黏性土、墙背垂直、填土水平情况简化得到的朗肯主动土压力系数计算埋管中心的土压力按均布计算。美国标准通过假定湿度条件的土压力计算得到的侧向土压力和静水压力叠加得到水平荷载。

2.3.8.3 淤沙压力

美国标准认为，一般说来，对于蓄水坝，泥沙压力是个较小的因素，但对于引水坝，则较为重要。无论对于哪一种坝，都有一些理由可以把泥沙压力忽略不计。在运行初期，泥沙压力是不存在的，随后，它可能变成一个重要的因素。当泥沙已固结一定程度，其作用就不像液体那样了。此外，泥沙沉积在水库中，很可能其某种不透水铺盖的作用，有助于降低坝底扬压力。当坝的主要任务是拦蓄泥沙时，应将泥沙荷载归入较为重要的荷载。

与埋管侧向土压力计算一致，中国标准中淤沙压力的计算根据淤沙浮容重 γ_{sb} 和内摩擦角 φ_s 按照无黏性土朗肯主动土压力公式计算，其大小为

$$P_{ak}=\frac{1}{2}\gamma_{sb}h_s^2\mathrm{tg}^2\left(45°-\frac{\varphi_s}{2}\right)$$

美国垦务局《小坝设计》中提出的公式为

$$V_s=\frac{w_s h^2}{2}\left(\frac{1-\sin\phi}{1+\sin\phi}\right)$$

和中国标准实际上是一致的。

而《重力坝设计》中则提出根据淤沙容重按流体压力分布计算，水平向与侧向压力强度不同，可假定水平泥沙压力相当于 85lb/ft^3（约 1361.57kg/m^3）的流体压力，垂直泥沙压力可按湿容重为 120lb/ft^3（约 1922.22kg/m^3），去除静水压力影响，水平力与竖向力的比值为 0.392，与中国标准对比，相当于淤沙浮容重约 9kN/m^3，内摩擦角 16°。

2.3.9　风荷载和雪荷载

2.3.9.1 风荷载

中美标准风荷载的计算均考虑风振系数、风压高度变化系数、风荷载体型系数和基本风压（包含地形系数和暴露类别）等。中国标准的风荷载计算公式

$$\omega_k=\beta_z\mu_z\mu_s\omega_0$$

美国标准设计风压 p（相当于中国 ω_k）公式

$$p=qGC_p-q_i(GC_{pi})(\mathrm{N/m^2})(\text{对于开敞式结构},GC_{pi}=0)$$

式中：q 为速度压力（相当于中国的 $\omega_k=\mu_z\omega_0$）；G 为阵风影响系数（相当于中国的 β_z，但取值有所不同）；C_p 为风载体型系数（相当于中国标准的 μ_s，但取值略有不同）。

中美标准计算公式组成基本相同。

中国水工荷载标准和建筑荷载标准分别规定基本风压不小于 0.25kN/m^2 和 0.30kN/m^2，美国标准规定开敞建筑物风荷载不应小于 0.77kN/m^2。

中国标准《建筑结构荷载规范》(GB 50009—2012) 中定义的基本风压为“根据全国

各气象台站历年来的最大风速记录，按基本风压的标准要求，将不同风仪高度和时次时距的年最大风速，统一换算为离地 10m 高，自记 10min 平均年最大风速（m/s）。根据风速数据，经统计分析确定重现期为 50 年的最大风速，作为当地的基本风速 V_0”。

中国标准中的基本风压公式

$$W_0=\frac{1}{2}\rho V_0^2$$

是世界上大多数国家都通用的。如果美国标准中速度压力计算公式中不考虑风压高度变化系数 K_z 和风方向性因素系数 K_d 等，则有

$$q_z=0.613V^2$$

与中国标准的 $0.625V_0^2$ 基本相当。这就是说中国和美国标准中荷载计算的差异不在风速和风压转换关系上，而在于风速的定义和取值上。

比较中国和美国的基本风速定义可知，基本风速定义中涉及离地高度、地面粗糙度、平均时距、荷载重现期等因素。中国和美国标准基本风速定义中相同的部分是：离地高度都是 10m；荷载重现期都是 50 年（美国标准中风险级别为Ⅰ类的建筑物）；而不同的部分是地面粗糙度和平均时距。

平均风速时距，是指平均风速时距是指观测和统计风速资料时所规定的时间间隔，一般取该时间间隔的平均最大风速。在同一个气象台，平均时距越小则记录得到的平均最大风速越大，反之亦然。这是导致中国和美国标准中基本风速取值不同的主要原因。所以，根据风压公式，平均风速时距取值越短，记录得到的平均风速越大，则风压值越大，反之则越小。

中国标准中取 10min 为平均风速时距；但是世界各国各有不同的规定。例如美国取 3s，苏联取 3min，欧洲标准取 10min，加拿大取 60min，日本取瞬时，英国根据建筑物或构件尺寸不同，分别取 3s、5s 和 15s 等。因此应用不同国家的设计资料时必须进行风速值的换算。

不同重现期风压的换算：荷载重现期不同，最大风速的保证率不同，相应的最大风速值也不同。荷载重现期的取值直接影响到结构安全度，对于风荷载比较敏感的结构，重要性不同的结构，设计时有可能采用不同重现期的基本风压，以调整结构的安全水准。

2.3.9.2 雪荷载

中国标准中雪荷载的计算公式以基本雪压为基础，考虑屋面积雪分布系数得来，而美国标准中的雪荷载以场地雪荷载为基础，考虑多个与雪荷载取值有关的系数得来；对于基本雪压的计算，中国标准《建筑结构荷载规范》（GB 50009—2012）直接根据中国地域特征给出了基本雪压值，对于特殊地形条件下的雪荷载，如山区给了 1.2 的增大系数。而美国标准《建筑物和其他结构最小设计荷载》（ASCE/SEI 7 - 10）根据地域积雪特征给了场地积雪荷载，在计算均布雪压时，需根据屋面的融雪性能及地形的粗糙度类别考虑地形遮挡对积雪的影响，并对场地雪压进行修正。

中国标准中雪荷载的取值只与屋面积雪分布系数有关，该系数综合考虑了屋面形式、坡度、堆雪、滑雪、高低屋面等众多因素的影响，便于设计人员采用计算，而美国标准相对于影响雪荷载取值的众多因素都做了详细的规定，并分别有不同的影响系数和计算公式

与之对应，但是过于烦琐。

对于雪荷载的不利位置，中国标准没有给出明确的组合要求，美国标准中给出了连续梁条件下雪荷载不利位置的3种工况，即：①连续梁边跨作用1倍均布雪压，其他跨作用0.5倍的均布雪压。②连续梁边跨作用0.5倍的均布雪压，其他跨作用1倍均布雪压。③连续梁上任意相邻两跨作用1倍均布雪压，其他跨作用0.5倍雪压，取最不利的一种组合，对于n跨的连续梁，共有（$n-1$）种组合。

所以当屋面结构形式复杂或者结构比较重要时，采用美国标准的思路和规定，充分考虑雪荷载对结构的影响，以提高雪荷载堆积下屋面结构的安全度。

2.3.10　冰压力和冻胀力

静冰压力大小与冰厚、结构宽度、结构前沿平面形状系数、冰的抗压强度等有关。中国标准结合静冰压力经验计算公式和东北、华北等地区水库的实际观测资料，通过对冰压力与气温、冰层温度变化以及冰厚等关系的进一步分析，提出了静冰压力标准值的取值表，便于设计操作，冰层厚度在0.4～1.2m时，净冰压力在85～280kN/m。作用于独立墩柱上的静冰压力按照冰块切入三角形墩柱时产生的动冰压力公式计算。美国陆军工程兵团冰工程总结了各位学者对静冰压力的研究资料，总结出影响静冰压力大小的五个因素，实测四个大坝冰厚0.3～0.7m，不计水位波动和考虑水位波动时，平均净冰压力大小分别为70kN/m和186kN/m。两国标准对静冰压力大小取值数量级相当。

对于冰的抗压强度，两国标准取值是不相同的，中国标准中f_{ic}是综合中国现有资料及苏联资料给出的，流冰初期可取0.75MPa，后期可取0.45MPa；美国标准是根据美国和加拿大的试验资料给出的，取值为溶解温度小块冰0.7MPa、溶解温度大块坚冰1.1MPa、低于溶解温度大块坚冰1.5MPa。美国标准给出的冰抗压强度比中国标准的大。

中国水电荷载规范对静冰压力作用方向及作用点做了明确说明，静冰压强作用方向类似于水压强，垂直作用于作用面，但是分布规律恰好又与水压强相反，静冰压强沿冰厚的分布基本上为上大下小的倒三角。从美兵团冰工程中也可以看出静冰压强上大下小的分布规律。

动冰压力的大小与冰厚、结构宽度、结构前沿平面形状系数、冰的抗压强度和冰块的速度等都有关系。中国标准对流速为v、厚度为d_l的流冰作用于坝面动冰压力计算公式为

$$F_{bk}=0.07vd_i\sqrt{Af_{ic}}$$

作用于独立墩柱的冰块切入和撞击力分别为

$$F_{p1}=mf_{ib}d_ib$$

$$F_{p2}=0.04vd_i\sqrt{mAf_{ib}\tan\gamma}$$

美国标准对厚为h的冰作用于宽度为D的结构上产生的总冰压力大小：

$$F=p_eDh,p_e=Cmk\sigma_0(\dot{\varepsilon}/\dot{\varepsilon}_0)^{0.32}$$

作用于桥墩上的动冰压力：

$$F_c=C_apDh\ [\text{冲撞破坏}，C_a=(5h/D+1)^{0.5}]$$

$$F_b=C_nph^2\ [\text{弯曲破坏}，C_n=0.5\tan(\alpha+15°)]$$

虽然中美标准对动冰压力的计算公式不尽相同，通过对比中美两国动冰压力的计算公式可以看出，动冰压力计算考虑的因素大致类似，冰的抗压强度取值不同。

总体而言，中美标准对冰压力的理论计算都尚欠成熟，目前设计中主要通过工程类比及实测数据来预估其大小。由于两国的地理位置不同及历史的差异，中国标准主要根据东北地区及苏联的实测资料总结出半经验半理论的计算方法，美国标准主要依据美国本土及加拿大的实测资料及试验数据估算冰压力大小。

未查到美国标准中关于冻胀力的规定。

2.3.11　浪压力

2.3.11.1　一般规定

中国标准浪压力主要用于确定坝顶高程，而对于稳定和应力分析来说通常不是一种主要的荷载。美垦务局重力坝设计认为浪压力对闸门和附属设施有重要影响，有时对大坝本身也有很大的影响。波高、波浪爬高和风通常是确定坝所需超高的重要因素。波浪的尺寸和力取决于水体表面积或吹程，风速和历时及其他因素。但美国垦务局《小坝设计》《重力坝设计》、美国陆军工程兵团《重力坝设计》（EM 1110－2－2200）中均没有具体的计算说明。美国建筑结构荷载规范给出了波高计算公式以及波浪作用于铅直桩、柱和直墙式、斜坡式挡水建筑物或结构的压强、压力公式。美国《海岸防护手册》中根据不同的波浪计算理论分别给出了相应的计算公式，如 Saiflou 公式、Goda 公式以及各种修正的 Goda 公式等，范围较中国标准要广。

2.3.11.2　直墙式挡水建筑物的浪压力

中国标准先计算使波浪破碎的临界水深 H_{cr}，再根据建筑物迎水面前的水深 H 与 H_{cr} 及平均波长的关系分三种波态计算，即

（1）当 $H \geqslant H_{cr}$ 和 $H \geqslant \dfrac{L_m}{2}$ 时，$P_{wk}=\dfrac{1}{4}\gamma_w L_m(h_p+h_z)$，如图 1（a）所示。

（2）当 $H \geqslant H_{cr}$，但 $H < \dfrac{L_m}{2}$ 时，$P_{wk}=\dfrac{1}{2}[(h_p+h_z)(\gamma_w H+p_f)+Hp_f]$，如图 1（b）所示。

（3）当 $H < H_{cr}$ 时，$P_{wk}=\dfrac{1}{2}p_0[(1.5-0.5\lambda)h_p+(0.7+\lambda)H]$，如图 1（c）所示。

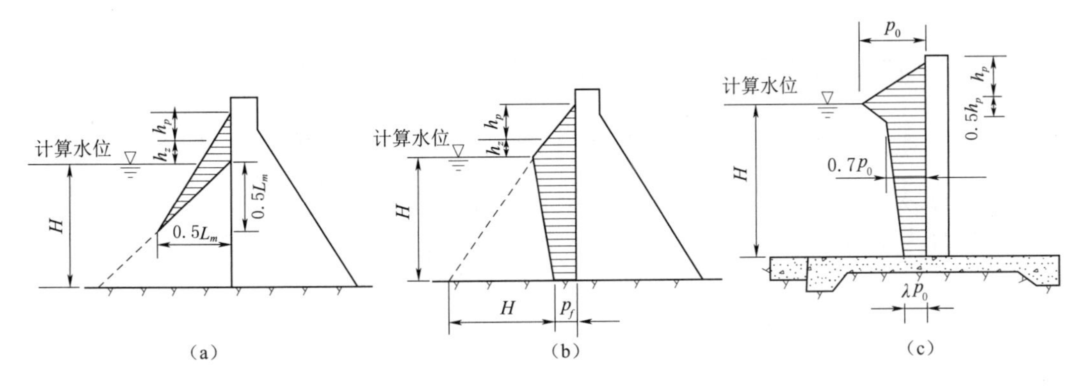

图 1　中国标准直墙式挡水建筑物的浪压力分布

美国建筑结构荷载规范，假设铅直挡水墙迎水面产生波峰离地基 1.2 倍 d_s 高程处的反射波或驻波。浪压力分布如图 2 所示。垂直入射波所产生的作用于刚性铅直挡水墙上的最大压强和作用力（浪高限制 $H_b=0.78d_s$）由下式计算：

$$P_{max}=C_P\gamma_w d_s+1.2\gamma_w d_s$$

$$F_t=1.1C_P\gamma_w d_s^2+2.4\gamma_w d_s^2$$

式中：P_{max}为动态（$C_p\gamma_w d_s$）和静态（$1.2\gamma_w d_s$）浪压力的最大组合，也成为震荡压力；d_s 为静水深。动态压力系数值 C_p 根据风险分类取 1.6～3.5。

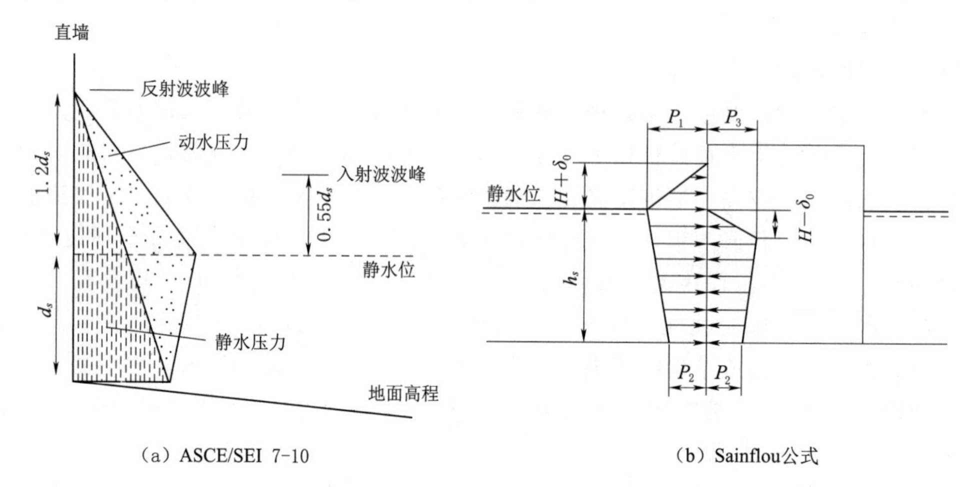

（a）ASCE/SEI 7-10　　（b）Sainflou公式

图 2　美国标准直墙挡水建筑物的浪压力分布

美国《海岸防护手册》给出了应用于迎面全反射规律波的 Sainflou 公式和非常规波的 Goda 公式，Sainflou 公式图形见图 2（b），公式为

$$p_1=(p_2+\rho_w gh_s)\frac{H+\delta_0}{h_s+H+\delta_0}$$

$$p_2=\frac{\rho_w gH}{\cosh(2\pi h_s/L)}$$

$$p_3=\rho_w g(H-\delta_0)$$

$$\delta_0=\frac{\pi H^2}{L}\coth\frac{2\pi h_s}{L}$$

从波高、波浪中心线至计算水位的高度（$h_z=\frac{\pi h_p^2}{L_m}\mathrm{cth}\frac{2\pi H}{L_m}$）、当 $H_{cr}<H<L_m/2$ 时的浪压力分布图形和底部浪压力强度$\left(p_f=\gamma_w h_p \mathrm{sech}\frac{2\pi H}{L_m}\right)$等对比来看，与美标中 Sainflou 公式是一致的，但波高的取值频率有差别，式中特征波高 H，日本取 $H_{1/3}$，其他国家取 $H_{1/10}$。频率 10%、5%、1%的波高分别为 $H_{1/3}$（或 H_s）波高的 1.27 倍、1.37 倍、1.67 倍。

2.3.11.3　斜坡式挡水建筑物上的浪压力

中国标准通过有效波高乘以频率换算系数、浪压力相对强度系数等多个系数的方式进行计算（$p_m=K_pK_1K_2K_3\gamma_w h_s$）。美国建筑荷载规范按竖直墙计算的浪压力（常规入射波）进行角度换算（$F_{oi}=F_t \sin^2\alpha$）。

2.3.12 楼面及平台活荷载

2.3.12.1 水电站主厂房楼面活荷载

对于楼面荷载，中美标准均强调以实际荷载取值为准。在无实际资料时，中国标准给出楼面活荷载标准值参考值，与美国标准差异很大（见表3）。

表3 主厂房楼面均布活荷载 单位：kN/m²

序号	楼层名称	中国（标准值）			美国（最小值）《水力发电厂建筑物规划设计》
		300>P≥100	100>P≥50	50>P≥5	
1	安装间	160～140	140～60	60～30	48
2	发电机层	50～40	40～20	20～10	24
3	水轮机层	30～20	20～10	10～6	48
注　P 为单机容量，MW；当 P≥300MW 时，均布荷载值可视实际情况酌情增大					《水电设计导则》小型水电站，运行层，12kN/m²

2.3.12.2 水电站副厂房楼面荷载

根据美国陆军工程兵团《水力发电厂建筑物规划设计》（EM 1110－2－3001）和《泵站结构和建筑设计》（EM 1110－2－3104），给出的副厂房楼面活荷载相对保守，部分房间均布活荷载对比见表4。

表4 副厂房各楼面均布活荷载 单位：kN/m²

序号	房间名称		中国（标准值）	美国
1	生产副厂房	中央控制室、计算机室	5～6	9.6
8		水泵室、通风机室	4	9.6
9		厂内油库、油处理室	4	9.6
12		机修室	7～10	14.4
13		工具室	5	9.6
15		会议室	4	4.8
17		厕所、盥洗室	3	4.8
18		走道、楼梯	4	4.8
			当室内有较重设备时，其活荷载应按实际情况考虑	发电机或水轮机部件的储藏室或者安装间应该使用48

2.3.12.3 工作平台活荷载

中国标准规定尾水平台、进水平台等工作平台，按实际考虑，兼作公路桥时，按公路桥梁荷载标准确定。尾水平台仅承受尾水闸门操作或检修荷载时，活荷载标准值取10～20kN/m²。美国标准规定基本一致，最小均布活荷载，除进水口平台-大起重机区域为48kN/m² 外，其余进水平台、尾水平台、变压器平台、厂房通道等为14.4kN/m²。

2.3.12.4 其他要求及作用分项系数

中国标准对于设计楼面（平台）的梁、墙、柱和基础时，应对楼面（平台）的活荷载标准值乘以 0.8～0.85 的折减系数。美国标准则提出只有满足足够面积时，才可以进行折减，折减系数 0.8。

中国标准对于动荷载设计值需要乘以动力系数以及荷载分项系数，美国标准则只有动力系数，美国标准的动力系数 1.2～1.5 要大于中国标准的 1.1～1.2。

2.3.13　桥机荷载与门机荷载

2.3.13.1　桥机荷载

中美标准中关于桥机荷载的类型是一致的，桥机荷载主要分为：最大竖向轮压、横向荷载和纵向荷载。各类型荷载取值的计算方法是一样。但取值差异较大。

最大竖向轮压，中美标准一致均与桥机本身质量（包括吊物重量）及桥机的位置有关。纵向水平荷载，美国标准采用最大轮压之和的 10%，中国标准取值 5%；横向水平荷载，美国建筑荷载标准采用额定起重量与桥机、吊具之和的 20%，美国陆军工程兵团取 10%，中国建筑结构荷载规范取值 20%～8%，中国水工荷载规范取值 4%，其主要差异在于吊车（桥机）的行驶速度和吊车型式不同。动力系数中国标准建议采用 1.05，美国标准对于动力系数的取值也分类较为详细，取值在 1.1～1.25 之间。

相对而言，美国标准考虑桥机型式、运行工况、支撑体系等方面考虑更为全面。譬如美国标准说明支撑体系刚度差异较大时横向荷载的分配会有所不同，美国标准提出吊车的纵向荷载设计，应该能够满足其在全速断电情况下的冲击和停止情况。

2.3.13.2　门机荷载

中国标准纵向水平荷载取大车运行时作用在一边轨道上所有制动轮的最大轮压之和的 8%，横向水平荷载取小车和吊物及吊具的重力之和的 5%。美国标准未对桥机和门机分别规定。

2.3.14　温度作用

对大体积混凝土进行施工期和运行期的温度作用计算，在施工中进行温度控制，这一点中美标准是一致的。在进行计算时，采用结构所处的正常的气候条件和混凝土温度。但美国垦务局拱坝设计也采用极端气候条件和极端混凝土温度。美国重力坝设计和拱坝设计标准都重点强调了混凝土坝施工时应主要关注的是控制由温度变化引起的开裂。混凝土开裂将对整个结构的防水性、耐久性、外表和应力产生影响，并可能导致裂缝延伸进而损害结构安全。为减少常规混凝土坝温度开裂，可以采取以下技术措施：设置收缩缝、施工中的温度控制措施、限制水合热的水泥以及增加拉伸应变的拌和比。

中国标准针对杆件结构、平板结构或壳体结构、大体积混凝土结构或空间形状复杂的非杆件结构 3 类不同的结构型式，分别按内外温差、等效线性与非线性温差、连续介质温度场方法计算结构的温度作用。

中美标准对温度作用考虑的边界条件是一致的，都包括了坝址的外界气温、河水温度、预计的水库与尾水温度以及大坝混凝土的散热系数等外界条件。外界气温、水库水温均假定按年正弦变化，中国标准中有详细的规定和计算公式，而美垦务局重力坝设计只是从概念上进行了介绍。

中国标准对厂房、进水口构架、拱坝、重力坝、大体积混凝土结构、引水管道周边混凝土等不同的结构的温度作用计算分别作出规定，给出了计算公式。美国标准未查到具体的计算规定。

2.3.15 地震作用

中美标准按照设计基本地震加速度值进行地震分区，但分区表示方法不同。中国标准基于地震区划图和地震危险性分析成果提出设计地震动参数，汶川地震后增加了校核地震验算内容。美国标准按运行基本地震（OBE）、最大可信地震（MCE）分别计算。中美两国的抗震设防标准不同。

美国标准地震分区按设计基本地震加速度值从小到大分为：1、2A、2B、3 和 4，与中国标准的对照见表 5。

表 5　　中美标准关于抗震设防等级的对照

中国标准	设防烈度		7		8		9
	设计基本地震加速度值		0.10g		0.20g		0.40g
美国标准	设防等级	1	2A	2B	3	3	4
	设计基本地震加速度值	0.075g	0.15g	0.20g	0.30g	0.30g	0.40g

中美标准关于地震作用动力分析的方法基本相同，主要有拟静力法和动力法。中国利用结构力学理论，先求解结构对应其各阶振型的地震作用效应后再组合成结构总地震作用效应。重点规定了基于反应谱的动力法的参数取值。美国陆军工程兵团重力坝设计在计算时采用可控地震的设计响应频谱。美国垦务局重力坝设计将坝体作为集中质量的多质点系统，用广义坐标和振型叠加原理计算，并利用结构矩阵分析法。

中国标准关于不同的水工建筑物考虑的地震作用也有不同，水平和垂直地震作用在某些情况下可以忽略其中一个方向或需要专门研究。美国标准中未见类似的分类规定，一般水平和垂直（如果应力分析中包括）地震作用都要考虑，宜对最不理想的方向分析，特定情况下需采用现场地震地表运动分析内部动应力。

中国标准中抗震计算一般采用正常蓄水位，但也有采用低于正常蓄水位的上游水位的特殊情况，美国标准中抗震计算都采用正常蓄水位。

《水电工程水工建筑物抗震设计规范》（NB 35047—2015）已经颁布实施，修编中的《水工建筑物荷载规范》原则上不再对地震荷载单独规定。建议对该抗震设计规范单独进行中美标准对照研究。

2.3.16 灌浆压力

中美标准都明确规定水工结构设计应考虑回填、接触和接缝灌浆压力。中国标准对固结灌浆压力在结构设计中未做规定，美国标准明确结构设计应考虑固结灌浆压力。

中国标准将灌浆压力作为短暂工况的一种作用，美国标准规定灌浆压力为施工工况的荷载。

中国标准规定了回填、接触、接缝灌浆的压力值，美国标准中未查到相关规定。

3 值得中国标准借鉴之处

（1）美国水电设计标准体系主要有美国陆军工程兵团标准体系和美国垦务局标准体

系，制定的标准体系较为完备，其内容为工程设计相关的经验和共识，但一般不具有强制性，使用中更依赖于设计工程师根据经验灵活掌握。其设计手册的内容通常既有理论推导、也有设计与计算实例，便于使用者理解。中国标准具有强制性，编写要求严格，不便理解，使用也缺乏灵活性。

（2）钢衬压力隧洞外水压力取值，美国标准提出，水缘节理较发育的地方流动，特定位置上的地下水压力可能比其垂直距离更大，如首端灌浆帷幕失效，上游高压水沿衬砌混凝土裂隙流动，作用在衬砌钢板上，其压力等于运行时的静水压力，亦即某些情况下，特定部位的外水压力可能比该处的地下水位线对应的外水水头更高，值得设计关注。

（3）美国标准特别规定了坝踵出现拉应力情况的扬压力分布图形，除地震产生的坝踵拉应力外，其他情况坝踵出现拉应力区未达到排水孔时，拉应力区取全水头，在排水孔处折减。当拉应力区穿过排水孔时，则认为排水失效，拉应力区取全水头，以下按上下游水位差直线变化。可为特殊情况下的坝基稳定应力设计计算提供参考。

（4）美国标准认为，对于蓄水坝，泥沙压力是个较小的因素，许多重力坝设计不考虑泥沙荷载。在运行初期，泥沙压力是不存在的，随后，它可能变成一个重要的因素。当泥沙已固结一定程度，其作用就不像液体那样了。此外，泥沙沉积在水库中，很可能其某种不透水铺盖的作用，有助于降低坝底扬压力。当坝的主要任务是拦蓄泥沙时，应将泥沙荷载归入较为重要的荷载。中国标准对竖向泥沙压力未作规定，美国标准中给出的值可作参考。

水工混凝土结构设计规范对比研究

编制单位：中国电建集团西北勘测设计研究院有限公司

专题负责人　徐丽丽
编　　写　徐丽丽　许战军　杨建东　鹿　宁　刘永智　刘晓光　王化恒　冯　飞
校　　审　徐丽丽　王化恒　刘永智　许战军　杨建东　鹿　宁　张　玮
核　　定　万　里
主要完成人　徐丽丽　许战军　杨建东　鹿　宁　刘永智　刘晓光　王化恒　冯　飞

1　引用的中外标准及相关文献

本文是针对中国标准《水工混凝土结构设计规范》（DL/T 5057—2009）与美国混凝土协会（ACI）的《混凝土结构设计规范》（ACI 318－11）以及美国陆军工程兵团（USACE）的《水工钢筋混凝土结构强度设计》（EM 1110－2－2104）等规范进行的对比研究工作。其他引用的中外标准及参考文献见表1。

表1　对照引用的中外标准及参考文献

中文名称	英文名称	编号	发布单位
水工混凝土结构设计规范	Design Specification for Hydraulic Concrete Structures	DL/T 5057—2009	国家能源局
环境工程混凝土结构	Code Requirements for Environmental Engineering Concrete Structures	ACI 350M－10	美国混凝土协会
水工混凝土结构地震设计与评估	Earthquake Design and Evaluation of Concrete Hydraulic Structures	EM 1110－2－6053	美国陆军工程兵团
建筑物和其他结构最小设计荷载	Minimum Design Loads for Buildings and Other Structures	ASCE/SEI 7－10	美国土木工程师学会（ASCE）
钢筋混凝土配筋用变形和光面钢筋规程	Standard Specification for Deformed and Plain Billet－Steel Bars for Concrete Reinforcement	ASTM A 615M－03a	美国材料与试验协会（ASTM）
圆柱体试件劈拉强度试验方法	Standard Test Method for Splitting Tensile Strength of Cylindrical Concrete Specimens	ASTM C 496－11	美国材料与试验协会
圆柱体混凝土试件抗压强度标准试验方法	Standard Test Method for Compressive Strength of Cylindrical Concrete Specimens	ASTM C 39－14a	美国材料与试验协会
混凝土——按抗压强度分类	Concrete；Classification by Compressive Strength	ISO 3893—1999	
混凝土结构设计	Design of Concrete Structures		美国麦格劳-希尔集团（McGraw Hill）
水工混凝土试验规程	Test Code for Hydraulic Concrete	DL/T 5150—2001	国家经济贸易委员会

2　主要研究成果

本文是按照中国标准的章节条款逐条进行对照，为了便于大家对对比研究成果有一个总体的认识，现将对比研究工作的主要研究成果总结如下。

2.1　整体性差异

中国标准体系的建设由政府部门主导，主要由各行业主管部门牵头，选择经验丰富的大型企事业单位、科研院所或行业协会进行制定，是一个自上而下的过程，每个行业均有自己的行业标准，这也在一定程度上出现了“重复建设”问题。《水工混凝土结构设计规范》（DL/T 5057—2009）属于电力行业标准，由于水电工程一般具有结构尺寸大、体型复杂、荷载不确定因素多、环境条件复杂、工程等级高等特点，因此该标准具有较强的针对性，其要求普遍高于其他行业标准，仅适用于水电水利工程的混凝土结构设计。

美国标准体系的建设一般由民间社会团体或部门、企业主导，是一自下而上的过程，制定的标准体系具有多元化特点，美国工程建设领域标准主要有美国材料与试验协会标准、美国陆军工程兵团标准或手册和美国垦务局（USBR）标准或手册、美国混凝土协会标准、美国土木工程师学会等。而美国陆军工程兵团的《水工钢筋混凝土结构强度设计》（EM 1110-2-2104），只是针对水工结构的特点，提出一些规定，其他要求均直接参见《混凝土结构设计规范》（ACI 318-11）；《混凝土结构设计规范》（ACI 318-11）有关荷载的问题均直接参见《建筑物和其他结构最小设计荷载》（ASCE/SEI 7-10）。这样避免了“重复性建设”。

另外，中国标准中量值单位均为国际单位，相关条款较为刚性，一般只提要求，不解释（个别条款有条文说明）；而美国标准中量值单位基本为英制，条款多采用讲解叙述形式，并阐述十分详细。

2.2 适用范围差异

中国标准《水工混凝土结构设计规范》（DL/T 5057—2009）是行业标准，强调适用于水利水电工程中素混凝土、钢筋混凝土及预应力混凝土结构的设计。美国标准《混凝土结构设计规范》（ACI 318-11）是房屋建筑总规范的一部分，规范明确除与建筑总规范有矛盾的地方之外，该标准对所有混凝土结构的有关设计、施工和材料性能的问题均有效，同时明确对于特种结构，比如拱、容器、筒仓、抗爆结构物以及烟囱等，规范的相关条文也同样有效，同时适用于轻质混凝土结构。美国《混凝土结构设计规范》（ACI 318-11）的1.1.10条指明本规范不涉及水槽和水池的设计和施工。

从两国标准确定的适用范围来看，美国标准《混凝土结构设计规范》（ACI 318-11）比中国标准《水工混凝土结构设计规范》（DL/T 5057—2009）的适应范围更广，也更灵活。

中国标准是针对水工混凝土结构的设计规范，而作为主要对比研究的美国标准是混凝土结构建筑规范以及水工钢筋混凝土的结构强度设计手册，中美标准的侧重点不同，中国标准围绕水工结构特点，针对其结构设计制定标准，而美国混凝土结构建筑规范是混凝土结构的通用标准，美国陆军工程兵团的《水工钢筋混凝土结构强度设计》（EM 1110-2-2104）是针对水工结构的特点，仅针对水工钢筋混凝土的强度设计提供设计指南。

2.3 主要差异及应用注意事项

2.3.1 混凝土结构设计方法

中美标准在混凝土结构的设计方面的基本理论、设计理念、设计假定以及在结构设计时所考虑的因素基本一致，只是表现方式不同，处理问题的方法、具体细节上有差异。中美标准均要求混凝土结构必须满足强度和适用性的双重要求，且均采用分项系数设计表达式。两标准考虑的影响因素也基本一致，但具体实现上有较大差异。

中国标准有 5 个系数，美国标准的强度设计法只有 2 个系数，系数之间的关系对比见表 2。

表 2　　中美分项系数对比

序号	中国标准分项系数	中美标准差异对比
1	结构重要性系数 γ_0	美国标准根据结构类别不同，荷载不同给出不同的结构重要性系数，详见 5.1.3
2	结构系数 γ_d	与美国标准的强度折减系数考虑因数有些类似，但有差别
3	材料性能分项系数 γ_c、γ_s	
4	荷载分项系数	美国标准没有明确的设计状况系数定义，但在荷载组合以及系数规定上考虑了不同的设计状况影响因素
5	设计状况系数 ψ	

中国标准的极限状态设计表达式为 $\gamma_0\psi S\leqslant\frac{1}{\gamma_d}R$，换成与美国标准相近的表达式，即 $\frac{1}{\gamma_0\gamma_d\psi}R\geqslant S$，如对于一个结构安全级别为Ⅰ级的水工钢筋混凝土构件，在持久状况下的表达式可写为$\frac{1}{1.1\times1.2\times1.0}R\geqslant S$，即 $0.758R\geqslant S$。

美国标准的强度折减系数为 0.9（抗拉）～0.65（抗压）。强度设计表达式可近似表达为（0.9～0.65）（标称强度）$\geqslant U$。

中国标准的 S 与美国标准的 U 都是各作用效应组合的设计值，美国标准的 U 里还包含结构重要性系数，对不同的结构安全级别，不同的荷载类型其结构重要性系数不同，结构重要性系数在 0.8～1.5 之间。

中国标准的荷载分项系数比美国标准小，即用美国标准计算的 U 要大于用中国标准计算的 S。但中国标准的结构构件的抗力设计值 R 是采用材料的强度设计值，而美国标准的材料强度设计值是直接采用材料的标称强度。

2.3.2　混凝土结构安全等级

中国标准按水工建筑物的级别将混凝土结构划分成Ⅰ～Ⅲ级，水工建筑物级别为 1 级的建筑物结构安全级别为Ⅰ级，水工建筑物级别为 2 级、3 级的建筑物结构安全级别为Ⅱ级，水工建筑物级别为 4 级、5 级的建筑物结构安全级别为Ⅲ级。在进行结构设计时，根据结构的安全级别选用结构重要性系数 γ_0，结构重要性系数为 0.9～1.1。

美国标准《建筑物和其他结构最小设计荷载》（ASCE/SEI 7－10）中根据建筑物失效时对人类的危害性将构筑物分成Ⅰ～Ⅳ级，Ⅰ级为当结构失效时对人类生命危害小的建筑或结构，Ⅳ级为生命线工程结构。在进行结构设计时，需先确定结构的安全级别，对不同荷载类型选用相应的结构重要性系数。结构重要性系数为 0.8～1.5。

中美标准均根据建筑物的类型、失事的危害性、重要性等因素进行了等级划分，中国标准将建筑物划分成 3 个安全级别，同一安全级别的构件的不同荷载采用相同的结构重要性系数。美国标准将建筑物划分成 4 个安全级别，即使同一安全级别的构件，不同的荷载类型，需采用不同的结构重要性系数。

值得注意的一点是，中国标准的结构等级从高到低分别划分为Ⅰ级、Ⅱ级、Ⅲ级，而美国标准的结构等级从高到低分别划分为Ⅳ级、Ⅲ级、Ⅱ级、Ⅰ级。

2.3.3 混凝土强度的确定

中美标准对混凝土强度的试验方法、标准试件尺寸、等级分类、混凝土强度的选取有区别。

2.3.3.1 混凝土试件及等级分类

中国标准采用立方体试件，试件尺寸 150mm×150mm×150mm；混凝土强度等级用符号 C 和立方体抗压强度标准值来表示。

美国标准采用圆柱体试件，试件尺寸为 ϕ150mm×300mm，对混凝土强度等级没有统一的命名，由具体工程根据需要来做统一规定。

2.3.3.2 混凝土强度

中国标准混凝土强度标准值、设计值的确定采用下列公式：

$$\text{混凝土试件标定强度}\xrightarrow[f_{ck}=0.67\alpha_c f_{cu,k}]{\text{考虑试件尺寸效应影响}}\text{混凝土标准强度}\xrightarrow[\gamma_c=1.4]{\text{考虑材料分项系数}}\text{混凝土设计强度}$$

美国标准混凝土的标准强度直接采用混凝土试件的标定强度，在进行结构强度设计时，采用的是混凝土的标准强度。

美国标准在强度折减系数里考虑到由于材料强度和尺寸的变化引起构件强度不足的可能性；考虑到设计公式的不精确性；反映构件在所考虑的荷载效应下的韧性和可靠性要求；和构件在结构物中的重要性等因素来规定的。强度折减系数为 0.9（受拉）～0.65（受压），美国的强度折减系数是一个综合系数。

美国标准规定在进行混凝土结构构件设计时，钢筋混凝土构件的轴向与弯曲计算中忽略混凝土的抗拉强度。

2.3.3.3 圆柱体与立方体试件抗压强度标准值之间的关系

国际标准《混凝土——按抗压强度分类》（ISO 3893—1999）根据混凝土试件 28d 的标定抗压强度确定混凝土的分类系统。对于按圆柱体试件 ϕ150mm×300mm 与立方体试件 150mm×150mm×150mm 确定的混凝土等级的对比见表 3。

表 3　　圆柱体与立方体试件抗压强度标准值之间的关系

混凝土强度等级	混凝土强度标准值/MPa		比　值
	圆柱体试件 ϕ150mm×300mm	立方体试件 150mm×150mm×150mm	
C2/2.5	2.0	2.5	0.80
C4/5	4.0	5.0	0.80
C6/7.5	6.0	7.5	0.8
C8/10	8.0	10.0	0.80
C10/12.5	10.0	12.5	0.80
C12/15	12.0	15.0	0.80

续表

混凝土强度等级	混凝土强度标准值/MPa		比　值
	圆柱体试件 ϕ150mm×300mm	立方体试件 150mm×150mm×150mm	
C16/20	16.0	20.0	0.80
C20/25	20.0	25.0	0.80
C25/30	25.0	30.0	0.83
C30/35	30.0	35.0	0.86
C35/40	35.0	40.0	0.88
C40/45	40.0	45.0	0.89
C45/50	45.0	50.0	0.90
C50/55	50.0	55.0	0.91

2.3.4　钢筋强度的确定

中国标准热轧钢筋的强度标准值根据屈服强度确定；预应力钢绞线、钢丝、钢棒和螺纹钢筋的强度标准值根据极限抗拉强度确定。普通钢筋抗拉强度设计值取为钢筋强度标准值除以钢筋材料性能分项系数 γ_s；预应力混凝土用钢丝、钢绞线、钢棒及螺纹钢筋的抗拉强度设计值则取为条件屈服点强度除以钢筋材料性能分项系数 γ_s。受压钢筋强度设计值以钢筋应变 $\varepsilon_s'=0.002$ 作为取值依据，按 $f_y'=\varepsilon_s'Es$ 和 $f_y'=f_y$ 两个条件确定，取二者中的较小值。γ_s 根据钢筋种类取 1.1～1.39。

美国标准没有材料性能系数，普通钢筋的设计强度即钢筋的标定屈服强度，钢筋的抗拉强度、抗压强度没有区分，均取钢筋的设计强度。预应力钢筋根据计算需要，采用预应力钢筋的标定抗拉强度或预应力钢筋的标定屈服强度。美国标准规定非预应力构件配置的纵向钢筋的设计强度不超过 550MPa，《水工钢筋混凝土结构强度设计》（EM 1110－2－2104）同时规定非预应力钢筋采用《钢筋混凝土配筋用变形和光面钢筋规程》（ASTM A 615M－03a）的 Grade 420 级钢筋，应避免采用 Grade280 级钢筋。

中美标准对钢筋的设计强度采用有区别，中国标准需考虑材料分项系数，美国标准没有明确的材料分项系数，虽然强度折减系数考虑了材料强度、尺寸的变化引起的构件强度不足的因素，但强度折减系数是一个综合影响系数。中美标准均提倡优先考虑采用高强度的钢筋。

2.3.5　承载能力极限状态计算

中美标准对素混凝土结构、钢筋混凝土结构、预应力混凝土结构的承载能力计算的基本理论、设计假定是一致的，但具体规定不同。

2.3.5.1　荷载组合

中国标准，承载能力极限状态设计组合分基本组合、偶然组合。

对于基本组合：

$$S=\gamma_G S_{Gk}+\gamma_{Q1}S_{Q1k}+\gamma_{Q2}S_{Q2k}$$

对于偶然组合，偶然组合中每次只考虑一种偶然作用：

$$S=\gamma_G S_{Gk}+\gamma_{Q1} S_{Q1k}+\gamma_{Q2} S_{Q2k}+\gamma_A S_{Ak}$$

美国标准《混凝土结构设计规范》(ACI 318－11),承载能力极限状态设计考虑的组合如下:

$$U=1.4D$$

$$U=1.2D+1.6L+0.5(L_r\text{ 或 }S\text{ 或 }R)$$

$$U=1.2D+1.6(L_r\text{ 或 }S\text{ 或 }R)+(1.0L\text{ 或 }0.5W)$$

$$U=1.2D+1.0W+1.0L+0.5(L_r\text{ 或 }S\text{ 或 }R)$$

$$U=1.2D+1.0E+1.0L+0.2S$$

$$U=0.9D+1.0W$$

$$U=0.9D+1.0E$$

美国标准《水工钢筋混凝土结构强度设计》(EM 1110－2－2104),结合水工结构的特点,对承受水荷载的混凝土结构引入了水力因子 H_f,对于水工结构承载能力极限状态设计考虑的组合如下:

单荷载系数法:

$$U_h=H_f[1.7(D+L)]$$

$$U_h=H_f(0.75U_{W\text{或}E})$$

修正的 ACI 318 法:

$$U_h=H_fU=H_f(1.4D+1.7L)$$

$$U_h=0.75\{H_f[1.4(D+L)+1.5E]\}$$

$$U_h=0.75\{H_f[1.0(D+L)+1.25E]\}$$

中美标准的设计荷载均是在选用的代表荷载上乘以荷载分项系数。基本设计理论是一致的,但对于荷载分项系数的选取中美标准是有区别的。中美标准均要求考虑各种荷载组合以确定最不利的设计情况。中国标准荷载组合分基本组合和偶然组合,各种荷载的荷载分项系数基本固定,依靠设计状况系数来区分不同荷载同时发生的概率因素;而美国标准在荷载组合规定系数时,考虑荷载同时发生的概率因素,不同的荷载组合,荷载的分项系数是不同的。同时,美国标准根据结构的安全等级,对不同荷载分别给出了不同的结构重要性系数。

2.3.5.2 承载能力计算假定

从正截面承载力计算的基本假定上来看,中美标准基本是一致的,但具体取值以及计算方法上略有区别,具体分析如下:

(1) 相同点。均是假定截面应变保持为平面;不考虑混凝土的抗拉强度;纵向钢筋的应力取等于钢筋应变与其弹性模量的乘积,但其绝对值不应大于相应的强度设计值;平衡条件均是假定纵向受拉钢筋的屈服和受压区混凝土的破坏同时发生。在混凝土的极限压应变取值上,也基本相同,对于非均匀受压时,中国标准取 0.0033,美国标准取 0.003,中国标准对于轴心受压取 0.002,美国标准对于受压控制的应变限值也是取 0.002(对于 Grade 420 级钢筋,以及预应力钢筋)。

(2) 主要差异。美国标准假定钢筋和混凝土的应变与中和轴的距离成正比,美国标准在构件配筋的公式推导上偏好利用应变三角形相似的关系。

中美标准均是将受压区混凝土的应力图形简化为等效的矩形应力图，美国标准假定等效应力为 $0.85f'_c$，中国标准假定为 f_c。对于受压区计算高度，美国标准假定为 $\beta_1 c$（c 为受压区边缘到中和轴的距离，当 $17\text{MPa} \leqslant f'_c \leqslant 28\text{MPa}$ 时，$\beta_1 = 0.85$；当 f'_c 超过 28MPa 时，β_1 取值线性减少，按强度每超过 7MPa，β_1 降低 0.05，但 β_1 不小于 0.65。），中国标准假定为 $x(x=0.8c)$。

2.3.5.3　承载能力计算方法

中美标准关于结构构件承载能力计算的基本理论和假定大致相同，但在具体计算方法、公式上差别较大。

中国标准根据基本假定，给出正截面受弯承载力以及正截面受压承载力的计算公式，便于设计者使用。美国标准 ACI 没有给出具体的计算公式，只是给出了计算假定以及一般的原则及要求。《水工钢筋混凝土结构强度设计》（EM 1110－2－2104）根据《混凝土结构设计规范》（ACI 318－11）的基本假定以及一般原则要求，给出了详细的计算公式，并在附录 B 给出了详细的公式推导过程。

美国标准根据受压混凝土的应变值以及边缘受拉钢筋的拉应变值将构件区分为受压控制或受拉控制。即当受压混凝土达到其假定的应变限值 0.003，边缘受拉钢筋的净拉应变 $\varepsilon_t \leqslant 0.002$，截面为受压控制；当 $\varepsilon_c = 0.003$，$\varepsilon_t \geqslant 0.005$ 时，截面为受拉控制；当 $\varepsilon_c = 0.003$，$0.005 > \varepsilon_t > 0.002$ 时，截面介于受压与受拉控制的过渡区域。

中国标准是根据偏心距的大小区分大、小偏压，然后采用相应的公式计算配筋。

2.3.6　正常使用极限状态验算

中美标准对素混凝土结构、钢筋混凝土结构、预应力混凝土结构的正常使用极限状态验算的原理、目的是一致的，均采用荷载标准值进行构件的挠度验算。均要求考虑长期作用对结构刚度的影响。美国标准对混凝土结构没有抗裂要求，仅有限裂要求。

2.3.6.1　挠度

中国标准规定钢筋混凝土受弯构件在正常使用极限状态下的挠度，可根据构件的刚度用结构力学的方法计算。受弯构件的挠度应按标准组合并考虑荷载长期作用影响进行计算，所得的挠度计算值不应超过表 5.3.4 规定的限值。

《混凝土结构设计规范》（ACI 318－11）的 9.5 节规定钢筋混凝土受弯构件在使用荷载作用下的设计通过要求足够的刚度来限制挠度或变形，使其不致对结构的弧度及使用性能产生有害影响。同时，挠度控制有两种方法。对非预应力梁和单向板和其他组合构件，表 9.5（a）中对于不支承或者不搁置在诸如隔墙一类易因大挠度而损坏的结构上的单向结构的最小厚度给出最低限制。对非预应力双向结构，第 9.5.3.1～9.5.3.3 条给出了最小厚度的最低限制。对于不符合最小厚度要求的，或支承或搁置在诸如易受大挠度损坏的隔墙或其他结构的非预应力构件，以及所有预应力混凝土受弯构件来说，挠度必须按本规范相应章节中所述或所指的方法进行计算，且满足表 9.5（b）中值的限制。规定挠度计算应考虑荷载长期作用对刚度的影响。

中美标准均对受弯构件的变形控制提出要求，原理、目的是一致的，但采用的计算方法有所不同。

2.3.6.2 抗裂或裂缝宽度控制

中国标准对钢筋混凝土结构构件根据使用要求提出了抗裂或者控制裂缝宽度的要求。抗裂验算和限裂验算公式采用不同的物理概念并综合试验资料而推导出来的。因此，满足抗裂验算的构件并不一定满足限裂验算公式。

《混凝土结构设计规范》(ACI 318－11) 的裂缝控制提出了与试验数据吻合更好的钢筋间距控制法。美国混凝土协会通过大量的试验证实了使用荷载下的裂缝宽度与钢筋应力成正比。混凝土保护层厚度和钢筋间距是反映钢筋细部构造的重要变量。暴露性试验表明在侵蚀防护方面，混凝土质量、充分的压实以及足够的混凝土保护层可能比控制混凝土表面裂缝宽度更为重要。若能把配筋很好地分布在整个混凝土最大拉应力区内，则裂缝控制效果就会得到改善。美国标准通过限制构件受拉侧钢筋的间距来控制裂缝宽度。《水工钢筋混凝土结构强度设计》(EM 1110－2－2104) 是通过控制构件的受拉钢筋的最大配筋率来控制裂缝宽度，《水工钢筋混凝土结构强度设计》(EM 1110－2－2104) 对于受水荷载作用的水工混凝土结构进行强度设计时，需要在荷载组合系数上再考虑水力因子 H_f，扩大设计荷载以增加构件的强度、刚度，体现受水荷载作用的混凝土结构对裂缝的要求高于其他混凝土结构。

中国标准对钢筋混凝土构件提出抗裂或限裂要求，美国标准只提出限裂要求，且对裂缝宽度控制的方法两者的指导思想差异较大。在《混凝土结构设计规范》(ACI 318－95) 版规范中，也是要求进行裂缝宽度计算的，从《混凝土结构设计规范》(ACI 318－99) 版开始对构件的裂缝限制进行了修订，不再进行裂缝宽度计算，而是通过限制构件受拉侧钢筋的间距来实现。美国混凝土协会认为即使是在精心完成的实验室工作中，裂缝宽度具有很大的固有离散性，并受收缩和其他与时间相关的效应的影响。尽管进行了大量的研究，还是没有明确的试验证据认定存在侵蚀危险的裂缝宽度界限。

2.3.7 结构耐久性要求

中美标准均对混凝土构件所处的环境条件提出相应的耐久性要求。

2.3.7.1 环境类别划分

中国标准根据不同的环境条件对结构耐久性的影响程度，将水工建筑物所处环境划分为5类；对有抗冻要求的水工结构，根据气候分区、冻融循环次数、表面局部小气候条件、水分饱和程度、结构重要性和检修条件等不同，分成7级；对有抗渗要求的结构，根据所承受的水头、水力梯度以及下游排水条件、水质条件和渗透水的危害程度等因素，分成6级；对环境水的腐蚀程度规定了腐蚀判别标准；对处于高速水流可能遭受空蚀的部位，处于强腐蚀环境的构件中国标准均提出了相应的要求。

美国标准根据建筑物所处的环境类型，以及所处环境的条件，分别进行等级划分。《混凝土结构设计规范》(ACI 318－11) 中的表4.2.1根据混凝土构件所处的环境，划分成4个类别，分别为F霜冻、S硫酸盐、P要求低渗透率、C防腐蚀钢筋，然后根据各类别的严酷程度使用递增的数字表示，数字越大表示严酷程度越高。当结构混凝土构件被指定了多个暴露等级，按最严格的要求进行控制。

中美标准对影响结构耐久性的环境因素的考虑是一致的，但在具体分类上有区别。

2.3.7.2　结构耐久性要求

中国标准对提高结构耐久性，从限制混凝土最低强度等级、最大水灰比、最小水泥用量、最大氯离子含量和最大碱含量等方面提出要求；对有抗冻要求的水工结构，要求掺加外加剂，增加含气量。对有抗渗要求的构件，要满足有关抗渗等级的规定。

美国标准根据结构所处的暴露类别以及等级，从限制混凝土最低强度等级、最大水灰比、水泥种类、最大氯离子含量、最小含气量等方面提出要求。

美国标准，对混凝土的抗渗等级只分两类，有抗渗要求以及无抗渗要求。对有抗渗要求的混凝土构件，规定混凝土最大水胶比为0.50，最低标称抗压强度28MPa（约为C33），若按《水工混凝土试验规程》（DL/T 5150—2001）的抗渗试验方法，该强度的混凝土，其抗渗等级约可达到W10。因此，美国标准对抗渗混凝土的要求更严格。

美国标准根据建筑物所处的环境条件，给出不同的混凝土最低强度等级要求。但跟结构类型、所配置的钢筋种类无关。其所有环境中最低规定抗压强度值为17MPa，相当于中国混凝土强度等级C21。

总体认为，美国标准对混凝土强度等级的最低限值高于中国标准。

2.3.8　一般构造规定

中美标准对结构的临时缝设置、混凝土保护层、钢筋的锚固、接头、纵向受力钢筋的最小配筋率以及预制构件的接头、吊环等均有明确规定，但在钢筋搭接、锚固长度、钢筋最小配筋率等方面有差异。

2.3.8.1　永久缝和临时缝

中美标准都对施工缝设置的位置有所要求，要求设置施工缝以不影响结构安全为前提，均要求临时施工缝缝面应是干净的并除掉水泥浮浆。中国标准还对永久缝的设置有规定。

2.3.8.2　混凝土保护层

中美标准均根据环境条件和结构类型对钢筋最小混凝土保护层厚度有明确的规定。

美国标准规定更加细致，该规范不但考虑了构件所处环境和结构类型还考虑了钢筋直径对保护层的影响。另外美国标准所涉及的结构类型也更加丰富，不但包含常规的板、梁和柱，还包含壳体、折板等构件。

中美标准规定的最小混凝土保护层厚度基本相当，美国标准略大些。比如，处于室内环境且不与土壤直接接触环境下的混凝土，中美标准规定的梁、柱纵向受力钢筋的混凝土保护层最小厚度分别为30mm、40mm。

2.3.8.3　钢筋的锚固

中美标准均对受力钢筋锚固长度有明确的规定。

中国标准规定的受拉钢筋最小锚固长度与钢筋强度、混凝土等级以及钢筋直径有关。混凝土等级越高锚固长度越短，钢筋强度越高锚固长度越长，钢筋直径越小锚固长度越短。

美国标准规定的受拉钢筋最小锚固长度除与钢筋强度、混凝土等级以及钢筋直径有关，还与混凝土保护层厚度、钢筋位置、环氧涂层等因素有关。除此之外，美国标准还规定了钢筋网、轻质混凝土以及腹部钢筋最小锚固长度。美标规定更为细致、要求更高。总的来说，美国标准给出的受力钢筋的锚固长度大于中国标准。比如：对于普通混凝土、配置没有涂层的钢筋、钢筋直径大于等于 22mm、混凝土标定抗压强度是 28MPa，采用 Grade420 钢筋，对于最外侧受拉钢筋的锚固长度为 $47d_b$（钢筋直径，下同）或 $72d_b$。在最小保护层厚度、钢筋净间距或最小箍筋的配置满足要求时，钢筋锚固长度可取 $47d_b$，否则取 $72d_b$。均大于中国标准的 $35d$（钢筋直径，下同）。

中美标准对钢筋束最小锚固长度的规定基本相同，都是在普通钢筋最小锚固长度的基础上乘以一个扩大系数，中国标准规定的系数要比美国标准的大。

美国标准中没有规定水闸或溢流坝闸墩等结构构件中有关钢筋锚固的构造要求。

2.3.8.4 钢筋的接头

中美标准均对受力钢筋的接头问题有明确的规定。

中美标准均明确钢筋的连接方式分为两类：绑扎搭接、机械连接或焊接。美国标准强调钢筋连接只能按合同文件中的要求或许可执行，或按专业设计人员的许可进行。

中国标准规定受拉钢筋直径 $d>28$mm，或受压钢筋直径 $d>32$mm 时，不宜采用绑扎搭接接头。美国标准规定钢筋直径 $d>36$mm 时，不宜采用绑扎搭接接头。

中国标准规定受拉钢筋的搭接长度不应小于 $1.2l_a$（钢筋锚固长度，下同），且不应小于 300mm；受压钢筋的搭接长度不应小于 $0.85l_a$，且不应小于 200mm。美国标准规定受拉钢筋的搭接长度不应小于 $1.3l_a$（但当在整个接头长度范围内，所提供的配筋截面面积至少为计算所需要的 2 倍；且在所需要的搭接长度范围内只有总配筋的一半或更少的钢筋接头时，允许受拉钢筋的搭接长度不小于 $1.0l_a$），且不应小于 300mm；受压钢筋的搭接长度应为当 $f_y \leqslant 420$MPa 时为 $0.071f_yd_b$ 或当 $f_y>420$MPa 时为 $(0.13f_y-24)d_b$，但不得小于 300mm。当 $f'_c<21$MPa 时，搭接长度应增加 1/3。

从中美标准的规定来看，美国标准对钢筋的接头要求要高于中国标准。且美国标准对钢筋接头的规定更为细致。

2.3.8.5 纵向受力钢筋的最小配筋率

根据中美标准对纵向受力钢筋的最小配筋率的规定，总结了中美标准最小配筋率对比表（见表 4）。

表 4 **中美标准最小配筋率对比表** %

考虑因素	分　类	标　准		
		《水工混凝土结构设计规范》（DL/T 5057—2009）	美国《混凝土结构设计规范》（ACI 318-11）	美国《水工钢筋混凝土结构强度设计》（EM 1110-2-2104）
承载力	受弯构件的受拉钢筋	0.15～0.25	$0.25\sqrt{f'_c}/f_y$ 和 $1.4/f_y$ 取大值	同《混凝土结构设计规范》（ACI 318-11）
	轴心受压柱的全部纵向钢筋	0.5～0.6	1	同《混凝土结构设计规范》（ACI 318-11）
	偏心受压构件的受拉或受压钢筋	0.15～0.25	$0.25\sqrt{f'_c}/f_y$ 和 $1.4/f_y$ 取大值	同《混凝土结构设计规范》（ACI 318-11）
温度和收缩	所有构件的温度钢筋		0.14～0.2	0.14

同时美国标准规定，如果实际配筋面积超过计算的钢筋面积的 1/3 时，则不受最小配筋率的限制。另外美国标准对箍筋的最小配筋率也有相应的规定。但美国标准没有大体积混凝土最小配筋率折减的规定。

总体来看美国标准规定的最小配筋率比中国标准大。如受弯构件，配置 Grade 420 钢筋，混凝土抗压强度 $f_c'=25\text{MPa}$，按美国标准计算的最小配筋率为 $\rho_{\min}=0.33\%$，大于中国标准的 0.15%～0.2%。全截面受压构件美国《混凝土结构设计规范》（ACI 318－11）规定的最小配筋率为 1%，大于中国标准的 0.5%～0.6%。

2.3.9　结构构件的基本规定

中美标准对于板、梁、柱、梁柱节点、墙、叠合式受弯构件、深受弯构件和立柱独立牛腿构件均有基本规定，中国标准规定较为细致具体。此外，中国标准还针对水工建筑特有的壁式连续牛腿、弧形闸门支座、弧形闸门预应力混凝土闸墩、钢筋混凝土蜗壳、钢筋混凝土尾水管、坝体内孔洞、平面闸门槽等结构给出基本规定。主要异同点如下：

2.3.9.1　板

中美标准关于单向板和双向板划分、受力钢筋构造、孔洞补强钢筋、抗冲切钢筋的规定基本相似，但对支承长度、受力钢筋间距以及分布钢筋配置等方面有差异。

中国标准按支承结构类型规定最小支承长度为 80mm 和 100mm，美国标准规定为 50mm 与 $l_n/180$ 取大值。

中国标准规定钢筋混凝土板中受力钢筋的间距：当板厚 $h\leqslant 200\text{mm}$ 时，不应大于 200mm；当 $200\text{mm}<h\leqslant 1500\text{mm}$ 时，不应大于 250mm；当 $h>1500\text{mm}$ 时，不应大于 300mm。美国标准要求钢筋混凝土板中受力钢筋的间距不大于 3 倍板厚，最大不得大于 450mm。

中国标准规定按受力钢筋面积的百分比选择分布钢筋，美国标准按温度收缩钢筋的规定选择分布钢筋。

2.3.9.2　梁

中美标准关于梁下部纵向受力钢筋、弯起钢筋、受扭钢筋的规定基本相似。但对支承长度、受力钢筋的布置等方面有差异。

中国标准规定支承在砌体上，支承长度不应小于 180mm（梁的截面高度不大于 500mm 时）或 240mm（梁的截面高度大于 500mm 时）；支承在钢筋混凝土梁、柱上时，支承长度不应小于 180mm。美国标准规定支承长度不应小于 75mm 与 $l_n/180$ 的大值。

中国标准规定梁的下部纵向受力钢筋的水平方向净距不应小于 25mm 和 1.0d，梁的上部纵向受力钢筋的水平方向的净距不应小于 30mm 和 $1.5d$，且不应小于最大骨料粒径的 1.25 倍。美国标准规定梁的纵向受力钢筋的水平方向净距不应小于 25mm 和 $1.0d_b$，且不应小于最大骨料粒径的 1.33 倍。

纵向受力钢筋较多时，中美标准都允许钢筋分层或成束布置。当钢筋层数多于两层时，中国标准要求第三层及以上的钢筋间距应增加 1 倍，美国标准要求上层的钢筋应该直接对准底部钢筋，伴随在两层之间的净距不少于 25mm。

中国标准规定纵向受压钢筋在跨中可以截断时需要延伸 $(15\sim20)d$，美国标准规定

需要延伸 d（极限受压纤维到纵向受拉配筋形心的距离，与中国标准 h_0 的概念相同）和 $12d_b$ 中的大值。

2.3.9.3 柱

中美标准关于圆柱纵向受力钢筋、复合箍筋和连系拉筋、箍筋封闭及配置放宽要求的规定基本一致。但对柱的纵向钢筋的配筋率的规定上差异较大。

中国标准规定全部纵向钢筋的最小配筋率为0.5%～0.6%，最大配筋率为5%。美国标准规定全部纵向钢筋的最小配筋率为1%，最大配筋率为8%。中国标准规定纵向钢筋最小净距为50mm，美国标准规定为 $1.5d_b$ 和40mm的大值。中国标准规定箍筋最大间距为 $(15\sim20)d$，同时不超过400mm和柱短边尺寸，美国标准规定为不超过 $16d_b$、48倍箍筋直径和柱短边尺寸。中国标准规定箍筋直径最小为0.25倍最大纵筋直径，并不小于6mm，美国标准规定为10～13mm。

2.3.9.4 梁、柱节点

中美标准关于梁、柱节点处梁的钢筋的锚固、框架节点内设置水平箍筋的规定基本一致。

中国标准规定框架顶层端节点处梁上部纵向钢筋截面面积按 $A_s\leqslant\dfrac{0.35f_cb_bh_0}{f_y}$ 计算，美国标准按弯曲受拉钢筋应力为 $1.25f_y$ 来确定。中国标准规定框架节点内水平箍筋最大间距为250mm，美国标准规定为150mm。

2.3.9.5 墙

中美标准对于墙体简化为常规构件、承重墙的最小厚度与被支承体高度的关系、承受局部竖向荷载的墙体、剪力墙钢筋锚固和接头的规定基本一致。

中美标准均规定承重墙的厚度不宜小于无支承高度的1/25，中国标准同时规定不应小于150mm，而美国标准《混凝土结构设计规范》（ACI 318－11）规定不应小于100mm。美国标准《水工钢筋混凝土结构强度设计》（EM 1110－2－2104）规定高于3.048m的水工建筑物承重墙最小厚度304.8mm。

中国标准规定需要两侧配置钢筋的墙体的最小厚度是160mm，《混凝土结构设计规范》（ACI 318－11）规定的最小厚度为250mm。

中国标准规定承重墙竖向最小配筋率为0.15%～0.2%，竖向钢筋最大间距300mm，而美国标准规定为0.12%～0.15%，且不大于3倍的墙厚也不大于450mm。

中国标准规定剪力墙水平和竖向钢筋的最小配筋率为0.20%，最大间距为300mm，美国标准相应规定为0.25%，以及 $l_W/5$、$3h$ 与450mm三者中的小值。

2.3.9.6 深受弯构件

中美标准对深受弯构件承受支座反力和集中荷载的部位进行局部受压承载力验算的规定基本一致。中美标准规定了深受弯构件抗剪计算，计算表达式不同。

中国标准规定计算跨度小于5倍构件高度的为深受弯构件，美国标准规定净跨等于或小于构件高度的4倍或集中荷载区域在距支撑面两倍的构件为深受弯构件。

中国标准根据支承类型和跨高比可按简支梁、弹性理论和结构力学法计算，美国标准规定深梁按非线性应变法或拉压杆模型方法计算。

中国标准给出了深受弯构件正截面受弯承载力、抗裂、限裂、钢筋构造的具体规定，美国标准的规定较为原则。

2.3.9.7 立柱独立牛腿

中美标准对于独立牛腿水平箍筋构造配置、牛腿钢筋锚固基本一致，设计过程中都考虑了剪跨比。

中国标准要求牛腿剪跨比不超过1，不出现斜裂缝，牛腿外边缘高度不小于$h/3$，且不小于200mm，按牛腿剪跨比小于0.2和不小于0.2两种情况分别给出了配筋计算规定；美国标准规定剪跨比小于2时均可按拉压杆模型计算，规定牛腿外边缘高度不小于$0.5d$。

2.3.10 钢筋混凝土结构构件抗震设计

中美标准对框架梁、框架柱、框架梁柱节点等均有相应的抗震设计规定，中国标准规定较为细致具体。此外，中国标准还针对水工建筑常出现的铰接排架柱、桥跨结构给出基本规定。中美标准均按照地震危险性级别对钢筋混凝土构件进行了抗震类型的分类，并按分类情况进行了钢筋构造细节的规定。EM6053是水工结构抗震的设计导则，其地位类似于《水工建筑物抗震设计规范》（DL 5073—2000），《水工混凝土结构地震设计与评估》（EM 1110-2-6053）规范偏重抗震计算方法的说明，对于构件抗震构造未做交代，但其对多方向地震组合、地震设计需求、具体计算方法等问题进行了阐述。《水工混凝土结构设计规范》（DL/T 5057—2009）关于抗震设计的过程较《混凝土结构设计规范》（ACI 318-11）更为详尽。主要异同点如下：

2.3.10.1 一般性规定

（1）抗震设防类别对比：中国《水工建筑物抗震设计规范》（DL 5073—2000）根据水工建筑物的级别以及场地基本烈度，将工程抗震设防类别划分为甲、乙、丙、丁四类。美国《混凝土结构设计规范》（ACI 318-11）规范1.1.9.1规定：结构的抗震设计等级根据通用建筑规范来确定，对于没有合法的建筑规范的区域根据权威机构的规定来确定。将建筑物的抗震设计等级划分为SDC*A，SDC*B，SDC*C，SDC*D，SDC*E，SDC*F六类。SDC*A、SDC*B属于“低地震危险区”，SDC*C属于“中地震危险区”，SDC*D、SDC*E、SDC*F属于“高地震危险区”。美国标准《水工钢筋混凝土结构强度设计》（EM 1110-2-2104）、《水工混凝土结构地震设计与评估》（EM 1110-2-6053）规定，在推求地震荷载时，需考虑3种不同的地震：最大可信地震（MCE）、最大设计地震（MDE）和运行基本地震（OBE）。

（2）中美标准均规定钢筋混凝土构件在承受地震作用时，除应满足混凝土构件的一般规定外，还需按构件承担的地震作用的不同，进行专门的设计。

（3）混凝土强度等级的要求：《水工混凝土结构设计规范》（DL/T 5057—2009）与《混凝土结构设计规范》（ACI 318-11）均对抗震构件的混凝土强度等级以及钢筋等级给出了限制。中国标准规定，当设计烈度为9度时，混凝土强度等级不宜低于C30；当设计烈度为7度、8度时，混凝土强度等级不应低于C25。美国标准规定混凝土的设计抗压强度不低于21MPa，相当于中国标准的C26。对处于地震设计烈度为9度的建筑物，中国标准对混凝土强度等级的要求高于美国标准，对处于地震设计烈度9度以下的建筑物，中美标准对混凝土强度的要求基本一致。

2.3.10.2　框架梁

中美标准均针对抗震构件的框架梁提出专门的规定，但具体方法不同。中国标准通过提高梁端混凝土受压区的计算高度来提高构件的抗震能力，而美国标准通过限制构件不同部位的正、负弯矩比例来提高构件的抗震能力。中美标准均规定对于抗震构件，应采用地震荷载组合计算梁的内力，其计算的原理相同。

中国标准框架梁的纵向受拉钢筋的最小配筋率按地震烈度不同，在一般非抗震结构的基础上给予提高，美国标准框架梁的纵筋的最小配筋率，抗震结构与非抗震结构相同。除9度区支座部位，中国标准比美国标准略高外，其他情况，美国标准比中国标准高。中美标准对抗震结构的最大配筋率均规定不能超过0.025，且要求在构件顶部和底部至少应该有两条贯穿钢筋。

2.3.10.3　框架柱

中美标准均规定框架柱端弯矩在抵抗地震荷载时，应增大。中国标准根据不同的地震烈度给出相应的柱端弯矩增大系数，美国标准规定柱端弯矩增大系数为1.2。

中美标准对于剪力计算的基本原理相同。《水工混凝土结构设计规范》（DL/T 5057—2009）通过调整柱剪力增大系数给出了对应不同地震烈度情况下的柱端剪力计算公式。《混凝土结构设计规范》（ACI 318－11）没有剪力计算的具体公式，但从所叙述的方法上来说是一致的。

中国标准对框架柱在地震作用下的最小配筋率根据地震烈度的不同，在非抗震构件的基础上给予提高。美国标准未针对框架柱在地震作用下的最小配筋率提出特殊规定，与非抗震构件相同，均为1%，总体上，比中国标准高。中国标准只是对于9度地震的角柱、框支柱的最小配筋率（1.2%）大于美国标准外，其他情况均小于或等于美国标准。

2.3.11　简单算例对比

某简支梁，建筑物级别为2级（或3级），结构安全级别为Ⅱ级。计算跨度6.0m，梁断面尺寸300mm×600mm，如图1所示。承受楼面活荷载标准值L＝15kN/m。梁的混凝土强度等级采用C25，钢筋为HRB400级。钢筋的混凝土保护层厚度取30mm。

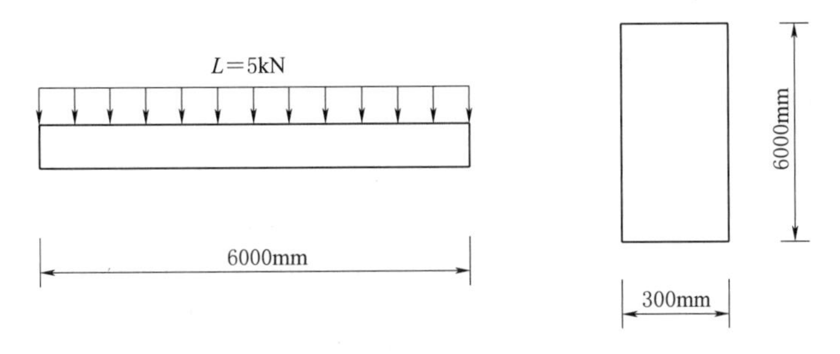

图1　简支梁计算简图

根据中美标准分别进行跨中截面受弯承载能力计算，结果见表5。

针对本算例，美国标准计算结果大于中国标准，美国标准中的《水工钢筋混凝土结构强度设计》（EM 1110－2－2104）的计算结果大于《混凝土结构设计规范》（ACI 318－11）。

表 5　　　　受弯承载力计算对比表

项　　目		中国标准	美国标准	
			《混凝土结构设计规范》(ACI 318－11)	《水工钢筋混凝土结构强度设计》(EM 1110－2－2104)
b/m		0.3		
d/m		0.6		
计算跨度/m		6		
混凝土抗压强度设计值/(N/mm²)		11.9	20	
钢筋强度设计值/(N/mm²)		360	400	
恒载/(kN/m)	标准值	4.5		
	设计值	4.725	5.4	6.3
活载/(kN/m)	标准值	15		
	设计值	18	24	25.5
跨中弯矩设计值/(kN·m)		102.3	132.3	143.1
计算配筋面积/mm²		644	676.2	734.5
最小配筋面积		337	599	

如果建筑物级别为 4 级（或 5 级），结构安全级别为Ⅲ级，中国标准的跨中弯矩设计值为 92.0kN·m，计算配筋面积为 576mm²；如果建筑物级别为 1 级，结构安全级别为Ⅰ级，中国标准的跨中弯矩设计值为 112.5kN·m，计算配筋面积为 713mm²。中国标准建筑物级别越高，计算配筋面积越大，对于建筑物级别为 1 级，计算配筋面积略高于《混凝土结构设计规范》（ACI 318－11）的计算结果。

3　值得中国标准借鉴之处

（1）美国标准体系的建设一般由民间社会团体或部门、企业主导，是一自下而上的过程，制定的标准体系具有多元化特点，并十分完备，其标准一般都是跨行业设计，具有通用性，对于各行业只要开展该项工作均适用，这既避免了“重复建设”，也避免规程规范过多导致的交叉重叠和“管理混乱”。

（2）对承载能力计算假定上，中美标准基本相同，美国标准同时假定钢筋和混凝土的应变与中和轴的距离成正比，美国标准在构件配筋的公式推导上偏好利用应变三角形相似的关系，使得配筋计算过程比中国标准简单，值得中国标准进行探讨、研究。

（3）美国混凝土协会通过大量的试验证实了使用荷载下的裂缝宽度与钢筋应力成正比，提出通过控制混凝土拉应力区钢筋的应力以及钢筋间距的理论来控制裂缝宽度。美国混凝土协会认为即使是在精心完成的实验室工作中，裂缝宽度具有很大的固有离散性，并受收缩和其他与时间相关的效应的影响，尽管进行了大量的研究，还是没有明确的试验证据认定存在侵蚀危险的裂缝宽度界限，值得中国标准进行探讨、研究。

（4）美国标准对非预应力梁、板和其他组合构件的挠度控制提出通过限制构件的最小厚度的措施来满足挠度要求，简化了设计人员的工作量，值得中国标准进行探讨、研究。

混凝土重力坝设计规范对比研究

编制单位：中国电建集团华东勘测设计研究院有限公司

专题负责人 黄　维
编　　写 高雅芬　陈国良　梁金球　刘西军　赖道平　薛　阳　任　奎　李　强　胡翰军　涂承义
校　　审 徐建军　黄　维　刘西军　高雅芬　陈国良
核　　定 吴关叶　徐建强　叶建群　徐建荣
主要完成人 黄　维　刘西军　高雅芬　陈国良　梁金球　赖道平　薛　阳　任　奎　李　强　胡翰军　赵　琳

1　引用的中外标准及相关文献

本文对照研究的《混凝土重力坝设计规范》(NB/T 35026—2014)，内容涉及重力坝布置、坝体结构和泄水建筑物型式、泄水建筑水力设计、结构计算基本规定、坝体断面设计、坝基处理设计、坝体构造、坝体防裂及温度控制、监测设计等，涉及方面较多，外国标准主要对照美国标准，以美国垦务局(USBR)和美国陆军工程兵团(USACE)《重力坝设计》为主。因此，本文按照各部分内容分别寻找与之内容相关的美国标准进行对照研究。另外，除美国垦务局和美国陆军工程兵团《重力坝设计》外，其他一些的标准原文本收集较为困难，本文引用了部分中国已有的研究成果。

本文引用的主要中美标准及文献列于表1和表2。

表1　　引用的主要中国标准及文献

名　　称	编　号	发布单位/作者
混凝土重力坝设计规范	NB/T 35026—2014	国家能源局
水工混凝土结构设计规范	DL/T 5057—2009	国家能源局
水电工程水工建筑物抗震设计规范	NB 35047—2015	国家能源局
水工建筑物荷载设计规范	DL 5077—1997	电力工业部
水利水电工程结构可靠性设计统一标准	GB 50199—2013	建设部/国家质量监督检验检疫总局
水工混凝土试验规程	DL/T 5150—2001	国家经济贸易委员会
水力发电工程地质勘察规范	GB 50287—2006	建设部/国家质量监督检验检疫总局
水工建筑物抗冰冻设计规范	NB/T 35024—2014	国家能源局
水利水电工程钢闸门设计规范	DL/T 5039—1995	电力工业部
防洪标准	GB 50201—2014	建设部/国家技术监督局
混凝土坝安全监测技术规范	DL/T 5178—2003	国家经济贸易委员会
混凝土重力坝强度设计和控制标准专项研究报告	2007	中国电建集团华东勘测设计研究院有限公司

表2　　引用的主要美国标准及文献

中文名称	英 文 名 称	编　号	发布单位	发布年份
重力坝设计	Design of Gravity Dam		美国垦务局	1976
重力坝设计	Gravity Dam Design	EM 1110-2-2200	美国陆军工程兵团	1995
岩石试验手册	Rock Testing Handbook		美国陆军工程兵团	1993
实用岩石工程技术			Evert Hoek	2002
土建工程混凝土标准实践	Standard Practice for Concrete for Civil Works Structures	EM 1110-2-2000	美国陆军工程兵团	2001
现场制作和养护混凝土试样的方法	Standard Practice for Making and Curing Concrete Test Specimens in the Field	C 31/C 31M-2012	美国材料与试验协会(ASTM)	2012

续表

中文名称	英文名称	编号	发布单位	发布年份
圆柱体混凝土试件抗压强度标准试验方法	Standard Test Method for Compressive Strength of Cylindrical Concrete Specimens	C 39/C 39M－2012	美国材料与试验协会	2012
圆柱体试件劈拉强度试验方法	Standard Test Method for Splitting Tensile Strength of Cylindrical Concrete Specimens	C 496/496M－2011	美国材料与试验协会	2011
工程地质手册	Engineering Geology Field Manual		美国垦务局	1998
岩石地基	Rock Foundations	EM 1110－1－2908	美国陆军工程兵团	1994
土建工程抗震设计与评价	Earthquake Design and Evaluation of Civil Works Projects	ER 1110－2－1806	美国陆军工程兵团	1995
水工混凝土结构的地震设计与评价	Engineering and Design－Earthquake Design and Evaluation of Concrete Hydraulic Structures	EM 1110－2－6053	美国陆军工程兵团	2007
泄水建筑物结构设计与评估	Engineering and Design－Structural Design and Evaluation of Outlet Works	EM 1110－2－2400	美国陆军工程兵团	2003
蓄洪渠水力设计	Hydraulic Design of Flood Control Channels	EM 1110－2－1601	美国陆军工程兵团	1994
溢洪道水力设计	Hydraulic Design of Spillways	EM 1110－2－1603	美国陆军工程兵团	1992
冰工程	Ice Engineering	EM 1110－2－1612	美国陆军工程兵团	2002
大坝渗流分析与控制	Engineering and Design－Seepage Analysis and Control for Dams	EM 1110－2－1901	美国陆军工程兵团	1993
灌浆技术	Grouting Technology	EM 1110－2－3506	美国陆军工程兵团	1984
岩溶基础上大坝风险分析			美国大坝协会	2009
混凝土结构观测装置	Instrumentation for Concrete Structures	EM 1110－2－4300	美国陆军工程兵团	1987
联邦大坝安全导则	Federal Guidelines for Dam Safety		联邦科学、工程及技术协调理事会	1979
水电项目工程评价导则	Engineering Guidelines for the Evaluation of Hydropower Projects		美联邦能源管理委员会（FERC）	1999
大体积混凝土	Guide to Mass Concrete	207.1R－2005	美国混凝土协会（ACI）	2005
限制、体积变形及增强材料对大体积混凝土开裂的影响	Report on Thermal and Volume Change Effects on Cracking of Mass Concrete	207.2R－2007	美国混凝土协会	2007
大体积混凝土的冷却和绝缘系统	Cooling and Insulating Systems for Mass Concrete	207.4R－2005	美国混凝土协会	2005
碾压大体积混凝土	Roller－Compacted Mass Concrete	207.5R－2011	美国混凝土协会	2011

2　主要研究成果

本文从重力坝布置、坝体结构和泄水建筑物型式、泄水建筑水力设计、结构计算基本规定、坝体断面设计、坝基处理设计、坝体构造、坝体防裂及温度控制、监测设计等方面，以《混凝土重力坝设计规范》(NB/T 35026—2014) 为基础，与美国垦务局和美国陆军工程兵团《重力坝设计》进行了对比研究，取得的主要研究成果如下。

2.1　整体性的差异

中国标准对重力坝设计进行规定，是行业规范，行业所属重力坝工程设计都应遵守；美国标准则更注重重力坝设计方法和建议，需要工程师根据自身认知、经验及实际情况，经分析后取用，且美国标准是企业标准，只适用自己企业、下属单位、分区、实验室及现场作业等。

2.2　使用范围的差异

中国标准基本适用于岩基上所有类型重力坝，美国标准有一定限制，仅适用于实体型重力坝，对于支墩坝、空腹重力坝、低坝不适用。

2.3　主要差异及应注意事项

2.3.1　建筑物布置及设计等方面差异

2.3.1.1　坝高和等级划分

中国重力坝设计规范与美国重力坝设计手册均根据坝高分为高、中、低三类，中国重力坝设计规范规定坝高在 50m 以下为低坝，坝高在 50～100m 之间为中坝，坝高在 100m 以上为高坝。中美标准对高坝的高度分界线规定基本一致，美国重力坝设计手册对中低坝的分界线规定比中国低约 20m。中国规范又根据工程规模和重要性及坝高对不同的大坝进行结构安全分级，共分 5 级，而美标没有对大坝进行等级划分。

2.3.1.2　洪水标准

美国标准根据水库库容、坝高和失事造成灾害的风险程度将水库划分为大、中、小型，洪水标准一般分为 3 级（洪水标准采用 50 年一遇～PMF 不等)，且只采用一级洪水标准。中国规范则根据水库库容及保护对象的重要性将水库划分为大、中、小型，在此基础上，根据规模的不同将建筑物分为五级，相应洪水标准分为五档（洪水标准采用 10～5000 年一遇不等，对土石坝、堆石坝为 10 年一遇～PMF 不等)，中国规范规定对混凝土坝、浆砌石坝，洪水漫顶将造成极严重的损失时，1 级建筑物的校核洪水标准，经过专门论证并报主管部门批准，可取可能最大洪水（PMF）或重现期 1 万年标准。中国洪水标准采用了设计（或正常）和校核（或非常）洪水两级。美国、中国取 PMF 时要求的库容下限分别为 123 万 m^3、10 亿 m^3，美国要求的库容小于中国标准。对比中美 PMF 的计算方法，两国基本一致。

2.3.1.3 坝体断面设计

中美标准均以应力和稳定性分析作为重力坝坝体断面设计的依据，以材料力学法和刚体极限平衡法作为基本计算方法，中美标准基本一致。

中美两国所考虑的作用基本一致，但作用组合和扬压力计算有差别，美国陆军工程兵团标准考虑施工期间运行基准地震，中国标准施工期不考虑地震荷载；美国陆军工程兵团标准需对最大可能洪水进行复核，中国标准混凝土坝一般不采用最大可能洪水进行复核。在坝基扬压力计算时，中国重力坝设计规范考虑帷幕及排水（抽排）的作用，扬压力系数的范围为0.15～0.50；美国陆军工程兵团《重力坝设计》（EM 1110－2－2200）对应为0.33～0.75，一般只考虑排水作用而未提及帷幕及抽排的影响。美国垦务局《重力坝设计》初定为1/3，具体值需通过坝基流网计算或观测得到。

中国标准规定坝踵及坝体上游面除地震工况外，其他各工况下均不得出现垂直拉应力，短期组合下游面可出现不大于0.1MPa的垂直拉应力。美国垦务局标准考虑了层面的抗拉强度，各工况允许出现一定的拉应力，美国陆军工程兵团标准在非常和极端情况下允许出现一定的拉应力，容许应力与混凝土抗拉强度有关。两者之间有差异的。

（1）美国垦务局《重力坝设计》上游面允许出现拉应力。

为了不超过容许拉应力，按不计内部静水压力计算的最小容许应力由下式确定，此式中考虑了浇筑层面的混凝土抗拉强度：

$$\sigma_{Zu}=p\omega h-\frac{f_1}{s}$$

式中：σ_{Zu}为上游面最小容许应力；p为考虑排水孔的折减系数；ω为水的容重；h为库水面以下的水深；f_1为浇筑层面的混凝土抗拉强度；s为安全系数。

所有参数必须使用一致的单位。

如果无排水管，则p值为1；如果有排水管，则p值为0.4。对正常荷载组合，s值为3.0；对非常荷载组合s值为2.0。对正常荷载组合，容许值σ_{Zu}不得小于零。对极端荷载组合，s值为1.0的情况下，如果上游面的应力小于由上式计算的σ_{Zu}，则应假设出现开裂。如果考虑开裂后，建筑物内的应力并不超过规定强度，且能维持抗滑稳定，则可认为在这种荷载下，建筑物是安全的。在新的设计中，除极端荷载组合外，不准许出现开裂。

（2）美国陆军工程兵团《重力坝设计》（EM 1110－2－2200）上游面允许出现拉应力。混凝土或基础材料的单位应力不应超过允许值，见表3。

表3　稳定性和应力标准

荷载条件	合力在基底的位置	最小抗滑安全系数	基底承载力	混凝土应力	
				压缩	拉伸
常见	中间1/3	2.0	≤允许值	$0.3f'_c$	0
非常	中间1/2	1.7	≤允许值	$0.5f'_c$	$0.6f'^{2/3}_c$
极端	基底内	1.3	≤1.33×允许值	$0.9f'_c$	$1.5f'^{2/3}_c$

注　f'_c为一年期混凝土的无侧限抗压强度。抗滑安全系数是依据现场综合调研和试验程序得出的。混凝土的允许应力适用于静态荷载情况。

2.3.1.4　坝体结构和泄水建筑物的水力学设计

中美标准对于坝体结构的设计原则和要求基本一致，非溢流坝段的基本断面设计均要求有一定的超高，坝顶宽度均应满足设备布置、交通等要求，同时还应能够抵御漂流物的冲击和冰压力；溢流坝段的堰面曲线、反弧曲线、坝顶闸墩宽度、坝身泄水孔的设计原则也基本一致。但对于非溢流坝段的下游面坡度取值范围、溢流坝段堰顶负压的限值要求中美标准则略有不同，中国标准认为在最大洪水位时堰顶负压不应低于－6m 水柱；美国陆军工程兵团《水力设计准则》的要求与中国标准接近，规定堰顶压力不低于－6.1m 水柱；美国陆军工程兵团的《溢洪道水力设计》（EM 1110－2－1603）则认为不应低于－4.572m 水柱；美国垦务局的规定则最为灵活，认为当设计水头不大于最大水头的 75%时，堰顶的负压不会超过设计水头的一半，只要不至于产生空蚀现象，这种负压就是允许的；对于坝体结构的抗震、抗冰冻设计，以及溢流坝段闸门结构的设计，中美标准也都有各自相应的引用规范；中国标准根据工程等级，对溢流坝结构体型的设计是否进行模型试验验证提出了具体要求，美国标准则不按照工程等级来提出水工模型试验要求，而是要求相关泄水建筑物的设计应尽可能通过水工模型试验验证设计成果。

中国标准对于消能防冲建筑物的设计洪水标准，通常情况下要低于大坝的设计洪水标准，而美国标准则要求一般情况下消能工应满足大坝设计洪水标准时的泄流要求。美国标准对于消能工的设计标准要求相对更高一些，但中美标准都允许在超过消能防冲设计标准的泄洪情况下，消能工出现不危及大坝安全的易于修复的局部破坏。

2.3.1.5　基础处理设计

中美标准在坝基开挖、固结灌浆、防渗帷幕和排水、断层破碎带和软弱结构面处理等方面均有阐述，总体上这几个方面是一致的。岩溶地区的防渗处理中国标准条文内容较多，而美国标准几乎没有相关内容。中美标准的主要差异如下：①中国标准要求固结灌浆宜在混凝土浇筑后进行（有盖重灌浆），美国固结灌浆通常在混凝土浇筑前完成。②中国标准规定“大、中型工程或高坝应事先进行帷幕灌浆试验”；而美国陆军工程兵团《大坝渗流分析与控制》（EM 1110－2－1901）要求“在渗控措施实施前，应进行试验”，要求略高。美国标准指出“在相对不透水基础上，排水的间距应比相对透水基础的小，以释放在相对不透水介质中一段时间内形成的扬压力”。③两国标准规定倾角较陡的断层破碎带宜进行齿槽处理，但断层处理深度略有不同，美国标准对于中高坝的断层处理深度和坝高有关。

2.3.1.6　坝体防裂及温度控制

中美标准都十分重视大体积混凝土的温控防裂设计，温控设计的思路与原则方面基本一致。相对而言，中国标准条文上结构更加清晰，对温控设计的指导性也更强；美国垦务局标准内容全面、丰富，通俗易懂；美国陆军工程兵团标准相对简单，对温控标准、温控措施描述较少。坝体防裂及温度控制方面，中美标准的主要差异如下：①美国标准中没有明确提出大体积混凝土施工期抗裂安全系数；中国《混凝土重力坝设计规范》（NB/T 35026—2014）采用分项系数法表示。②中国标准中提出了坝体混凝土基础容许温差、新老混凝土温差和内外温差的控制标准概念，并针对不同浇筑块尺寸建议了混凝土基础容许温差值。除美国垦务局标准中对初步设计基础容许温差提出了建议值（与中国规范大体相当）外，美国标准没有明确提出温差控制标准概念及建议值，只是强调重视温度梯度。从温差控制标准的角度来看，中国标准更容易操作，便于指导设计；美国标准更显灵活，对设计的指导性稍弱。相邻坝段高差控制标准方面中美标准基本一致，美国垦务局提出的相邻坝块高差标准考虑了不同浇筑层厚的区别，为4～5m浇筑层厚；中国规定为10～12m，按常规1.5～3m浇筑层厚的话，为4～6m浇筑层厚；美国标准中整坝最大高差要求较为严格，中国标准对混凝土重力坝整坝最大高差未作规定，美国垦务局标准中40～52.5ft（12.19～16.00m）的控制标准非常严格。③中美标准对温控措施方面的原则与要求基本一致，美国标准中对通水冷却混凝土降温速率要求更为严格，美国垦务局对人工冷却的混凝土降温速率进行了规定，一般为0.5～1℉/d，为－17.5～－17.2℃/d；中国《水工混凝土施工规范》（DL/T 5144—2015）规定重力坝混凝土日降温速率不宜超过1℃。

2.3.1.7 监测设计

中美标准在混凝土重力坝安全监测设计目的、监测设计原则、监测设计内容和项目、专门性观测项目、巡视检查、监测项目频次要求、监测资料整理和成果方面的认识上基本是一致的，但中国规范的监测范围更为广泛一些、监测项目和内容更多一些。如在观测项目测点布设应具有的工作条件、蓄水初期监测数据的采集和分析、滑坡体和高边坡的位移监测、绕坝渗流监测、地下水位孔监测、冲刷坑状况、钢板应力、坝前淤积、下游冲刷和冰压力监测等上，中国规范专门作了明确和强调，而美国标准相关内容没有明确要求。

2.3.2 计算方法的差异

2.3.2.1 结构计算

中美标准结构计算，均采用材料力学法和刚体极限平衡法，两者基本一致。

中美标准坝基抗滑稳定计算均按抗剪断公式计算，中国规范采用概率极限状态设计方法，美国标准采用单一安全系数法。中美标准根据各自的研究成果，给出了地质参数的取值方法和数值，在实际计算中，应注意按照相应的要求计算。

中国《混凝土重力坝设计规范》（NB/T 35026—2014）结构设计采用概率理论为基础，以分项系数表达的极限状态设计方法。美国垦务局《重力坝设计》及美国陆军工程兵团《重力坝设计》（EM 1110－2－2200）均采用单一安全系数法进行结构设计。

从理论上讲，采用以分项系数表达的极限状态设计方法更为科学合理，该方法考虑了结构或构件的重要性和失事后果，对应于结构安全级别的不同，分别取用不同的结构重要性系数；反映结构不同状况有不同的目标可靠指标，对应于持久状况、短暂状况和偶然状况，分别取用不同的设计状况系数；根据结构功能函数中基本变量的统计参数和概率分布模型，经分析并结合工程经验采用不同的作用及材料性能分项系数，反映材料实际强度对所采用的材料强度标准值的不利变异及荷载不确定性；反映作用效应计算模式的不定性和材料抗力计算模式的不定性，以及考虑上述作用分项系数和材料性能分项系数未能反映的其他不定性采用不同的结构系数。

2.3.2.2 水力学计算

中美标准对于泄水建筑物的水力计算公式基本一致，只是在具体参数的计算中涉及的一些修正系数，中美标准根据各自的研究成果，给出了推荐的取值方法和数值，在实际计算中，应注意按照相应的要求计算。

2.3.3　材料及试验方法的差异

2.3.3.1　岩石力学强度指标

中国标准采用单轴抗压强度、点荷载强度试验确定岩体的抗压强度及允许承载力，美国标准仅采用点荷载强度试验确定岩体的抗压强度。中美两国标准点荷载强度试验在荷载测试精度要求、试样点数要求、修正要求存在一定差异。中美标准岩体抗压强度均采用相关试验值的平均值作为建议值。中国标准岩体允许承载力根据岩石饱和单轴抗压强度，结合岩体结构、裂隙发育程度，做相应折减后确定地质建议值（折减系数为1/20～1/5），美国垦务局和美国陆军工程师兵团《重力坝设计》中均未找到相关规定。

在初步设计阶段，中美标准中均可参考类似条件工程的试验成果岩石的抗剪断强度。中美标准抗剪断参数采用现场或室内试验测定时，试验方法有一定的差异。

中国标准采用抗剪强度的平均值作为标准值，选取时以试验的小值平均值为基础，结合现场实际情况，参照地质条件类似的工程经验，并考虑工程处理效果，经地质、试验和设计人员共同分析研究，加以适当调整后确定。

美国标准强调当确定由各种材料提供的抗剪力时，应考虑变形的影响，可按美国陆军工程团手册《岩石地基》(EM 1110-1-2908) 相关条文岩石抗剪强度的优定斜率法的上下限图，让地质工程师根据工程实际情况选用，但并没有严格限制是选用上限、下限还是最小二乘法。

2.3.3.2　混凝土抗压强度

中美两国大体积混凝土强度保证率均采用80%，中美两国在混凝土设计龄期、试验方法和试件尺寸等方面有所差异，美国标准通常规定的龄期为365d，中国标准大坝常态混凝土的设计龄期一般采用90d，碾压混凝土的设计龄期一般采用180d。当常态混凝土重力坝施工期较长时，经技术论证，设计龄期也可采用180d；当碾压混凝凝土重力坝需要提前承受荷载时，设计龄期也可采用90d。中国标准采用边长为15cm的立方体试件，美国标准采用圆柱体试件，除了试件尺寸大小和形状影响外，两国标准体系对试验的加载速率、骨料是否经过湿筛等规定也有所不同。中国标准需从立方体试件抗压强度转换为坝体混凝土抗压强度，美国陆军工程兵团标准采用ϕ15cm×30cm的圆柱体试件，美国垦务局标准采用ϕ45cm×90cm的圆柱体试件。美国垦务局的研究表明，试件尺寸超过ϕ45cm×90cm，抗压强度值趋于稳定，对15cm×15cm×15cm立方体试件及ϕ15cm×30cm圆柱体试件，相对于ϕ45cm×90cm的试件，抗压强度的尺寸效应分别为0.67及0.81。

3　值得中国标准借鉴之处

(1) 中国标准规定坝踵及坝体上游面除地震工况外，其他各工况下均不得出现垂直拉应力，短期组合下游面可出现不大于0.1MPa的垂直拉应力。美国垦务局标准考虑了层面的抗拉强度，各工况允许出现一定的拉应力，美国陆军工程兵团标准在非常和极端情况下允许出现一定的拉应力，容许应力与混凝土抗拉强度有关。因此，从经济性的角度来看，可考虑借鉴美国标准的做法，采用大坝上游面可以允许出现拉应力。

（2）美国标准规定消能防冲建筑物的洪水设计标准一般情况下要按大坝的洪水设计标准取值，中国标准对于消能防冲建筑物的洪水设计标准一般情况下取值是低于壅水建筑物，最大为100年一遇。而实际设计过程中，在进行消能防冲建筑物设计时，设计人员也多会用大坝校核洪水去复核验算。因此，从注重安全的角度来看，可考虑借鉴美国标准的做法，采用大坝设计洪水标准作为消能防冲建筑物的设计标准。

混凝土拱坝设计规范对比研究

编制单位：中国电建集团成都勘测设计研究院有限公司

专题负责人 饶宏玲

编　　写 饶宏玲　张　冲　张　敬　庞明亮　牟高翔　张公平　游　湘　郑小玉
杨　敬　张　燕　钟贻辉　薛利军　刘　翔　祝海霞　唐志丹　唐　虎
刘小强　冯宇强　王蓉川　陈晓鹏

校　　审 饶宏玲　胡云明　陈丽萍　游　湘　黄　庆　李光伟　唐忠敏　潘晓红
尹华安　舒　涌　蔡德文

核　　定 饶宏玲

主要完成人 饶宏玲　张　冲　张　敬　游　湘　庞明亮　牟高翔　张公平　张　燕
郑小玉　钟贻辉　舒　涌　杨　敬　薛利军　刘　翔　祝海霞　唐志丹
唐　虎　刘小强　唐忠敏　潘晓红　陈丽萍　冯宇强　王蓉川　陈晓鹏

1 引用的中外标准及相关文献

目前，中国的拱坝设计标准有电力行业标准《混凝土拱坝设计规范》（DL/T 5346—2006）及水利行业标准《混凝土拱坝设计规范》（SL 282—2003）。与拱坝设计相关的美国标准有美国垦务局（USBR）编著的《拱坝设计》，美国陆军工程兵团（USACE）的《拱坝设计》（EM 1110-2-2201）、《泄水建筑物结构的设计与评估》（EM 1110-2-2400）、《溢洪道水力设计》（EM 1110-2-1603）、《水力设计准则》，美国联邦能源管理委员会（FERC）大坝安全检查处的《美国水电项目工程审查评估导则》，美国混凝土协会（ACI）《混凝土结构设计规范》（ACI 318-08），《水工建筑物混凝土的侵蚀》（ACI 210R-93）等。本文对中美拱坝设计标准的对比，中国标准以《混凝土拱坝设计规范》（DL/T 5346—2006）为主，对比的美国标准主要以美国垦务局编著的《拱坝设计》及美国陆军工程兵团的《拱坝设计》（EM 1110-2-2201）为主，也涉及了上述所列其他美国标准的相关内容。本文中引用的主要对标文件见表1。

表1 引用的主要对标文件

名　称	编　号	发布单位	发布年份
混凝土拱坝设计规范 *Design Specification for Concrete Arch Dams*	DL/T 5346—2006	国家发展和改革委员会	2006
拱坝设计 *Design of Arch Dams*		美国垦务局	1976
拱坝设计 *Arch Dam Design*	EM 1110-2-2201	美国陆军工程兵团	1994
美国水电项目工程审查评估导则 *Evaluation of Hydropower Project Engineering Review Guide*		美国联邦能源管理委员会	2005（水电顾问集团编译）
水电工程规划设计土木工程设计导则 *Civil Engineering Guidelines for Planning and Designing Hydroelectric Developments*		美国土木工程师学会（ASCE）	
泄水建筑物结构的设计与评估 *Structural Design and Evaluation of Outlet Works*	EM 1110-2-2400	美国陆军工程兵团	2003
溢洪道水力设计 *Hydraulic Design of Spillways*	EM 1110-2-1603	美国陆军工程兵团	1990
水力设计准则 *Hydraulic Design Criteria*		美国陆军工程兵团	1982（水利出版社）
水利水电工程钢闸门设计规范	DL/T 5039—95	国家发展和改革委员会	1995
混凝土结构设计规范 *Building Code Requirements for Structural Concrete*	ACI 318-08	美国混凝土协会	2008
水工建筑物混凝土的侵蚀 *Erosion of Concrete in Hydraulic Structures*	ACI 210R-93	美国混凝土协会	2008

续表

名　称	编　号	发布单位	发布年份
混凝土坝安全监测技术规范 *Technical Specification for Concrete Dam Safety Monitoring*	DL/T 5178—2003	国家发展和改革委员会	2003
泄水建筑物水力设计 *Hydraulic Design of Reservoir Outlet Works*	EM 1110-2-1602	美国陆军工程兵团	1980

2　主要研究成果

2.1　整体性差异

总体而言，从形式上看，《混凝土拱坝设计规范》(DL/T 5346—2006) 为电力行业设计标准，只对拱坝设计进行了原则性的条文规定，未对拱坝的具体设计进行方法性的具体指导，在条文说明里仅简要列出了一些工程实例；美国垦务局《拱坝设计》及美国陆军工程兵团《拱坝设计》(EM 1110-2-2201) 为设计手册，对拱坝设计进行了全方位的指导，手册图文并茂，既有原则性规定，又有具体做法指导，并有大量工程实例，对工程设计的指导性较强。从内容上看，由于《混凝土拱坝设计规范》(DL/T 5346—2006) 是拱坝设计标准，主要只针对拱坝设计进行了相应的设计规定，其他内容如水文、地质勘探、施工等方面的内容没有涉及，按中国的设计标准体系，水文、地质勘探、施工等方面的内容有相应各专业的专门标准；美国垦务局《拱坝设计》及美国陆军工程兵团《拱坝设计》(EM 1110-2-2201) 涉及内容较广泛，除对拱坝设计有相应的设计指导及规定外，美国垦务局《拱坝设计》还对水文资料的收集和整理、库容和水库调度资料的收集、气候资料的收集、建筑材料、坝基勘探、施工布置和进度、施工方法、施工导流、施工管理、与工程有关的外界需求、生态和环境卫生问题的考虑等进行了相应指导和规定。美国陆军工程兵团《拱坝设计》(EM 1110-2-2201) 对地基勘探、施工导流、施工方法等进行了指导和规定。

2.2　适用范围差异

《混凝土拱坝设计规范》(DL/T 5346—2006) 为电力行业设计标准，适用于中国水电建设行业；美国垦务局《拱坝设计》适用于美国垦务局设计的工程；EM 开头的一系列标准包括《拱坝设计》(EM 1110-2-2201) 为美国陆军工程兵团编制，适用于美国陆军工程兵团设计的工程；《美国水电项目工程审查评估导则》由美国联邦能源管理委员会大坝安全检查处编制；《水电工程规划设计土木工程设计导则》由美国土木工程学会编制；ACI 系列规范由美国混凝土协会编制，适用于美国所有行业的混凝土设计。

2.3　主要差异及应用注意事项

2.3.1　拱坝泄洪布置差异比较

中美标准在枢纽泄洪布置上的设计思路有一定差异，《混凝土拱坝设计规范》(DL/T

5346—2006）要求泄洪布置和方式应具有足够的运行灵活性，多套泄洪设施均可独立宣泄常年洪水，联合运行时可宣泄设计及校核洪水；各种泄洪设施采用同样的结构设计标准。美国标准将泄洪设施区分为工作、辅助和紧急三个层次，尤其是《美国水电项目工程审查评估导则》明确规定，工作泄洪设施经常运行，结构设计标准较高，用于宣泄常年洪水；辅助泄洪设施不经常运行，结构设计标准较低，用于宣泄超过工作泄洪设施泄流能力的那部分洪水，在通过大坝入库设计洪水（IDF）时损失不大是可接受的；紧急泄洪设施不经常运行，结构设计标准最低，用于宣泄特大洪水，或工作、辅助泄洪设施失灵时宣泄洪水。紧急泄洪设施可以最低的费用获得最高程度的洪水安全。

《混凝土拱坝设计规范》（DL/T 5346—2006）强调拱坝泄洪布置宜优先考虑坝身泄洪的方式。根据中国近年来拱坝建设的实践，优先考虑坝身开孔泄洪符合中国大量拱坝工程所具有的坝址处河道狭窄、水头高、泄洪量大的特点，是一条成功的经验，由于水流归槽较好，也有利于减少对下游的冲刷。美国标准则强调优先选择岸边独立式泄水建筑或泄洪隧洞。

2.3.2 洪水标准差异比较

《混凝土拱坝设计规范》（DL/T 5346—2006）规定泄水及消能防冲建筑物的洪水标准应按《防洪标准》（GB 50201—94）执行。按《防洪标准》（GB 50201—94）规定，不同等级水工建筑物应采用相应频率的洪水标准，并规定了其相应的消能防冲建筑物的洪水标准。如混凝土坝1级挡水、泄水建筑物的校核洪水重现期5000～2000年，设计洪水重现期1000～500年，消能防冲建筑物设计洪水重现期100年。

美国垦务局《拱坝设计》拱坝设计入库设计洪水采用可能发生的最大洪水PMF。美国垦务局《拱坝设计》中关于确定入库设计洪水（IDF）论述的总体思路是：应进行风险分析，同时规定，可能最大洪水（PMF）是确定IDF的上限。大坝或其他蓄水建筑物洪水过程线的IDF用于大坝及其附属建筑物的设计，特别是确定溢洪道和泄水工程的尺寸，确定大坝的最大高度，超高和临时蓄水要求等。美国标准未对下游消能防冲建筑物规定洪水标准。

2.3.3 荷载组合差异比较

中美标准关于荷载组合最大的差异体现在水位和温度荷载的对应关系上。中国不考虑水位和温度荷载的时段对应关系，按最不利组合考虑进行包络，如规定持久状况正常组合，需考虑：①正常蓄水位加温升。②正常蓄水位加温降。③设计洪水位加温升。④死水位加温升。⑤死水位加温降情况。但具体工程中如果经论证，上述某种组合情况实际上不可能发生，也可不计算那种组合。美国标准考虑水位与温度荷载的时段对应关系，先确定其中一项，然后根据水库运行调度计划，确定另外一项，如美国垦务局《拱坝设计》规定正常荷载组合需计算的情况为：①最小寻常混凝土温度和同时发生的最可能出现的库水位。②最大寻常混凝土温度和同时发生的最可能出现的库水位。③正常设计库水位和同时发生的寻常混凝土温度影响。④最低库水位和同时发生的寻常混凝土温度影响。

2.3.4 坝体混凝土强度及控制标准差异比较

2.3.4.1 坝体混凝土强度

《混凝土拱坝设计规范》（DL/T 5346—2006）规定坝体混凝土抗压强度标准值应由标

准方法制作养护的边长为150mm立方体试件，在90d龄期，用标准试验方法测得的具有80%保证率的抗压强度确定。混凝土抗拉强度标准值为0.08倍抗压强度标准值。同时，条文说明中还说明，根据拱坝工程的规模、施工期长短和重要性，经论证，强度保证率亦可采用85%，设计龄期亦可采用180d或更长的龄期。

美国垦务局《拱坝设计》规定混凝土抗压强度由6in×12in（152.4mm×304.8mm）圆柱体试件试验确定，通常的设计龄期为365d，但各个建筑物可根据建筑物受载时间采用不同的龄期。混凝土抗拉强度为抗压强度的4%～6%。美国陆军工程兵团《拱坝设计》（EM 1110-2-2201）规定大体积混凝土的设计龄期通常是90d至1年。混凝土的抗拉强度根据劈裂拉伸试验结果确定。如无试验结果，在初步设计阶段，抗拉强度可按抗压强度的10%考虑。

综上所述，中美标准虽然都提出了混凝土设计龄期的概念，但均未对龄期作出强制性要求，强调的是设计龄期可根据坝体受载时间灵活选用，并且在某些规定的龄期时应具有设计所要求的抗压强度。对抗拉强度大小的初步确定中国标准介于“美垦务局拱坝设计”“美垦务局拱坝设计”之间。混凝土试件尺寸有差异，中国标准为150mm立方体试件，美国标准为6in×12in（152.4mm×304.8mm）圆柱体试件。根据中外一系列试验资料统计，150mm×300mm圆柱体试件的抗压强度约为150mm立方体试件抗压强度的0.83倍。两国标准的混凝土强度保证率基本一致。

2.3.4.2　坝体混凝土强度控制标准

《混凝土拱坝设计规范》（DL/T 5346—2006）规定拱坝坝体应力计算分析方法以拱梁分载法为主、线弹性有限元-等效应力法为辅、兼顾非线性有限元以及其他数值仿真手段的方法体系；美国目前逐渐过渡到以线弹性有限元为主、拱梁分载法为辅、兼顾非线性有限元等其他方法的方法体系；从手段方法上，中美两国采用的基本一致。

《混凝土拱坝设计规范》（DL/T 5346—2006）强度安全控制标准采用了分项系数的表达式，美国标准均采用单一安全系数的表达式，为便于对控制标准进行对比，将《混凝土拱坝设计规范》（DL/T 5346—2006）的结构重要性系数、设计状况系数、结构系数、材料性能分项系数乘起来，即可转化为单一安全系数，换算后的安全系数见表2～表4。

表2　　持久工况中美标准抗压强度安全系数比较表

计算方法	级别	《混凝土拱坝设计规范》（DL/T 5346—2006）	美国垦务局《拱坝设计》	美国陆军工程兵团《拱坝设计》（EM 1110-2-2201）	《美国水电项目工程审查评估导则》
拱梁分载法	Ⅰ级	4.4	3.0/0.83=3.62	4.0/0.83=4.82	2.0/0.83=2.41
	Ⅱ级	4			
	Ⅲ级	3.6			
有限元	Ⅰ级	3.52	3.0/0.83=3.62	4.0/0.83=4.82	2.0/0.83=2.41
	Ⅱ级	3.20			
	Ⅲ级	2.88			

注　表中所列安全系数为统一采用15cm立方体试件后的安全系数。

表 3　　短暂工况中美标准抗压强度安全系数比较表

计算方法	级别	《混凝土拱坝设计规范》(DL/T 5346—2006)	美国垦务局《拱坝设计》	美国陆军工程兵团《拱坝设计》(EM 1110-2-2201)	《美国水电项目工程审查评估导则》
拱梁分载法	Ⅰ级	4.18	2.0/0.83=2.41	2.5/0.83=3.01	1.5/0.83=1.81
	Ⅱ级	3.8			
	Ⅲ级	3.42			
有限元	Ⅰ级	3.34	2.0/0.83=2.41	2.5/0.83=3.01	1.5/0.83=1.81
	Ⅱ级	3.04			
	Ⅲ级	2.74			

注　表中所列安全系数为统一采用 15cm 立方体试件后的安全系数。

表 4　　偶然工况中美标准抗压强度安全系数比较表

计算方法	级别	《混凝土拱坝设计规范》(DL/T 5346—2006)	美国垦务局《拱坝设计》	美国陆军工程兵团《拱坝设计》(EM 1110-2-2201)	《美国水电项目工程审查评估导则》
拱梁分载法	Ⅰ级	3.74	1.0/0.83=1.20	1.5/0.83=1.81	1.1/0.83=1.33
	Ⅱ级	3.4			
	Ⅲ级	3.06			
有限元	Ⅰ级	3.00	1.0/0.83=1.20	1.5/0.83=1.81	1.1/0.83=1.33
	Ⅱ级	2.72			
	Ⅲ级	2.45			

注　表中所列安全系数为统一采用 15cm 立方体试件后的安全系数。

《混凝土拱坝设计规范》(DL/T 5346—2006) 规定坝体混凝土抗压强度安全对不同等级建筑物、不同设计状况，应力控制指标不同；对拉应力除规定了不同等级建筑物、不同设计状况的应力控制指标外，还作出特别限制，规定采用拱梁分载法计算时，当采用分项系数极限状态表达式计算出的拉应力控制指标大于 1.2MPa 时，基本作用组合，要求拉应力不得大于 1.2MPa。采用弹性有限元计算时，基本组合情况下，经等效处理后的坝体最大拉应力不应大于 1.5MPa；另外还规定，为保证拱坝的安全，对超过拉应力控制指标的拱坝，应通过拱坝体形的调整来减小拉应力的作用范围和拉应力的数值，或提高采用的混凝土强度直至满足标准的要求；在坝体横缝灌浆以前，按单独坝段用材料力学方法分别进行验算时，坝体容许拉应力不得大于 0.5MPa；如仅有坝面个别点的拉应力不能满足上述要求，则应研究坝体可能开裂的范围，评价裂缝的稳定性和对坝体的影响，任何情况下开裂不能扩展到坝体上游帷幕线。规定坝体混凝土强度不应低于 C_{90}15。

美国垦务局《拱坝设计》对坝体混凝土强度的控制标准除按表 2～表 4 控制外，还规定正常、非常荷载组合情况下，混凝土的最大容许压应力不超过 1500lbf/in^2（约 10.34MPa)、2250lbf/in^2（约 15.51MPa)。同时规定，只要可能，应该对结构重新设计以避免拉应力。但在正常荷载组合情况下，上游面局部范围内可以根据设计者的斟酌容许存在有限的拉应力。在任何情况下，对于正常荷载组合，这一拉应力不能超过 150lbf/

in^2（约1.034MPa），对于非常荷载组合，不能超过225lbf/in^2（约1.551MPa）。在施工期或最低水位和最高温度荷载的组合下，下游面局部地区各浇筑层面上可容许有等于混凝土抗拉强度的拉应力。静荷载的合力作用点必须位于垂直断面以内以维持施工期内的稳定。对于包括最大可信地震的极端荷载组合，当抗拉强度被超过后，应假定混凝土开裂，并假定裂缝扩展到0应力点。在极端荷载组合下，如果考虑了开裂影响后，应力小于混凝土的规定抗压强度，结构能维持稳定，则结构物可认为是安全的。

美国陆军工程兵团《拱坝设计》（EM 1110－2－2201）规定的抗压强度安全系数见表2～表4，规定的抗拉安全系数为1.0，并要求拱坝设计应通过体形调整或者改变大坝设计，以尽最大可能减小拉应力，或将拉应力局限在一定区域内。同时说明，在水库低水位、高温度条件下，以及在施工期间或在完工时，在保证悬臂梁的稳定前提下，不必将拱坝下游面的拉应力看成一个很大的问题。当水库水位上升时，悬臂梁下游面上的拉应力会在不同程度上有所降低。即使发生了开裂，增加的静水荷载和产生的向下游变位将会使裂缝闭合。对坝上游面上的拉力应给予更多的关注，其主要原因是，如果裂缝发展，并且延伸贯通坝的整个厚度，便有可能形成穿过坝体的渗漏通道。悬臂梁开裂并不意味着坝的破坏。当拉应力超过混凝土的抗拉强度，发生裂缝时，悬臂梁的未开裂部分将趋向于承担更多的压应力，余下的荷载将由拱承担。如果由于拉应力而产生的裂缝广泛蔓延开来，则由拱承担的荷载将会过多。随后，悬臂梁的未开裂部分的压应力可能会超过混凝土的抗压强度，引起混凝土破坏。因此，由于压应力是拱坝破坏的主要模式，美国陆军工程兵团《拱坝设计》（EM 1110－2－2201）在确定容许压应力时比较保守，而对拉应力的控制相对宽松。

《美国水电项目工程审查评估导则》规定正常、非常、极端情况下，抗压安全系数分别为2.0、1.5、1.1，均低于美国垦务局《拱坝设计》、美国陆军工程兵团《拱坝设计》（EM 1110－2－2201），拉应力安全系数为1.0，即拉应力控制指标与美国陆军工程兵团《拱坝设计》（EM 1110－2－2201）一致，均为混凝土的抗拉强度。

如前述分析，将美国标准$\Phi 15\times 30$试件抗压强度换算成中国的15cm立方体试件抗压强度，采用折减系数$\alpha=0.83$；由于中美标准均未对坝体混凝土设计龄期作出强制要求，强调的是根据坝体受载龄期可灵活选用，而中美标准的安全系数比较均是指达到设计龄期时坝体混凝土强度应满足的标准，因此，对两国标准强度指标的比较，可以抛开龄期的影响，比较都达到设计龄期时坝体混凝土强度应满足的指标的差异；同时，两国的坝体混凝土强度保证率取值是一致的，因此比较时可不考虑保证率的差异。

中美两国拱坝强度安全控制指标的差异主要表现如下：

（1）《混凝土拱坝设计规范》（DL/T 5346—2006）对不同安全级别的建筑物控制指标不一样，美国标准采用统一的指标。

（2）《混凝土拱坝设计规范》（DL/T 5346—2006）对拱梁分载法及有限元法分别制定了不同的控制指标，美国标准则用同样的指标。

（3）美国陆军工程兵团《拱坝设计》（EM 1110－2－2201）对持久工况规定了较高的压应力控制指标，主要原因在于其认为压应力是拱坝破坏的主要模式，因此控制指标要求较高。

(4) 短暂工况和偶然工况《混凝土拱坝设计规范》(DL/T 5346—2006) 控制指标高于美国标准控制指标。

(5) 两国标准都强调拉应力的控制以及可能开裂范围的控制，但在拉应力控制指标以及拉裂区的控制上有差异，《混凝土拱坝设计规范》(DL/T 5346—2006) 和美国垦务局《拱坝设计》相对较严格，美国陆军工程兵团《拱坝设计》(EM 1110-2-2201)、《美国水电项目工程审查评估导则》相对宽松。

2.3.5 拱座稳定分析差异比较

2.3.5.1 抗剪参数取值上的差异

《混凝土拱坝设计规范》(DL/T 5346—2006) 只规定坝基岩体力学性质的取得需进行试验，未规定参数如何取值。美国垦务局《拱坝设计》、美国陆军工程兵团《拱坝设计》(EM 1110-2-2201) 则作出了一些相关规定。参考中国相关规范《水电水利工程岩石试验规程》(DL/T 5368—2007) 和《水力发电工程地质勘察规范》(GB 50287—2006)，从抗剪参数的试验及选取上，中美两国标准存在以下差异：

(1) 两国标准中岩体及结构面的物理力学参数的确定都以室内直剪试验及野外大剪试验的成果作为主要依据。但美国陆军工程兵团《拱坝设计》(EM 1110-2-2201) 推荐的室内直剪试验是在人为锯开的表面上进行的，通过这样的直剪试验可以得到岩体的残余摩擦角，岩体抗剪强度是该残余摩擦角加上粗糙角。粗糙角可在野外用弦线对地基内具有代表性的节理进行量测后得到。《水电水利工程岩石试验规程》(DL/T 5368—2007) 规定的直剪试验是将同一类型的一组试体，在不同法向荷载下进行剪切，根据库伦-奈维强度准则确定抗剪强度参数。

(2) 中国的抗剪强度参数统计方法一般采用图解法、点群中心法、最小二乘法、优定斜率法等直线法。美国垦务局《拱坝设计》认为对于有节理裂隙的岩石，抗剪强度基本是由滑动摩擦产生的，而且通常不与法向荷载呈直线关系，因此，应当用曲线来表示抗剪力与法向荷载的关系，曲线中的某一段可以用线性变化来表示。当试验证明在有限的法向荷载范围内，抗剪强度与法向荷载呈线性关系时，可以采用固定的 $\mathrm{tg}\phi$ (ϕ 为摩擦角)。但如果法向荷载变化幅度较大，则可能需要考虑不同的 $\mathrm{tg}\phi$ 的值。

(3) 美国垦务局《拱坝设计》强调非均值岩基中确定每一种岩石抗剪力时，计入变形的重要性。由库仑公式或抗剪力-法向力曲线得出的抗剪力，通常是指不考虑变形时的最大值，不同材料在达到最大抗剪强度时，其变形是不相同的。剪切带或节理达到最大抗剪强度时变形大于完整岩石。在由完整岩石和剪切带、节理构成的滑动面上，对于同一变形，完整岩石和剪切带、节理达到的抗剪强度不一样，完整岩石可能已达到其极限抗剪强度，而剪切带、节理则还未能达到其最大抗剪强度，即滑动面上的总抗剪力低于岩石、剪切带、节理直接加起来的最大抗剪强度，如果此时简单认为滑动面上的所有材料都达到其极限抗剪强度，会高估滑动面上的总抗剪力。

2.3.5.2 拱座抗滑稳定分析方法的差异

(1) 中美标准都将刚体极限平衡法作为拱座抗滑稳定分析的基本方法，但美国垦务局《拱坝设计》提出了分块法作为对刚体极限平衡法的一种修正。刚体极限平衡法不允许块体有变形，这是该方法的最基本假定之一。但由于该假定的存在，在垂直滑动方向的潜在滑动面上不产生剪切荷载。垂直滑动方向的剪切将减少法向荷载，从而减少可能产生的抗剪力。也就是说该假定使得刚体极限平衡法求得的抗剪力为可能抗剪力的上限，可能会导致计算出的安全系数比真实情况偏大。而美国垦务局《拱坝设计》的分块法正是针对这点进行修正，用该方法求得的抗剪力为可能抗剪力的下限，也就是说该方法可能会导致计算出的安全系数比真实情况偏小，相对刚体极限平衡法，是一种偏于安全的计算方法。

(2)《混凝土拱坝设计规范》(DL/T 5346—2006) 列出了以分项系数形式表达的剪摩及纯摩安全系数的计算公式，并明确表明1级、2级拱坝及高拱坝应进行剪摩分析，其他坝则只需进行纯摩分析。美国垦务局《拱坝设计》只对剪摩公式进行了安全控制指标的规定，但同时指出，在某些情况下，几种不同材料组成的可能滑动面，在任何一种完整岩石被剪断后，可能仍有较大的总抗剪力。例如，如果完整岩石的凝聚力强度低，而作用在整个面上的法向荷载大，则各材料的组合抗滑摩擦强度可能超过岩石被剪断前测定的抗剪力，由于这个原因，应该再采用仅考虑表面抗滑摩擦强度的第二种分析方法进行分析，但美国垦务局《拱坝设计》未对该方法进行安全控制指标的规定。美国陆军工程兵团《拱坝设计》(EM 1110-2-2201)、《美国水电项目工程审查评估导则》则均只规定了采用纯摩计算公式进行稳定分析的控制指标。

(3) 美国垦务局《拱坝设计》将平面有限元法及三维有限元法作为抗滑稳定分析的计算方法，《混凝土拱坝设计规范》(DL/T 5346—2006) 未将有限元法作为坝肩抗滑稳定分析的一种方法。

2.3.5.3 抗滑稳定分析控制指标的差异

《混凝土拱坝设计规范》(DL/T 5346—2006) 采用分项系数形式分析剪摩稳定时，抗力特性分为两项处理，主要考虑 f、C 是不同的抗力，其不确定性有较大差异，f 值不确定性小一些，C 值不确定性大一些。因此，《混凝土拱坝设计规范》(DL/T 5346—2006) 要求的用分项系数表达的稳定安全度，随凝聚力与摩擦力所占权重不同而变化，当凝聚力权重增加时，由于其变异性大于摩擦力，分项系数计算的结果，要求的安全度要高一些，反之，要求的安全度会适当下降，即随凝聚力及摩擦力所占权重不同，所要求的安全度不是一个恒定值，而是在一个范围内变化。为便于控制指标的对比，将《混凝土拱坝设计规范》(DL/T 5346—2006) 的分项系数转化为单一安全系数见表5，由于上述原因，《混凝土拱坝设计规范》(DL/T 5346—2006) 所要求的安全系数在一定范围内变动，下限为凝聚力权重为零时所要求的安全系数，上限为摩擦力所占权重为零时的安全系数。

表5　中美标准抗滑稳定控制标准差异比较表

计算公式	荷载组合	《混凝土拱坝设计规范》(DL/T 5346—2006)			美国标准		
		Ⅰ级拱坝	Ⅱ级拱坝	Ⅲ级拱坝	美国垦务局《拱坝设计》	美国陆军工程兵团《拱坝设计》(EM 1110-2-2201)	《美国水电项目工程审查评估导则》
剪摩公式	持久	3.17～3.96	2.88～3.60	2.59～3.24	4.0	—	—
	短暂	3.01～3.76	2.74～3.42	2.46～3.08	2.7	—	—
	偶然	2.69～3.37	2.45～3.06	2.20～2.75	1.3	—	—

续表

计算公式	荷载组合	《混凝土拱坝设计规范》(DL/T 5346—2006)			美 国 标 准		
		Ⅰ级拱坝	Ⅱ级拱坝	Ⅲ级拱坝	美国垦务局《拱坝设计》	美国陆军工程兵团《拱坝设计》(EM 1110-2-2201)	《美国水电项目工程审查评估导则》
纯摩公式	持久	1.45	1.32	1.19	—	2.0	1.5
	短暂	1.38	1.25	1.13	—	1.3	1.5
	偶然	1.23	1.12	1.01	—	1.1	1.1

从表5看出，《混凝土拱坝设计规范》(DL/T 5346—2006) 的控制指标除了与荷载组合有关外，还跟建筑物级别有关，建筑物级别越高，控制标准越高。而美国标准的控制指标只与荷载组合有关，与建筑物级别无关。中美标准在抗剪参数试验方法、取值方法、统计方法上存在差异，可能导致同一工程抗剪参数取值上的差异，而参数的取值直接影响抗滑稳定计算结果，因此，此处无法直接对中美两国标准的抗滑稳定控制指标孰高孰低进行比较。但总体而言，相对《混凝土拱坝设计规范》(DL/T 5346—2006)，美国标准持久工况控制指标较高，偶然工况控制指标相对较低。

2.3.5.4 坝与地基联合作用的受力分析差异

《混凝土拱坝设计规范》(DL/T 5346—2006) 强调对高拱坝或地质条件复杂的拱坝，需对坝与地基整体体系进行联合受力分析，更全面地反映出坝和地基联合受力情况下的拱坝地基体系的应力变形情况，即整体稳定情况。对拱坝整体稳定性的判定，通过拱坝与地基在正常作用和超载作用下的三维非线性有限元分析、地质力学模型试验手段和工程类比，从坝与地基开裂、变形、屈服等破坏状态进行综合评判。美国标准未对此进行规定。

2.3.5.5 其他

《混凝土拱坝设计规范》(DL/T 5346—2006)《美国水电项目工程审查评估导则》均对坝基浅层稳定分析有专门要求，美国垦务局《拱坝设计》、美国陆军工程兵团《拱坝设计》(EM 1110-2-2201) 没有进行相应规定。分析原因，《混凝土拱坝设计规范》(DL/T 5346—2006)《美国水电项目工程审查评估导则》发布时间相对晚一些，吸取了1759号工程DIKFF和中国华东地区的梅花拱坝失稳模式破坏的经验教训，均对坝基浅层稳定提出相应的要求。《美国水电项目工程审查评估导则》较重视该失稳模式，详细介绍了上述两个失稳案例和分析方法。

2.3.6 拱坝建基面确定的差异比较

《混凝土拱坝设计规范》(DL/T 5346—2006) 规定，高坝应开挖至Ⅱ类岩体，局部可开挖至Ⅲ类岩体。中低坝可适当放宽。美国垦务局《拱坝设计》规定在地基内的最大容许应力应小于地基材料的抗压强度除以安全系数4.0、2.7和1.3，分别相当于正常、非常和极端荷载组合。美国陆军工程兵团《拱坝设计》(EM 1110-2-2201) 规定如果变形模量值低于50万 lbf/in^2 (约3.4GPa)，应当采用合理的变形模量值进行充分的应力分析。如果在各种假定条件下，坝的应力都在允许应力范围之内，则设计是可以接受的。综上，《混凝土拱坝设计规范》(DL/T 5346—2006) 采用岩体质量分级标准确定建基面可利用岩体；美国垦务局《拱坝设计》用地基内的最大容许应力确定建基岩体质量；美国陆军工程兵团《拱坝设计》（EM 1110-2-2201）则更强调用坝体的应力来判定建基面是否合适。

对比而言，美国标准对于高拱坝坝基岩体质量要求没有《混凝土拱坝设计规范》（DL/T 5346—2006）严格。从中国实践经验看，二滩、溪洛渡、锦屏一级、大岗山等一批200～300m级特高拱坝都已经大量或者部分利用弱风化的Ⅲ类岩作为拱坝坝基，《混凝土拱坝设计规范》（DL/T 5346—2006）要求坝高100m以上的高拱坝坝基“开挖至Ⅱ类岩体，局部可开挖至Ⅲ类岩体”显得过于严格，高拱坝坝基岩体质量标准有进一步下调的空间。

2.3.7　拱坝横缝及接缝灌浆的差异比较

（1）美国垦务局《拱坝设计》指出，拱坝的收缩缝不一定都要设置键槽，拱坝是否设置键槽需进行研究。要研究沿坝长各界面上的相应推力和剪力，如剪切强度不足时，就需要设置键槽。在双曲拱坝中，至少在坝的较低部位，需要设置键槽以保持准直和在施工期间块体的稳定。《混凝土拱坝设计规范》（DL/T 5346—2006）、美国陆军工程兵团《拱坝设计》（EM 1110-2-2201）则没有要求对横缝面是否应设置键槽进行研究，而是直接列出了横缝面设置键槽的形式。

（2）美国垦务局《拱坝设计》从受力分析原理提出设置键槽的标准方法，要求键槽面为倾斜状，大约与满库水荷载时的主应力线一致。由于坝下游面下部的垂直剪力最大，故要求根据此处主应力线的一般方向，确定单个键槽的方向，以简化键槽模板。美国陆军工程兵团《拱坝设计》（EM 1110-2-2201）采用的键槽形式有垂直抗剪键（可延长上、下游面之间的渗径）、凹纹形，华夫饼形等。《混凝土拱坝设计规范》（DL/T 5346—2006）根据近年来的工程经验，提出采用梯形、球形或圆弧形键槽。

（3）对于接缝灌浆区高度，美国垦务局《拱坝设计》、美国陆军工程兵团《拱坝设计》（EM 1110-2-2201）规定每层宜为50～60ft（15.2～18.3m），大于《混凝土拱坝设计规范》（DL/T 5346—2006）中规定的9～15m。关于灌浆压力，《混凝土拱坝设计规范》（DL/T 5346—2006）规定排气口一般为30～50lbf/in^2（0.21～0.34MPa），《混凝土拱坝设计规范》（DL/T 5346—2006）规定灌浆压力宜采用0.3～0.6MPa。关于横缝张开度，美国陆军工程兵团《拱坝设计》（EM 1110-2-2201）规定为1/16～3/32in（1.59～2.38mm），《混凝土拱坝设计规范》（DL/T 5346—2006）规定不宜小于0.5mm。《混凝土拱坝设计规范》（DL/T 5346—2006）规定灌浆区上部盖重层不宜小于6m，盖重层与灌浆区的混凝土温度宜一致，缝两侧坝体混凝土龄期不宜小于90d，盖重层混凝土龄期不宜小于28d。美国标准中未查到相关规定。

2.3.8　混凝土温度控制的差异比较

（1）《混凝土拱坝设计规范》（DL/T 5346—2006）明确提出混凝土基础温差及上下层温差控制标准，并要求根据计算分析，确定出内外温差、最高温度及表面温度的控制标准，美国垦务局《拱坝设计》只提出了基础温差控制标准，且控制标准与《混凝土拱坝设计规范》（DL/T 5346—2006）有一定差异；《混凝土拱坝设计规范》（DL/T 5346—2006）将边长在40m以上的浇筑块划分为通仓长块，美国垦务局《拱坝设计》对通仓长块的划分为大于61m以上，规定对大于61m的通仓长块要分纵缝，《混凝土拱坝设计规范》

(DL/T 5346—2006)未对通仓长块设置纵缝提出强制要求。根据中国近年来工程实践经验，采取可靠的混凝土温度控制措施，可实现大面积通仓浇筑。锦屏一级拱坝工程坝体浇筑块达80m(加贴角)，由于采取了可靠的温控措施，未设置纵缝，坝体混凝土浇筑质量良好。

(2)《混凝土拱坝设计规范》(DL/T 5346—2006)、美国垦务局《拱坝设计》均未明确规定混凝土浇筑层厚度，《混凝土拱坝设计规范》(DL/T 5346—2006)仅提出基础约束范围以内的浇筑层厚度宜采用1.5～2.0m，基础约束范围以外宜采用2.0～3.0m，经论证可选择适合工程特性的浇筑层厚度。美国陆军工程兵团《拱坝设计》(EM 1110-2-2201)规定典型的浇筑层高度为5ft、7.5ft或10ft(1.524m、2.286m、3.048m)，从基底开始浇筑后，施工过程中此高度应是不变的。

(3)《混凝土拱坝设计规范》(DL/T 5346—2006)对相邻高差统一规定按不超过12m控制，未对最大高差进行明确限制。美国垦务局《拱坝设计》通过对坝体温度的均匀分布、施工进度、浇筑计划几方面通盘考虑，对不同的浇筑层厚度分别提出了相邻高差控制标准，同时对最大高差进行了严格限制。当采用5ft(1.524m)浇筑层，相邻高差25ft(7.62m)，最大高差40ft(12.192m)；采用7.5ft(2.286m)浇筑层，相邻高差30ft(9.144m)，最大高差52.5ft(16.002m)。

(4)《混凝土拱坝设计规范》(DL/T 5346—2006)未明确提出降低坝体混凝土内部温度分几期进行冷却的要求，要求通水冷却时坝体降温速度不宜大于1℃/d，通水时坝体混凝土温度与冷却水之间温差不宜超过20～25℃。美国垦务局《拱坝设计》、美国陆军工程兵团《拱坝设计》(EM 1110-2-2201)均明确提出降低坝体混凝土内部温度要求采用初期、中期及后期三期冷却。美国垦务局《拱坝设计》规定初期冷却温度下降的速率一般限制在每天0.5～1℉(−17.5～−17.2℃)之内，中期和后期冷却降温速率一般维持在每天1℉(−17.2℃)以下，最好是每天0.5～0.75℉(−17.5～−17.4℃)。美国陆军工程兵团《拱坝设计》(EM 1110-2-2201)规定初期冷却最好不要每天降低超过0.5～1℉(−17.5～−17.2℃)。中期冷却和后期冷却，冷却速度不得超过0.5℉/d(−17.5℃/d)。美国标准对温度控制的要求较细较严，体现了施工期全程冷却、小温差、缓慢冷却的温控理念，根据近年来中国高拱坝的实践经验，这些规定对坝体混凝土浇筑质量具有重要意义。

3 值得中国标准借鉴之处

中国标准对技术内容的表述过于侧重于原则性要求，而缺乏具体操作和控制方法的指导，不便于设计人员的理解与应用，规范修订时应该从可操作性出发，对条文的表达方式进行突破，对技术内容进行分解和表述，使规范具备较强的可操作性和指导性。

碾压式土石坝设计规范对比研究

编制单位：中国电建集团西北勘测设计院有限公司

专题负责人 王　伟
编　　写 王　伟　王慧琴　刘　博　薛　瑞
校　　审 党振虎　万　里　王　伟
主要完成人 王　伟　王慧琴　刘　博　薛　瑞　党振虎　万　里

1 引用的中外标准及相关文献

本文中所用中国标准为《碾压式土石坝设计规范》(DL/T 5395—2007)。涉及的美国标准主要有8本，分别为美国陆军工程兵团（USACE）的《土石坝设计与施工》（EM 1110-2-2300)、《渗流控制》(EM 1110-2-1901)、《土石坝的稳定》(EM 1110-2-1902)、《沉降量分析》(EM 1110-2-1904)、《土石坝施工控制》(EM 1110-2-1911）和美国垦务局（USBR）的《填筑坝》《小坝设计》《水坝超高计算手册》。文中引用的主要对标文件见表1。

表1 引用的主要对标文件

中文名称	英文名称	编号	发布单位	发布年份
碾压式土石坝设计规范	Design Specification for Rolled Earth-rock Fill Dams	DL/T 5395—2007	国家发展和改革委员会	2007
土石坝设计与施工	General Design and Construction Considerations for Earth and Rock-Fill Dams	EM 1110-2-2300	美国陆军工程兵团	2004
渗流控制	Seepage Analysis and Control for Dams	EM 1110-2-1901	美国陆军工程兵团	1993
土石坝的稳定	Engineering and Design Stability of Earth and Rock-Fill Dams	EM 1110-2-1902	美国陆军工程兵团	1970
沉降量分析	Settlement Analysis	EM 1110-1-1904	美国陆军工程兵团	1990
土石坝施工控制	Construction Control for Earth and Rock-Fill Dams	EM 1110-2-1911	美国陆军工程兵团	1995
填筑坝	Design Standards No. 13: Embankment Dams		美国垦务局	1984
水电开发规划设计土木工程导则	Civil Engineering Guidelines for Planning and Designing Hydroelectric Developments		美国土木工程师学会（ASCE)	1989
小坝设计	Design of Small Dams		美国垦务局	1977
水坝超高计算手册	Freeboard Criteria and Guidelines for Computing Freeboard Allowances for Storage Dams		美国垦务局	1981

2 主要研究成果

通过对中国标准《碾压式土石坝设计规范》(DL/T 5395—2007）与美国相关标准的对比研究，中美标准主要存在以下主要差异。

2.1　整体性差异

由于中美两国国情不同，中美标准在指导思想、设计理念、原则性和系统性上存在整体性的差异。

中国标准化工作实行“统一领导、分级管理、分工负责”的管理体制，分为国家标准、行业标准、地方标准和企业标准四大类。国家标准的管理由国家标准化管理委员会负责；各行业的标准由国务院有关行政主管部门和国务院授权的有关行业协会分管；地方标准由各地方管理；企业自行管理自己的标准。标准分为强制性标准和推荐性标准，涉及保障人体健康、人身、财产安全的标准和法律、行政法规规定强制执行的标准是强制性标准，其他标准是推荐性标准。

美国政府鼓励“联邦机构尽可能采用美国国内开发的行业标准，以节省政府资源”。由于其社会的多元性和自由化状态，形成了其独特的分散的自愿标准管理体制，行业协会和专业学会在标准化活动中发挥主导作用，这是美国标准化的一大特点。除此之外，各级政府部门，如国防部、农业部、环保局等，也分别制定其各自领域的标准以及政府的采购标准。美国的标准体系是分散、自愿的，大多为推荐性标准。这种自愿标准管理体制政府不需要在标准制订方面投入太多的经费。各标准化团体的生存依赖于会员的会费以及销售标准文本的收入，体现了“谁使用，谁受益”的市场经济的资源配置原则。例如，对标采用的美国垦务局《填筑坝》是美国垦务局的设计标准。始编于1984年，分章节编制，每章均可视为一个标准。该标准涵盖了各种形式的土坝和堆石坝等当地材料坝的地质勘察、材料选择、工程设计、填筑施工和观测设计等内容，形成了一个较完整的填筑坝工程设计施工建设系统。

总体上，中美两国都有较为完整、庞大的标准体系。中国标准以政府管理为主，社会团体为辅，其标准、规程、规范、规定和导则具有法律效应。美国标准以社会团体管理为主，政府为辅，其导则、手册和规定等仅为依据，不免除使用者的法律责任。

2.2　适用范围差异

中国标准在水利水电行业主要有两套标准，分别为水利行业标准（SL）和水电行业标准（DL、NB）。在适用范围上，一般从工程等级、工程型式、建筑物级别和规模等方面进行限定，如中国标准《碾压式土石坝设计规范》（DL/T 5395—2007）“适用于水电枢纽工程中1级、2级、3级坝高200m以下碾压式土石坝的设计，4级、5级碾压式土石坝可参照使用。对于200m以上的高坝应进行专门研究。”就是从大坝级别和坝高两个方面限定了适用范围。

美国标准在水利水电行业也主要有两套标准，分别为美国陆军工程兵团标准和美国垦务局标准。这两套标准在适用范围上，一般规定适用于本部门的工程设计和施工。如美国陆军工程兵团的土石坝设计与施工“适用于负责土坝和堆石坝设计与施工的美国陆军工程兵团总部各部门、主要下属单位、分区、地区试验室和现场作业活动。”另外，如前所述，美国标准以社会团体管理为主、政府为辅，其标准体系还包括美国材料与试验协会（ASTM）标准、美国混凝土协会（ACI）标准、美国土木工程师学会标准、美国州公路及运输协会（AASHTO）标准和美国电子电机工程师协会（IEEE）标准等标准体系。美国标准的使用者也是法律责任的承担者，工程师可针对具体工程充分利用各种资源进行设计，充分发挥工程师的主观能动性。

2.3 主要差异及应用注意事项

2.3.1 枢纽布置和坝型选择方面的差异

在枢纽布置方面，坝轴线曲（向上游起拱）直的问题曾有人进行研究和讨论，实践表明，防渗体是否产生裂缝主要取决于工程措施和压实质量，因此近年来已不大采用这种形式。美国陆军工程兵团规定狭窄陡峭峡谷中高坝的轴线应向上游弯曲，中国标准已经没有此规定。另外，在土石坝的枢纽布置中是否设置专门用来放空水库的泄水底孔是有争论的。美国标准没有对放空设施的要求，中国标准对此有明确要求，但是非强制性的。开敞式溢洪道超泄能力强，是防止库水漫溢过土石坝的重要措施之一。土石坝不漫顶是中外工程界的共识。

关于土石坝坝型的分类，中国标准的碾压式土石坝分为均质坝、土质防渗体分区坝和非土质材料防渗体分区坝。美国标准的填筑坝分为土坝和堆石坝。中美标准对坝型的规定略有区别。坝型选择中美标准均应考虑诸多因素，大同小异，美国标准更注重于环境因素。

2.3.2 筑坝材料选择与填筑碾压要求方面的差异

中美标准均非常重视筑坝材料的选择和填筑碾压质量的控制。在筑坝材料的有关条款中，中国标准规定砾石土最大粒径不宜大于150mm或铺土厚度的2/3。美国垦务局规定最大粒径，一般均限制在约为碾压后层厚的75%。中美标准对坝料及最小粒径的要求无本质区别。

中美标准对于黏性土均以压实度和最优含水量作为控制指标。中国标准根据击实试验的不同分别给出了不同的压实度要求。美国标准压实度最小值一般为95%。

值得注意的是，美国标准透水坝料以相对密度为控制指标。中国标准砂砾石和砂以相对密度为控制指标，堆石料设计控制标准为孔隙率。

2.3.3 坝体结构方面的差异

坝体结构方面的内容繁多，总体上中国标准的规定更加详尽具体，便于设计。

（1）关于坝体分区设计原则，中美标准的规定无实质分别，均以坝体稳定为前提，同时考虑经济可行的因素。关于土质防渗体坝分区，中美标准主要区别在于：中国标准明确了土质防渗体分区坝的分区，美国标准无此条款；美国标准阐述了防渗体的位置，中国标准未明确。

（2）关于坝坡设计，美国垦务局与中国标准规定相同，均为初拟坝坡、稳定分析验证确定合理的坝体断面。坝脚压戗的目的，中国标准建议以其来提高坝坡稳定性，而美国陆军工程兵团土石坝设计施工建议将其作为弃渣场，同时可起到保护坝坡并增加其稳定性的作用，值得借鉴。

（3）关于坝顶超高的计算公式，中美标准差异较大，对标过程中通过算例对坝顶高程进行复核对比，中美标准均可满足坝顶高程的要求。

（4）关于反滤料设计，中国标准和美国陆军工程兵团标准均采用了谢拉德1989年方法，其不同在于：中国标准分别对黏性土和无黏性土给出了不同反滤设计方法，而美国陆军工程兵团土石坝设计施工则不分黏性土和无黏性土给出了统一的反滤设计方法；美国陆军工程兵团标准对穿孔集水管、间断级配的被保护土及宽级配的被保护土均提出了相应的反滤设计方法，中国标准没有此部分内容的相关规定。

（5）关于护坡种类的选择，中美标准都要求考虑料源和经济性，但中国标准还要求考虑坝的等级和运用条件。中国标准推荐上游护坡优选堆石护坡，美国标准推荐优先选用抛石护坡。关于护坡垫层设置，中美标准区别在于：美国标准要求护坡下设置垫层并要求了最小厚度，且明确抛石下不应使用土工织物；中国标准则要求护坡与被保护坝料不满足反滤关系时才设置垫层。

2.3.4　坝基处理方面的差异

坝基处理的目的是满足渗流、稳定及变形三方面的要求，以保证坝的安全运用及经济效益。关于坝基表面处理的原则和方法，中美标准规定基本相同。各标准对砂砾石坝基渗流控制措施规定没有本质区别。中国标准对截水墙底宽确定需考虑的因素进行了说明，但对宽度没有具体规定，美国陆军工程兵团标准对截水墙的最小底宽有明确规定。中国标准对混凝土防渗墙设计的规定包括了厚度，深度以及其与坝体连接的方式等内容；美国陆军工程兵团渗流控制对混凝土防渗墙与坝体的连接方式和要求作了相应规定，对混凝土防渗墙厚度，深度没有相关规定；美国垦务局标准中对厚度，宽度也有相应的要求，但没有与坝体的连接方式的规定；另外，美国标准中均对混凝土防渗墙的渗透系数，配合比及顶部导墙的尺寸有相应的要求，中国标准则没有明确要求。

中国标准引入“可灌比”作为可灌性的判别标准，美国垦务局小坝设计中仅提到“水泥灌浆不适用于很细颗粒的地层”，并未给出具体的判别标准。关于砂砾石坝基灌浆材料，中国标准和美国垦务局《小坝设计》均提到了水泥和黏土及化学灌浆材料，相比较而言，中国标准中，砂砾石坝基灌浆材料多了膨润土，但缺少了沥青。

中美标准中关于灌浆帷幕钻孔方向的规定无本质差别，均要求根据优势结构面的产状确定。中国标准对于岩石坝基的帷幕灌浆深度根据不同的基础条件分别按相应的标准综合确定，美国垦务局《小坝设计》中则要求“灌浆达到基岩面以下的深度应等于基岩面以上的水库水头”，二者存在明显差别。中国标准与美垦务局小坝设计均强调了灌浆试验在基础灌浆设计中的作用，一般情况下通常采用单排帷幕孔，但岩石破碎地带均可采用多排帷幕。中国标准规定帷幕孔间排距宜为1.5～3.0m，美国垦务局《小坝设计》提出帷幕孔孔距10～20ft（3.05～6.10m），对帷幕孔的排距没有具体数值的要求。

2.3.5　土石坝计算分析方面的差异

总的来说，中美标准土石坝计算分析的基本理论和主要技术要求基本一致，抗滑稳定均采用单一安全系数法，应力变形计算均采用土力学法和有限元法。中美标准均明确了坝体坝基抗滑稳定、渗透稳定和应力变形控制要求。中国标准根据大量工程经验提出了详细和具体的量化指标和工程措施及工艺要求；美国标准更注重基于基础理论的计算分析，注重过程的控制。

在渗透稳定计算方面，渗透变形的允许水力坡降是土的临界水力坡降除以安全系数确定的，中国标准提出的安全系数 1.5～2 是指一般情况下，对水工建筑物危害较大，安全系数取 2，对于特别重要的工程也可取 2.5；对于出逸坡降的取值，有反滤层保护的情况下，渗透逸出坡降小于允许坡降。美国垦务局出逸坡降采用一个保守的安全系数（$SF=4\sim6$）；美国陆军工程兵团出逸比降安全系数的建议值为 4～5（Harry，1962，1977）或 2.5～3；相比较而言，美国标准相对比较保守。

在抗滑稳定计算的控制标准上，中国标准允许安全系数按大坝级别分为 4 级，采用计及条块间作用力的计算方法允许安全系数（1 级坝）与美国标准数值基本一致，仅地震工况不一致，中国标准对高级别大坝抗震安全系数要求高。

2.3.6 安全监测设计方面的差异

对于安全监测设计的一般规定，中美标准的设计理念有共性也有相异性。

共性：监测的必须性、目的、监测时遵循的规则等。

相异性：中国标准对于监测内容有具体的要求，并且更加详细，依据计算结果并参考同类工程监测成果选取仪器数量、布置等；美国标准监测仪器数量的选择、布置以及观测项目按照坝址实际情况，依靠经验，综合判断。

中美标准监测项目基本一致，美国标准强调了目测的重要性。

混凝土面板堆石坝设计规范对比研究

编制单位：中国电建集团昆明勘测设计研究院有限公司

专题负责人 凌　云

编　　写 雷红军　黄青富　行亚楠　闫尚龙

校　　审 黄青富　相　彪

核　　定 冯业林

主要完成人 冯业林　雷红军　相　彪　黄青富

1 引用的中外标准及相关文献

本文引用的中外技术标准及相关文献见表1。中国标准以《混凝土面板堆石坝设计规范》(DL/T 5016—2011)为主，国外技术标准主要收集了美国陆军工程兵团(USACE)、美国垦务局(USBR)、美国土木工程师学会(ASCE)等单位和组织编制的相关技术标准。

表1　　引用的中外技术标准及相关文献

中文名称	英文名称	编号	发布单位	发布年份
混凝土面板堆石坝设计规范	Design Specification for Concrete Face Rockfill Dam	DL/T 5016—2011	国家能源局	2011
土坝和堆石坝的设计与施工考虑	General Design and Construction Considerations for Earth and Rock - fill Dams	EM 1110 - 2 - 2300	美国陆军工程兵团	2004
土木工程结构使用的止水带及其他预塑缝材料	Waterstops and Other Preformed Joint Materials for Civil Works Structures	EM 1110 - 2 - 2102	美国陆军工程兵团	1995
输水系统及填筑坝设计标准	Design Standards for Water Conveyance System and Embankment Dams		美国垦务局	1997
填筑坝	Design Standards No. 13: Embankament Dams		美国垦务局	2011
水电工程规划设计土木工程导则			美国土木工程师学会	1989
小坝设计	Design of Small Dams		美国垦务局	1986
混凝土结构设计规范	Building Code Requirements for Structural Concrete	ACI 318 - 05	美国混凝土协会(ACI)	2005
水工钢筋混凝土结构	Strength Design for Reinforced - concrete Hydraulic Structures	EM 1110 - 2 - 2104	美国陆军工程兵团	1992
混凝土结构中的接缝	Joints in Concrete Construction	ACI 224. 3R - 95	美国混凝土协会	1995

2 主要研究成果

本文按《混凝土面板堆石坝设计规范》(DL/T 5016—2011)条文为脉络，重点对照美国垦务局《填筑坝》及本次翻译的相关章节、美国陆军工程团《土坝和堆石坝的设计与施工考虑》(EM 1110 - 2 - 2300)的相关规定，并参考美国垦务局《小坝设计》、美国陆军工程兵团《土木工程结构使用的止水带及其他预塑缝材料》(EM 1110 - 2 - 2102)、美国土木工程学会《水电工程规划设计土木工程导则》、美国混凝土协会《钢筋混凝土建筑规范及条文说明》等美国不同部门水电技术标准相关内容，经过逐条比对，分析总结了中美两国标准的异同，取得的主要研究成果如下。

2.1　整体性差异

由于美国现代化的水库大坝建设始于20世纪20年代初，到60年代达到顶峰。其主要核心技术规范都成型于20世纪70—80年代，从目前查找和了解的现状来看，美国没有专门的面板堆石坝规范。面板堆石坝设计需参考多项相关标准，这些规定更注重设计方法及原则，要求具体工程具体分析。在美国现有的文献中，面板堆石坝被列入填筑坝中，但没有深入详细的技术规范，只是停留在坝型选择等层面上。相对而言，美国陆军工程兵团的标准比美国垦务局略新，部分成果仍有更新，但美国垦务局自1987年后更新相对较少。本次对照的美国标准多数是在20世纪80—90年代成形，最新的《填筑坝》为2011年成形。

中国的《混凝土面板堆石坝设计规范》(DL/T 5016—2011) 于2011年颁布执行，编制过程中全面总结了中国多年来混凝土面板堆石坝建设中的经验教训，特别是纳入了已建的天生桥一级、洪家渡、三板溪、水布垭等200m级世界级高混凝土面板堆石坝的建设实践经验。从目前看，中国面板堆石坝无论在数量上还是在坝高和规模上都处于世界前列，面板坝设计规范中规定了大坝设计各方面的具体要求和量化指标，可操作性和系统性相对更强。因此，可以认为中国《混凝土面板堆石坝设计规范》(DL/T 5016—2011) 融入了最新的科研和实践成果，相关技术已代表世界领先水平。

总体来说，在美国标准中找到的面板堆石坝的相关详细设计内容不多，主要涉及一些设计方法及原则问题，且美国标准多采用类似教科书或专著的讲解叙述形式，阐述较为详细。相较而言，中国规范中对面板堆石坝设计的相关条款规定更为严格细致，且规范的章节组织、条文及说明等更为清晰、合理，但其相关条款较为刚性，一般只提要求和具体做法，对其内在原理、方法等的解释相对较少(个别条款有条文说明)。

2.2　主要对比成果及应用注意事项

2.2.1　标准的应用范围

中国标准主要适用于水电水利枢纽工程中1～3级坝和高度超过70m的4级、5级混凝土面板堆石坝的设计。4级、5级70m以下的混凝土面板堆石坝可参照执行。200m以上的高坝设计应进行专门研究。

美国标准适用于美国垦务局所设计的所有填筑坝。

2.2.2　混凝土面板堆石坝的级别

中国标准对于坝的级别和设计标准较为重视，划分较为详细，规定混凝土面板堆石坝的级别按照《水电枢纽工程等级划分及设计安全标准》(DL 5180—2003) 确定，且根据坝高分为低坝、中坝和高坝。

美国标准对此没有详细划分。

2.2.3　坝的布置

(1) 对于坝轴线，中美标准都提出需根据坝址的地形地质条件经技术经济比较后确定。中国标准规定还应重点考虑趾板的要求及强调要有利于枢纽中其他建筑物布置。

中国标准规定坝轴线的选择应有利于基础防渗系统的布置，节省工程量及方便面板的施工。河道型水库面板堆石坝轴线一般布置为直线，根据地形地质条件，在两坝肩也可采用折线或曲线连接。抽水蓄能电站水库面板堆石坝轴线根据需要多采用转折直线或弧线连接。

美国标准强调坝轴线的布置应使防渗面板暴露的面积最小，以便于加快面板的施工，降低造价，且便于维修。美国标准对坝轴线形式的要求相对较低，允许采用曲线形式坝轴线。

值得注意的是，对于高面板堆石坝来说，曲线形式坝轴线可能引发较多其他问题如面板挤压破坏等，因此，对于高面板堆石坝，直线坝轴线为宜。

（2）中美标准都允许堆石坝体建在密实的河床覆盖层上，且都要求进行变形稳定、渗透稳定分析及安全经济合理性分析。中美标准均重视大坝的变形、渗透稳定安全。

（3）因为面板堆石坝坝顶不能过水，所以中国标准规定研究设置用于降低库水位的放空设施的必要性，美国标准对放空设施的必要性未提及，主要从原则上强调泄洪设施应有充足泄量防止库水漫坝。

（4）中国标准主张利用建筑物开挖石料筑坝，比用料场开挖石料经济，可减少对环境的破坏，在进行枢纽布置方案比较时，应将土石方平衡考虑在内。当建筑物开挖岩石料可用时，加大电站进水口或溢洪道尺寸，增加建筑物开挖料而减少料场开挖石料，同时减小输（泄）水建筑物流速或单宽流量，常是安全且经济的选择。

美国陆军工程兵团标准也是尽可能多地使用所需开挖的材料和运距最短、弃料最少的料场的材料，强调施工组织设计的合理性，以使得开挖料直接利用，在条件不允许时也可先堆存后上坝填筑。与中国标准原则基本一致。

2.2.4 坝顶

（1）坝顶宽度影响坝体工程量，在满足使用要求的前提下，坝顶宽度愈小愈经济。坝顶除提供交通外，一般有观测电缆沟、灯柱和排水沟等设施，确定坝顶宽度时应考虑布置此类设施的需要。面板混凝土浇筑平台的最小宽度为9m或更宽，视所用施工设备和施工布置而定。建于强震区的面板堆石坝坝顶应适当加宽。

中美标准对坝顶宽度要求的原则基本一致。美国标准更强调施工条件的影响。

（2）对于坝顶超高，中国标准坝顶超高由波浪爬高、风壅水面高度及安全超高组成，地震区的安全加高尚应增加地震作用下的附加沉陷和地震涌浪高度，不同工况组合有明确规定。

美国标准规定计算最小超高时应考虑溢洪道及泄水孔出现事故的设计洪水（IDF），这点在中国规范中未体现。

美国填筑坝设计标准中分最高水库水面高度、正常水面高度、中间水面高度三种工况进行超高的分析计算。另外，美国陆军工程兵团堆石坝设计直接规定了在2～4地震区，坝顶高程应取最高水位加常规超高，或防洪水位加3%坝高（从河床起算）的最大值。

总体来说，中美标准对坝顶超高的规定均考虑了多种不同工况，只是计算方法略有区别。

（3）关于坝顶防浪墙，中美标准设置防浪墙的原则基本一致。中国标准规定了防浪墙墙高采用4～6m，墙顶高出坝顶1～1.2m。美国标准只强调防浪墙的作用及其设计原则，说明顶部挡墙的高程应起自坝体上用于混凝土面板滑模设备安装及材料供应之处，具体采用多高未做明确说明。另外，美国标准对坝顶下游是否用护栏或路缘石未做明确规定。

中国标准强调防浪墙与混凝土面板顶部的水平接缝高于正常蓄水位，美国标准要求防浪墙各端必须充分嵌入填筑坝的不透水区，对于结合部位的高程未作限定。总体来说，中国标准更偏于安全。

（4）关于坝顶预留沉降超高，中国标准中为保证大坝运行期沉降稳定后坝体仍有足够的超高，坝顶需预留沉降超高。坝顶沉降超高可为坝高的 0.3%～0.8%。沉降超高的设置应由坝头处的零值，渐变到坝高最大处的最大值。可采用局部放陡顶部坝坡实现沉降超高。另外，中国标准还提到需要结合计算分析确定。

美国标准规定了坝顶超高要包括地基和坝体允许的沉降，并根据经验，坝顶最大超填量约为最大坝高的 1%，此预留沉降值比中国标准规定值大，且对于预期要沉陷的坝基，超填量要进一步增加。但美国标准对于具体做法没有详细说明。

（5）坝顶路面及附件等，中国标准中为方便防浪墙、电缆沟和坝顶路面等施工，以及预留坝顶沉陷超高起拱的需要，规定防浪墙底部高程以上的坝体用细堆石料填筑。

美国标准强度坝顶公路尽量避免公众进入。提到通常的做法是铺一层经过筛选的碎石或者砾石料，其最小厚度为 6in（约 15cm）。并强调了坝顶铺面的有利作用。

中美标准都规定当有坝顶交通道路时，应按道路标准设计坝顶路面。

中国标准还涉及了坝顶防浪墙的人行便道、防浪墙伸缩缝及止水、坝顶照明和排水设施等细节部位设计要求，美国标准对此提及较少。

2.2.5　坝坡

（1）中国标准是根据中外已建面板堆石坝坝坡统计结果，提出坝壳采用堆石料的混凝土面板堆石坝上、下游坝坡大部分为 1∶1.3～1∶1.4，下游坡总体上略缓于上游坝坡。对于坝高在 150～200m 的高坝，其上、下游坝坡大多采用 1∶1.4；坝壳完全或部分采用砂砾料的混凝土面板堆石坝上、下游坝坡总体上缓于采用堆石料填筑的混凝土面板堆石坝，大部分上、下游坝坡为 1∶1.5～1∶1.6；坝壳内的软质岩或软基、坝基软弱夹层力学性质相对较差，对坝坡稳定起控制作用，故坝坡应根据抗滑稳定计算分析确定。

美国标准也给出了常见的坝坡坡比范围，与中国标准基本一致，坝坡主要由筑坝材料特性、坝基特性结合工程经验或抗滑稳定分析确定。

（2）中国标准对下游坝坡建议采用大块石堆砌，美国标准对不同类型填筑坝护坡提供许多方法，以适应不同下游坝坡和环境。中美标准都要求坡面平整，外观良好，美国标准倾向于推荐植被护坡，且提出了植被护坡的原则性要求。植被护坡此种方式在中国的中小型坝中有所采用，值得借鉴采用。

2.2.6　坝体分区

（1）美国标准对坝体分区与中国标准原则类似，均要求根据料源等因素，从满足水力过渡、坝体应力变形、充分利用建筑物开挖料进行坝体材料分区，美国标准对坝料间反滤准则强调较多，中国标准同时强调了稳定和变形要求。

中美标准都是根据试验成果、工程类比确定计算参数，进行分析，以确定合理的分区。中国标准对不同级别的坝提出不同规定，美国标准未细分。

总体来说，美国标准对于坝体分区的要求相对宽松，各分区界限的可变范围较大。中国标准对于高面板堆石坝的分区要求相对严格，以保证高面板堆石坝的工程安全。

（2）对于垫层料，中国标准根据室内试验研究，满足反滤级配要求的垫层料和过渡料能共同承担100以上的水力梯度而不发生渗流破坏。如能保证施工质量，垫层料区可采用较窄的宽度，因此采用专门铺料措施如反铲、装载机等配合人工铺料时，垫层区的宽度可适当减小，过渡区的宽度相应增大。美国标准对此未做明确规定。

（3）对于过渡区，中国标准规定上游区在硬质岩堆石料和垫层料之间设过渡区，美国标准也规定了粗细料区之间需设过渡区，且过渡区宽度都不小于3m。

（4）对于堆石料，中国标准中软质岩堆石料做上游堆石区时，一般要求有较高的压实密度，碾压后颗粒破碎率较高，因此在不满足排水要求时应设竖向排水区；竖向排水区上游设反滤层，可以阻止细颗粒流失，防止排水被细颗粒淤塞，是否设反滤层需视坝料中细颗粒含量而定。美国标准也提出在坝壳中需设置排水层，但不仅仅针对软质岩堆石料做上游堆石区时。中美标准均重视排水区的设计，其原则性要求基本一致。

（5）中美标准都规定了在有渗透破坏可能的坝基表面设置反滤层保护以满足渗透稳定要求。针对中国标准提出的为满足抗滑稳定要求在下游坡脚设置反压平台，美国标准未作明确规定。

2.2.7 坝料勘察、试验及料场规划

（1）中国标准要求做好坝料开采填筑规划工作及有关的坝料开采、运输、加工、堆存、存、弃渣场规划工作，美国标准未作明确规定，但强调了可用材料的有效利用，中美标准都要求做好环境保护工作。

（2）对于坝料试验，中国标准规定了1级、2级高坝的岩石室内试验项目应包括密度、吸水率、抗压强度、弹性模量、岩石矿物成分和化学分析等，这些试验在美国标准中也要求进行，具体试验项目有所区别。但美国标准针对所有填筑坝，并不局限于1级、2级高坝。

（3）中美标准对坝料室内试验项目内容略有差异，中国标准以常规室内外物理力学特性试验为主，美国标准强调了测定抗磨性、冻融特性、吸水百分率、岩相分析、X射线衍射分析等试验方法。美国标准强调对实际填筑料（试填料）进行相应的试验研究，保证研究对象更具代表性。

2.2.8 坝料选择及设计指标

（1）中国标准要求垫层区具有半透水性，才能使渗水安全地通过坝体，对垫层料的级配、结构稳定、粒径、颗粒含量、压缩性及抗剪强度特征等均有明确规定。对坝体分区专门提出了特殊垫层区，并要求周边缝下游的特殊垫层区用反滤料填筑，使它和缝顶无黏性料之间满足反滤准则，以保证缝顶无黏性料的自愈功能，并对特殊垫层区的粒径提出具体要求。

美国标准对以上内容均为作出明确规定。

（2）中国标准对上游堆石料作出级配、低压缩性、高抗剪强度和自由排水性能要求。美国标准也要求堆石料坚硬、级配良好和自由排水。对小于0.5mm、小于0.075mm的颗粒含量作出了具体规定，有利于控制填筑质量。美国标准对此未作明确规定，对铺层厚度

要求不应厚于60cm，是基于10～15t振动碾进行碾压，按目前碾压设备吨位，铺层厚度可以大幅提高。

中美标准都规定了坝料可选择坚硬的石料到比较软的材料。中美标准对上游堆石料要求有所不同，中国标准建议采用硬岩或砂砾石料，美国标准则不限制利用软岩料。

(3) 中国标准规定下游水位以下的下游堆石区的排水性对坝体运行安全影响大，其底部应按排水区设计。美国标准对此未作明确规定。中国标准强调对软岩堆石料用于高坝下游干燥区，对中低坝也可用于上游。美国标准对软岩堆石料可用于任意料坝区和半透水坝区。中国标准规定了砂砾石料筑坝若小于0.075mm颗粒含量超过8%时，宜用在坝内干燥区。美国标准对此未作明确规定。

(4) 关于填筑标准，中国标准规定的坝料的填筑标准包括坝料的干密度和孔隙率、级配和碾压参数，这既是设计实践的反映，也是为施工控制提供依据。鉴于碾压设备的改进，坝高增加，填筑标准提高。根据工程实践和研究，当坝高超过150m后，堆石坝体的变形形态对防渗面板的不利影响加大，堆石料流变对大坝的后期影响凸显，所以将以150m为界分为两级制定填筑标准。

根据不同孔隙率的硬岩料和软硬岩混合料的物理力学试验及坝体沉降计算成果，坝料填筑密度及岩性对坝体变形有直接影响。对于相同孔隙率的填筑密实度，软弱岩石坝体的沉降变形远大于硬岩料，变形差异随坝高的增加表现更加突出，且密实度越高，差异也越大，沉降变形差异可达2～3倍。故本条除按坝高分级外还按岩石质量差异提出堆石料的填筑标准，一般软岩料的孔隙率应比硬岩料低2%～4%，其变形特性才基本相当，以有效减小岩性差异带来的坝体不均匀变形。

试验表明，垫层料相对密度达0.8以后，相应孔隙率15%～20%，垫层料具有良好的工程性质；已建高坝主堆石料压实后的孔隙率多为21%～24%。

美国标准仅对透水填筑料、反滤排水区以及反滤料的相对密度作出规定。

另外，中美标准都是以控制碾压参数为主，中国标准要求辅以孔隙率或相对密度参数控制，中美标准都提出了应加水碾压及通过试验确定加水量要求。

2.2.9　趾板

由于中国混凝土面板堆石坝近几十年来的迅速发展及大量工程的建设，在混凝土面板坝堆石坝趾板、混凝土面板、接缝等的设计及研究方面积累了大量的研究成果，因此在规范中的规定也较为详细，而美国标准关于上述内容的阐述相对较少且较为分散，因此查找到的相关对比内容较少，主要异同如下：

(1) 中美标准都要求趾板应置于坚固且经过防渗处理的岩体上，中国标准允许将趾板置于全风化及强风化、强卸荷或有地质缺陷的基岩上，但要求必须采取专门处理措施。

(2) 中国标准对趾板地形、地质缺陷处理措施较多，如采用增加连接板或回填混凝土、用趾墙代替等，美国标准仅对断层或宽节理提出处理要求。

(3) 受勘探的不确定性影响，趾板二次定线必要性较大，中国标准对此单独提出要求，并提出必要时可适当调整坝轴线位置，美国标准未作明确规定。

(4) 中美标准趾板的宽度都要取决于坝基、施工或灌浆要求。中国标准还要求考虑基岩的允许水力梯度，美国标准要求考虑坝高的因素。

（5）中美标准对趾板配筋率的要求基本一致。

2.2.10 混凝土面板

（1）中美标准都规定面板最小厚度为0.3m，但计算厚度公式高度系数中美标准不同，美国标准中的高度系数比中国标准小。

中国标准：$t=(0.3\sim0.4)+(0.002\sim0.0035)H$

美国标准：$t=0.3048+0.0009h$

中国标准规定了面板的厚度应使面板承受的水力梯度不超过200，美国标准未作明确规定。

（2）中美标准都要求面板分缝，中国标准给出了垂直缝常用的间距范围为12～18m，美国垦务局对垂直缝的间距未作具体规定，美国混凝土协会规定水工钢筋混凝土结构最大分缝宽度可到25m，应当注意的是分缝宽度25m时采用的是收缩补偿混凝土。

（3）中美标准都要求面板混凝土具有耐久性、抗渗性、抗裂性、抗冻性及施工和易性。中国标准要求面板混凝土强度等级不应低于C25，抗渗等级不应低于W8。中美标准对混凝土抗压强度要求不同，但差别不大，且应注意中国混凝土强度等级获取试样为标准立方体，而美国混凝土协会建筑规范中的混凝土抗压强度获取试样为圆柱体。

（4）中美标准都要求面板混凝土使用掺合料和外加剂，原则基本一致。中美标准对水灰比的要求基本一致，中国标准要求溜槽入口处的坍落度宜控制在3～7cm，美国标准对坍落度要求未作明确指标。

（5）中美标准都要求面板需配筋。中国标准规定每向配筋率为0.3%～0.4%，美国标准规定沿每个方向为混凝土面积的0.4%～0.5%。另外，中国标准规定当采用单层双向钢筋时，钢筋宜置于面板截面中部或偏上位置，美国标准规定单层的配筋应布置在板的中心内。中国标准要求钢筋的保护层厚度宜为10～15cm，美兵团规定钢筋保护层最小厚度为7.62cm和10.16cm，中美标准对配筋率保护层厚度取值原则基本一致。

（6）中美标准均重视采取措施以减少坝体变形，从而达到降低面板破损的概率。不同的时期，美国标准推荐在坝体竣工后再浇筑面板，而中国对于高面板堆石坝大多采用分期填筑及分期浇筑面板的施工方案，以提高施工效率。

2.2.11 接缝和止水

（1）中美标准对止水材料都可选用止水片及止水带，填料等，原则基本一致。

（2）中美标准对止水材料的要求基本一致，美国标准未对延伸率提出量化指标。

（3）中国标准对50～100m坝要求在缝顶部设一道止水，强调高坝需设自愈性材料止水。美国标准规定在面板与底座或趾板的接触处（周边缝处），采用多道止水片。

（4）中美标准对止水的保护要求基本一致。中国标准中对止水安装或拼接之前的展开时间未作具体规定。美国标准规定所有非金属止水带和弹性金属止水带在安装或拼接之前就要展开至少24h。

（5）对于垂直缝、周边缝等，中国标准均有详细规定，美国标准对此无详细规定。

2.2.12 坝基处理

（1）中国标准中为防止趾板上游开挖边坡在运行期失稳，砸坏岸坡附近趾板、周边缝止水及附近的面板，规定趾板上游边坡按永久边坡设计。美国标准对此未作明确规定。

（2）中美标准都规定堆石坝体可置于风化、卸荷岩基上。中国标准强调趾板附近下部基岩需具备较好的力学性质，对于其他部位可放宽要求的规定与美国标准基本相同。

（3）中国标准规定，河谷岸坡很陡，开挖坡度不能满足要求时，在坝轴线上游的陡岸应设置增模区，美国标准对此无明确规定。

（4）中美标准关于坝基处理方式原则基本一致。美国标准对于坝基防渗、防冲蚀及管涌等方面更加重视，提出更为细致的处理原则或措施，值得借鉴。

（5）中国标准根据工程实践经验，提出对固结灌浆深度和帷幕灌浆深度的要求。美国标准也有灌浆要求，通常根据试验确定。中国标准提出的灌浆参数较为细致，美国标准注重根据实际灌浆情况实时调整。中国标准要求专门措施提高灌浆帷幕的耐久性。美国标准只是说明通过灌注压力试验评定灌浆效果，并没有提出耐久性要求。

（6）中美标准都规定防渗墙底部宜嵌入基岩。中国标准提出进行防渗墙后渗流出逸区的反滤保护及趾板和防渗墙间的连接设计，而美国标准未作明确规定。

2.2.13　坝体渗流计算

（1）中美标准对于计算项目的规定大致相同，均包含了土石坝渗流分析中需要关注的要素，模拟的渗流条件及需要分析计算的渗流项目基本一致。但在计算方案、方法上有差别。美国标准重视工程判断及经验，认为数值模拟计算结果的精确性有限。中国标准详细列出了需要计算的运行中的不利工况组合，且规定应考虑坝体和坝基渗透系数的各向异性。随着计算方法与技术的发展，中国标准涉及了渗流参数反演分析内容，而且对于大坝渗流多采用有限元法进行计算，可进行稳定、非稳定渗流计算以及渗流-应力耦合的数值计算。

（2）中国标准提出了需增加进行渗流分析计算的几种情况，美国标准对此没有详细规定，只是指出当坝体内伸入有其他建筑物是需要特别注意其渗流情况，但对于中国设计的面板堆石坝，坝体内深入建筑物的情况极其少见。

（3）中美标准均强调了反滤设计的重要性。中国标准侧重于反滤设计的方法，美国标准侧重于反滤设计的机理和原则。美国标准中还提及填筑坝或坝上不应使用土工织物，中国标准对此没有要求。

（4）美国标准仅提及防渗或排水设施但阐述较少。中国标准规定了前提条件以及应进行的计算工作和采取的设计措施，但是也不具体，经验性相对较强。

2.2.14　坝体稳定计算

中国标准《碾压式土石坝设计规范》（DL/T 5395—2007）详细规定了需进行抗滑稳定分析的工况，采用的计算方法、强度指标的选用、孔压的计算以及稳定安全系数的控制标准。

美国垦务局设计中阐述了稳定分析应考虑的荷载条件及工况，基于Spencer程序的极限平衡法提出了安全系数准则，且在制定最小安全系数指标时较为详细地考虑了抗剪强度参数及孔隙水压力特性。经比较，所提出的最小安全系数指标与中国标准基本一致。

美国陆军工程兵团较为重视设计经验及判断，弱化了稳定计算工作方面的内容和效果。

美国土木工程师学会规划设计中对于大坝稳定计算做了大量阐述，规定了计算工况，与中国标准基本一致。对于不同工况下需采用总应力法还是有效应力法的规定也较为详细。强度参数的选择方面，介绍了几种强度指标、确定方法以及经验值。中国标准侧重于以有效应力法为主、总应力法为辅，且提出对于粗粒土料可按非线性强度指标。

在安全标准方面，根据不同计算工况、采用的计算方法（总应力或有效应力法）以及孔压特征等，给出了最小安全系数值。中国标准则主要根据工况、土石坝级别、计算方法（是否计条块间的作用力）进行了安全标准的制定。

中国标准详细列出了除常规稳定分析外，其他尚需进行抗滑稳定分析的情况。美国垦务局规定了其中两种需进行稳定分析的情况，并强调了含有黏土层、粉土层和黏土页岩的岩基条件时稳定性分析需要关注的问题。美国陆军工程兵团仅指出需进行地震稳定性评价。

中国标准以坝高规模规定了坝料抗剪强度的取值方法，并规定了试验求取坝料计算参数的原则。美国垦务局强调不同的设计阶段，可采用不同的方法获得材料强度参数，前期以经验判断为主，后期以室内外试验为主，且要求开展强度参数的敏感性分析。美国标准详细规定了试样的选取、室内试验中应注意的问题，原则基本一致。

中国标准《水工建筑物抗震设计规范》（DL 5073—2000）中对于土石坝的抗震稳定计算主要包括地震作用及组合、地震加速度及反应谱、计算方法、抗震措施等。美国陆军工程兵团仅提及对坝体和重要附属建筑物需进行地震稳定性评价。美国土木工程师学会规划设计中仅规定了地震参数相关取值的原则。

综合来看，中美标准均重视大坝稳定分析，规定也较为详细。美国标准侧重于方法、原理介绍，中国标准的规定较为直接。

2.2.15　应力变形计算

中美标准关于应力变形分析要求的原则和方法基本一致，可采用有限元数值分析和经验方法估算。美国垦务局填筑坝设计推荐了1%法则，与中国开展的相关研究所得结论基本一致。美国标准强调一般情况下以经验判断或者较为经济的一维沉降计算为主，在问题较为复杂时才进行更为深入的计算。但目前土石坝数值计算方法及计算能力已经得到较大发展，开展相关复杂计算已不存在难度，中国标准中对于应力变形有限元计算的要求相对较高。

2.2.16　抗震措施

中国标准规定地震区坝的安全超高，应包括地震涌浪高度及坝和地基在地震作用下的附加沉陷。美国标准也强调了在地震作用下要有足够的超高。美国标准还规定了在2～4地震区，坝顶高程应取最高水位加常规超高，或防洪水位加3%坝高的最大值。

中国标准提出了8条详细的抗震措施：

（1）采用较大的坝顶宽度和上缓下陡的下游坝坡，并在坝坡变化处设置马道。

（2）采取水平加筋网、浆砌石护坡等措施，增加顶部坡面的稳定性。

（3）采用较低的防浪墙，采取措施增加防浪墙的稳定性。

（4）确定坝体安全超高时，应计入坝和地基在地震作用下的附加沉降。

（5）增加坝体堆石料的压实密度，特别是在地形突变处的压实密度。

（6）应加大垫层区的宽度，当岸坡很陡时，宜适当延长垫层料与基岩接触的长度，减小垫层料的最大粒径。

(7) 宜在面板部分垂直缝内设置有一定强度又可压缩的填充板。

(8) 增加河谷中间顶部面板的配筋率，特别是面板顺坡向的配筋率。

中美标准关于抗震措施中第 (1)、(4)、(5)、(6) 条基本一致。中国标准中第 (2)、(3)、(7)、(8) 条措施在美国标准中未作规定。美国标准中如使不透水区更具塑性、扩大不透水区、加宽坝肩处坝体等抗震措施，中国标准也未提及。

2.2.17　分期施工和坝体加高

中美标准都建议根据天然条件、导流、施工组织、资金等情况进行分期施工。中国标准要求尽可能减少面板浇筑分期，合理选择面板混凝土浇筑时间，避开面板下部堆石体变形的高峰期。美国标准从原则上说明了确定施工进度应关注的问题，还提及了开挖料、弃渣料的堆存对施工进度的影响。美国标准还推荐了薄层碾压的厚度为 1～4in(25.4～101.6mm)，以减小坝体沉陷。另外，美国标准建议在整个坝体都铺筑完成前不浇筑混凝土面板，若必须同期浇筑混凝土，则针对施工期沉陷留出设计裕量。中国标准对于混凝土面板浇筑时机的研究相对较多，对于高面板堆石坝一般采取分期浇筑、坝体超填的方式。

中美标准都要求堆石体分期填筑总体平衡上升。中国标准还提及下列详细规定：垫层料、过渡料应和相邻的部分堆石料 (至少 20m 宽) 平起填筑；堆石料之间的接合坡度应不陡于 1：1.3，天然砂砾石料应不陡于 1：1.5；堆石区内可按需要设置运输坝料用的临时坡道；用堆石坝体挡水度汛或坝面过水度汛，填筑分区和分期应与度汛要求相适应。

另外，关于坝体挡水度汛、过水保护、坝体加高等，中国标准规定了基本的设计原则，美国标准对此无详细规定。

2.2.18　安全监测

中美标准对于大坝监测设计、成果分析要求基本一致。美国陆军工程兵团还强调了大坝失事模式、临界参数、应急预案方案的设计与研究。中国标准更侧重于事前设计，美国标准强调后期根据现场条件不断修订性能参数，制定应急措施。

中美标准对于监测设计的原则、监测部位及布置、仪器的要求基本一致。中国标准还提及有条件时应实行监测自动化的要求。中国标准指出了监测设计时应参考的已有成果如大坝的计算成果以及已有经验。美国标准也提出了相应要求，但其主要靠有经验的工程师来确定。

中国标准详细规定了大坝监测的重点项目。美国标准所列举的项目较为宽泛。美国标准还强调了对于一座土石坝的监测项目，更重要的是先了解现场条件及设计中担心的安全问题，针对这些问题进行相关的监测设计。因此，美国标准规定是基于对大坝的安全性态有深入了解的基础上进行的。

3　结论及应用建议

3.1　主要对比研究结论

(1) 关于坝的布置和坝体分区。相同的是中美标准对坝的布置都需根据坝址的地形地质条件、技术经济比较后确定，允许堆石坝体建在密实的河床覆盖层上，要求坝顶有足够超高，坝坡主要由筑坝材料特性、坝基特性结合工程经验或抗滑稳定分析确定，均要求根据料源等因素，从满足水力过渡、坝体应力变形、充分利用建筑物开挖料进行坝体材料分区。不同的是中国标准规定研究设置用于降低库水位的放空设施的必要性，美国标准对放空设施的必要性未提及，主要强调泄洪设施应有充足泄量防止库水漫坝；在坝体材料分区中美国标准对坝料间反滤准则强调较多，中国标准同时强调了稳定和变形要求。

（2）筑坝材料及填筑标准。中美标准都规定要对坝料进行勘察试验工作；中国标准中对坝体各区料的物理力学性质、颗粒级配等有明确要求，美国标准则不太具体；中美标准都是采用试验和经验来确定坝料填筑标准，中国标准规定坝料的压实孔隙率或相对密度要求，美标则对坝料提出相对密度（平均值）要求；施工控制中美标准都是以控制碾压参数为主，不同的是中国标准要求辅以孔隙率或相对密度参数控制；都提出了应加水碾压及通过试验确定加水量要求。

（3）面板、趾板、接缝和止水。中国标准对面板趾板结构、体型、分缝分块、混凝土配合比、施工要求均有明确规定，美标中相关内容针对性不详细。

中美标准对止水材料的要求基本一致；中国标准对各类接缝止水结构有明确要求，美标则未查到相关条款。

（4）坝基处理。中美标准对地基的适应性、开挖范围及工程处理措施等要求原则基本一致。中国标准对趾板开挖体型、岸坡体型改造有明确要求，美标则未查到相关条款；对于帷幕渗控标准，中国标准根据工程实践经验，提出对固结灌浆深度和帷幕灌浆深度的要求，而美国标准通常根据试验确定。

（5）坝体计算。中美标准对于大坝渗流计算、抗滑稳定计算、应力和变形分析等项目的要求基本相同，抗滑稳定安全标准差别不大。

（6）抗震措施。中美标准建议采取的抗震措施基本一致，如采取加宽坝顶、放缓坝坡、增加超高、增加垫层区和过渡区的宽度、提高坝料压实密度等。中国标准根据实践经验进一步提出更多针对面板堆石坝的工程措施，更为全面。

（7）分期施工和坝体加高。中国标准对分期施工、挡水度汛和坝体加高规定较详细，美国标准对此要求不多。

（8）安全监测。中美标准对于大坝监测设计、成果分析要求基本一致。

总体而言，中国标准提出了大坝设计各方面的详细要求，量化指标较具体，美国标准相对更注重设计方法及原则，要求具体工程具体分析。

3.2 应用建议

前已述及，美国没有专门的面板堆石坝规范，面板堆石坝设计需参考多项相关标准，这些规定更注重设计方法及原则，要求具体工程具体分析。在美国现有的文献中，面板堆石坝被列入填筑坝中，但没有深入详细的技术规范，只是停留在坝型选择等层面上。而中国的《混凝土面板堆石坝设计规范》（DL/T 5016—2011）于 2011 年颁布执行，编制过程中全面总结了中国多年来混凝土面板堆石坝建设中的经验教训，特别是纳入了已建的天生桥一级、洪家渡、三板溪、水布垭等 200m 级世界级高混凝土面板堆石坝的建设实践经验。从目前看，中国面板堆石坝无论在数量上还是在坝高和规模上都处于世界前列，面板坝设计规范中规定了大坝设计各方面的具体要求和量化指标，可操作性和系统性相对更强。因此，可以认为中国《混凝土面板堆石坝设计规范》（DL/T 5016—2011）融入了最新的科研和实践成果，相关技术已代表世界领先水平。

相较而言，中国规范中对面板堆石坝设计的相关条款规定更为严格细致，且规范的章节组织、条文及说明等更为清晰、合理，可在设计时直接方便使用，但其相关条款较为刚性，一般只提要求和具体做法，对其内在原理、方法等的解释相对较少。美国标准的编写风格则有较大差异，其以原则、原理及方法的讲解阐述为主，刚性条款相对较少。

根据标准对照研究成果可以看出，中美标准关于混凝土面板堆石坝设计的规定绝大部分是一致，仅在局部问题上有小的差异。因此，在实际国际工程面板堆石坝的设计应用中，可以中国混凝土面板堆石坝设计规范的详细条款开展具体的相关设计工作，结合本文研究成果中的差异分析，针对具体工程的具体问题开展针对性的研究论证。

水闸设计规范对比研究

编制单位：中国电建集团成都勘测设计研究院有限公司

专题负责人　任久明　张　勇

编　　写　唐志丹　张公平　周　青　王菊梅　刘　斌　童　伟　撒文奇　刘彦琦
　　　　　严德群　王瑞瑶　舒　勇　王蓉川　张青宇

校　　审　任久明　陈　强　唐忠敏　杨德超　马　耀　王菊梅　周　青　王　剑
　　　　　刘　侠　舒　勇　冉从彦

核　　定　张　勇

主要完成人　任久明　唐志丹　陈　强　杨德超　张公平　周　青　王菊梅　刘　斌
　　　　　唐忠敏　马　耀　王　剑　刘　侠　舒　勇　王蓉川　彭仕雄　冉从彦
　　　　　张青宇

1　引用的中外标准及相关文献

由于美国标准没有相应的水闸设计规范，本次《水闸设计规范》（NB/T 35023—2014）对照的美国标准（手册）主要为美国垦务局的《小坝设计》《重力坝设计》以及美国陆军工程兵团的《重力坝设计》（EM 1110-2-2200）和《溢洪道水力设计》（EM 1110-2-1603）。其中部分章节内容对美国标准进行了一些扩展对照。文中主要引用的中美标准及相关文献见表1。

表1　　对照引用的中美标准及相关文献

中文名称	英文名称	编号	发行单位	发布年份
水闸设计规范	Design Code for Sluice	NB/T 35023—2014	国家能源局	2014
水工混凝土结构设计规范	Design Specification for Hydraulic Concrete Structures	DL/T 5057—2009	中国国家能源局	2009
混凝土结构设计规范	Code for Design of Concrete Structures	GB 50010—2010	住房和城乡建设部	2010
水电工程水工建筑物抗震设计规范		NB 35047—2015	国家能源局	2015
水工建筑物荷载设计规范	Specifications for Load Design of Hydraulic Structure	DL 5077—1997	中国电力工业部	1997
溢洪道设计规范	Specification for Design of Spillway	DL/T 5166—2002	中国国家经济贸易委员会	2002
小坝设计	Design of Small Dams		美国垦务局	1987
重力坝设计	Gravity Dam Design		美国垦务局	1976
重力坝设计	Gravity Dam Design	EM 1110-2-2200	美国陆军工程兵团	1995
溢洪道水力设计	Hydraulic Design of Spillways	EM 1110-2-1603	美国陆军工程兵团	1990
沉陷分析	Settlement Analysis	EM 1110-1-1904	美国陆军工程兵团	1990
土壤承载力	Bearing Capacity of Soils	EM 1110-1-1905	美国陆军工程兵团	1992
拱坝设计	Arch Dam Design	EM 1110-2-220	美国陆军工程兵团	1994
泄槽与溢洪道的空化	Cavitation in Chutes and Spillways		美国垦务局	1990
水力设计准则	Hydraulic Design Criteria		美国陆军工程兵团	1987
泄水建筑物的设计和评估	Structural Design and Evaluation of Outlet Works	EM 1110-2-2400	美国陆军工程兵团	2003
水工钢筋混凝土结构强度设计	Strength Design for Reinforced Concrete Hydraulic Structures	EM 1110-2-2104	美国陆军工程兵团	1992
建筑工程止水和其他预制接缝材料	Waterstops and Other Preformed Joint Materials for Civil Works Structures	EM 1110-2-2102	美国陆军工程兵团	1995

续表

中文名称	英 文 名 称	编 号	发行单位	发布年份
灌浆技术	Grouting Technology	EM 1110-2-3506	美国陆军工程兵团	1984
桩基础设计	Design of Pile Foundations	EM 1110-2-2906	美国陆军工程兵团	
建筑物及其他结构最小设计荷载	Minimum Design Loads for Buildings and Other Structures	ASCE 7-10	美国土木工程师学会（ASCE）	2010
混凝土结构设计规范	Building Code Requirements for Structural Concrete	ACI 318	美国混凝土协会（ACI）	2011
地震设计和水工混凝土建筑物结构评估	Earthquake Design and Evaluation of Concrete Hydraulic Structures	EM 1110-2-6053	美国陆军工程兵团	2007
土木工程地震设计和评估	Earthquake Design and Evaluation for Civil Works Projects	ER 1110-2-1806	美国土木工程师学会	1995
溢洪道弧形闸门设计	Design of Spillway Tainter Gates	EM 1110-2-2702	美国陆军工程兵团	2000
岩土工程手册	Rock Manual		美国垦务局	

2 主要研究成果

本文主要以中国标准《水闸设计规范》（NB/T 35023—2014）为基础，对比研究美国相应的水闸设计标准，由于美国标准中没有专门的水闸设计规范，美国的水闸设计相应的指导手册（标准）分散在不同的标准或设计手册中，为本次对标工作增加了难度，在查阅了大量的美国垦务局、陆军工程兵团、土木工程师协会以及混凝土协会相应设计标准和设计手册后，选择了美国垦务局的《小坝设计》《重力坝设计》及美国陆军工程兵团出版的《重力坝设计》（EM 1110-2-2200）、《溢洪道水力设计》（EM 1110-2-1603）、《沉陷分析》（EM 1110-1-1904）等20余本相应的标准作为主要对照的美国标准进行了系统对照，主要研究成果如下。

2.1 整体性差异

由于中美两国的建设管理体系存在着较大的差异，在规范的编制思路上和规范的使用方式上有较大的区别。

中国标准《水闸设计规范》（NB/T 35023—2014）为行业标准，采用严谨、精练、详细和高度概括的语言对水闸设计需考虑的各个方面均进行了规定，包括闸址选择、总体布置、水力设计、防渗排水设计、结构设计、地基计算及处理设计、安全监测设计等，范围广泛、内容完整、整体性强。美国标准为企业标准，采用类似中国设计手册的编写方式，收录了大量的工程实例和计算实例，采用类似教科书方式的语言分别从各专业学科角度进行设计原则、理论和方法的介绍，与水闸设计有关的内容分别描述于结构设计、水力设计、基础处理、观测设计等各相关标准中。

美国标准《小坝设计》和《重力坝设计》更为着重方法的研究和介绍，对各种可能的工程措施进行具体分析和论述较多，工程设计人员在进行工程设计时，往往需要更多地分析工程基本资料，并根据基本资料的分析和相应的计算结论选择合适的工程布置（或者工程措施）。同时，从《小坝设计》等美国标准中可以看出，对于某些以经验为主（理论不完善，理论计算以经验为主，比如抗震设计）的设计方面，美国非常重视有经验的工程师以及咨询工程师的作用。总体来讲，美国标准给设计人员提供了许多分析问题的方法和解决问题的工具，设计人员需要更为充分的理解手册中总结的工程经验并应用到实际工程设计中，需要更多的发挥设计人员的主观能动性。

2.2　适用范围差异

中国标准《水闸设计规范》（NB/T 35023—2014）适用于山区、丘陵区新建或扩建的水电工程大型、中型水闸设计，大型、中型水闸的加固及改建设计，是在近二十多年来中国西部地区水电工程建设中水闸建设实践经验基础上编制而成的，全面反映了中国山区、丘陵区河流水闸设计的特点，对覆盖层上修建混凝土水闸（坝）进行了较为系统的规定，体现了中国在覆盖层上修建混凝土闸（坝）的经验和水平。

美国陆军工程兵团和美国垦务局的《重力坝设计》均为规定为基岩上修建混凝土坝，美国垦务局的《小坝设计》也仅论述了最大净水头不超过20ft(约6.1m）透水地基上的混凝土坝，对于修建在覆盖层上的更高的混凝土闸（坝）基本没有论述。

2.3　主要差异及应用注意事项

由于中美两国的建设管理体系存在着较大的差异，在标准的编制思路和标准使用方式上有较大的区别。但从具体的工程设计来说，虽然两国标准主要论述的范围和方式有所区别，但仍有很多相对应的内容。

2.3.1　水闸闸址选择及总体布置

（1）中美标准在水闸选址方面基本要求相似，均强调需综合考虑地质、施工条件、投资、生态环境保护等多方面的因素。

（2）中美标准在水闸的总体布置及各单项设计相关规定或者建议中大致相近，但又各具特点。水闸作为一种水工建筑物，在中国和美国均有应用，但在其主要功能定位上中美标准存在一定的差异。中国水闸多定义为挡泄水建筑物，水电项目中更多的作为一种坝型广泛应用于中国工程；美国水闸主要定义为一种泄水建筑物，多以溢洪道型式出现，且闸型基本上为实用堰。

（3）中国标准中水闸可以是覆盖层或基岩上建闸，所以对闸址地基要求为坚硬、密实、岸坡稳定的天然地基。美国标准（手册）中大部分只针对修建在岩基上的坝，对地基要求为坚固的基岩，或要求为建于覆盖层上的低坝。由于涉及的坝址地基不同，所以对闸址选择时地基、岸坡、库区等条件要求有所不同。

（4）中美标准对于枢纽布置时应考虑设置鱼道的要求基本是一致的，中国标准对鱼道的具体布置有更明确的要求。

（5）中国标准要求大型水闸及流态复杂的中型水闸枢纽布置，应经水工模型试验验证。而美国标准并没有按照工程的大小对模型试验进行要求，其主要是从水力条件的复杂程度出发，比如进水渠的形状对流量系数的影响，泄槽坡度对流量系数的影响，地形条件对流量系数的影响，堰顶为淹没堰流时对流量系数的影响、大流量高流速时的流量系数、波浪对河岸以及其他建筑物的影响以及挑坎的运行，冲坑的发展等，要通过水工模型试验验证。

2.3.2 洪水标准及坝顶超高

（1）中美标准在设计洪水选择上差别较大。中国标准水闸根据建筑物的等级分别选择设计洪水和校核洪水，美国标准根据建筑物失事风险分级选择不同的设计洪水，对于失事可能造成人员生命损失的基本上要求采用可能最大洪水（PMF），洪水选择标准方面美国标准较中国标准严格。

（2）中美标准在坝顶高程和超高规定上是不同的。中国规范要求坝顶高程高于最高水位，防浪墙顶高程（无防浪墙时为坝顶高程）＝正常蓄水位或校核洪水位＋波高＋波浪中心线至正常或校核洪水位的高差＋安全超高，中国标准根据建筑物级别有明确的水闸安全超高值。美国标准中设计洪水标准多采用可能最大洪水（PMF）。垦务局标准容许最高库水位等于非溢流坝的坝顶高程，并以高 1.07m 的标准实体防浪墙作为超高；工程师兵团标准要求坝顶超高通过浪高和爬高确定，但对坝顶是否设防浪墙未有明确要求，所查阅的美国标准均未提及安全超高。

2.3.3 闸室结构布置

（1）中美标准对水闸在水电项目中作用定位存在差异，水闸功能性划分不同。中国标准针对功能性将水闸分为泄洪闸、冲沙闸与进水闸，美国标准中没有明确的泄洪闸、冲沙闸与进水闸区分。中美标准闸室布置中的闸室的总净宽、分缝、闸槛高程、闸室底板型式等都有相应规定，略有差异。

（2）中国标准中水闸基础可以为覆盖层或基岩，所以对闸址地基要求为坚硬、密实、岸坡稳定的天然地基。美国标准中大部分只针对修建在岩基上的坝，对地基要求为坚固的基岩，或要求为建于覆盖层上的低坝。由于涉及的坝址地基不同，所以对闸址选择时地基、岸坡、库区等条件要求不同。

2.3.4 水力学计算及设计

（1）中美标准在水力设计方面的一般规定内容基本一致。但是在具体的计算公式、参数选择上存在差异。

（2）关于水闸闸孔总净宽的设计，中美标准均要求考虑多种因素的影响，都要考虑泥沙的影响，中国标准特别要求考虑敞泄冲沙对闸孔设计的影响，在计算中考虑综合流量系数、侧收缩和淹没影响等，并总结出表格方便计算；美国标准在计算时把各种影响因素都单独绘成图形，如不同堰型、有无闸门、不同水位等均查不同图表的流量系数。

（3）对于消能型式的选择中美标准要求基本一致，均应根据所在区域的地形地质、运行条件等多方面因素综合选定，无论何种方式的消能工，除了紧急检修情况，都应满足长期安全运行的要求。中国标准考虑多泥沙河流水闸冲砂要求常常采用远驱式水跃与下游河床衔接。美国标准多采用消力墩的型式消散下泄水流的动能。

（4）中美标准关于挑流鼻坎挑射轨迹以及冲坑水垫厚度的计算公式基本一致，水力设计计算内容基本一致；在挑流冲坑方面中美标准均认为冲坑深度与单宽流量及上下游水头差及下游河床抗冲特性有关，但计算过程中美国《小坝设计》不考虑下游河床的抗冲特性影响。中国标准考虑了下游河床抗冲特性的影响，且中国标准下游抗冲系数从0.6～2.0，下游河床抗冲特性对冲坑深度影响巨大。在实际设计过程中采用不同的设计标准可能带来消能方案的不同。

2.3.5　水闸稳定应力及结构计算

(1) 中美标准均对建筑物的整体稳定应力及细部结构计算均有规定，主要计算内容基本相同，具体计算方法、荷载计算及荷载组合以及评价标准等存在较大差异。

(2) 中美标准对于抗滑稳定计算均采用重力法，抗滑稳定计算的原理都基本一致，都采用单一安全系数法。但是中美标准在水闸（重力坝）稳定评价标准上有所不同。中国标准分别给出了剪摩公式和纯摩公式以及相应的适用范围和对应的安全系数；中国标准根据地基的不同分为土基和岩基两种情况，并强调黏土地基上的大型水闸必须按抗剪断公式进行计算，同时在附录G中采用概率极限状态设计原则以分项系数计算状态设计表达式的设计方法进行抗滑稳定计算，对于土基上水闸的整体稳定，规定了可采用折线滑动、圆弧滑动或折线与圆弧的组合形式滑动进行计算。

对于抗滑稳定计算美国标准只推荐了剪摩公式，同时也未明确地将土基与岩基区别开，仅强调在土基上建坝是常设置混凝土齿墙，在计算滑动系数时应该考虑上覆层的重量以及坝下游材料的剪切阻力。所查询的美国标准中未查到土基上水闸整体稳定的相关内容，本条内容对比是采用美标中重力坝深层稳定的相关规定与之对照，供参考使用。

(3) 由于美国标准中未查到土质地基上混凝土坝稳定计算内容，稳定计算主要对照的内容为基岩上的水闸（坝），中美标准在岩石地基深层抗滑稳定计算方面存在以下异同点：中国标准采用了纯摩和剪摩两种计算方法，并按照建筑物分级给出了不同的安全系数。美国垦务局《重力坝设计》《小坝设计》和美国陆军工程兵团《重力坝设计》（EM 1110-2-2200）均推荐采用剪摩公式计算深层稳定，其中《小坝设计》根据建筑物失事风险进行了建筑物分级并分别给出了不同的安全系数，美国垦务局《重力坝设计》和美国陆军工程兵团《重力坝设计》（EM 1110-2-2200）均采用了各自推荐的统一安全系数。

(4) 对于荷载计算及组合，中美标准在荷载计算上大体相同。在扬压力计算上美国标准通常规定的折减系数相比中国标准要保守一些，在混凝土容重取值上也略有差异。但中美标准在具体的工况组合上存在较大差异。

(5) 对于闸室基底应力，中国标准将地基分为土基与岩基，对于土基最大应力与最小应力之比有明确的要求。美国标准主要是基岩上的坝，因此没有对闸底最大应力与最小应力之比有要求，但规定了合力作用点在不同工况下的作用范围。

(6) 对于水闸混凝土，中国标准对于各种情况下的水闸混凝土的强度、限裂、抗渗、抗冻都提出了比较明确的要求，在不同的环境条件下混凝土的强度等级、最大裂缝宽度计算值、抗渗等级及抗冻等级都有明确的规定。美国标准主要提出了混凝土必须具有适应环境的强度、耐久、抗风化等能力，混凝土在一些特殊环境如冻融环境、硫酸盐环境中，需满足相应的水灰比和抗压强度等级要求，并在混凝土施工章节提出具体提高强度、耐久性的施工方法。

（7）中美标准对于水闸的应力分析均是根据结构布置型式、尺寸、受力条件及计算精度等要求决定采用近似简化法或有限元法。

（8）对于抗震设计中国标准有《建筑抗震设计规范》（GB 50011—2010）及《水工建筑物抗震设计规范》（DL 5073—2000），对设防标准及分析方法等均有详细规定。对于抗震设计美国标准有《土木工程地震设计和评估》（ER 1110－2－1806），对设防标准及分析方法等也有详细规定。中美标准对地震防标准有所不同，对结构抗震的构造要求基本一致。

2.3.6 坝基防渗排水设计

（1）对于水闸防渗排水的目的、原则、总体要求、主要内容等，中美标准基本一致，水闸的防渗排水设计应根据闸基地质情况、闸基和地下轮廓线布置及上、下游水位等进行，内容一般包括：渗透压力计算、渗漏量计算、抗渗稳定性验算、反滤层设计、防渗及排水设计、永久缝的止水设施和构造设计。中国标准对每一个设计内容基本都有详尽的叙述。

（2）对于如何计算渗透压力，侧向渗透压力，中国标准根据不同的地质基础明确地提出了相对应的计算方法，包括全断面直线法、改进阻力系数法、二维或三维的数值计算方法等。美国标准虽然提出了流网法这一方法，但并未针对不同的地质基础提出相对应的计算方法，其主要是分析影响渗透压力大小的因素。

（3）对于闸基的抗渗稳定性，中国标准对于闸基的抗渗稳定性主要关注闸基的渗流坡降值，美国标准主要关注静水压力和逸出坡降值。

（4）对于帷幕灌浆和基础排水的基本要求及方法，中美标准基本一致。中国标准较严谨、内同更全面、详细，对灌浆的范围、孔深、孔距等提出了一些要求。而美国标准则更强调根据实际地质情况调整，相对灵活。

2.3.7 基础处理

（1）中美标准对于建筑物地基的要求是一致的，即均需满足承载力、稳定和变形的要求。

（2）中美标准对于岩石地基和土质地基的允许承载力的规定是一致的，取值一般需要通过工程试验获得，在未作试验的情况下，中国标准《水闸设计规范》（NB/T 35023—2014）和美国标准《小坝设计》均允许通过查阅标准获得，并分别给出了相应的参考值。

（3）由于中国标准水闸可以是覆盖层上建闸或基岩上建闸，所以对闸址地基要求为坚硬、密实、岸坡稳定的天然地基，当满足不了设计要求时，需要对地基进行处理。美国标准中大部分针对修建在岩基上的坝，或要求为建于覆盖层上不高于10m的低坝。中美标准由于涉及的地基不同，所以对闸基处理规定不同，但对基岩地基的处理措施基本一致。

（4）中美标准对于岩石和土体的分类，存在一定差别。

（5）对于各类规模的水闸的地基计算，中国标准均要求具有地基土和填料土的试验数据，即必须进行试验研究。美国标准则更偏重经济性：对于小坝的基础设计可参考已建工程和已有经验的取值作为参考，只在必要的情况下才进行试验研究；对于超出小坝范围的土坝、堆石坝和重力坝的基础设计，则要求进行试验研究。

（6）中美标准对于各类型地基的沉降特性的认识是一致的，关于沉降计算规定上也基本一致。在采用分层总和法计算沉降量过程中采用的修正系数存在差异，但对于土质地基沉降超过标准时的处理措施较为类似。

2.3.8　监测设计

对于水闸安全监测的设计目的，中国标准与美国相关设计手册是一致的，均体现了监测为指导施工、反馈设计、科学研究积累资料的根本目的。同时，监测工作应贯穿施工期、蓄水期和运行期，并为工程建筑物的工作性态和安全评价服务。

3　值得中国标准借鉴之处

美国标准更为着重方法的研究和介绍，对各种可能的工程措施进行具体分析和描述较多，与中国设计手册和教科书的编写方式更为类似。工程设计人员在进行工程设计时，往往需要更多地分析工程基本资料，并根据基本资料的分析和相应的计算结论选择合适的工程布置（或者工程措施）。同时，从《小坝设计》等美国标准中可以看出，对于某些以经验为主（理论不完善，理论计算以经验为主，比如抗震设计）的设计方面，美国非常重视有经验的工程师以及咨询工程师的作用。总体来讲，美国标准给设计人员提供了许多分析问题的方法和解决问题的工具，设计人员需要更为充分的理解手册中总结的工程经验并应用到实际工程设计中，需要更多的发挥设计人员的主观能动性。

中国标准编制过程中往往总结了大量的工程实例经验，在很多的具体条款中直接给出已经总结好的经验（包括工程布置，结构尺寸、处理方式等），甚至其中部分采用强制条款进行相应的规定。中国标准对于设计人员来讲具有较强的操作性和指导性，但是也一定程度上限制了设计人员的主观能动性。

美国标准之间交叉较少，相互不冲突，而中国标准交叉引用太多，且水利和水电部门均有相应的水闸设计规范，使用起来有所不便。

中国标准在编制过程中可借鉴国外规范方式，适度减少强制性或者含有“应”条款，进一步研究如何能充分调动设计人员具有主观能动性的规范编制方法。

溢洪道设计规范对比研究

编制单位：中国电建集团中南勘测设计研究院有限公司

专题负责人　周跃飞

编　　　写　周跃飞　周　琦　陈　平　黄永春　李建习　文富勇　李兆进　邓云瑞　荀小伟　王科锋　熊　健

校　　　审　熊春根　周跃飞　戴晓兵　李兆进　苗宝广　黄永春　王昭空　杨　弘

核　　　定　蔡昌光

主要完成人　周跃飞　周　琦　陈　平　黄永春　李建习　文富勇　李兆进　邓云瑞　荀小伟　王科锋　熊　健　苗宝广

1 引用的中外标准及相关文献

本文以中国标准《溢洪道设计规范》(DL/T 5166—2002)为基础，与美国溢洪道相关设计标准进行对比，收集和引用的美国溢洪道设计相关标准有：①美国陆军工程兵团(USACE)的《溢洪道水力设计》《泄水建筑物结构的设计与评估》等相关标准。②美国垦务局(USBR)的《泄槽与溢洪道的空化》《小坝设计》等相关标准有关内容。③美国土木工程师学会(ASCE)及其他部门的《水电工程规划设计土木工程导则》等相关标准有关内容。引用的主要美国水电技术标准见表1。

表1 引用的主要美国水电技术标准

序号	名　　称	编　号	发布单位	发布年份
1	溢洪道水力设计 *Hydraulic Design of Spillways*	EM 1110-2-1603	美国陆军工程兵团	1990
2	泄水建筑物结构的设计与评估 *Structual Design and Evaluation of Outlet Works*	EM 1110-2-2400	美国陆军工程兵团	2003
3	水库泄水工程水力设计 *Hydraulic Design of Reservoir Outlet Works*	EM 1110-2-1602	美国陆军工程兵团	1980
4	通航坝水力设计 *Hydraulic Design of Navigation Dams*	EM 1110-2-1605	美国陆军工程兵团	1987
5	水力设计准则 *Hydraulic Design Criteria*		美国陆军工程兵团	1987
6	重力坝设计 *Gravity Dam Design*	EM 1110-2-2200	美国陆军工程兵团	1995
7	挡土墙和防洪堤 *Retaining and Flood Walls*	EM 1110-2-2502	美国陆军工程兵团	1989
8	水工钢筋混凝土结构强度设计 *Strength Design for Reinforced Concrete Hydraulic Structures*	EM 1110-2-2104	美国陆军工程兵团	1992
9	混凝土结构稳定分析规范 *Stability Analysis of Concrete Structures*	EM 1110-2-2100	美国陆军工程兵团	2005
10	混凝土衬砌泄洪渠结构设计 *Structural Design of Concrete Lined Flood Control Channels*	EM 1110-2-2007	美国陆军工程兵团	1995
11	建筑工程止水和其他预制接缝材料 *Waterstops and Other Preformed Joint Materials for Civil Works Structures*	EM 1110-2-2102	美国陆军工程兵团	1995
12	冰工程 *Ice Engineering*	EM 1110-2-1612	美国陆军工程兵团	2002
13	混凝土结构观测装置 *Instrumentation for Concrete Structures*	EM 1110-2-4300	美国陆军工程兵团	1987

续表

序号	名　　称	编　号	发布单位	发布年份
14	溢洪道弧形闸门设计 *Design of Spillway Tainter Gates*	EM 1110－2－2702	美国陆军工程兵团	2000
15	土石坝的设计与施工 *General Design and Construction Considerations for Earth and Rock－Fill Dams*	EM 1110－2－2300	美国陆军工程兵团	2004
16	灌浆技术 *Grouting Technology*	EM 1110－2－3506	美国陆军工程兵团	1984
17	边坡稳定 *Slope Stability*	EM 1110－2－1902	美国陆军工程兵团	2003
18	海岸防护手册（1984） *Shore Protection Menual*	SPM（1984）	美国陆军工程兵团	1984
19	岩石手册 *Rock Manual*		美国垦务局	
20	泄槽与溢洪道的空化 *Cavitation in Chutes and Spillways*	Engineering Monog－raph No. 42	美国垦务局	1990
21	重力坝设计 *Design of Gravity Dam*		美国垦务局	1976
22	小坝设计 *Small Dam Design*		美国垦务局	1987
23	混凝土观测仪器手册 *Concrete Dam Instrumentation Manual*		美国垦务局	
24	填筑坝 *Design Standards No. 13：Embankment Dams*		美国垦务局	1984
25	水电工程规划设计土木工程导则 *Civil Engineering Guidelines for Planning and Designing Hydroelectric Developments*		美国土木工程师学会	1989
26	建筑和其他结构的最小设计荷载 *Minimum Design Loads for Buildings and Other Structures*	ASCE 7－10	美国土木工程师学会	2010
27	美国水电项目工程审查评估导则 *Evaluation of Hydropower Project Engineering Review Guide*		美国联邦能源管理委员会（FERC）	2005（水电顾问集团编译）
28	混凝土结构设计规范 *Building Code Requirements for Structural Concrete*	ACI 318M－05	美国混凝土协会（ACI）	2005

2　主要研究成果

本文从溢洪道设计适用范围、基本原则、溢洪道布置、水力设计、建筑物结构设计、地基及边坡处理、观测设计等方面，以《溢洪道设计规范》（DL/T 5166—2002）为基础，与美国陆军工程兵团、美国垦务局、美国土木工程师协会等标准中的有关内容进行了对比研究，取得的主要研究成果如下。

2.1　整体性差异

中国标准体系的建设由政府部门主导，主要由各行业主管部门牵头，选择经验丰富的大型企事业单位、科研院所或行业协会进行制定，是一个自上而下的过程，每个行业均有自己的行业标准。《溢洪道设计规范》（DL/T 5166—2002）属于电力行业标准，适用于大、中型水电水利工程中岩基上的1～3级河岸式溢洪道的设计，4级、5级溢洪道设计可参照使用，该标准具有较强的针对性和强制性。

美国标准体系的建设一般由民间社会团体或部门、企业主导，是一自下而上的过程，制定的标准体系具有多元化特点，美国水电工程建设领域标准主要有美国陆军工程兵团标准和美国垦务局标准，在荷载计算和结构计算中也涉及美国土木工程师学会、美国混凝土协会等相关标准，标准的内容主要在于将工程设计人员的设计共识形成系统的指导手册，在执行的强制性方面不如中国标准要求严格。

中国标准的条文按照标准编写规定编写，规范条文的体例、格式、用词、量值单位等均应符合标准编写规定，相关条款较为刚性，在条文中只提要求，不作解释，但条款一般附有条文说明，条文说明不做引申；而美国标准的编写相对自由，标准内容多采用讲解叙述形式，理论依据、公式推导、设计计算实例等常有出现，阐述十分详细，有助于使用者理解。

中国标准引用文件仅限于已发布的中国标准；美国标准引用文件不受限制，除本体系标准外，也可以是其他系统相关标准、文献等。中国标准中量值单位统一采用国际单位制；美国标准中单位基本为英制，有时也用国际单位。

2.2　适用范围差异

中国标准《溢洪道设计规范》（DL/T 5166—2002）适用于电力行业水电水利工程岩基上的1～3级河岸式溢洪道的设计，4级、5级溢洪道设计可参照使用。对于特殊重要的工程，应专门进行研究；而美国标准没有建筑物进行分级，但对适用范围没有作限制。美国陆军工程兵团和美国垦务局各有自己的标准体系。美国陆军工程师团隶属美国国防部，是负责防洪工程建设与管理的主要部门，其主要职责是负责全美防洪工程的规划、设计、建设、管理及防洪标准、规范的制定。而垦务局则负责以灌溉、供水为主的水利工程的建设与管理。美国陆军工程兵团标准适用于兵团总部及下属部门设计的土木工程。美国垦务局的《小坝设计》只适用于15m以下的小坝。相对而言，美兵团承担的大中型的体系和收集到的资料较为完整，溢洪道设计有关内容与中国标准更为匹配，本报告以没兵团标准体系为主进行对照研究。

中美标准体系的编制思路不同，中国标准对溢洪道建筑物设计考虑的各个方面均进行规定，包括了溢洪道布置、水力设计、结构设计与计算、地基与边坡处理、观测设计等，范围比较广泛，内容完整，整体性较强；美国标准分别从各专业学科角度分别进行介绍，与溢洪道设计有关的内容分别散见于结构设计、水力设计、基础处理、观测设计等各相关标准中。

2.3 主要差异及应用注意事项

2.3.1 设计基本原则

2.3.1.1 设计考虑因素

在设计溢洪道时，中国标准规定应掌握并分析气象、水文、泥沙、地形、地质、地震、建筑材料、生态与环境及坝址上下游河流规划要求等基本资料，还应考虑施工和运用条件，考虑因素较多，综合性较强，但缺少具体的说明。美国标准对溢洪道设计的某些方面比如泄流能力等规定较为具体，侧重水力、造价和损失等因素，考虑因素较中国标准少。

如美国垦务局《小坝设计》中的内容："在确定库容与溢洪道泄流能力的最佳组合以适应选定的入库设计洪水时，必须考虑水文、水力、设计、造价和损失等因素。如上述各方面前后关系适合，应考虑各种因素如下：①洪水过程线的特征。②建坝前发生这样的洪水将会造成的损失。③建坝后发生这样的洪水将会造成的损失。④坝或溢洪道万一失事将会造成的损失。⑤坝和溢洪道的各种组合方案可能增加或减少坝的上游或下游的损失的程度。⑥增大溢洪道泄流能力所增加的相应费用。⑦发挥泄水设施多种用途的作用。"规定较为具体。

2.3.1.2 工程规模与防洪标准

美国标准按库容和坝高分为大、中、小型三种工程规模，对于水库工程，中国标准按库容分为大（1）型、大（2）型、中型、小（1）型、小（2）型五种，对应5种工程等别。相对而言，美国标准中的水库库容和坝高指标较低，如美国标准中库容大于0.617亿m^3，坝高大于30m即为大型工程，而按中国标准，大（1）型、大（2）型水库库容分别大于10亿m^3、1亿m^3，且坝高30m仅相当于中国标准的低坝。对于发电工程规模，中国标准按装机容量分等。中美标准工程规模对比见表2。

表2　**中美标准工程规模对比表**

中国标准					美国兵团标准		
工程等别	水库工程		发电工程		大坝溢洪道		
	工程规模	总库容/亿m^3	工程规模	装机容量/MW	分类	库容/亿m^3	坝高/m
Ⅰ	大（1）型	≥10	特大型	≥1200	大型	>0.617	>30
Ⅱ	大（2）型	<10，≥1.0	大型	<1200，≥300			
Ⅲ	中型	<1.0，≥0.10	中型	<300，≥50	中型	0.0123～0.617	12～30
Ⅳ	小（1）型	<0.10，≥0.01	小型	<50，≥10	小型	0.0006～0.0123	8～12
Ⅴ	小（2）型	<0.01，≥0.001		<10			

与工程等别对应，中国标准将主要建筑物分为五级，主要建筑物洪水标准采用了设计（或正常）和校核（或非常）洪水两级，并区分了山区、丘陵区和平原区、滨海区两类，每一级主要建筑物均对应有相应的设计和校核洪水标准，见表3。美国标准根据水库库容、坝高确定工程规模，再根据失事造成灾害的风险程度对大坝进行分类，且只采用一

级洪水标准，见表4。

表3　　中国标准水库工程水工建筑物的防洪标准　　单位：年

水工建筑物级别	防洪标准（重现期）				
	山区、丘陵区			平原区、滨海区	
	设计	校核		设计	校核
		混凝土坝、浆砌石坝	土坝、堆石坝		
1	1000～500	5000～2000	可能最大洪水（PMF）或10000～5000	300～100	2000～1000
2	500～100	2000～1000	5000～2000	100～50	1000～300
3	100～50	1000～500	2000～1000	50～20	300～100
4	50～30	500～200	1000～300	20～10	100～50
5	30～20	200～100	300～200	10	50～20

表4　　美国陆军工程兵师团大坝溢洪道设计洪水标准

工　程　规　模			溢洪道设计洪水（重现期或可能最大洪水）		
分类	库容/万 m^3	坝高/m	高风险	中等风险	低风险
大型	＞6170	＞30	PMF	PMF	1/2PMF～PMF
中型	123～6170	12～30	PMF	1/2PMF～PMF	100年～1/2PMF
小型	6～123	8～12	1/2PMF～PMF	100年～1/2PMF	50～100年

总的来看，美国标准划分工程等级的库容和坝高标准较低，一般工程，中国水库工程洪水标准取值低于美国的洪水标准。

例如，一个坝高20m，库容500万 m^3 的水库工程，按中国标准为小（1）型工程，主要建筑物为4级，其设计、校核设计洪水重现期取值范围分别为10～50年、50～500年，而按美国标准，根据其失事风险程度，其洪水标准为100年～PMF。中国标准中，只有库容大于10亿 m^3 的水库工程或装机大于1200MW的发电工程，工程等别为一等，挡水建筑物为1级建筑物，当采用土石坝时，才采用PMF或10000～5000年一遇。

中国标准规定消能防冲的设计洪水标准对于1～3级泄洪建筑物分别为100年、50年和30年，通常远低于主要挡水泄水建筑物的设计及校核洪水标准。只有在可能危及挡水建筑物安全时，才采用挡水建筑物的校核洪水标准进行校核。消能防冲建筑物在校核洪水时允许发生不危及大坝的轻微破坏。美国标准要求一般情况下消能防冲建筑物应满足大坝设计洪水标准时的泄流要求。当消能工发生的局部破坏不会危及大坝及其他主要建筑物的安全和长期运行时，消能工设计洪水标准可以低于泄洪建筑物设计洪水标准。两国标准设计理念相同，但侧重点不同。通常美国消能防冲标准取值更高。

中美两国PMF的计算取用方法，以及各洪水标准对应的坝顶超高取值等差别，本报告不展开分析讨论，可参见其他中美水电技术标准对比研究报告。

综上，中国标准对工程等别、建筑物分级划分更细，采用设计、校核两级洪水标准，可执行性强，便于操作，而美国标准划分工程规模指标较低、特别重视失事生命损失等风险，中国标准的中、小型工程，按美国标准可能划分为大型工程和采用PMF等更高标准洪水。

2.3.2　溢洪道布置

2.3.2.1　一般原则

溢洪道由控制段、泄槽、消能建筑物、和进、出水渠等组成。中美标准关于溢洪道的组成和基本布置原则是一致的。美国标准注重对泄水建筑物每项功能的评估和地形地质条件的分析考虑，对某些因素分析说明较为具体，有利理解；中国标准强调全面的技术经济综合比较，考虑更为全面，但一般不展开说明。

在工程泄洪设施的总体布置上，美国标准则将泄洪设施区分为工作、辅助和紧急三个层次，各层次泄洪设施结构设计标准各有不同。工作泄洪设施经常运行，结构设计标准较高，用于宣泄常年洪水；辅助泄洪设施不经常运行，结构设计标准较低，用于宣泄超过工作泄洪设施泄流能力的那部分洪水；紧急泄洪设施很少运行，结构设计标准最低，用于宣泄特大洪水，或工作或辅助泄洪设施失灵时宣泄洪水。中国标准要求泄洪布置和方式应具有足够的运行灵活性，即多套泄洪设施均可独立宣泄常年洪水，各套泄洪设施的结构设计标准均较高。但中国溢洪道规范也提出在具备合适的地形地质条件时，经技术经济比较论证，也可将溢洪道布置为正常溢洪道和非常溢洪道，分别采用不同的设计和启用标准。

2.3.2.2　进水渠

中美标准对于溢洪道进水渠布置原则是基本一致的，主要体现在以下方面：

（1）应满足水力要求，并保证开挖边坡的稳定。

（2）应使水流平顺、流速均匀。

（3）进水渠应控制流速，以减小水头损失，并考虑渠道材料的抗冲刷能力。

中国标准对渠道转弯半径、导墙的长度、顶高程要求等给出了具体的数值规定；美国标准只对以上原则进行了解释，没有规定具体数值。进水渠是否衬护，中国标准主要考虑岩石条件、渠道不冲流速、水头损失等要求，必要时进行技术经济比较确定；美国标准考虑渠道材料的抗冲能力并由经验确定。

2.3.2.3　控制段

溢流堰的堰型方面，中国标准提出可采用开敞式或带胸墙的实用堰、宽顶堰、驼峰堰等，美国垦务局《小坝设计》提出溢流堰的断面可以做成锐顶的、反弧形的、宽顶的或变截面的，两国堰型是基本对应的。中美标准均优先采用开敞式溢流堰，堰顶形状接近射流水舌下缘形状的 WES 实用堰是两国应用最广的堰型。

中国标准适用于大、中型溢洪道，默认设置控制闸门，以获得较大的泄流能力。溢流堰堰型、前缘宽度、堰顶高程、孔口尺寸与闸孔数目等，需要考虑各种因素通过技术经济综合比较选定。美国标准中，根据溢洪道的功能，溢流堰可以设计成有闸门控制，也可以无闸门控制，无闸门控制的溢流堰因操作简单，在小型工程中也有较多的应用。

闸墩及其上工作桥、交通桥的布置，中美标准均指出需考虑结构受力、水力学条件、桥下净空等要求，主要考虑因素基本一致。

控制段顶部高程，中国标准要求在校核洪水时，不低于校核洪水位加安全超高值；在正常蓄水位时，不低于正常蓄水位加波浪的计算高度和安全超高值。控制段的安全超高见表 5。美国标准对于泄水建筑物，当闸门控制装置位于结构顶部时，要求进水口高于库水位。

表5　控制段的安全超高　单位：m

运行情况	控制段的建筑物级别		
	1级	2级	3级
正常蓄水位	0.7	0.5	0.4
校核洪水位	0.5	0.4	0.3

从重力坝的坝顶（防浪墙顶）高程要求来看，中国标准要求正常或校核洪水＋波浪爬高＋安全超高，美国标准要求最高水位＋包含波浪高在内的安全超高，安全超高最小值约1.0m。同时，美国的洪水标准通常高于中国标准，也即按美国标准计算的最高水位可能高于中国标准，而坝顶高程则需根据计算的波浪高进一步分析。

2.3.2.4　泄槽

中美标准均要求泄槽满足良好的水力条件，纵坡应大于水流的临界坡。中国标准适用大、中型溢洪道，对泄槽的转弯、断面收扩等规定较为严格。美国标准对一般工程不做严格限制，但当泄槽体型复杂或者泄量和流速较大时，美国标准推荐采用模型试验进行验证。

2.3.2.5　消能防冲设施

溢洪道的主要消能型式有挑流、底流和戽流等，中美标准对于溢洪道消能防冲设施的型式及要求是基本一致的。

中美标准均提到需注意挑流消能引起的雾化对建筑物的影响，但中国标准针对泄洪雾化影响提出了一些具体的防护措施。

2.3.2.6　出水渠

中国标准对出水渠设计规定较简单，仅对出水渠轴线提出要求。美国标准针对3种不同的消能形式分别阐述了出水渠的布置要求，描述较为详细。并且美国标准中推荐用模型试验来验证出水渠的设计。

2.3.3　水力设计

2.3.3.1　一般规定

关于水工模型试验：中国标准按照工程的大小和水力条件的复杂程度对模型试验做了要求，规定大型工程和水力条件较复杂的工程，水力设计应经水工模型试验验证；中型工程宜进行水工模型试验验证；水力条件较为简单的工程，可参照类似工程经验，通过计算确定。而美国标准并没有按照工程的大小对模型试验进行要求。其主要是从水力条件的复杂程度出发，比如进水渠的形状对流量系数的影响，泄槽坡度对流量系数的影响，地形条件对流量系数的影响，堰顶为淹没堰流时对流量系数的影响、大流量高流速时的流量系数、波浪对河岸以及其他建筑物的影响以及挑坎的运行，冲坑的发展等，要通过水工模型试验验证。

水力设计计算的基本依据是考虑水头损失的能量方程，水头损失包括沿程损失和局部损失，美国标准主要关注沿程损失（摩擦损失），由于基本公式相同，因此水头损失与渠道糙率密切相关，水力计算中常用渠道糙率对比见表6。从表来看，两国渠道糙率取值范围相当。

表 6　　中美常用渠道糙率对比表

渠道种类	n 值	
	中国标准	美国标准
平整顺直的岩石渠道	0.025～0.033	0.025～0.035
粗糙不规则的岩石渠道	0.035～0.045	0.035～0.045
混凝土衬护	0.011～0.017	0.012～0.018
纯水泥衬护	0.016～0.025	0.010～0.013
浆砌块石护面	0.015～0.030	0.017～0.030

2.3.3.2　进水渠设计

中国标准对进水渠的水流流态、渠道流速规定比较详细，提出渠道流速不宜大于4m/s。美国标准主要从水头损失出发，对引水渠的设计中要注意的问题进行了分析，没有严格的限制。

2.3.3.3　控制段

（1）高低堰的定义。中国标准对高堰的定义是 $P_1 \geqslant 1.33H_d$，低堰的定义是 $P_1 < 1.33H_d$。而美国标准对高堰的定义是 $P_1 > H_d$，对低堰的定义是 $P_1 \leqslant H_d$。

（2）开敞式实用堰堰面曲线与泄流能力。中美标准关于开敞式堰面曲线的幂曲线方程一致，按下式计算：

$$x^n = KH_d^{n-1}y$$

式中：H_d 为定型设计水头，m；$n=1.85$；$K=2.0 \sim 2.2$，对高堰取小值、低堰取大值。

中国标准中，开敞式幂曲线实用堰的泄流能力计算：

$$Q = Cm\varepsilon\sigma_m B\sqrt{2g}H_0^{3/2}$$

式中：Q 为流量，m^3/s；B 为堰顶总净宽，m；H_0 为堰上水头，m；m 为流量系数；ε 为闸墩收缩系数，设计时对高堰、低堰分别取 0.90～0.97、0.80～0.90；σ_m 为淹没系数，不淹没时 $\sigma_m=1$；C 为上游面坡度影响修正系数，当上游面为铅直时，$C=1.0$。

美国标准中的计算公式，将各种影响因素在流量系数中综合考虑，流经堰顶的流量可以用下式表示：

$$Q = CL_eH_e^{1.5}$$

式中：Q 为流量，ft^3/s；C 为流量系数；L_e 为溢流堰前缘有效宽度；H_e 为能量水头，ft。

中美标准公式对比，美国标准除将闸墩收缩系数在溢流堰前缘有效宽度中考虑外，将中国标准中的其他各种系数综合成一个流量系数 C，美国陆军工程兵团《溢洪道水力设计》(EM 1110－2－1603)、美国垦务局《小坝设计》中给出了溢流前缘有效宽度计算公式，并分析了行近水深、堰顶水头、上游面坡度、下游淹没等因素对流量系数的影响。上游面垂直的反弧型堰顶的流量系数见图 1，可以看出，P/H_0 较大时，在设计水头下，流量系数 C 接近 4.0（不考虑其他因素的影响）。

对比中国公式，假定流量系数取 0.5，淹没系数、上游坡度系数均取 1.0（闸墩收缩

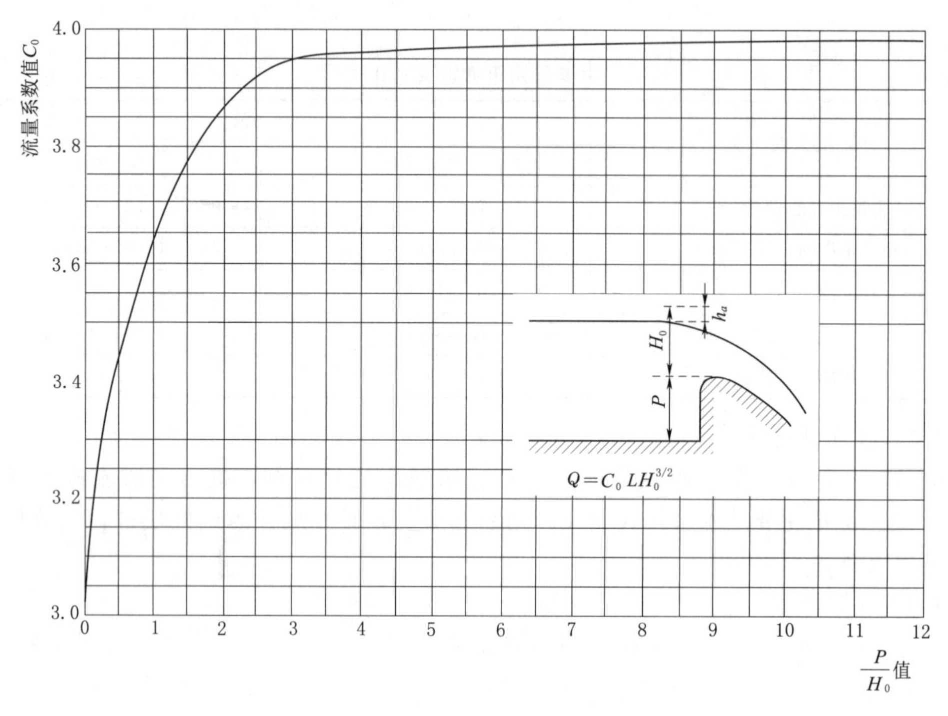

图1　上游面垂直的反弧型堰顶的流量系数

系数在溢流前缘净宽中考虑)，并将公式中水头和流量的单位统一到英制单位，相当于美国标准中的流量系数为

$$Cm\sigma_m\sqrt{2g}\cdot\sqrt{3.28}=1\times0.5\times1\times\sqrt{19.62}\times\sqrt{3.28}=4.01$$

可见，中美标准开敞式溢流堰的泄流能力计算公式一致。

(3) 设有胸墙的堰面曲线与泄流能力。中国标准中，当设有胸墙的实用堰堰面曲线采用抛物线，堰顶以上最大水头 H_{max} 与孔口高 D 的比值 $H_{max}/D>2$，或闸门全开仍属孔口泄流时，可按下式计算：

$$y=\frac{x^2}{4\varphi^2H_d}$$

式中：H_d 为定型设计水头，m，可按堰顶以上最大水头的56%～77%计算；φ 为孔口收缩断面上的流速系数，可采用 $\varphi=0.96$，在孔前设有检修闸门槽时可采用 $\varphi=0.95$。

美国垦务局《小坝设计》提出的孔口射流轨迹用抛物线方程表示。如欲避免产生负压，则闸门门槛下游反弧段的形状，必须符合射流曲线。

$$-y=\frac{x^2}{4H}$$

式中：H 为孔口中心水头。

中国标准的定型设计水头以堰顶水头为基础取值并考虑流速系数，并给出了取值建议，以满足设计不产生负压的要求。美国标准以按孔口中心水头来计算射流曲线，只提出了避免产生负压的要求。

带胸墙的实用堰泄流能力按下式计算：

$$Q=\mu A\sqrt{2gH_0}$$

式中：Q 为流量，m^3/s；A 为孔口出口处面积，m^2；H_0 为孔口堰上水头，m；μ 为孔口流量系数，取值为 0.6～0.8。

美国土木工程师学会的《水电工程规划设计土木工程导则》中泄洪孔口的泄流能力公式与之类似，但采用孔口中心线的水头进行计算，其流量系数的取值为 0.62～0.98。

(4) 在堰顶压强分布方面，中国标准要求堰顶在宣泄常遇洪水闸门全开时不宜出现负压，而美国标准则可以容许有较小的负压。中国标准规定宣泄校核洪水时，闸门全开堰顶的压力应大于－0.06MPa，美国标准要求设计时应使得堰顶上的可能出现的平均最大负压值不小于－0.045MPa。中美标准都允许闸门局部开启时，可以有较小的负压。

2.3.3.4 泄槽设计

(1) 水面曲线计算。中美标准对水面曲线的计算方法一致，均根据能量方程把水头分为势能和动能，采用分段推求法。能量水头为断面水深加流速水头，美国陆军工程兵团《水力设计准则》中给出的能量水头 $E=d+\dfrac{v^2}{2g}$，与中国水力计算公 $E=h\cos\theta+\dfrac{\alpha v^2}{2g}$ 相比，前者忽略了泄槽底坡影响，未考虑动能修正系数，适用于底坡较缓、流速均匀的情况。

(2) 边墙的收缩与扩散角。泄槽边墙扩散或收缩角的计算，中国标准 $\tan\theta=\dfrac{1}{KFr}$，经验系数 K 一般取 3.0，与美国标准 $\tan\theta=\dfrac{1}{3Fr}$ 一致。中美标准中对由于掺气的超高所采用的计算方法不一致。

(3) 底坡连接曲线。中国标准中介绍了由缓坡向陡坡过渡时的抛物线，抛物线方程 $y=x\tan\theta+\dfrac{x^2}{K(4H_0\cos^2\theta)}$ 与美国垦务局《小坝设计》所用的抛物线方程一致。当无系数 K 时，为自由射流曲线方程。中国标准规定对重要工程且落差大者取 1.5，落差小者取 1.1～1.3，美国标准要求 K 应不小于 1.5。美国陆军工程兵团《溢洪道水力设计》(EM 1110－2－1603) 中所提供的自由射流理论公式 $y=-x\tan\phi-\dfrac{gx^2}{2(1.25V)^2\cos^2\phi}$，若将 V 近似用 $\sqrt{2gH_0}$ 代入，则公式变为 $-y=x\tan\theta+\dfrac{x^2}{3.125H_0\cos^2\theta}$，与《小坝设计》有差别。

坡度由陡变缓时的凹曲线方面，中国标准推荐采用半径为 $(6\sim12)h$ 的反圆弧连接，流速大时宜选用较大值。而美国标准《小坝设计》则给出曲率半径与底板表面压力 P 的关系式：

$$R=\frac{2qv}{p}\text{或}R=\frac{2dv^2}{p}$$

式中：R 为最小曲率半径，ft；q 为单宽流量，$ft^3/(s\cdot ft^{-1})$；v 为流速，ft/s；d 为水深，ft；p 为作用在底板上法向动水压力，lbf/ft^2。

假定 $P=100lb/ft^3$（约 $1601.8kg/m^3$），通常就会得到合适的曲率半径。并且认为在任何情况下，曲率半径应不小于 $10d$。对于反弧型堰的下游端反向曲线，其曲率半径不小于 $5d$ 即满足要求。

（4）波动及掺气水深和边墙超高。中国标准给出了波动及掺气水深计算的一个经验公式 $h_b=\left(1+\frac{\zeta v}{100}\right)h$，该公式较为粗略，是中外多个经验公式中的一种。计算实例表明，与美国陆军工程兵团《溢洪道水力设计》（EM 1110－2－1603）中的图表法对比，在相同的不掺气水深（计算实例中假定为5m）下，按中国标准计算的掺气水深明显大于美国标准，差值为7%～21%，流速越大差别越大。

中国标准要求边墙顶高程根据波动和掺气后的计算水面线增加0.5～1.5m的超高。美国陆军工程兵团《溢洪道水力设计》（EM 1110－2－1603）给出的最小超高为2ft（约0.6m），美国垦务局推荐的一个保守的经验公式为

$$超高=2.0+0.025Vd^{1/3}$$

式中：V 和 d 为溢洪道中平均流速和单位为英尺的平均水深。计算实例表明，当流速为10m/s，水深5m时，按上式计算的超高约为4.0ft，即约1.2m。水深、流速越大，超高越大。

美国垦务局《重力坝设计》要求3～6ft(0.9～1.8m）的超高，美国土木工程师学会《水电工程规划设计土木工程导则》要求在预测水面线上加上至少2ft(约0.6m）的超高，对大型溢洪道要求至少6ft的超高。在决定超高中应考虑掺气影响。

2.3.3.5 消能防冲

（1）挑流消能。在挑流射程的计算方面，中国标准和美国标准《溢洪道水力设计》（EM 1110－2－1603）均采用相同的理论来计算挑射距离，所不同的是中国标准将射流轨迹分为外缘和内缘，其挑距计算公式 $L=\frac{v_1^2}{2g}\cos\theta\left(\sin\theta+\sqrt{\sin\theta^2+2g(h_1+h_2)/v_1^2}\right)$ 所求得的是从挑坎坎顶起算的挑流水舌外缘与下游水面交点的水平距。而美国标准没有考虑到挑坎上的水深，水平挑距计算公式 $X_H=h_e\sin2\theta+2\cos\theta[h_e(h_e\sin^2\theta+Y_1)]^{1/2}$，求得的是从鼻坎末端至冲击点的内缘挑距。

中国标准中认为挑坎的反弧半径可采用（6～12)h。在泄槽底坡较陡、反弧段流速或者单宽流量较大时，反弧半径应选用较大值。而美国标准《溢洪道水力设计》（EM 1110－2－1603）给出了最小半径的计算公式，且以往的经验认为，挑坎反弧半径至少为4倍的挑坎最大水深时，将能够挑射大部分的水流。美国标准《小坝设计》和《重力坝设计》则认为曲率半径不小于水深的5倍。

中国标准中建议挑坎的挑角宜采用15°～35°，而美国标准《小坝设计》和《重力坝设计》则认为挑角通常限制为不大于30°。

（2）消力池设计。中国标准中提出当跃前断面平均流速大于18m/s时，在消力池内设置辅助消能工，应经水工模型试验验证。而美国标准《小坝设计》和《重力坝设计》认为采用带有消能墩或者底坎的消力池时，水头应有限制，流速相应不超过15m/s为宜。

中国标准自由水跃的长度根据弗劳德数 Fr_1 和收缩断面水深 h_1、跃后断面共轭水深 h_2 计算：

$$h_2=\frac{h_1}{2}\left(\sqrt{1+8Fr_1^2}-1\right)$$

$$L=(5.9\sim6.15)h_2,\text{或}\ L/h_1=9.4(Fr_1-1)h_2$$

下挖式消力池的池长 $L_K \approx 0.8L$。

美国标准水跃的长度为是进入消力池的弗氏数 Fr_1，和进流水深 d_1 的函数，在平底护坦上当 $Fr_1 < 5$ 时为 $0.8d_1Fr_1$，或者 $Fr_1 > 5$ 水跃长度近似为 $3.5d_1Fr_1$。消力池的合理长度为 $L_b = Kd_1Fr_1$，式中 K 为消力池的长度系数，根据是否用到消能墩和尾坎可以在 1.4～2.0 取值。

2.3.3.6 出水渠

中美标准中都认为需要对渠道及下游河床进行防护。美国标准则更为具体的介绍了出水渠设计的一些原则和方法。

2.3.3.7 防空蚀设计

中美标准中关于发生空化破坏可能性部位的判断是一致的，水流空化数按 $\sigma = \frac{h_0 + h_a - h_v}{v_0^2/2g}$ 计算，但是中国标准中认为水流空化数 $\sigma < 0.3$ 的区域要注意空蚀破坏，而美国标准中认为水流流速超过 30m，即水头超过 45m，或者水流空化数 $\sigma < 0.2$ 时要注意防止空蚀破坏。中国标准提出减压箱或者高速循环水洞试验测定初生空化数，美国标准介绍了根据坎高 H 和槽长 L_c 计算初生空化数的经验公式 $\sigma_i = 1.8\left(\frac{L_c}{H}\right)^{-0.7}$。

水流表面不平整度的控制，中国标准根据溢流落差和不平整高度制定控制标准，分别规定无空蚀时的上游坡、下游坡和横向坡要求，不平整高度最多可以达到 60mm，溢流落差在 20m 以下时可以是任意坡度。设置掺气减蚀设施时，受掺气保护部位的不平整度控制标准，可以适当放宽。当流速在 35～42m/s，近壁掺气浓度大于 3%～4%时，垂直凸体高度不得大于 30mm；近壁掺气浓度为 1%～2%时，垂直凸体高度不得大于 15mm，对高度大于 15mm 的垂直凸体，应将其迎水面削成斜坡。中国标准的不平整度控制标准见表 7。

表 7　中国标准的不平整度控制标准

溢流落差/m	不平度高度/mm	无空蚀坡度		
		上游坡	下游坡	横向坡
20 以下	60 以下	任意	任意	任意
20～30	30 以下	任意	任意	任意
	30～40	1∶1	1∶2	1∶1
	40～60	1∶1	1∶2	1∶1
…	…	…	…	…
90～100	10～20	1∶32	1∶38	1∶4
	20～40	1∶36	1∶42	
	40～60	1∶40	1∶46	

美国标准根据水流空化数制定未掺气和掺气的不平整度控制标准。对不平整度高度要求较严，未区分坡度方向，空化数较小时，可能要求修改设计美国标准的不平整度控制标准见表 8。

表 8　　美国标准的不平整度控制标准

水流空化数	没有掺气的不平整度	掺气的不平整度
>0.60	T_1（高度 25mm，坡度 1：4）	T_1
0.40～0.60	T_2（高度 12mm，坡度 1：8）	T_1
0.20～0.40	T_3（高度 6mm，坡度 1：16）	T_1
0.10～0.20	修改设计	T_2
<0.10	修改设计	修改设计

中美标准掺气设施的设置原则、常用型式、通气要求等基本相同。

2.3.4　结构设计

美国没有专门针对溢洪道建筑物结构设计的规范和标准，本章有关溢洪道建筑物结构设计的中美标准对照主要参考美国标准中的《混凝土结构稳定分析规范》（EM 1110－2－2100）、《混凝土衬砌泄洪渠结构设计》（EM 1110－2－2007）、《水工钢筋混凝土结构强度设计》（EM 1110－2－2104）、《泄水建筑物结构的设计与评估》（EM 1110－2－2400）、《重力坝设计》（EM 1110－2－2200）、《挡土墙和防洪堤》（EM 1110－2－2502）和美国垦务局的《小坝设计》等。综合整个溢洪道建筑物结构设计对比可以看出，中美标准的主要异同点如下：

（1）中美标准对结构设计的总体要求基本相同，均强调溢洪道建筑物结构设计应与水力设计、地基条件等相结合考虑，并且要确保工程与结构安全。中国标准对溢洪道建筑物结构设计的要求更细，对每一个部位的结构设计都有详细的规定，美国则没有专门针对溢洪道建筑物结构设计的规范。

（2）中美标准对溢洪道建筑物结构设计的主要内容基本相同，均包括建筑物布置和结构型式选择、结构计算、细部设计、材料性能选择和施工技术要求等。中国标准溢洪道混凝土的强度等级、抗渗等级、抗冻等级、抗冲要求等，按混凝土重力坝设计、水工混凝土结构设计等规范的规定，美国标准中相关内容也分见于各有关标准。

（3）中美标准都要求各种作用效应组合的设计值不大于结构构件的抗力设计值。中国标准采用以概率理论为基础的极限状态设计法，以可靠指标度量结构构件的可靠度，采用分项系数的设计表达式进行设计。而美国标准是以可靠度理论为基础，一般按照强度和适用性进行结构设计，对于结构构件的抗力采用构件的标准强度乘以强度折减系数得到，对于构件的作用效应组合的设计值采用各荷载的标准值乘以在各荷载组合中的规定系数而得。美国的结构混凝土设计表达式中的荷载系数基本对应了中国标准中的作用分项系数和设计状况系数，而抗力系数（或强度折减系数）则与中国标准的材料性能分项系数对应，也体现了中国标准中结构系数所考虑的一些不确定性。但美国标准的设计表达式中没有结构重要性系数，在设计用荷载和设计用材料强度的取值水准上以及可靠度的表达方式上与中国标准也有一定区别。

（4）中美标准对溢洪道建筑物结构设计的作用组合也有较大差别。中国标准按承载能力极限状态设计时，应考虑基本组合和偶然组合，前者为持久或短暂状况下，永久作用于可变作用的效应组合，后者为偶然状况下，永久作用、可变作用与一种偶然作用的效应组合。按正常使用极限状态设计时，应考虑短期组合和长期组合两种作用效应组合，前者为持久状况（根据需要也可为短暂状况）下，永久作用效应与可变作用短期效应的组合，后者为持久状况下，永久作用效应与可变作用长期效应的组合。美国标准则对溢洪道每个具体的结构（如进水渠边墙、泄槽边墙、溢流堰、消力池边墙和底板等）规定了设计时应考虑的荷载组合。荷载条件分为正常（N）、非常（U）和极端（E）3 种，其中溢流堰的荷载工况参见重力坝要求（见表 9）。

表 9　　溢洪道溢流堰加载条件分类

工况	荷载描述（参见重力坝要求）	分类
1	施工状况 Construction Condition	UN
2	正常运行 Normal Operating	U
3	罕见洪水 Infrequent Flood	UN
4	施工期遭遇运行基本地震 Construction with Operational Basis Earthquake（OBE）	E
5	库水＋运行基本地震 Coincident Pool with OBE	UN
6	库水＋最大设计地震 Coincident Pool with Maximum Design Earthquake（MDE）	E
7	最大设计洪水 Maximum Design Flood（MDF）	U/UN/E

应用时应注意两国在洪水标准、抗震设计标准等方面的差异。

（5）美国陆军工程兵团、垦务局等水电标准对于大体积水工结构的强度和稳定均采用安全系数法计算，特别重视关键结构正常工况的抗滑稳定性。美国标准没有对建筑物进行级别划分，也没有对应的建筑物结构安全级别及结构重要性系数。但美国标准对于抗滑稳定计算，区分关键结构和一般结构，给出了不同的安全系数要求，同时，也根据掌握的场地信息的情况，分“明确”“一般”“有限”三种情况给出了不同的安全系数要求。

如滑动稳定安全系数的计算公式 $FS_s=\dfrac{N\tan\varphi+cL}{T}$，关键结构和一般结构要求的抗滑稳定安全系数分别见表 10。

表 10　　美国标准要求的滑动安全系数

场地信息类别	关键结构荷载状况			一般结构荷载状况		
	正常	非常	极端	正常	非常	极端
明确	1.7	1.3	1.1	1.4	1.2	1.1
一般	2.0	1.5①	1.1①	1.5	1.3	1.1
有限②	—	—	—	3.0	2.6	2.2

① 对于没有详细特定地点地面震动的初步地震分析，非常情况下 $FS=1.7$，极端情况下 $FS=1.3$。

② 对于关键结构，场地信息有限是不允许的。

（6）中美标准对重力式挡墙均采用材料力学法和刚体极限平衡法进行挡墙及基础应力与抗滑、抗浮、抗倾稳定的计算，计算基本理论方法一致。考虑的主要荷载相同，中国标准按相应荷载规范计算，特别提出了溢洪道动水压力计算的要求。由于两国采用的洪水标准、抗震设防标准等不同，对应工况荷载取值有差别。另外，中国标准单独列出了泄洪突然停止的几种计算工况要求。

（7）对于结构细部设计如混凝土强度选择、结构分缝、止水设置、衬砌厚度等中美标准要求基本相同，都强调参考类似工程经验确定。但是美国标准更侧重经济方面的考虑，要求最大限度降低工程建设和维护成本。

应注意美兵团手册在结构设计中需要预先批准的情况。如美国标准认为结构锚固通常用来改善现有结构的稳定性，一般不应该作为新的大体积混凝土结构稳定的主要手段。如果由于空间限制或经济因素等需要用锚固稳定一个新结构，那么必须获得 CECW－E 的预先核准（墙、槽底板、消力池底板和铺设渠道板等薄壁混凝土构件除外）。没有 CECW－E 的预先核准，不允许永久结构中使用土锚。当连续配筋混凝土渠道铺砌的混凝土强度超过 3000lbf/in^2（约 21MPa）时需要获得 CECW－ED 的批准。

美国标准规定水平施工缝不推荐采用键槽，美国垦务局《小坝设计》也不推荐在较薄的底板和边墙上设置键槽式的接缝。美国标准要求在所有收缩缝中都设置 2 道止水，两道止水间通常还设有排水。中国标准根据结构的重要性设 1～2 道止水。

中国标准对高度小于 15m 的边墙没有提出抗震验算要求。美国标准没有区分，地震包括运行基本地震和最大设计地震情况。

2.3.5　地基及边坡处理

关于溢洪道地基及边坡处理，美国标准没有专门的章节论述，中国标准《溢洪道设计规范》（DL/T 5166—2002）关于地基处理中的地基开挖、固结灌浆、地基防渗和排水、断层、软弱夹层及岩溶处理等都部分参照中国标准《混凝土重力坝设计规范》（DL 5108—1999）相关内容编制。为此，本章对标中也部分参考了美国标准重力坝设计相关内容。中美标准的主要异同点如下。

2.3.5.1　地基及边坡处理的一般规定

许多坝的失事都是由于溢洪道设计不当等原因引起的，中美标准都非常重视溢洪道的安全问题。中国标准要求溢洪道的地基处理提出系统要求，要求根据工程地质特性做出地基处理方案后，方案需满足各部位对承载力、抗滑稳定、地基变形、渗流控制、抗冲及耐久性的要求，边坡应保持稳定，保证运行安全。对于软岩地基、规模较大地质缺陷、高陡边坡、雾化影响严重的边坡，提出了专门研究的要求。

美国标准对地基也提出了相应的要求，分别分散在各规范章节中。美国标准对于地基处理更加强调地质条件的重要性，包括溢洪道选址、灌浆、基础开挖处理、排水，均与岩石的透水性、裂隙、断层、节理等地质特征有关。

中国标准要求当地基为软岩或存在规模较大、性状差的断层破碎带、软弱夹层、岩溶等缺陷时，应进行专门的处理设计。美国标准对因卸荷等强度降低的页岩、含溶岩裂隙的石灰岩、含石膏的岩土、废弃矿坑的地下洞穴、岩基中的黏土夹层、剪切带或糜棱岩夹层、岩性指标较低的岩基等，主要加强勘探试验研究，不要求做专题研究。

中国标准对高陡边坡、地质条件复杂的边坡以及泄洪雾化影响严重的边坡，要求进行专门研究。美国标准对大流量泄洪靠近坝址的工程，进行水力模型试验。中国标准重视边坡防渗排水的设计，扬压力计算假定与防渗排水系统密切相关。美国标准一般不考虑渗控措施使扬压力降低，除非地基特性已经查清并采取了相应的渗控措施，并有综合的监测维修计划。

2.3.5.2 地基开挖

中国标准认为溢洪道主要建筑物宜建在弱风化上部至中部基岩上，不衬护段的泄槽，应开挖至坚硬、完整的新鲜或微风化岩层。美国标准也要求挖除风化等不良材料、开挖至坚硬基岩，使之能承受各种荷载。中美标准均要求开挖平整、连接平顺。

2.3.5.3 固结灌浆

中美标准均提出灌浆需根据建筑物及地质环境来确定。中国标准对于灌浆孔深、孔、排距、灌浆压力给出了相应范围值，必要时通过灌浆试验确定固结灌浆参数。美国标准对孔距采取先疏后密，直到所有能灌浆的夹层、断裂面、裂隙和孔隙已全被充填为止；对孔深认为与现场条件及坝高有关；对灌浆压力未提出相应要求，认为只要实际可行，采用不致使基岩产生任何抬动或侧向位移的最大压力，灌浆压力越高越好。

2.3.5.4 地基防渗和排水

中美标准均强调地基处理过程中防渗、排水结合的重要性。中国标准对防渗排水要求、帷幕深度、与大坝衔接、帷幕灌浆压力、排水孔深度、挑坎及消力池护坦、溢洪道边坡排水提出了相应要求。

对于地基的相对隔水层埋藏较深或分布无规律时，中国标准通常将防渗帷幕深度取0.3～0.7倍堰前最大水头；美国陆军工程兵团《灌浆技术》(EM 1110-2-3506) 与中国标准基本一致，美国垦务局《重力坝设计》对于帷幕深度提出在坚硬致密的岩石中，孔深可定位水头的30%～40%。在不良基岩中，孔深应达水头的70%；美国垦务局《填筑坝》提出坝基灌浆一般达到基岩面以下的深度应等于基岩面以上的水库水头，两者差别比较大。

中国标准采用的帷幕灌浆孔距1.5～3m，美国标准帷幕灌浆孔的最终间距常介于0.76～3m，有些工程的帷幕灌浆孔密到中心距只有0.3m。中国标准规定钻孔不应倾向下游，美国标准提出可以铅垂、倾斜、水平或组合形式，向上游倾角最大可到15°。当钻孔是在坝上游面的贴脚体处钻进时，则钻孔多倾向下游。中国标准提出了不同分段的最小灌浆压力值，表层段不小于0.5MPa，孔底段不小于0.8MPa，并以不破坏岩体为原则；美国标准则认为在可能的情况下需尽量提高灌浆压力。

中国标准提出排水孔深度为帷幕深度的0.4～0.6倍，主排水孔孔距可采用2～3m；美国标准提出排水孔孔深为灌浆帷幕深度的35%～75%，通常孔距3m，两者基本一致。

2.3.5.5 断层、软弱夹层及岩溶处理

中美标准均要求溢洪道地基范围内的断层破碎带和软弱夹层、岩溶溶洞、溶槽、溶蚀裂隙等采取挖除、齿槽、锚固、灌浆、回填等措施进行处理。美国标准提出先考虑挖除软弱岩石。中国标准提出处理时应根据需要采取相应的混凝土温控、接触灌浆、排水等措施。

2.3.5.6 边坡开挖及处理

中美标准均认为溢洪道稳定边坡，应根据地质条件等具体分析，对易遭破坏的较大最终岩石表面开挖边坡应采取植被、砌石、砌混凝土块等保护措施。均要求做好排水设施，泄洪区考虑雾化的影响。

2.3.6　观测设计

《溢洪道设计规范》(DL/T 5166—2002)“观测设计”一章是根据溢洪道结构特点规定监测设计的一般原则和具体观测项目，而美国溢洪道专业设计标准无针对监测设计的专门章节，其他美国标准如美垦务局《重力坝设计》和美国联邦能源管理委员会《美国水电项目工程审查评估导则》均有一章节专门讲述监测设计，美国陆军工程兵团《混凝土结构观测装置》(EM 1110-2-4300) 则是专门针对监测仪器方面的规范，但这些美国标准中监测设计均是针对混凝土结构设计的，其相对于溢洪道来说针对性较差。通过对比分析，获得以下主要认识：

(1) 对于监测设计的目的，中国标准和美国标准基本是一致，即以获取观测资料、检验和验证设计假定等为目的，同时中国标准也强调结构安全以及指导施工的目的。

(2) 观测设施方面，中国标准强调观测设施的总体原则，而美国标准则侧重于强调监测仪器的具体选购要求；对于费用方面，中国标准只提出总体要求经济合理，而美国标准明确总费用包括仪器费、安装费、维修费、折旧费、监测费、数据处理费等费用，一般新建坝的观测系统费用，占大坝建设总投资的1%，特殊情况下，仪器费用可高达大坝建设总投资的2%～3%。

(3) 在观测项目和测点设置方面，中国标准与美国标准总体要求基本一致，但是美国标准在监测测点布置时未专门针对溢洪道结构特点和水力特性进行说明。

(4) 中国标准和美国标准均要求对测点采取适当的保护措施，对于测点工作条件要求方面，中国标准对测点工作条件要求比较全面，且包含美国标准规定的内容。

(5) 在监测设计方面，中国标准与美国标准有较大区别，中国标准要求利用设计数据、模型试验等资料进行设计，而美国标准要求依靠对现场情况的考察和工程经验进行设计。

(6) 中国标准与美国标准关于观测项目的分类方式是不同的，中国标准明确原型观测分为安全性观测与专门性观测两类，而美国标准将监测仪器分为安全相关的监测仪器和与安全间接相关的仪器等。

(7) 对于溢洪道监测设计来说，中国标准相对于美国标准更具针对性，即中国标准是溢洪道结构设计的专业规范，而美国溢洪道标准中无专门章节针对溢洪道监测设计进行介绍，其他标准也均是针对混凝土结构的。

3　值得中国标准借鉴之处

(1) 美国水电设计标准体系主要有美国陆军工程兵团标准体系和美国垦务局标准体系，制定的标准体系较为完备，其内容为工程设计相关的经验和共识，但一般不具有强制性，使用中更依赖于设计工程师根据经验灵活掌握。其设计手册的内容通常既有理论推导也有设计与计算实例，便于使用者理解。中国标准具有强制性，编写要求严格，不便理解，使用也缺乏灵活性。

(2) 美国陆军工程兵团、美国垦务局等水电标准对于大体积水工结构的强度和稳定验算均采用安全系数法和容许应力法，中国电力行业水电标准采用的分项系数极限状态设计法虽然先进，但使用较为复杂，且与水利行业标准各成体系，在国外工程中应用及与业主工程师交流时多有不便。

（3）美国标准确定工程规模时，将坝高作为其中一个因素，在确定洪水标准时，根据工程规模和风险程度分级。中国标准工程规模按库容和装机等分级指标确定，一般不根据工程具体情况作风险分析。按工程规模确定主要建筑物级别和结构安全级别，有时规模较小的挡水建筑物结构安全级别较高，设计不够经济。

（4）美国标准没有对建筑物进行级别划分，但将建筑物结构分为关键结构和一般结构，特别重视关键结构正常工况的抗滑稳定性，对关键结构和一般结构的各种工况，给出了不同的安全系数要求，对关键结构的安全系数要求较高。中国标准未区分关键结构和一般结构，采用了同样的结构安全标准。

（5）美国标准根据掌握的场地信息的情况，分“明确”“一般”“有限”三种情况给出了不同的安全系数要求。当场地信息有限时，要求更高的安全系数。中国标准无相关规定，当资料有限时，一般由工程师根据经验处理。

水工隧洞设计规范对比研究

编制单位：中国电建集团成都勘测设计研究院有限公司

专题负责人 杨怀德
编　　　写 杨怀德　谢金元　秦永涛　杨　敬　马永军　郑小玉　杨兴义
校　　　审 杨怀德　黄　庆　游　湘
核　　　定 黄彦昆
主要完成人 杨怀德　黄　庆　谢金元　秦永涛　杨　敬　马永军　郑小玉　杨兴义

1 引用的中外标准及相关文献

本文中国标准主要为《水工隧洞设计规范》(DL/T 5195—2004)、《水工混凝土结构设计规范》(DL/T 5057—2009)、《水电工程水工建筑物抗震设计规范》(NB 35047—2015)、《水工建筑物荷载设计规范》(DL 5077—1997)等;美国标准为美国陆军工程兵团(USACE)、美国垦务局(USBR)、美国混凝土协会(ACI)和美国材料与试验协会(ASTM)、美国土木工程师学会(ASCE)等相关标准。文中引用的对标文件及在报告中出现的相应简称见表1。

表1 报告引用主要对标文件

中文名称	英文名称	编号	发布单位	发布年份
水工隧洞设计规范	Specification for Design of Hydraulic Tunnel	DL/T 5195—2004	国家发展和改革委员会	2004
水工混凝土结构设计规范	Design Specification for Hydraulic Concrete Structures	DL/T 5057—2009	国家能源局	2009
水电工程水工建筑物抗震设计规范	Specifications for Seismic Design of Hydraulic Structures	NB 35047—2015	国家经济贸易委员会	2015
水工建筑物荷载设计规范	Specifications for Load Design of Hydraulic Structure	DL 5077—1997	电力工业部	1997
溢洪道设计规范	Specification for Design of Spillway	DL/T 5166—2002	国家经济贸易委员会	2002
岩石中的隧洞与竖井	Tunnels and Shafts in Rock	EM 1110-2-2901	美国陆军工程兵团	1997
溢洪道水力设计	Hydraulic Design of Spillways	EM 1110-2-1603	美国陆军工程兵团	1992
水库泄水工程水力设计	Hydraulic Design of Reservoir Outlet Works	EM 1110-2-1602	美国陆军工程兵团	1980
水力设计准则	Hydraulic Design Criteria		美国陆军工程兵团	1987
水工钢筋混凝土结构强度设计	Strength Design for Reinforced Concrete Hydraulic Structures	EM 1110-2-2104	美国陆军工程兵团	1992
水电工程规划设计土木工程导则 第二卷水道	Civil Engineering Guidelines for Planning and Designing Hydroelectric Developments, Vol. 2 Waterways		美国土木工程师学会	1989
重力坝设计	Gravity Dam Design		美国垦务局	1976
泄槽与溢洪道的空蚀	Cavitation in Chutes and Spillways		美国垦务局	1990
混凝土结构设计规范	Building Code Requirements for Structural Concrete	ACI 318M-11	美国混凝土协会	2011
水工建筑物混凝土的磨蚀	Erosion of Concrete in Hydraulic Structures	ACI 210R-93	美国混凝土协会	1993

续表

中文名称	英 文 名 称	编 号	发布单位	发布年份
混凝土结构开裂控制	Control of Cracking of Concrete Structures	ACI 224R-01-C	美国混凝土协会	2001
混凝土施工中的接缝	Joints in Concrete Construction	ACI 224.3R-95-C	美国混凝土协会	2008
喷射混凝土指南	Guide to Shotcrete	ACI 506R-05-C	美国混凝土协会	
用于纤维加强混凝土的钢纤维标准规范指南	Standard Specification for Steel Fibers for Fiber-Reinforced Concretel	ASTM A 820/A 820M-06	美国材料与试验协会	

2 主要研究成果

本文中，中国标准以《水工隧洞设计规范》（DL/T 5195—2004）为主，辅以《水工混凝土结构设计规范》（DL/T 5057—2009）、《水电工程水工建筑物抗震设计规范》（NB 35047—2015）、《水工建筑物荷载设计规范》（DL 5077—1997）等，主要与美国陆军工程兵团《岩石中的隧洞与竖井》（EM 1110-2-2901）、《水力设计准则》《水工钢筋混凝土结构强度设计》（EM 1110-2-2104），美国垦务局《重力坝设计》《泄槽与溢洪道的空蚀》，美国混凝土协会《混凝土结构设计规范》（ACI 318M-11）、《水工建筑物混凝土的磨蚀》（ACI 210R-93），美国土木工程师学会《水电工程规划设计土木工程导则 第二卷 水道》等美国标准进行对比研究，主要研究成果如下。

2.1 整体性差异

中美标准体系存在较大差异。中国标准分为国家标准、行业标准、地方标准和企业标准四类，且标准划分为强制性标准和推荐性标准，强制性标准必须严格执行，推荐性标准自愿采用。美国标准大致分为国家标准（ANSI）、通用行业标准（ACI、ASTM等）、专用行业标准（USACE、USBR等）。美国标准较为独特和分散，通常由专业机构和学会、协会团体制定和发布各自专业领域的标准，一般不具有强制性。

中国标准体系的建设由政府部门主导，主要由各行业主管部门牵头，选择经验丰富的大型企事业单位、科研院所或行业协会进行制定，是一个自上而下的过程，每个行业均有自己的行业标准。美国标准体系的建设一般由民间社会团体或部门、企业主导，是一自下而上的过程，制定的标准体系具有多元化特点。

中美水工隧洞标准编制思路不同，中国规范主要对岩石中的水工隧洞设计进行了详细的规定，内容包括设计所需的基本资料、线路布置、断面设计、水力设计、初期支护设计、结构设计与计算、灌浆与排水设计、观测设计等，内容完整，整体性较强，要求明确，便于设计者掌握使用；美国标准相当于中国的设计手册，包含的内容十分广泛，分别从各专业学科进行详细阐述，如美国陆军工程兵团《岩石中的隧洞与竖井》（EM 1110-2-2901），内容包括地质勘探、工程地质及水文地质、隧洞施工、设计、运行、监测等，而水力设计、结构设计等内容则单独成册，写在相应的专门手册中。美国标准内容详细，充分阐述设计原则及计算方法，相当于工程设计指南及施工手册，为使用者提供教科书式参考。

另外，中国标准中量值单位均为国际单位，相关条款较为刚性，一般只提要求，不解释原因（有些条款有条文说明）；而美国标准中量值单位基本为英制，条款多采用讲解叙述形式，阐述十分详细。

2.2 适用范围差异

中国标准《水工隧洞设计规范》（DL/T 5195—2004）适用于新建和改建的水电水利工程的水工隧洞设计，并适用于大中型工程开挖于岩石中的1～3级水工隧洞的各个阶段。水工隧洞的级别划分遵照《水电枢纽工程等级划分及设计安全标准》（DL 5180—2003）的规定执行。规范明确是水工隧洞的设计规范，对于隧洞的施工等其他各方面，则没有阐述，需另见其他相关标准。

美国标准对建筑物设计没有分级规定，美国陆军工程兵团《岩石中的隧洞与竖井》（EM 1110-2-2901）是针对岩石中的所有隧洞和竖井，没有隧洞分级的概念。该标准指明适用于美国陆军工程兵团司令部的所有部门、主要下属指挥单位、分区、试验室和负责土木工程项目设计任务的野战小组，是对岩石中的隧洞和竖井的设计、施工进行全方位的指导，甚至还包括了承包合同实务和隧洞项目规划的相关内容。美国垦务局标准适用于美国内务部垦务局所属西部地区17个州的大坝、水电站和渠道设计和建设。美国土木工程师学会标准属于通用行业标准，适用于各个行业，没有行业的区分和限制。

2.3 主要内容差异

（1）隧洞布置方面，中美标准洞线布置原则基本相同，洞线布置主要考虑地形、地质、施工、运行等因素。中国标准《水工隧洞设计规范》（DL/T 5195—2004）规定，水工隧洞洞线与岩层层面、主要构造断裂面及软弱带的走向应有较大的夹角，其夹角不宜小于30°；对于层间结合疏松的高倾角薄岩层，其夹角不宜小于45°。美国土木工程师学会《水电工程规划设计土木工程导则 第二卷水道》规定，隧洞布置时应注意尽最大可能避免隧洞轴线平行地靠近或接近平等地穿过断层和剪切带，隧洞应尽可能地以接近90°夹角穿过断层，使交叉段的长度最短。

中美标准关于隧洞埋深的规定基本相同。对于有压隧洞，中国标准推荐采用挪威准则，同时也列出垂直向准则和雪山准则供参考；美国标准同时列出雪山准则和挪威准则，分别说明了使用条件。对于高压隧洞，都要求满足防止水力劈裂和渗透稳定要求。中美标准关于挪威准则公式基本相同，中国标准中 F 为经验系数，隧洞水压力取静水压力，F 取值1.3～1.5；美国标准将 F 值定义为安全系数，隧洞水压力按最大水压力取值，F 取值1.1。

（2）隧洞断面设计方面，中美标准要求基本一致，有压隧洞优先采用圆形断面设计，但为方便施工也可采用其他断面型式。无压隧洞一般采用城门洞型断面。对于断面尺寸，中美标准有细微差异。中国标准圆形断面的最小直径为2.0m，非圆形断面最小尺寸为2.0m×1.8m，断面较小较为经济，但不太方便施工。美国标准根据开挖方法确定，钻爆法开挖的隧洞最小洞径为 3.5～4.5m，比中国标准大；TBM 方法施工的隧洞洞径约 2.1～2.4m，与中国标准接近。此外，中美标准对低流速无压洞和高流速无压洞的洞顶余幅都提出了严格的要求。如中国标准规定高流速无压隧洞断面尺寸应考虑掺气的影响，在掺气水面线以上的空间，宜取为横断面面积的 15%～25%。采用圆拱直墙断面，当水流有冲击波时应将涌波波峰限制在直墙范围内。美国标准规定无压隧洞应具有一自由水面，洞顶余幅应不低于 25%，标准基本一致。中国标准规定采用圆拱直墙断面隧洞，当水流有冲击波时应将涌波波峰限制在直墙范围内，美国标准则无此详细规定。

（3）中美标准对于隧洞水力设计内容基本一致，对于隧洞泄流能力、水面线计算方法基本相同。关于水头损失计算，中美标准基本理论是一致的。对于沿程水头损失计算，中国标准明确采用经验公式曼宁公式。美国标准介绍了达西-依兹巴赫公式、谢才公式、曼宁经验公式等，建议根据具体条件选择使用。对于局部水头损失计算公式中美标准规律基本一致，影响因子基本相同。

中国标准沿程损失推荐采用曼宁公式计算：

$$h_f=\frac{Lv^2}{C^2R}$$

式中：$C=\frac{1}{n}R^{\frac{1}{6}}$；$R$ 为水力半径，m；n 为糙率值。

美国标准摩阻水头损失，推荐采用达西-依兹巴赫公式，曼宁公式仅建议用于计算明渠水头损失。

$$H_f=f\left(\frac{L}{D}\right)\frac{V^2}{2g}$$

式中：H_f 为摩阻损失，ft；L 为管长，ft；D 为管道内径，ft；f 为达西-依兹巴赫摩阻系数。

分析认为，流速、水深、衬砌材料、隧洞尺寸、隧洞形状的变化会影响曼宁公式和达西-依兹巴赫公式中的摩擦系数，但是影响程度不一样。在这两个公式中，达西-依兹巴赫公式在技术上更严密；中国标准至今对粗糙系数 n 值选择已积累了比较丰富的实测资料，而对当量粗糙度的选择困难更大，所以明确采用经验公式曼宁公式，并在多年实际中得到了应用。

（4）隧洞高速水流防蚀设计方面，中国标准与美国标准在防空蚀破坏的原则和原理是相同的。中美标准水流空化数计算公式及计算结果基本相同，但公式表现形式稍有差别。中国标准中的公式明确时均动水压力及大气压力水头的计算方法和公式，美国标准中的公式引入了水的绝对压力概念（包括时均动水压力及大气压力），大气压力可查“高程与大气压力关系图”。中美标准都重视空蚀问题，防空蚀破坏的原则和原理是基本一致的。在工程设计中，可针对工程的具体布置和特点，把握防空蚀设计的基本原则灵活应用中美标准分析。

（5）中美标准对于隧洞的结构设计方法差异较大。中国标准采用分项系数极限状态设计表达式进行结构计算，分为承载能力极限状态和正常使用极限状态两类极限状态，极限状态表达式采用作用标准值及其分项系数、材料性能标准值及其分项系数、设计状况系数、结构重要性系数和结构系数表式。美国标准按照强度和适用性进行结构设计。美国标准公式中只有强度折减系数及荷载系数，对承担水压力的水工结构引入了水力系数 H_f，对于直接受拉的构件，$H_f=1.65$，其他构件，$H_f=1.3$。此外，美国规范没有对建筑物进行级别划分，因此没有结构重要性系数。

中国标准明确结构设计应考虑持久、短暂、偶然三种设计状况，对三种设计状况均应按承载能力极限状态设计。对持久状况应进行正常使用极限状态设计，对短暂状况可根据需要进行正常使用状态设计，对偶然状况可不进行正常使用极限极限状态设计。美国标准按照强度和适用性，按正常、非常、极端三种荷载条件对结构进行设计和评估。

(6) 隧洞锚喷支护设计，中国标准一般推荐工程类比法，根据围岩分类选择相应的喷锚支护措施，辅以理论计算和监控量测。美国标准基本类似，但围岩分类方法较多，包括RQD、RMR、Q系统、RSR等，围岩支护一般采用工程经验或破坏模式计算方法。关于隧洞锚杆支护计算方法差异较大，中国标准采用承载能力极限状态法，用分项系数表示；美国标准采用容许应力方法，统一用安全系数表示。对于喷混凝土的厚度，中国标准明确其最小厚度5cm，最大厚度20cm；美国标准没有喷混凝土的最小和最大厚度规定，可以薄至13mm，厚至250mm，较为灵活。对喷混凝土支护隧洞的允许过水流速，中国标准不大于8m/s，美国标准不大于3m/s，美国标准要求高于中国标准。喷钢纤维混凝土，美国标准应用较中国标准普遍。美国标准钢纤维规格选择范围大于中国标准推荐的取值范围，钢纤维掺量差别不大。对于挂网喷混凝土，美国标准认为挂网喷混凝土缺点较多，推荐采用喷钢纤维混凝土。中国标准普遍采用挂网喷混凝土，喷钢纤维混凝土仅在较大塑性变形及高地应力区等特殊条件下使用。对于组合式支护中美标准基本一致。

(7) 对于隧洞混凝土衬砌，中美标准均按照开裂设计，但中国标准对不同设计状况和水质条件下混凝土最大裂缝宽度分别列出限制宽度，而美国标准根据地质条件、渗流场等情况确定可接受的渗漏量，以此确定可接受的裂缝开展情况。对于隧洞衬砌钢筋的混凝土保护层，中国标准比美国标准小。隧洞混凝土衬砌结构计算方法，对于承受内外水压力的圆形隧洞，中国标准采用厚壁圆筒方法，美国标准根据衬砌厚度与洞径的比例，分别采用薄壁圆筒和厚壁圆筒方法。对于其他荷载下的圆形隧洞衬砌内力静力计算方法，中国标准按照结构力学法计算。美国标准采用连续体力学，对衬砌周围围岩的抗力分布规律未作假定。对于非圆形隧洞衬砌内力计算，美国标准有自由环方法、弹簧支撑受载环方法和连续体力学，数值解方法；其中弹簧支撑受载环方法类似于中国标准的边值法，连续体分析，数值解法相当于中国标准所述的有限元法。中国标准采用边值法和有限元法，未推荐自由环方法。

(8) 隧洞细部设计方面，中美标准对于衬砌施工缝的要求差异较大。中国标准施工缝间距一般6～12m。美国标准施工缝间距一般为30～60m，远大于中国标准的标准。在无筋混凝土衬砌中，施工缝不设止水，与中国标准类似。

(9) 中美标准关于隧洞防渗排水的要求基本一致。对于隧洞回填灌浆的差异较大，美国标准比中国标准回填灌浆范围更宽，灌浆孔入岩深度更深，达到0.6m。最大灌浆压力较大，最大可到0.7MPa。对于固结灌浆以及灌浆材料的选取上，中国标准和美国标准要求一致，但在灌浆参数的选择上有一定差异，固结灌浆排距中国标准一般要求为2～4m，美国标准为0.5倍的半径；固结灌浆的深度中国标准为不低于1倍隧洞半径，美国标准最大为2倍隧洞直径；固结灌浆压力中国标准一般为1～2倍的内水压力，美国标准较小，最大为1倍的最大运行压力。

(10) 中美标准关于隧洞观测、运行和维修设计要求基本一致。中国标准要求的监测项目更全面，对流量、流速、空蚀、水面线、沿程和局部水头损失、掺气量等水力要素提出了监测要求。美国标准侧重于围岩变形、衬砌应力、锚筋应力、水压力、地下水等监测项目。

3　值得中国标准借鉴之处

(1) 美国标准体系的建设一般由民间社会团体或部门、企业主导，是一自下而上的过程，制定的标准体系具有多元化特点，并十分完备，其标准一般都是跨行业设计，具有通用性，对于各行业只要开展该项工作均适用，这既避免了“重复建设”，也避免规程规范过多导致的交叉重叠和“管理混乱”。

(2) 中国标准圆形断面的最小直径为2.0m，非圆形断面最小尺寸为2.0m×1.8m，断面较小不太方便施工。美国标准钻爆法开挖的隧洞最小洞径为3.5～4.5m，比中国标准大。从方便施工的角度，值得借鉴。

(3) 中美标准都允许隧洞开裂设计，但美国标准并没有强制限制裂缝宽度，可对渗漏量进行估算，并根据地质条件等情况确定可接受的渗漏量，以此确定可接受的裂缝开展情况。在确保渗透稳定的前提下，这种方法值得借鉴。

(4) 关于隧洞块体局部稳定锚杆支护计算方法，中国标准采用承载能力极限状态法，用分项系数表示；美国标准采用容许应力法，统一用安全系数表示。由于隧洞不稳定块体支护属于岩土问题，采用安全系数法更加直观、简便，值得借鉴。

(5) 对于隧洞回填灌浆，美国标准比中国标准回填灌浆范围更宽，灌浆孔入岩深度更深，达到0.6m。最大灌浆压力较大，最大可到0.7MPa。这样可以保证灌浆孔能击穿衬砌，达到更好的灌浆效果，值得借鉴。

水电站压力钢管设计规范对比研究

编制单位：中国电建集团西北勘测设计研究院有限公司

专题负责人　王稳祥
编　　写　张利平　马　艳　曾　理　鹿　宁　马　杰　王稳祥　廖春武　刘　曜
　　　　　鲁舟洋　王红强
校　　审　王化恒　路前平　王稳祥　廖春武　马　杰
核　　定　黄天润　万　里

1　引用的中外标准及相关文献

本文涉及的中外标准包括中国的《水电站压力钢管设计规范》（DL/T 5141—2001）、美国土木工程师学会（ASCE）的《压力钢管》（ASCE No. 79 - 2012）、日本闸门钢管协会《压力钢管设计技术标准》和欧洲锅炉制造和钢结构委员会（CECT）《水电站压力钢管设计制造和安装标准》以及美国土木工程学会《水电工程规划设计土木工程导则　第二卷　水道》、美国垦务局《焊接压力钢管》《重力坝设计》、美国机械工程师协会（ASME）《ASME 锅炉及压力容器规范Ⅱ材料 A 铁基材料》。

本文中所涉及的标准见表 1。

表 1　中外标准在本报告中的相应简称

中文名称	英文名称	编　号	发布单位	发布年份
水电站压力钢管设计规范	Specifications for Design of Steel Penstocks of Hydroelectric Stations	DL/T 5141—2001	国家经济贸易委员会	2001
压力钢管	Steel Penstocks (Second Edition)	ASCE No. 79 - 2012	美国土木工程师学会	2012
压力钢管设计技术标准	Recommendations for the Design of Steel Penstocks		日本闸门钢管协会	
水电站压力钢管设计制造和安装标准	Recommendations for the Design, Manufacture and Erection of Steel Penstocks of Welded Construction for Hydroelectric Installations		欧洲锅炉制造和钢结构委员会	1984
水电工程规划设计土木工程导则　第二卷　水道	Civil Engineering Guidelines for Planning and Designing Hydroelectric Developments, Vol. 2 Waterways		美国土木工程学会	1989
焊接压力钢管	Welded Steel Penstocks		美国垦务局	1986
重力坝设计	Gravity Dam Design	EM 1110 - 2 - 2200	美国垦务局	1976
ASME 锅炉及压力容器规范　Ⅱ材料 A 铁基材料	ASME Boiler Pressure Vessel Code, Section Ⅱ A Ferrous Material Specifications	ASME BPVC - 2010	美国机械工程师协会	2010

2　主要研究成果

本文以《水电站压力钢管设计规范》（DL/T 5141—2001）为基础，逐章逐条分别与美国标准、日本标准和欧洲标准进行了对比研究，取得的主要研究成果如下。

2.1　整体性差异

中国、美国、日本、欧洲标准的基本理论是一致的，但处理问题的方法、具体细节上有差异，同时标准的适用范围、侧重点有较大区别。

（1）中外标准均对其适用范围做了规定，各标准的侧重点、针对性上有区别。中国标准适用于水电站压力钢管设计，日本和欧洲标准适用于水电站压力钢管设计与施工，美国标准适用于压力钢管的设计、施工、运行和维护等。

（2）中国标准对于坝内埋管和坝后背管这两种钢管型式，均考虑压力钢管及外部混凝土联合承担内水荷载的作用。而在美国、日本、欧洲标准中未查到相关内容。

（3）中国标准采用以概率理论为基础的极限状态设计法，以可靠指标量度钢管结构构件的可靠度，按分项系数表达式进行设计；美国、日本标准采用容许应力法；欧洲标准则采用安全系数法。中国、日本、欧洲标准均采用第四强度理论（剪切变形能量理论）计算等效应力，美国标准则采用最大剪应力理论。

（4）对于压力钢管抗外压稳定安全系数的取值，中国标准取 1.8～2.0；美国、日本标准取 1.5～2.4；欧洲标准则没有具体规定。

（5）对于岔管抗外压计算，中国规范采用与一般圆管的抗外压同样的方法进行估算。日本、美国标准对此没有明确的规定。

（6）中外标准对压力钢管的构造要求是基本一致的。对于管壁最小厚度，中外厚度计算公式略有差异。钢管的防腐措施，中国标准仅表述了钢管防腐应考虑的因素，并未对具体防腐措施进行描述；美国、日本、欧洲标准均详细给出了钢管防腐应遵循的体系、采取的措施及具体实施环境。

（7）在明管的构造要求方面，中国标准对镇墩的混凝土强度和钢筋配置构造要求提出了规定；中国、美国、日本标准对于伸缩节的形式及长度影响因素一致，美国及日本标准都明确给出了伸缩节长度计算公式；钢管进人孔的大小，中国、美国、日本标准规定基本一致，中国标准给出了进人孔设置间距建议值。

（8）在坝内埋管的构造要求方面，日本、欧洲标准均未对坝内埋管进行描述；中国标准对坝内埋管的安装、回填管周围混凝土的温控措施提出了要求，钢管在跨越坝体纵缝时应使纵缝与管轴垂直，对与混凝土连接的钢管始端提出了必须设置阻水环的构造要求。美国标准从坝内压力管道的布置方面阐述了应满足的要求。

（9）在坝后背管的构造要求方面，美国、日本、欧洲标准均未对坝后背管作描述；中国标准主要规定了坝后背管外包混凝土的强度、钢筋布置构造要求，明确了钢管纵缝与环向钢筋接头之间应满足的要求。

（10）中国标准规定当对钢管结构构件进行吊装验算时，应考虑钢管自重作用的动力系数，美国、日本、欧洲标准均没有相关规定。

（11）在岔管的构造要求方面，中国标准对岔管为满足水流流态要求而需设置的导流板等相关结构做出了规定，且大型岔管管壁厚度级差不宜大于 4mm；美国标准阐述了满足水力学要求的岔管体型布置形式；日本标准列出了岔管水力特性应满足的要求，并给出满足此要求应注意的内容；欧洲标准对岔管相关的计算有描述，但并未明确岔管在体型上应满足的构造要求。

（12）中国标准对钢管结构模型试验做了详细规定；而美国、日本和欧洲标准均没有类似规定。

（13）中国、美国和日本标准均对水压试验提出了要求，中国和美国标准提出的要求详细。

（14）中国标准明确规定了应进行钢管原型观测的情况及相应观测项目，美国、日本、欧洲等标准均未有此项规定。

中国标准明确指出设计单位应向电站提交运行管理使用说明书，并应在说明书中明确规定应进行运行检查的项目及其要求，美国、日本、欧洲等标准均未有此类规定。

中国、美国、日本标准均明确给出了钢管需要运行检查的项目及检查频率。钢管运行检查的诸多项目中，中国、美国、日本标准均共同关注的有：钢管振动、通气阀、钢管内部和外部状况、焊缝以及镇墩和支墩稳定情况等。

中国、美国标准都规定应将运行检查结果准确、全面记录下来，形成报告，并将检查结果反馈给原设计人员。

欧洲标准的内容仅限于钢管的设计、制造和安装，没有涉及钢管运行检查方面的内容。

2.2　适用范围差异

中国、美国、日本、欧洲标准适用范围、侧重点有较大区别。中外标准均对其适用范围做了规定，中国标准适用于水电站压力钢管设计，日本和欧洲标准主要适用于水电站压力钢管设计与施工，美国标准主要适用于压力钢管的设计、施工、运行和维护等。各标准的侧重点、针对性上有区别。

2.3　应用注意事项

（1）中国、美国、日本、欧洲标准的基本理论虽然是一致的，但处理问题的方法、具体细节上有差异，应用时应重点搞清具体细节上的差异。

（2）中国、美国、日本、欧洲标准发电引水钢管的结构型式都包括明管和埋管。中国标准中有坝后背管的内容，而日本和欧洲标准则没有坝后背管的管型。中国标准对回填管等没有规定，美国和日本标准有专门章节阐述土中埋管和回填管。

（3）中国标准对于坝内埋管和坝后背管这两种钢管型式，均考虑压力钢管及外部混凝土联合承担内水荷载的作用。而在美国、日本、欧洲标准中未查到相关内容。

（4）中国、美国、日本标准均给出了钢管用钢板应符合的技术标准。中国标准详细地列出了钢管主要受力构件及明管支座可供选用的钢种，美国标准则给了钢管各部分适用的钢材技术标准。欧洲标准没有找到钢材技术标准及钢种的具体规定。

中国、美国、日本、欧洲标准均规定应对钢管主要受力构件所用钢材进行化学成分分析和相关力学性能（拉伸和弯曲等）试验，以保证其达到相应技术要求，只是各国规定的除此之外的额外试验项目略有不同。

中国、美国、日本标准均以表格形式给出了钢管用钢材的各项强度指标，欧洲标准则是以查图并辅以公式计算的方法来求得钢材强度指标的。同时，中国、美国、日本标准均根据不同的钢材种类和厚度，分别列出了钢材的各项强度指标。

应用时应注意各标准选用的钢材种类和相应的强度指标。

（5）中国标准给出了伸缩节止水、法兰及人孔止水和钢管外包垫层常用的材料名称，并给出了钢管外包垫层材料的特性要求。美国、日本、欧洲标准均未查到相应规定。

（6）中国标准明确列出了压力钢管水力计算的内容及成果，美国、日本、欧洲标准未查到相关规定。

日本闸门设计标准关于水锤压力升高值最小值规定与中国标准一致，都不应小于正常蓄水位钢管静水压力的10％。美国及欧洲标准未查到相关规定。

日本及欧洲标准对最高压力线计算方法与中国标准基本一致，都为特征水位与压力升高值叠加。中国标准还对最低压力线计算给出了规定；美国《水电工程规划设计土木工程导则　第二卷　水道》详细阐述了水电站水道系统的构成，利用图解形式概化示意了水力过渡过程的计算内容；日本及欧洲标准均未对最低压力线计算做出规定。

应注意各标准的计算要求和规定。

（7）中国标准采用概率极限状态设计法，γ_d 是为达到承载能力极限状态所规定的目标可靠指标而设置的分项系数。美国土木工程师学会《压力钢管》（ASCE No. 79－2012）、日本闸门钢管协会《压力钢管设计技术标准》和欧洲锅炉制造和钢结构委员会《水电站压力钢管设计制造和安装标准》采用允许应力设计法和安全系数法，没有结构系数 γ_d 的相关规定。

（8）对于应力分类，中国标准中的整体膜应力、局部膜应力和弯曲应力分别对应于美国土木工程师学会《压力钢管》（ASCE No. 79－2012）的一次总体膜应力（P_m）、一次局部膜应力（P_L）和一次弯曲应力（P_b）。中国标准中的整体膜应力和局部膜应力分别对应于日本闸门钢管协会《压力钢管设计技术标准》、欧洲锅炉制造和钢结构委员会《水电站压力钢管设计制造和安装标准》的一次应力和二次应力和美国土木工程师学会《水电工程规划设计土木工程导则 第二卷水道》中的支承间的钢管应力和支承附近的钢管等效应力。

（9）中国标准采用概率极限状态设计法，设计表达式按照钢管的受力特点和习惯用法进行移项处理，以便与允许应力相对应。钢材计算值直接用钢材强度设计值，抗力限值表达式中的分项系数相当于对钢材设计强度进行折减。美国土木工程师学会《压力钢管》（ASCE No. 79－2012）钢材的容许应力是在基本允许应力的基础上按照焊缝折减系数和允许应力提高系数进行调整，而基本允许应力取为钢材标准规定的最小抗拉强度的1/3或最小屈服强度的2/3的较小值。日本闸门钢管协会《压力钢管设计技术标准》中容许拉应力是基本设计强度除以安全系数1.8确定的（其他容许应力由容许拉应力确定）。美国土木工程师学会《水电工程规划设计土木工程导则 第二卷水道》推荐允许应力遵循美国机械工程师协会《ASME锅炉及压力容器规范》，但不排斥使用其他导则。

（10）对于压力钢管抗外压稳定安全系数的取值，中国标准取1.8～2.0；美国、日本标准取1.5～2.4；欧洲标准则没有具体规定。

应注意各标准安全系数的取值范围。

（11）中国标准列举了明管应力分析的不同方法，并提出对于钢管管壁，两支座间跨中部分纵向按连续梁计算，在支承环、加劲环附近应计算局部应力；美国土木工程师学会《压力钢管》（ASCE No. 79－2012）和日本闸门钢管协会《压力钢管设计技术标准》是从环向应力、纵向应力等具体应力种类方面说明了结构的应力，并列举出应力计算公式；美国土木工程师学会《水电工程规划设计土木工程导则　第二卷水道》提出应力分析中应考虑到的各种等效应力、轴向应力及弯曲应力；美国垦务局《焊接压力钢管》提出，对于管壳，应考虑温度应力、径向应变引起的纵向应力和梁应力。

对于支承环的受力，中国标准采用弹性力学和结构力学方法即可由管壁应力计算求得支撑环的内力。美国土木工程师学会《压力钢管》（ASCE No. 79 - 2012）标准提出，支承环应力分析中应将支承环与压力钢管相交处的环向应力与纵向应力进行组合，从而得到最大支承环应力。美国土木工程师学会《水电工程规划设计土木工程导则　第二卷水道》提出对于环形梁支承，支承轴向应力包括梁弯曲应力以及弯曲应力，且环形梁的支柱可设在滑动支承或摇座支承上。美国垦务局《焊接压力钢管》提出，对于钢管，应力可以通过圆柱薄壳弹性理论进行分析，管壳将主要承受直梁应力和环向应力，与通过由剪切作用从支承环处所传递的荷载；如果带或不带伸缩节的连续管道在许多点处被支承，在沿管道任何点处的弯矩可以作为一个普通的连续梁通过合适的连续梁公式计算；对于薄壳管，当存在纵向约束的时候，受到由于轴压引起的屈曲应力，支撑件之间可允许的跨度被由发生该压曲或起皱的应力所限制。

对于管壁抗外压分析，中国标准给出了管壁抗外压稳定分析和加劲环抗外压强度及稳定分析；日本标准给出了无加劲环和有加劲环两种情况下的抗外压稳定计算公式；欧洲标准给出了明管临界外压计算公式，并考虑了加劲环的稳定性；美国土木工程师学会《水电工程规划设计土木工程导则 第二卷水道》提出露天压力钢管不承受外压力。

（12）对于钢管振动，中国标准建议明管进行振动分析以防止共振；美国土木工程师学会《压力钢管》（ASCE No. 79 - 2012）标准提出通过对压力钢管进行三维有限元的静、动力分析来确定钢管振动频率，从而避免发生共振；日本标准也提出应求出钢管的固有频率，避免该频率在水压变动频率附近；欧洲标准没有相关规定。美国土木工程师学会《水电工程规划设计土木工程导则 第二卷水道》提出，为了防止振动，压力钢管设计人员必须了解从水轮机或水泵传递过来的振动频率和振幅。如果设计钢管时不知道这些参数，设计人员应采用较保守的方案。钢管直径与厚度之比值应在界限之内，支承的间距应布置合理。当水电站运行时，钢管的振动如果过大，应立即采取措施清除产生振动的因素并采取相应措施。

应注意按照相应的计算方法和要求进行计算。

（13）中国标准的地下埋管内压结构分析，不仅要求分析钢衬应力，还应分析围岩应力；光面管抗外压稳定分析常用的公式有 E. W. Vaughan、H. Borot、E. Amstutz 和 R. Montel。加劲环式钢管抗外压稳定分析中，加劲环式埋管的管壁临界外压仍采用明管的米赛斯公式。

美国土木工程师学会《压力钢管》（ASCE No. 79 - 2012）标准的地下埋管抗外压分析中，常用的公式有 E. Amstutz 和 Jacobsen。

日本标准的地下埋管抗外压分析中，对没有加劲肋的钢管，一般按 E. Amstutz 公式计算；有加劲肋时，钢管的临界外压一般用 S. Timoshenko 公式计算；加劲肋的临界外压一般采用 E. Amstutz 公式计算。

美国土木工程师学会《水电工程规划设计土木工程导则 第二卷水道》提出，在钢衬承受内压的设计分析中，钢衬承担全部内压力的比例，可根据弹性分析确定。在钢衬承受外压的设计分析中，地下水或上游无钢衬段引水管道中的高压水，穿过或绕过钢衬上游端的灌浆帷幕和阻水环向下游渗流，会在钢衬背后形成外水压力，即钢管放空时需考虑的设计外压；此外，还应计算灌浆压力。当由于覆盖厚度不足，岩石非常软弱、靠近厂房硐室或隧洞进口部位等原因，不能考虑岩石承载作用时，设计容许应力应取美国机械工程师学会锅炉和压力容器规范第Ⅷ篇第一部分或第二部分中的任何一个。对于完整的良好岩石，且进行了固结和接触灌浆时，可考虑岩石的承载作用。

（14）中国、日本标准对于岔管壁厚都有相应的计算公式，所采用的力学理论也基本一致，但所罗列的可计算的岔管类别范围不同，中国标准所覆盖的范围较日本标准大。美国标准则叙述较为笼统，主要采用有限元法计算。

中国标准对于球形岔管、三梁岔管、月牙肋岔管，贴边岔管均有相当详细的计算方法，日本标准只列举了三梁岔管和球形岔管的计算方法，美国标准主要采用有限元方法计算。

中国、日本标准对于岔管外有外包混凝土衬砌都要求进行受力分析，但日本标准较为详细地给出了一种简化计算的方法。中日两国标准的计算思路也不相同，中国标准将混凝土衬砌与岔管结构当作一个整体，需进行联合受力分析，而日本标准将混凝土当作约束进行分析。

对于岔管抗外压计算，中国标准采用与一般圆管的抗外压同样的方法进行估算。日本、美国标准对此没有明确的规定。

（15）在地下埋管的构造要求方面，中国标准规定了地下埋管回填、固结和接触灌浆的压力，且规定了钢管管壁与围岩之间的径向净空尺寸的下限值；美国标准也对该净空值给出了规定。

（16）在坝内埋管的构造要求方面，日本、欧洲标准均未对坝内埋管作描述；中国标准对坝内埋管的安装方法、埋管周边回填混凝土施工、钢管过缝、接触灌浆及灌浆压力，回填管周围混凝土的温控措施以及排水的设置都提出了要求，钢管在跨越坝体纵缝时应使纵缝与管轴垂直，对与混凝土连接的钢管始端提出了必须设置阻水环的构造要求。美国标准从坝内压力管道的布置方面阐述了应满足的要求。

（17）在坝后背管的构造要求方面，美国、日本、欧洲标准均未对坝后背管做描述；中国标准对坝后背管的横截面外轮廓、外包混凝土强度等级和性能、钢筋屈服点、钢管纵缝与环向钢筋的接头位置、环向钢筋的设置、钢筋保护层及纵向钢筋配筋率都有明确规定。

应按照各标准的要求执行。

（18）中国标准规定焊缝预热要求应符合《水电水利工程压力钢管制造安装及验收规范》（DL/T 5017—1993）中的 6.3.12 规定，其中明确了一、二类焊缝预热应满足的要求，对预热区的宽度及温度测量方法也给出了规定；欧洲标准未明确规定预热应满足要求，指出钢管施焊的预热要求及温度可根据焊缝材料、管壁厚度及所采取的施焊程序决定；美国土木工程师学会《水电工程规划设计土木工程导则 第二卷水道》规定应按照美国机械工程师协会《ASME 锅炉及压力容器规范》的要求对压力钢管进行焊后热处理，当材料有足够的韧度，又根据环向焊缝的宽度区分了是否进行焊后热处理，但要求所有焊缝作适当的预热；日本标准未查到相关规定。

（19）中国标准对须做应力消除处理的情况做了明确规定；美国土木工程师学会《水电工程规划设计土木工程导则 第二卷水道》详细阐述了降低应力应注意的施焊措施；日本标准以焊缝系数为区分标准，给出了必须进行消除应力处理的范围；欧洲标准中未查到相关规定。

（20）中国标准明确了设置伸缩节及凑合节的条件，并规定对于预留环缝和凑合节最后一道施焊的环缝应采取措施降低施焊应力；美国土木工程师学会《水电工程规划设计土木工程导则 第二卷水道》详细阐述了设置伸缩节的作用及条件，并介绍了典型套管式伸缩缝和柔性套管式伸缩缝的设计剖面和适用条件，明确设计时，应假设上述两种伸缩节的摩阻力均为每厘米管周长 173N；日本、欧洲标准未查到相关规定。

（21）中国标准对管壁加劲构件及支撑环与管壁接触处的焊缝提出了要求，美国、日本、欧洲标准未对其做出规定。

（22）中国、美国标准中规定了埋管抗外压应设置加劲环，中国标准还对加劲环的间距提出了要求，日本、欧洲标准未查到相应规定；另外，中国标准还建议在加劲环接近管壁处开设串通孔，而美国、日本、欧洲标准未明确。

水电站调压室设计规范对比研究

编制单位：中国电建集团华东勘测设计研究院有限公司

专题负责人 陈　涛　姜宏军
编　　　写 陈　涛　陈　凌　袁　翔　曹　竹　房敦敏
校　　　审 姜宏军　吕　慷
核　　　定 陈祥荣
主要完成人 陈　涛　陈　凌　袁　翔　曹　竹　陈祥荣　姜宏军

1　引用的中外标准及相关文献

本文中引用的中外标准及相关文献见表1。

表1　　引用的中外标准及相关文献

中文名称	英文名称	编号	发布单位/作者	发布年份
水电站调压室设计规范	Design Code for Surge Chamber of Hydropower Stations	NB/T 35021—2014	中国国家能源局	2014
水电站建筑物规划和设计	Planning and Design of Hydroelectric Power Plant Structures	EM 1110-2-3001	美国陆军工程兵团（USACE）	1995
水电工程规划设计土木工程导则	Civil Engineering Guidelines for Planning and Designing Hydroelectric Developments		美国土木工程师学会（ASCE）	1989
水力发电手册	Hydroelectric Handbook		美国垦务局（USBR）工程师 John Wiley & Sons/ William P. Creager	1955
水电开发	Water Power Development		匈牙利水力发电专家 Emil Mosonyi	1987—1991
岩石中的隧洞和竖井	Tunnels and Shafts in Rock	EM 1110-2-2901	美国陆军工程兵团	1997
水力设计准则	Hydraulic Design Criteria		美国陆军工程兵团	1987
水工钢筋混凝土结构强度设计规范	Strength Design for Reinforced-Concrete Hydraulic Structures	EM 1110-2-2104	美国陆军工程兵团	2003
混凝土结构设计规范	Building Code Requirements for Structural Concrete	ACI 318-14	美国混凝土协会（ACI）	2014
建筑物和其他结构最小设计荷载	Minimum Design Loads for Buildings and Other Structures	ASCE/SEI 7-10	美国土木工程师学会	2010
欧洲规范——结构设计基础	Eurocode-Basis of Structural Design	BS EN 1990	“结构欧洲规范”技术委员会	1990

本文所引用的主要外国标准及文献简介如下：

（1）美国陆军工兵团规划设计规范。美国陆军工程师兵团《水电站建筑物规划和设计》（EM 1110-2-3001）为美标水电站设计的重要规范，多次出现在其他美标规范的参考目录中。全文篇幅不大，主要涉及各水力发电建筑物的概述性内容。本规范关于调压室设计内容仅有一个较小章节，可以用来进行原则方面的对照。

（2）美国土木工程师学会水电工程设计导则。美国土木工程师学会《水电工程规划设计土木工程导则》是由美国土木工程师学会组织编写的涉及所有水力发电建筑物的统一应用手册，包括大量经运行考验的水电工程的设计资料和经验，可供具有一定实践经验的从事水电工程规划、设计、科研、施工、运行管理的工程技术人员参考。

该导则一共分5卷：①卷1——大坝的规划设计与有关课题；②卷2——水道；③卷

3——厂房及有关课题；④卷 4——小型水电站；⑤卷 5——抽水蓄能与潮汐能。每卷都分为规划和设计两大部分，其中，本次调压室规范对标工作主要对照了其第 2 卷和第 5 卷中设计部分的调压室章节、第 4 卷小型水电站相关部分章节。

本导则由水利水电科学研究院和水利水电规划设计总院组织翻译。

（3）水力发电手册。《水力发电手册》（第二版）由美国垦务局工程师 William P. Creager 和 Joel D. Justin 于 1955 年在纽约出版，为美国垦务局和美国陆军工程兵团《水电站建筑物规划和设计》（EM 1110－2－3001）指定参考用书，涉及水电工程各方面的设计内容，内容主要分“初期研究和经济性分析”（第 1～16 章）、“大坝设计和施工”（第 17～26 章）、“管道和发电厂房”（第 27～37 章）、“设备与操作”（第 38～44 章）四大块，本次对标所引用的为其第 34 章“水锤”和第 35 章“调压室”的相关内容。

（4）水电开发。《水电开发》由国际水力发电学会创始人、匈牙利著名水力发电专家 Emil Mosonyi 编著。该书第一版于 20 世纪 50 年代中后期分别用匈牙利语、德语和英语陆续出版，并于 1991 年修订出版第三版。中国潘家铮等人于 1964 年将第一版（英文版）翻译为中文出版（中文名称为《水力发电》），陆佑楣等人于 2003 年将该书第三版翻译为中文出版（中文名称为《水电开发》）。该书共分三卷：第一卷包括水能利用基本原理及低水头水电站两大部分，而且阐述低水头水电站为主，在这一卷中全面地论述了低水头电站的各种布置型式、水工建筑物以及机电设备等。第二卷以阐述高水头水电站为主，本卷中除全面介绍高水头电站的各种布置型式和设计外，对于最近迅速发展的地下水电站的布置、机电设备和运行等作了重点深入的介绍，对抽水蓄能电站较少提及。第三卷以论述水工结构为主，包括坝、闸、金属结构和机械设备、电站的操作运行以及经济分析等五大部分。

根据目前资料收集情况，只能找到第一卷低水头水电站以及第二卷高水头水电站，第三卷水工结构篇目前尚未找到资料。因此，本文以第一卷和第二卷中的内容为准。

（5）美国陆军工兵团隧洞与竖井规范。美国陆军工程师兵团编制的《岩石中的隧洞和竖井》（EM 1110－2－2901）为水电站设计的重要美标规范，为给土建工程中岩石隧洞与竖井的规划、设计、施工提供技术准则与指导，本次对标用来对照《水电站调压室设计规范》（NB/T 35021—2014）第 6 章的结构设计内容。

（6）美国陆军工兵团水力设计准则。《水力设计准则》是美国陆军工程兵团水力学重要研究资料，本书内容较为具体，为计算参考类书籍，书中详细介绍了一些常规水力学问题，如明渠水流、消力池水跃、溢洪道、泄水道、闸门和阀等位置处的水力分析等。本次对标用来对照水力学方面的内容。

（7）美国陆军工兵团水工混凝土强度规范。美国陆军工程兵团编制的《水工钢筋混凝土结构强度设计规范》（EM 1110－2－2104）为美标水工结构设计的重要规范，规范共有 5 章，分别讲述了混凝土结构的钢筋设计、强度、荷载和剪力等内容，采用强度设计法为水工钢筋混凝土结构设计提供指南，本文用来对照《水电站调压室设计规范》（NB/T 35021—2014）第 6 章的结构设计原理部分内容。

（8）美国建筑结构混凝土规范。美国混凝土协会编制的《混凝土结构设计规范》（ACI 318－14）为美国标准建筑结构混凝土的重要设计规范，本文用来对照《水电站调压室设计规范》(NB/T 35021—2014) 第 6 章的结构设计原理部分内容。

(9) 美国土木工程师学会最小荷载规范。美国土木工程师协会的《建筑物和其他结构最小设计荷载》(ASCE/SEI 7-10)，为土木工程荷载设计的重要美标参考规范，主要提供了符合建筑法规规定的建筑物和其他结构的最小设计荷载的相关规定，提出了强度设计和允许承载力设计的荷载及合理的荷载组合。本次对标用来对照《水电站调压室设计规范》(NB/T 35021—2014) 总则和第 6 章的结构设计原理部分章节。

(10) 欧洲结构设计基础规范。欧洲建筑和土木工程技术标准指南之《欧洲规范——结构设计基础》(BS EN 1990)，由 CEN/TC250 "结构欧洲规范" 技术委员会所编写，其秘书处由 BSI 管理。该标准建立了结构安全性、适用性和耐久性的原理和要求，描述了结构设计和校核的基础，给出了结构可靠性相关方面的规则。本次对标用来对照《水电站调压室设计规范》(NB/T 35021—2014) 总则和第 6 章的结构设计原理部分章节。

2　主要研究成果

本文对中外水电技术标准在调压室设计方面的规定进行了对比，主要研究成果如下。

2.1　整体性差异

中国标准《水电站调压室设计规范》(NB/T 35021—2014) 是专门针对水电站调压室建筑物设计而编制的，而本次所比对的欧美标准（其他针对局部章节对照的规范除外）均面向整个水电工程的全部建筑物，且内容涉及规划、设计、施工、运行管理全过程，调压室设计只是其中的一部分内容，如在本次所比对的美国土木工程师学会《水电工程规划设计土木工程导则》《水力发电手册》以及《水电开发》文献中，调压室内容仅为其中的 1～2 个章节。因此外国标准往往更多地介绍了调压室设计原则方面的内容，而中国调压室设计规范编制得更专更细，不但强调了设计原则，还增加了更多的设计细节、构造要求、安全监测等内容。

总体上，由于调压室学科本身起源和发展于欧美国家，中国标准中的调压室设计理论、原则及计算方法与国外是基本一致的，但结合中外近年来的水电工程实践和理论研究，中国标准对调压室一些计算方法进行了改进和发展，并明确了更多的调压室设计细节，因此更加便于设计者使用和参考。

2.2　适用范围差异

中国标准《水电站调压室设计规范》(NB/T 35021—2014) 适用于新建、改建和扩建的水电站的 1～3 级调压室设计，可在各个工程设计阶段使用。水电站调压室级别划分根据现行行业标准《水电枢纽工程等级划分及设计安全标准》(DL 5180—2003) 的有关规定执行，不仅适用于常规水电站也适用于抽蓄电站的调压室设计。

所比对的外国文献通常都包括规划和设计篇章，从文中内容来看更偏向于前期初步设计阶段的方案概念设计；关于适用的电站类型，只有美国土木工程师学会《水电工程规划设计土木工程导则》明确区分不同的卷册来分别介绍常规水电站和抽蓄水电站，其他外国标准均只针对常规水电站。

2.3 主要差异及应用注意事项

2.3.1 调压室选址及选型

在调压室建筑物选址方面，中外标准的规定在原则上是一致的，即调压室要选择尽量靠近水电站厂房的位置，并结合现场地质条件、其他水工建筑物的布置以及经济方面的因素综合确定。

对于调压室选型的原则，中外标准本质上也是一致的，即在实现有效反射压力波、加快波动衰减、减轻水锤压力、稳定系统这些调压室的基本功能之外，还要兼顾结构、经济和施工方面的因素；关于调压室具体类型的区分，中外标准一致认为简单式、阻抗式和差动式是调压室最经典的三种基本类型，中国标准将当前水电工程界应用较多的水室式、溢流式以及气垫式也列为基本类型，而所比对的外国标准仅简单提及，但中外标准均承认上下游双调压室以及组合型调压室等复杂调压室系统的设计。

2.3.2 关键参数判别及计算方法

在调压室设置的判断、关键参数判别方法及水力学计算方法方面，中外标准多处存在一定的差异，主要如下：

（1）压力管道水流惯性时间常数 T_w 中外标准的计算公式是完全一致的，但就公式中所取水道长度 L 而言是有所差别的。中国标准所取的 L 包括了蜗壳各段长度，同样条件下得到的 T_w 计算数值更精确。因此 T_w 的计算推荐采用中国规范公式。

（2）关于是否设置调压室的经验判别方法，与国外标准比较，中国标准对于上游调压室提供了更多的判别方法，如采用 T_w 数值单独进行判断的方法，而且中标规定了下游调压室的初步判别方法，这些都是外标没有涉及的。值得注意的是，有些中国规范中所列的判断条款，如采用 T_w 和 T_a 联合判别调压室设置的调速性能关系图本身来源于美国，可以直接在国际工程中应用。

（3）关于托马稳定断面的计算公式，中外标准公式的基本形态和各参数的定义是一致的，但是在公式的应用细节特别是参数取值上是有差别的，中国标准对各参数定义得更全面和细化，例如关于水头损失系数 α（外国标准中为 K 或 β）的取值，中国标准明确需包括进调压室的水损，对于非简单式调压室还需考虑底部流速水头的影响，这些细节标准没有明确；关于分母水头的取值，标准只提出了取发电净水头的概念，而中国标准则采取了在净水头的基础上进一步扣除下游压力管道总水损的做法，这一点上中国标准做得更为合理。此外，中国标准对于存在孤网运行可能性的电站采用的调压室临界稳定断面面积 ECIDI/Norconsult 修正公式，比外国标准更加合理和科学，推荐采用。

（4）美国标准对气垫式调压室涌波和气体压力计算均有相关的解析法，且指出调压室设计初期阶段可采用解析法或图解法，后期应该采用过渡过程数值计算复核；而中国标准则直接规定拟定气垫式调压室关键参数时就引入过渡过程数值计算。

对于气垫式调压室的小波动稳定性，中国标准采用临界稳定气体体积 $V_{Th}=\dfrac{mP_0Lf}{2g\alpha_{\min}(Z_{u\max}-Z_d)}$的方法进行判断，外国标准仍是采用在托马稳定断面面积的基础上放大考虑气压影响的方法进行判断 $F_{临}=F\left(1+\frac{P_{z0}}{\gamma a_0}n\right)$，这点上中国标准更科学。

（5）对于上、下游均设置调压室的情况，中美标准均指出需复核共振的问题（中国标准是在条文说明中指出该问题），但中国标准并未给出避免共振所采取的公式，而美国标准则明确提供了初步判断的计算方法（详见《水电开发》第 86 章），可以借鉴。

（6）关于调压室涌波计算，中外标准针对前期设计阶段均有自己成型的经验算法，算法原理是一致的，其中中国标准中所列方法主要采用解析结合图表的方法，简单实用，标准则各种方法都有，如通用图解法、解析法、积分算法等，但中外标准均明确后期设计阶段均应以过渡过程数值计算为准。

在过渡过程计算中，中国标准区分设计工况和校核工况计算涌波，并辅以条文说明进行了全面而详细的定义，外国标准均仅仅定义了工况发生的原则，条文比较笼统，如对增负荷工况的具体幅度、对于组合工况中的单个事件的衔接特征、抽蓄电站极端抽水工况发生的具体特征均未做说明，而从外标工况定义的内容来看，应该只对应中国标准里的校核工况。除此之外，与中国标准定义对象的全面性不同，标准较少提及除引水调压室以外的内容。因此，中国标准对于调压室涌波计算的规定比外标更加全面和细化，在国际工程中使用时可作适当交代。

（7）对于调压室结构计算方法，中国标准和欧洲标准均采用以分项系数表达的极限状态设计法，美国土木工程师学会《建筑物和其他结构最小设计荷载》（ASCE/SEI 7－10）上同时提出了强度设计法或容许应力法，其中强度设计法荷载计算考虑了重要性系数、荷载系数和阻力系数三种系数，与中国标准采用的可靠度方法类似。对于正常使用极限状态的计算，中国标准和欧洲标准是基本一致的，而美国标准一般考虑到用户需求的特殊性，不会列出这部分内容。

中国标准规定，调压室结构设计可按薄壁圆柱筒进行结构计算和配筋，美国标准也有相关规定，并给出了具体推导和计算的公式。其中美国标准对于厚衬砌竖井还提出了采用精度更高的厚壁筒体理论。

（8）对于沿程水头损失计算，相比于中国标准推荐的曼宁公式，国外标准更推崇达西-依兹巴赫公式（其阻力系数可以参考美国《水力设计准则》计算），仅对于明流（防洪和灌溉等工程）采用曼宁公式。应该说，中国标准采用的带谢才系数的曼宁公式已经过大量实践工程验证，也是被国际认可的。

对于局部水头损失计算，中外标准采用的总公式是一致的，虽然在多个局损系数的计算方法和取值上，中外标准之间均有所差别，但总体对计算结果差别不大。

（9）基本设计规定。在一些常用的基本设计规定上，中外标准的主要差异体现如下：

1）关于托马稳定断面安全系数，中外标准及外国标准之间差距均较大。对于简单式调压室，尤其是开敞简单式，外国标准要求较高，一致认为安全系数至少为 1.5，个别外标甚至要求达到 1.96；对差动式调压室，在美国土木工程师学会《水电工程规划设计土木工程导则》上指出美国陆军工程兵团可将安全系数取到 1.2，美国垦务局甚至可取 1.0，这与中国标准的 1.0～1.1 是基本匹配的。总之，托马稳定安全系数取值因受当时科研水平及计算手段影响而差异较大。

在应用外国标准选取该安全系数时，前期设计阶段建议对简单式调压室取 1.5，对阻抗或差动式调压室取 1.0～1.1，但调压室最终断面设计还应以过渡过程数值计算检验为准。

2）关于调压室取亚托马断面的情况，中外标准都认为允许存在，但需要考虑水轮机、发电机、调速器和电网等影响因素，对机组运行稳定性和调节品质进行详细分析后确定。中国标准建议，对于孤网中运行、或电站容量大于电网容量 1/3 的电站，还是应满足托马稳定断面面积。

3）关于调压室涌波计算与水锤压力的影响叠加，中美标准均认为一般情况下可以不考虑，而中国标准仅对气垫式调压室涌波计算作出要求。

4）中外标准对于阻抗孔设置的原则基本一致，即应能合理控制调压室处压力水道的内水压力、涌波振幅以及阻抗板压差；对于阻抗孔尺寸的推荐值，外国标准只有《水电开发》提出了不宜大于压力水道面积的 40%，与中国标准规定的压力引水道(尾水道)断面面积的 25%～45%的规定基本匹配。

5）外国标准对于差动式和水室式调压室主要提及概念和工作原理，部分设计原则与中国标准是一致的，比如，差动式调压室大室与升管宜具有相同的极限涌波水位；水室式调压室竖井面积应满足托马稳定断面要求、上室应能容纳丢弃负荷产生的全部涌水量、上室底板应设在最高静水位以上、下室顶部宜设在最低运行水位以下等。但外国标准并未像中国标准一样提出这些类型调压室具体的结构设计参数。

6）中外标准的关于调压室涌波安全超高的设计原则是相同的，即最高涌浪不能超过调压室顶部，最低涌浪不能低于下部隧洞洞顶，且对最高涌浪安全超高的规定也完全一致，即平台高程应当高出最高涌浪水位 0.5～1.0m，但外国标准对与最低涌浪相关的安全超高未作具体数值规定。

7）美国标准考虑荷载同时发生的概率因素，根据不同的荷载组合给出了不同的荷载分项系数，与中国标准荷载计算相比有一定的区别和特色，例如，针对承担水压力的水工结构美标引入了水力系数，在选取地震荷载系数时美国标准根据可能采用的临界地震级别（OBE、MCE、MDE）来区分，在使用时需引起注意。

8）中国标准提供了根据不同的调压室类型、结构特性以及调压室级别设置必要的安全监测项目及相应措施。目前对标的几本外国文献中除气垫式调压室以外的大部分监测项目都没有相关内容的描述。因此，监测方面中国标准规定得更全面。

9）美国标准中有关运行管理的内容主要是针对整个水电站系统的，相对于调压室单体的描述较少。作为主要水工建筑物之一的调压室，其定期放空检查、在设计过程中应考虑电站运行要求和限制条件的说法，中美标准的规定基本上是一致的。

（10）关于建筑材料的参考标准。在建筑材料标准方面，中国《水电站调压室设计规范》（NB/T 35021—2014）中规定涉及混凝土的强度、抗渗等级、抗冻等级及抗冲要求应符合现行行业标准《水工混凝土结构设计规范》（DL/T 5057—2009）的有关规定，寒冷地区混凝土的抗冻等级应符合现行行业标准《水工建筑物抗冰冻设计规范》（NB/T 35024—2014）的有关规定。美国陆军工程兵团、美国混凝土协会、美国机械工程师协会（ASME）、美国土木工程师协会等美国标准对于混凝土和钢板等材料的特性参数也均有严格的规定。这些基本材料的中外标准差别可详见其他相关的对标报告。

2.4　其他应用注意事项

（1）由于外国标准一般主要介绍建筑物的设计原则，设计细节方面不如中国标准，因此有些条款特别是有关结构、构造、监测设计的条款，目前尚无法找到对应点，可以先参考中国标准执行。

（2）关于附录B中调压室的涌波计算，本文只摘录了外国标准中主要结论性的计算公式或图表，具体使用请阅读者参见原规范。

（3）由于资料收集的限制，本文从外标中摘录的部分原文图表清晰度不高，对阅读可能存在一定的影响。

3　值得中国标准借鉴之处

如前文所述，调压室学科起源和发展于欧美国家，结合近年来中外水电工程实践和理论研究，中国标准中的调压室设计理论、原则及计算方法在欧美标准的基础上得到了进一步的发展和完善。因此中国标准整体更具针对性，一些内容更加新颖，便于调压室设计者使用。但通过与国外系列标准的比对可以发现，外国标准在以下方面仍值得中国标准借鉴。

3.1　以计算和试验为依据的设计理念

外国标准对设计的具体建议值较少，对于设计输出的要求较为宽松，而更多地需要设计者通过计算和试验数据进行把控，对经验的借鉴较少提及。更重视计算—试验—设计这种理念，只要是计算和试验安全可靠合理，均可指导设计，而不拘泥于常用的结构型式，而这种设计理念则引出了工程设计结构型式的多样性，在缺乏经验参数的情况下，这种设计理念显得尤为重要。中国标准中设计流程对于经验强调较多，同时也强调了计算和试验的重要性，通用的结构型式较为常见。总体而言，外国标准的这种以计算和试验为依据的设计理念值得重视。

3.2　几处具体设计点

本次对标发现，有几处设计点介绍的比中国标准更为详细，具备借鉴意义。

3.2.1　调压室间的共振

对于上、下游均设置调压室的情况，中美标准均指出需复核共振的问题，但中国标准并未给出避免共振所采取的公式，而美国标准则给出了初步判断的公式，并给出了较为详细的描述。在实际应用中，需按此进行复核，以避免出现共振的问题。

3.2.2　沿程水损计算

针对沿程水头损失计算，国外规定得更为细致。对于明流的水头损失计算，美国标准规定采用曼宁公式；而对于管流计算，美国标准则采用计算精度较高的达西-依兹巴赫公式。中国标准则没有区分，明流和管流均是基于谢才公式和曼宁公式，计算精度和区分并未有美国标准细致。

3.2.3 结构计算理论

关于调压室结构计算，中外标准均考虑了薄壁圆柱筒的理论进行模拟，此外，针对厚衬砌竖井，美国标准还指出可进一步采用精度更高的厚壁筒体理论，比中国标准更加严谨。

水电站厂房设计规范对比研究

编制单位：中国电建集团成都勘测设计研究院有限公司

专题负责人	廖成刚
编　　写	邓　瞻　廖成刚　董管炯　何建华　臧海燕　刘　斌　樊熠伟　董　傲　姜德全　彭薇薇　胡晓文　王　波　幸享林　莫如军　李志国
校　　审	廖成刚　彭薇薇　唐忠敏　王树平　赵群章　姜德全　幸享林　胡晓文　王　波　邓　瞻
核　　定	廖成刚　张　勇
主要完成人	廖成刚　邓　瞻　彭薇薇　胡晓文　王　波　幸享林　姜德全　何建华　王树平　赵群章　董管炯　谭可奇　臧海燕　樊熠伟　侯　攀　莫如军　李志国　魏映瑜　唐忠敏

1 引用的中外标准及相关文献

目前，中国水电站厂房设计标准主要有中国能源行业标准《水电站厂房设计规范》(NB 35011—2016)、《水电站地下厂房设计规范》(NB/T 35090—2016)、《地下厂房岩壁吊车梁设计规范》（NB/T 35079—2016)，水利行业标准《水电站厂房设计规范》(SL 266—2014) 等。与水电站厂房设计相关的美国标准主要有美国陆军工程兵团（USACE）的《水电站建筑物规划和设计》(EM 1110-2-3001) 和美国土木工程师学会（ASCE）出版的《水电工程规划设计土木工程导则》第三卷厂房及有关课题、第四卷小型水电站。本文为中美厂房设计标准的对比，中国标准以《水电站厂房设计规范》(NB 35011—2016) 为主，美国标准以《水电站建筑物规划和设计》(EM 1110-2-3001)、《水电工程规划设计土木工程导则》第三卷及第四卷为主，其中部分章节内容对美国标准（手册）进行了一些扩展对照，在扩展对照部分，本文仅列出已查到的相关技术条款。本文引用的中美主要标准及相关文献见表1。

表1　引用的中美主要标准及相关文献

序号	中文名称	英文名称	编号	发布单位	发布年份
1	水电站厂房设计规范	Design Code for Powerhouses of Hydropower Stations	NB 35011—2016	中华人民共和国国家能源局	2016
2	水电站地下厂房设计规范	Design Code for Underground Powerhouses of Hydropower Stations	NB/T 35090—2016	中华人民共和国国家能源局	2016
3	地下厂房岩壁吊车梁设计规范	Design Code for Rock-bolted Crame Girders in Underground Powerhouses	NB/T 35079—2016	中华人民共和国国家能源局	2016
4	水电站建筑物规划和设计	Planning and Design of Hydroelectric Power Plat Structures	EM 1110-2-3001	美国陆军工程兵团	1995
5	水电工程规划设计土木工程导则 第三卷厂房及有关课题 第四卷小型水电站	Civil Engineering Guidelines for Planning and Designing Hydroelectric Developments		美国土木工程师学会	1989
6	水电工程规划设计土木工程导则 第二卷水道	Civil Engineering Guidelines for Planning and Designing Hydroelectric Developments		美国土木工程师学会	1989
7	混凝土结构设计规范	Building Code Requirements for Structural Concrete	ACI 318M-11	美国混凝土协会	2011
8	混凝土结构稳定分析规范	Stability Analysis of Concrete Structures	EM 1110-2-2100	美国陆军工程兵团	2005
9	建筑结构与安全规范	Building Construction and Safety Code	NFPA 5000	美国国家消防协会	2012
10	水工钢筋混凝土结构强度设计	Strength Design for Reinforced-concrete Hydraulic Structures	EM 1110-2-2104	美国陆军工程兵团	2003

续表

序号	中文名称	英文名称	编　号	发布单位	发布年份
11	重力坝设计	Gravity Dam Design	EM 1110-2-2200	美国陆军工程兵团	1995
12	边坡稳定	Slope Stability	EM 1110-1-1902	美国陆军工程兵团	2003
13	沉降量分析	Settlement Analysis	EM 1110-1-1904	美国陆军工程兵团	1990
14	环境质量——环境统计	Environmental Quality, Environmental Statistics	EM 1110-1-4014	美国陆军工程兵团	2008
15	土木工程设计中的环境质量	The Environmental Quality in the Design of Civil Engineering	EM 1110-2-38	美国陆军工程兵团	
16	环境质量：风险评估手册	Environmental Quality: Risk Assessment Handbook	EM 200-1-4	美国陆军工程兵团	2008
17	健康和安全要求手册	Safety and Health Requirements Manual	EM 385-1-1	美国陆军工程兵团	2008
18	公路桥标准规范	The Highway Bridge Standard Specification	HB-17	美国国家公路和运输协会(AASHTO)	2002
19	水工钢结构设计	Design of Hydraulic Steel Structures	EM 1110-2-2105	美国陆军工程兵团	1993
20	建筑物和其他结构最小设计荷载	Minimum Design Loads for Buildings and Other Structures	SEI/SACE 7-05	美国土木工程师学会	2010
21	工程师团项目采用的地震设计和分析	Earthquake Design and Evaluation for Civil Works Projects	ER 1110-2-1806	美国陆军工程兵团	1995
22	美国国家电气安全规范	Electrical Power Insulators - Test Methods	ANSI C2	美国国家标准学会	2002

2　主要研究成果

本文主要以中国标准《水电站厂房设计规范》(NB 35011—2016)为基础，对比研究美国相应的水电站厂房设计标准。由于美国标准中没有专门的水电站厂房设计规范，各项设计规定和要求分散在不同的标准或设计手册中，为本次对标工作增加了难度。在查阅了大量的美国垦务局、美国陆军工程兵团、美国土木工程师学会以及混凝土协会相应设计标准和设计手册后，选择了美国陆军工程兵团的《水电站建筑物规划和设计》(EM 1110-2-3001)和美国土木工程师学会的《水电工程规划设计土木工程导则》(第三卷厂房及有关课题、第四卷小型水电站)等近20本相应的标准作为主要对照的美国标准进行了系统对照。主要研究成果如下。

2.1 整体性差异

中美两国的建设管理体系存在着较大的差异，在规范的编制思路上和规范的使用方式上有较大的区别。

中国《水电站厂房设计规范》（NB 35011—2016）为行业标准，采用严谨、精练、详细和高度概括的语言对水电站厂房设计需考虑的各个方面均进行了规定，包括地面厂房布置、结构设计基本规定、地面厂房整体稳定及地基应力计算、地面厂房结构设计、地下厂房设计、坝内式和厂顶溢流式厂房设计、建筑设计、安全监测设计等，范围广泛、内容完整、整体性强。美国标准为企业标准，采用类似中国设计手册的编写方式，收录了大量的工程实例和计算实例，运用类似教科书方式的语言分别从各专业学科角度进行设计原则、理论和方法的介绍，与水电站厂房设计有关的内容分别描述于一般要求、结构应力、建筑要求等各相关要求中。

美国陆军工程兵团的《水电站建筑物规划和设计》（EM 1110-2-3001）和美国土木工程师学会出版的《水电工程规划设计土木工程导则》（第三卷厂房及有关课题、第四卷小型水电站）更为着重方法的研究和介绍，对各种可能的工程措施进行具体分析和论述较多，工程设计人员在进行工程设计时，往往需要更多地分析工程基本资料，并根据基本资料的分析和相应的计算结论选择合适的工程布置或者工程措施。同时，对于某些以经验为主（理论不完善，理论计算以经验为主，比如抗震设计）的设计方面，美国非常重视有经验的工程师以及咨询工程师的作用。总体来讲，美国标准给设计人员提供了许多分析问题的方法和解决问题的工具，设计人员需要更为充分的理解手册中总结的工程经验并应用到实际工程设计中，需要更多的发挥设计人员的主观能动性。

总之，中国标准相关条款较为刚性，一般只提要求，不解释原因（一些条款有条文说明）；而美国标准条款多采用讲解叙述形式，阐述十分详细。中国标准有明确的水电站厂房建筑物级别划分，美国标准虽有各种型式水电站厂房的布置设计内容，但对厂房建筑物不再进行级别划分；中国标准中量值单位均为国际单位；而美国标准中量值单位基本为英制。

2.2 适用范围差异

中国标准《水电站厂房设计规范》（NB 35011—2016）为电力行业设计标准，适用于中国水电建设行业，用于新建、改建或扩建的1～3级水电站厂房设计；美国陆军工程兵团的《水电站建筑物规划和设计》（EM 1110-2-3001）适用于美国陆军工程兵团设计的工程，适用于美国陆军工程兵团司令部的所有部门、主要下属指挥单位、分区、试验室和负责土木工程项目设计任务的野战小组，是对水电站厂房的设计、施工进行全方面的指导；美国土木工程师协会《水电工程规划设计土木工程导则》属于通用行业标准，适用于各个行业，没有行业的区分和限制。

2.3 主要差异及应用注意事项

由于中美两国的建设管理体系存在着较大的差异，在标准的编制思路上和规范的使用方式上有较大的区别。从具体的工程设计来看，两国标准有很多相对应的内容，主要论述的范围和方式有所区别。本对标报告涉及的内容较为广泛，其中部分对标成果参照或直接引用了集团公司组织的《水电枢纽工程等级划分及设计安全标准》(DL/T 5180—2003)、《防洪标准》(GB 50201—94)、《水电工程设计洪水计算规范》(NB/T 35046—2014)《水工建筑物荷载设计规范》(DL/T 5077—1997)、《水工混凝土结构设计规范》(DL/T 5057—2009) 等对标成果。

水电站厂房设计规范对标主要差异内容如下：

2.3.1　厂房设计标准

中美标准对于发电厂房级别和洪水标准相差较大。中国标准根据工程等别、建筑物的作用和重要性综合确定发电厂房的级别，并按发电厂房的级别确定厂房的洪水设计标准；而是美国标准未明确规定发电厂房级别和洪水设防标准。

2.3.1.1　工程及建筑物等级划分的差异

《水电枢纽工程等级划分及设计安全标准》(DL/T 5180—2003) 对标报告中有明确结论："中国标准根据枢纽工程的水库库容、装机容量以及在国民经济中的重要性，将水利水电枢纽工程分为 5 个等级，又根据工程等别、建筑物的作用和重要性将水工建筑物分为 5 个级别。"美国标准是按照水库库容和坝高划分了 3 个类别的工程规模，对建筑物不再进行级别划分，但是美国标准考虑了工程失事后可能造成的危害风险程度，将工程分为 3 个潜在风险等级。与美国相类似，英国、俄罗斯、加拿大、澳大利亚、德国、巴西、印度等国及国际大坝委员会一般都是以库容、坝高或是工程失事后的危害等因素将工程分为 2～4 个等级，对建筑物不再划分级别。中国标准对水工建筑物划分了级别，以此作为基础确定相应建筑物的设计标准。美国及其他国家标准对水工建筑物并无级别之分，使用中应注意按照相应要素对工程进行区分，并进一步确定相关设计标准。

2.3.1.2　洪水设计标准的差异

《水电枢纽工程等级划分及设计安全标准》(DL/T 5180—2003) 及《防洪标准》(GB 50201—94) 均指出，中国标准是根据水工建筑物的级别，对山区、丘陵区和平原区、滨海区两种情况采用不同的洪水设计标准，并且中国的洪水设计标准分为设计标准和校核标准两级，大多采用频率洪水设计。美国标准是根据工程的潜在风险等级和工程规模确定相应的洪水设计标准取值范围，并且美国的洪水设计标准只有一级，没有校核标准的概念，大多采用最大可能洪水 (PMF) 或其倍数作为设计洪水。

另外，《防洪标准》(GB 50201—94) 明确指出，对于厂房建筑物洪水设计标准，中国标准将水电站建筑物划分的很细，大的方向根据电站所处位置进行分类，均包括挡水建筑物、泄水建筑物、厂房建筑物以及引水系统建筑物，各自都有各自的洪水设计标准，且均与各自的建筑物等级相关。美国标准中洪水标准主要针对大坝和水库，二者均与失事后生命损失情况密切相关。对于水电站厂房，美国相关规范均没有关于洪水标准的论述，这里有两层意思，一是水电站厂房不起挡水作用时，不需要确定其洪水标准；二是水电站厂房起挡水作用时，其洪水标准按大坝标准取用。

2.3.2 地面厂房布置

（1）中美标准对于厂址选择、厂房型式、布置要求基本一致。对于地基地质条件的要求也基本相同，均要求尽量布置在岩基上，若无法避免时，需要采取相应的处理措施。

（2）中美标准对于厂房内部布置和厂房结构设计所考虑的因素基本一致，中国标准描述得较概括，美国标准较详细一些。美国标准在厂房内部空间布置上，更强调充分考虑经济性、运行方便性和业主的要求，中美标准对于厂房的一些细部布置要求存在区别。

（3）中美标准在厂房布置设计理念上存在一定差异。中国标准侧重于安全方面要求、强调宏观上布置格局，细节方面要求较少，而美国标准更注重结构功能设计，强调以人为本的设计观念，对细节方面规定比较详细，明确要求考虑设计者的主观意图和业主的要求。

2.3.3 结构设计基本规定

（1）中美标准的厂房结构设计均要求各种作用效应组合的设计值不大于结构构件的抗力设计值，但在结构设计时的具体方法有所不同。

中国标准采用以概率理论为基础的极限状态设计法，以可靠指标度量结构构件的可靠度，按分项系数设计表达式进行设计。采用结构重要性系数、设计状况系数、材料性能分项系数、荷载分项系数和结构系数共5类分项系数，分成不同的荷载组合进行设计。美国标准采用强度设计法，通过强度折减系数和荷载系数2类系数，并考虑不同荷载组合和设计情况（没有对结构进行等级划分），使设计强度满足最大需求强度。

（2）中美标准的荷载设计值（需求强度）均是结构所考虑的荷载代表值乘以荷载分项系数，基本设计理论是一致的，但荷载分项系数的选取有所不同。中国标准是根据划分不同的荷载类型，定义不同的荷载分项系数；而美国标准是根据不同的荷载组合定义不同的荷载系数。针对水工结构，美国陆军工程兵团《水工钢筋混凝土结构强度设计》（EM 1110-2-2104）在美混凝土协会混凝土规范的基础上，引入了水力系数 H_f。在《水工建筑物荷载设计规范》（DL/T 5077—1997）的对标报告也有明确结论：美国陆军工程兵团针对水工结构的强度设计法，提出单荷载系数法和修正的 ACI 318 荷载系数法均适用，并采用水力系数替代附加的适用性分析；非水工结构则不使用水力系数。

（3）中美标准对动荷载的规定原理基本相同，均是采用静荷载数值乘以动力系数，其主要差异在于动力系数的取值上。中国标准针对不同荷载种类给出了不同的动力系数。美国规范对于动力系数的取值分类也较为详细，如美国国家公路和运输协会《公路桥标准规范》（HB-17）根据不同的荷载组合给出不同的荷载动力系数，荷载分为12种不同的限制工况给出了不同的动荷载动力系数；对于吊车荷载，美国标准则根据荷载级别给出不同的冲击裕量，总体而言，考虑各项系数的叠加，美国标准的吊车设计荷载要高于中国规范。

《水工建筑物荷载设计规范》（DL/T 5077—1997）的对标报告关于动荷载规定如下：中美标准中关于桥机荷载的类型大致是相同的，只是对于最大竖向轮压的计算和横向荷载、纵向荷载、动力系数（冲击系数）的取值不同。美国标准中对于横向荷载、纵向荷载和动力系数（冲击系数）的取值比例明显要高于中国标准。

（4）对于正常使用极限状态设计的差异，《水工混凝土结构设计规范》（DL/T 5057—

2009）对标报告指出：中国标准规定，结构构件的正常使用极限状态采用标准组合，即内力值是由各荷载标准值所产生的效应总和，乘以结构重要性系数 γ_0 后的值。美国标准没有明确规定，但根据美国 Arthur H. Nilson 编著的《混凝土结构设计》“第六章 适用性”以及《混凝土结构设计规范》（ACI 318M - 11）的 9.5.2、10.6.4、14.8.4 判断，在进行构件的适用性分析时，内力值也是采用各荷载标准值所产生的效应总和。

（5）中美标准都规定结构设计需要满足耐久性的要求，未查到美国标准对水电站建筑物使用年限的相关规定。对于结构耐久性和设计使用年限上的差异，《水工混凝土结构设计规范》（DL/T 5057—2009）对标报告指出：“中国标准根据 5 类环境条件类别和使用年限提出相应的耐久性要求，并以设计使用年限为 50 年的结构为基础详细列出要求，低于 50 年的结构和设计使用年限为 100 年的水工结构在 50 年结构的要求的基础上进行调整。美国标准《混凝土结构设计规范》（ACI 318M - 11）强调选择 f'_c 和钢筋混凝土保护层之前要考虑耐久性要求的重要性，指出 f'_c 和最大 w/cm 应满足的要求，并说明第四章耐久性要求的最大水灰比的限制不适用于轻质混凝土。《混凝土结构设计规范》（ACI 318M - 11）规范没有结合使用年限划分耐久性要求，且在 4.1 中开篇直接强调水灰比与最低规定抗压强度。美国标准对最低混凝土强度的要求、对混凝土的抗渗要求等均高于中国标准。”

2.3.4　地面厂房整体稳定及地基应力计算

2.3.4.1　计算内容

中美标准都要求水电站厂房需要进行抗滑抗浮稳定计算、地基承载力验算、地基变形验算。

2.3.4.2　作用及作用组合

中美标准均对不同工况下的作用及作用组合进行了规定。中国标准分为持久、短暂、偶然三种设计状况，计算中未考虑风荷载作用，地震作用仅偶然（地震）状况下计入。而美国标准是按“厂坝分离”“厂坝一体”两种布置型式下的不同计算情况进行厂房稳定应力计算，分别包括了正常运行、非常运行及极端工况，美国陆军工程兵团《水电站建筑物规划和设计》（EM 1110 - 2 - 3001）计算中考虑了风荷载，且需对每种工况进行分析判断是否计入地震作用，风荷载与地震作用取其一；美国陆军工程兵团《混凝土结构稳定分析规范》（EM 1110 - 2 - 2100）未考虑风荷载，且未要求对每种工况都进行地震分析。

2.3.4.3　厂房抗滑稳定计算

中美标准稳定计算理论基本一致，中国标准采用概率极限状态设计方法，也可采用单一安全系数法，美国标准采用单一安全系数法。中美标准都是将抗滑稳定计算分成基岩和非基岩两种情况，抗滑稳定计算都是采用极限平衡法，应力分析采用材料力学法、有限元法及其他方法。美标准中岩基厂房抗滑稳定计算采用与重力坝设计的计算方法。

中国标准中采用的安全系数与美国标准中基本一致，但美国标准基于参数的不确定性或失事危害程度取不同的安全系数，在外围参数相对明确可控的情况下，美标允许安全系数比中国标准低。

中美标准允许抗滑稳定安全系数对比见表2。

表2　　中美标准允许抗滑稳定安全系数对比（抗剪断）

<table>
<tr><th colspan="3">标　准</th><th>正常工况</th><th>非常工况</th><th>极端工况</th></tr>
<tr><td colspan="3">中国标准</td><td>3.0</td><td>2.5</td><td>2.3</td></tr>
<tr><td rowspan="5">美国陆军工程兵团《混凝土结构稳定分析规范》（EM 1110-2-2100）</td><td rowspan="2">重要建筑物</td><td>参数明确</td><td>1.7</td><td>1.3</td><td>1.1</td></tr>
<tr><td>一般</td><td>2.0</td><td>1.5</td><td>1.1</td></tr>
<tr><td rowspan="3">普通建筑物</td><td>参数明确</td><td>1.4</td><td>1.2</td><td>1.1</td></tr>
<tr><td>一般</td><td>1.5</td><td>1.3</td><td>1.1</td></tr>
<tr><td>参数有限</td><td>3.0</td><td>2.6</td><td>2.2</td></tr>
<tr><td colspan="3">美国陆军工程兵团《重力坝设计》（EM 1110-2-2200）</td><td>2.0</td><td>1.7</td><td>1.3</td></tr>
<tr><td colspan="3">美国垦务局《重力坝设计》</td><td>3.0（4.0深层）</td><td>2.0（2.7深层）</td><td>1.0（1.3深层）</td></tr>
<tr><td colspan="3" rowspan="2">美国垦务局《小坝设计》</td><td>4.0（失事危害大）</td><td colspan="2">1.5（失事危害大）</td></tr>
<tr><td>2.0（失事危害小）</td><td colspan="2">1.25（失事危害小）</td></tr>
</table>

注　美国标准中未查到非岩基厂房抗滑稳定安全系数相关要求，此表仅对比岩基基础。

2.3.4.4　地基承载力验算

中美标准均要求验算基底压力小于或等于基底承载力。对于拉应力的控制，中国标准规定了基岩上厂房基础面上的拉应力限值，对于非岩基不允许出现拉应力；美国标准通过限制合力在基底的位置来控制拉应力，即正常运行工况合力应限制在基底1/3范围内，非常工况合力应限制在基底1/2范围内，极端工况合力应限制在基地范围内，本质上同中国标准一致，不允许出现拉应力。

2.3.4.5　地基变形验算

中美标准均对非基岩地基不均匀沉降作了规定，但变形量计算公式不同；中国标准的计算公式较为简单直接，美国陆军工程兵团对于沉降量的计算较为详细，对黏性土和非黏性土情况进行了区分。

2.3.4.6　地基设计及处理

中美标准的设计理念基本一致，均要求将厂房尽量坐落在基岩上，并根据厂房的实际条件采取对应措施，通过保留一定厚度岩面或及时覆盖等方式来进行保护。

中美标准对地基防渗、排水都有相关论述。对河床式厂房的地基防渗排水，中国标准可参照《混凝土重力坝设计规范》（NB 35026—2014）相关规定，而美国标准中也有相应的规定。

当水电站厂房坐落于土质地基上时，中美标准理念一致，均是通过延长渗径减小水力梯度，来防止管涌。

2.3.5　地面厂房结构设计

2.3.5.1　地面厂房结构布置

中美标准对地面厂房结构布置的总体要求及原则基本相同，上部结构、下部结构布置格局也基本一致，但设计理念存在有所差异。中国标准侧重于从厂房结构安全角度进行结构布置，美国标准结合工程实例，侧重于从功能用途方面的布置，并兼顾设计者的主观要求。中美标准地面厂房结构布置规定差异对比见表3。

表3　中美标准地面厂房结构布置规定差异对比表

对比项目	中 国 标 准	美 国 标 准	异同情况
起重机梁	对厂房起重机梁的设计有专门规定	均是结构通用要求，未查到地面厂房的专门规定	基本一致
构架	厂房构架规定的比较详细，主要采用以混凝土排架为核心结构体系设计	对构架（框架）规定的不具体，但采用型式较为多样，如钢框架	有差异
机墩风罩	未将机墩风罩列入厂房上部结构中，对机墩风罩结构分别进行专门规定。 对所需的设计资料侧重于机电资料和结构计算相关的资料上。 未规定结构细节及外形轮廓设计	明确将机墩风罩列入厂房上部结构中，并统称为发电机圆筒，未单独规定机墩风罩的设计要求。 列出了不同机墩风罩轮廓结构的具体布置，结合其功能用途，介绍了各种风罩外形、空间结构、配筋等设计内容	侧重点不同
蜗壳	根据蜗壳内作用水头，可选用金属蜗壳和混凝土蜗壳。 对金属蜗壳，中国标准主要有三种类型。 可采用钢衬结构防渗，对裂缝标准则根据水力梯度、防渗措施、温控等因素分别规定取值	根据蜗壳内作用水头，可选用钢蜗壳和混凝土蜗壳（不完全蜗壳）； 对金属蜗壳，主要有充水保压及垫层两种类型，未查到直埋金属蜗壳有关概念。 未提及有关裂缝控制的影响因素，控制指标比较单一	有差异
尾水管及厂房进水口	对尾水管及河床式厂房进水口分别进行了规定，对分离式尾水管底板要求设置排水措施	将尾水管和进水口合在一起提出要求，特别对尾水管的表述非常详细，但未查到分离式尾水管的概念，为降低基础扬压力，基岩较好的尾水管底板均推荐设置排水孔	差异较大

2.3.5.2　作用及作用组合

中美标准均给出了地面厂房主要结构的荷载作用，但有些结构作用荷载略有差异。

中国标准考虑了风罩的温度荷载作用，给出了机墩水平动荷载的计算公式，未查到美国标准风罩的温度荷载作用是否考虑，也未查到机墩动荷载的计算公式。

美国标准中，岩基基础上的尾水管底板可以比较薄，设计时，扬压力的取值是根据基础情况酌情计入的，但机组运行检修时有特殊要求，这与中国标准差异较大，值得中国同行思考。

2.3.5.3　结构设计

中国标准提出了地面厂房结构设计的一般规定，强调了关键部位的细节设计要求，侧重于结构的安全要求；美国标准则未就厂房结构的通用要求进行基本规定，对结构设计，不仅提出了安全方面的要求，更侧重于结构布置及结构功能上的要求，同时兼顾设计者的偏好，并对结构施工期和运行期中出现的情况进行了相关介绍。

2.3.5.4　构造设计

中国标准全面系统的规定了地面厂房结构设计的主要构造要求。美国标准未系统的规定构造设计相关内容，比较零散。中美标准均规定了永久变形缝、止水布置、厂房混凝土浇筑分层分块的原则及温控的要求。中美标准均对结构抗震措施进行了规定，均是参考各自国家的相关抗震规范，也都对外露钢结构的防腐、安全防护栏杆的设置进行了规定。

中国标准分别规定了伸缩缝、沉降缝等缝宽要求及分缝需考虑的因素，重点区分了厂房上部、下部结构的缝宽，但未对填缝材料进行规定。美国标准规定了收缩缝和填缝材料，但未查到沉降缝的相关要求，未查到厂房上部、下部结构的缝宽差异，仅规定了厂坝之间的分缝为1in（2.54cm）左右。

中美标准对止水片埋入基岩的深度略有不同。中国标准规定上游止水片嵌入基岩深度为300～500mm，美国标准规定嵌入基岩深度为6in。

中国标准按约束条件的不同划分了混凝土的浇筑层高，并对键槽设置及键槽面积、施工缝止水等分别提出了具体要求。美国标准按不同部位和不同防水要求规定浇筑层高，但未查到施工缝止水和键槽面积的相关规定。

2.3.6 地下厂房设计

2.3.6.1 定义及类型

中美标准对地下厂房定义不同。中国标准地下厂房指建在地面以下洞室中的水电站厂房，主体洞室及主要设备全部在地下，洞顶有一定埋深。美国标准地下厂房指全部或部分建在地面以下的水电站厂房，归类为B类，包括坑穴式厂房和洞室式厂房，其中洞室式厂房与中国标准地下厂房的定义相同，坑穴式厂房是浅埋地下厂房，洞顶露于地面以上。

2.3.6.2 设计理念

中美标准对地下厂房设计的理念基本一致，重点从地下厂房的洞室布置、洞室的围岩稳定、洞室支护设计等方面进行了详细的阐述。

2.3.6.3 地下厂房布置

（1）中美标准都强调了地下厂房布置原则，所考虑的主要因素，对地下厂房的布置型式、洞室轴线、强度应力比、洞室顶部上部岩体厚度、洞室间距、洞室形状等均有相关要求，其对比见表4。

表4　中美标准地下厂房布置对比表

对比项目	中　国　标　准	美　国　标　准	异同点分析
布置型式	首部式、中部式、尾部式	上游、中间、下游	基本相同
洞室轴线	与岩体结构面大角度，与最大主应力小角度，并考虑强度应力比。高地应力指最大主应力量级为20～40MPa或岩石强度与地应力之比为2～4	与岩体结构面大角度，与最大主应力小角度，作用于厂房边墙的水平向地应力超过10MPa被认为是相当大的地应力	基本相同，但美国标准强调了水平向最大主应力对高边墙的影响
强度应力比	岩石强度应力比小于2.5的极高地应力区不宜修建地下厂房	没有将强度应力比作为限制条件	中国标准将强度应力比作为修建地下厂房的限制条件，美国标准无此规定
上覆岩体厚度	洞室上覆完整岩体最小厚度不宜小于洞室开挖宽度的2倍	坚固岩石的最小岩石厚度为5m，并对照经验公式，即上覆厚度不小于1～1.5倍洞室开挖宽度进行校核	中国标准要求更严格
洞室间距	洞室平均开挖宽度的1～2.5倍，较大洞室开挖高度的0.5～0.8倍	洞室间距一般为厂房洞室跨度的1.3倍，洞室高度的1倍	中国标准严格，从开挖高度对比，美国标准更加严格

续表

对比项目	中 国 标 准	美 国 标 准	异同点分析
洞室形状	卵圆形断面应力分布优于圆拱直墙形，但是由于施工困难，大型地下厂房采用较少，厂房边墙可采用斜面或阶梯形断面，使厂房宽度从上至下逐步变窄，可改善边墙应力状态，有利于边墙稳定	明确了高地应力条件下，无论竖墙上岩区是否会发展成深度损坏带，均采用曲线型侧墙	美国标准推荐侧墙采用曲线形状，中国标准推荐采用斜面或阶梯断面

（2）附属洞室布置。中美标准对交通运输洞断面尺寸要求相同，但对其坡度限定要求不同，中国标准规定交通运输洞坡度不宜大于 5.0%，条件受限时可放宽至 8.0%，而美国标准要求隧洞坡度应低于 10%，最好约 6%。

中国标准明确提出至少应有 2 个独立通至山外地面的安全出口，并作为强制条文；美国标准则没有对此做出强制性规定，但提出了交通隧洞和电梯竖井作为设备和人员通道。

中国标准提出了通风洞的原则性要求，但设计参数在机电专业的相关规范中。美国标准对通风井的尺寸及通风设备的规定则较为具体，在同一本规范中提出了具体参数及设计计算要求。

中美标准都对地下厂房防渗排水设计提出了要求。中国标准提出了原则性要求，并未对设计参数进行具体说明。美国标准对防渗排水设计提出了一些具体参数及设计要求。

2.3.6.4　地下厂房洞室围岩稳定

中美标准对洞室围岩稳定方面的理论和原则基本相同。

中美标准都强调了地下厂房洞室围岩稳定性分析应考虑的因素，并提出了围岩稳定性数值分析采用的方法，中国标准提出了地下厂房洞室围岩整体稳定数值分析，宜根据围岩性质及地应力条件按下列原则选用合适的力学模型，对局部稳定的计算分析也有详细的阐述；美国标准对数值分析方法的描述更为细化，对洞室的设计流程阐述也较为详细。

2.3.6.5　地下厂房洞室围岩开挖支护

中国标准提出支护强度和深度原则性要求，美国标准以多个工程实例定量提出了顶拱、边墙等的锚杆、锚索的支护深度要求。

2.3.6.6　地下厂房结构设计

中美标准均对地下厂房的主要结构的设计进行了规定，主要结构的布置要求、结构型式、适用条件等相关规定基本相同，其对比见表 5。

表 5　　　　中美标准地下厂房结构设计对比表

对比项目	中 国 标 准	美 国 标 准	异同点分析
顶棚	宜采用自承式结构，可选用钢-混凝土组合结构、钢结构	材料有：镀锌波纹铁皮、喷漆金属上承式顶板、预制的轻质混凝土板	基本相同
吊车梁	吊车梁的型式：①围岩类别以Ⅰ、Ⅱ、Ⅲ类为主时，宜采用岩壁吊车梁。且有《地下厂房岩壁吊车梁设计规范》对设计进行了全面的规定和要求。②洞室围岩类别以Ⅳ类为主时，宜采用钢筋混凝土或钢结构的梁柱系统	吊车梁的型式：①优质岩石，采用岩台吊车梁。②用后张拉锚筋将连续的混凝土牛腿锚固于墙（岩壁吊车梁）。③钢梁或预制预应力钢筋混凝土梁柱系统	基本相同

续表

对比项目	中　国　标　准	美　国　标　准	异同点分析
防潮墙	材料：防潮隔墙宜选用轻质墙板、钢筋混凝土墙板或砌体围护墙	材料：通常为轻型结构，主要有预制混凝土板［仅 2in(约 5cm)厚］+金属支承系统、砖或混凝土块体圬工和绝缘的金属板	基本相同
机墩、风罩、蜗壳等	机墩、风罩、蜗壳的设计，考虑围岩的约束作用	①蜗壳的形状：岩石开挖量限制到所需的最小值。②通常是采用充水保压蜗壳。③大型机组蜗壳外包混凝土厚度为 5～6ft(1.5～1.8m)。④外包混凝土的荷载：有详细的要求	美国标准更详细
尾水管	①计算方法及模型：大型厂房的尾水管宜采用三维数值计算，计算模型中应包含尾水管周围岩体。②尾水管洞衬砌上的作用及作用组合应按表 7.2.9 采用	尽可能窄以减少开挖。尾水管肘管的形状应如同常规厂房那样，渐变为圆形以便和尾水隧洞连接	中国标准侧重于计算的要求，美国标准侧重于形状的要求
楼板	在洞室围岩已处于稳定状态，局部地质缺陷或不稳定块体已采取工程措施处理后，再浇筑的与围岩岩壁紧贴的板、梁、柱等混凝土结构，可不考虑其受洞室群围岩压力或变形的影响	①发电机层不承受来自外墙的静水荷载。但可能必须作为洞室边壁间的支撑物以控制其变形。如果侧向荷载相当大，最好将发电机层和岩壁分开，使岩壁可自由运动，由此控制发电机圆筒内部的变形。然而，只要有可能，就应相应地设计该层以利用发电机层楼板的有力支撑作用。②发电机层不应小于 12in(约 30cm) 厚	基本相同

2.3.7 建筑设计

中美标准均强调了厂区规划的整体性以及与建筑物、周围景观的协调性、绿化设计、厂区道路和排水要求，并对厂房建筑、门窗、屋顶、保温隔热等提出了设计要求。中国标准规定较为概括，美国标准规定比较细致具体，对不同空间进行了细分，并分别提出了细部构造要求，更人性化。中国标准要求对不同荷载区域进行明确标识，美国标准中未查到具体规定。

2.3.8 安全监测设计

（1）中美标准均对厂房监测设计进行了规定，监测设备布设原则要求是一致的。中国标准对所有型式厂房均有监测要求，美国标准侧重于地下厂房监测设计，未查到其他型式厂房的监测设计要求。

（2）中国标准中提到变形监测与国家网点联测，美国标准未见相关规定。

3 值得中国标准借鉴之处

美国陆军工程兵团《水电站建筑物规划和设计》（EM 1110－2－3001）和美国土木工程师学会《水电工程规划设计土木工程导则》（第三卷厂房及有关课题、第四卷小型水电站）等标准，均着重方法的研究和介绍，对各种可能的工程措施进行具体分析和描述较多，与中国设计手册和教科书的编写方式更为类似。对于某些以经验为主（理论不完善，理论计算以经验为主，比如抗震设计）的设计方面，美国规范非常重视有经验的工程师以及咨询工程师的作用。美国标准更着眼于给设计者提供分析问题的方法和解决问题的工具方面，设计人员需要更为充分地理解手册中总结的工程经验并应用到实际工程设计中，从而更多的发挥了设计人员的主观能动性。

美国标准之间交叉较少，相互不冲突。中国标准层级较为分明存在交叉引用和内容不一致的现象，例如现行行业标准《水工混凝土结构设计规范》（DL/T 5057—2009）和现行国家标准《混凝土结构设计规范》（GB 50010—2010）在混凝土结构设计方面有一定的差异，给水电站厂房混凝土结构的设计带来一些困惑。

中国标准在编制过程中可借鉴国外标准的方式，可以在维持现有规程规范体系的前提下，编写更多图文并茂的设计导则，详细介绍代表工程的成功经验，进一步调动设计人员的主观能动性；研究解决行业标准和国家标准规定明显不一致的地方。另外，美国标准比较强调功能布置，以人为本的思想比较突出，如中国标准没有设置两层桥机的相关规定；美国标准对超过 3 层的厂房要求配置电梯等。

水电水利工程边坡设计规范对比研究

编制单位：中国电建集团西北勘测设计研究院有限公司

项目负责人　路前平
编　　　写　蔺蕾蕾　鹿　宁　王红强　曾　理　张利平　鲁舟洋　路前平
校　　　审　许战军　蔺蕾蕾　鹿　宁　路前平　王化恒
核　　　定　范建朋　万　里
主要完成人　蔺蕾蕾　鹿　宁　王红强　曾　理　张利平　鲁舟洋　路前平　许战军
　　　　　　王化恒

1　引用的中外标准及相关文献

本文对标直接对照的主要中美标准包括：中国《水电水利工程边坡设计规范》（DL/T 5353—2006）、美国陆军工程兵团（USACE）《边坡稳定》（EM 1110－1－1902）、《岩石基础》（EM 1110－1－2908）、《岩石加固》（EM 1110－1－2907）及美国垦务局（USBR）《土石坝》。

本文所引用和参考的主要中美标准见表1。

表1　　引用和参考的主要中美标准

序号	中文名称	英文名称	编号	发布单位	发布年份
1	水电水利工程边坡设计规范	Design Specification for Slope of Hydropower and Water Conservancy Project	DL/T 5353—2006	中华人民共和国国家发展和改革委员会	2006
2	水力发电工程地质勘察规范	Code for Water Resources and Hydropower Engineering Geological Investigation	GB 50287—2006	中华人民共和国建设部和国家质量监督检验检疫总局	2006
3	建筑边坡工程设计技术规范	Technical Code for Building Slope Engineering	GB 50330—2002	中华人民共和国建设部和国家质量监督检验检疫总局	2002
4	水工混凝土结构设计规范	Design Specification for Hydraulic Concrete Structures	DL/T 5057—2009	中华人民共和国国家能源局	2009
5	水工建筑物抗震设计规范	Specifications for Seismic Design of Hydraulic Structures	NB 35047—2015	中华人民共和国国家能源局	2015
6	水工建筑物荷载设计规范	Specifications for Load Design of Hydraulic Structures	DL 5077—1997	中华人民共和国电力工业部	1997
7	水电工程预应力锚固设计规范	Design Specification of Prestressed Anchorage for Hydropower Project	DL/T 5176—2003	中华人民共和国国家经济贸易委员会	2003
8	中小型水利水电工程地质勘察规范	Specifications for Geological Investigation of Medium and Small Scale Water Resources and Hydropower Engineering	SL 55—2005	中华人民共和国水利部	2005
9	边坡稳定	Slope Stability	EM 1110－1－1902	美国陆军工程兵团	2003
10	岩石基础	Rock Foundations	EM 1110－1－2098	美国陆军工程兵团	1994
11	岩石加固	Rock Reinforcement	EM 1110－1－2907	美国陆军工程兵团	1980
12	大坝渗流分析及控制	Seepage Analysis and Control for Dams	EM 1110－2－1901	美国陆军工程兵团	1993
13	堤岸设计	Design and Construction of Levees	EM 1110－2－1913	美国陆军工程兵团	2000

续表

序号	中文名称	英文名称	编　号	发布单位	发布年份
14	土石坝	Embankment Dams		美国垦务局	2011
15	工程及环境地质勘查	Geophysical Exploration for Engineering and Environmental Investigations	EM 1110－1－1804	美国陆军工程兵团	1995
16	地质勘查	Geotechnical Investigations	EM 1110－1－1802	美国陆军工程兵团	2001
17	实验室内土壤试验	Laboratory Soils Testing	EM 1110－2－1906	美国陆军工程兵团	1980
18	主体建筑物抗震设计及评估	Earthquake Design and Evaluation for Civil Works Projects	ER 1110－2－1806	美国陆军工程兵团	1995
19	土工手册	Earth Manual		美国垦务局	1998
20	工程地质现场工作手册	Engineering Geology Field Manual		美国垦务局	1998—2001

2　主要研究成果

通过对中国标准《水电水利工程边坡设计规范》(DL/T 5353—2006) 与美国相关边坡标准的对比研究，中美标准主要存在以下异同点：

(1) 整体来说，中美边坡标准没有根本性的差异，中国标准翔实具体，既有原则性规定，也有部分较详细的设计指南；美国标准大部分是原则性的规定，在执行时，弹性空间比较大。

(2) 中美边坡标准适用范围差异较大。中国标准《水电水利工程边坡设计规范》(DL/T 5353—2006) 适用于大、中型水电水利工程枢纽主要建筑物边坡、近坝库岸影响工程正常、安全运行的自然边坡的治理设计。美国的边坡设计标准并没有规定其只适用于水电工程，而是适用于普遍的边坡设计。美国不同的边坡设计标准适用不同地质类型边坡，中国标准《水电水利工程边坡设计规范》(DL/T 5353—2006) 几乎涵盖了所有边坡类型。美国陆军工程兵团《边坡稳定》(EM 1110－1－1902) 为土石坝坝坡、堤坝坝坡、由土或者软岩组成的开挖边坡和自然边坡提供了静态稳定分析指南。美国垦务局《土石坝》适用于建在土壤或岩石基础上的土石坝坝坡分析和设计，其分析方法也适用于自然边坡及开挖边坡。美国陆军工程兵团《岩石基础》(EM 1110－1－2908) 适用于用于岩石边坡设计及稳定分析。

(3) 中国标准《水电水利工程边坡设计规范》(DL/T 5353—2006) 通过分析研究边坡的重要性、边坡失事风险和影响损失程度来确定边坡级别，通过边坡位置来分类，通过边坡级别和类别来确定边坡安全系数，美国标准没有进行边坡分级和分类，其主要通过边坡分析不确定性因素及边坡失稳后果直接确定安全系数。中美标准都将边坡失稳后果作为确定边坡安全系数的重要依据。从本质上来说，中美标准确定安全系数的依据并无大的区别。

(4) 中国标准《水电水利工程边坡设计规范》(DL/T 5353—2006) 给出的边坡安全系数在不同级别及工况下为1.0～1.3，边坡工程地质勘察和试验工作要求按照《水力发电工程地质勘察规范》(GB 50287—2006) 进行；美国标准土坡安全系数为1.1～1.5，岩石边坡安全系数为1.1～2，美国标准要求工程地质勘察和试验工作应按《工程及环境地质勘查》(EM 1110-1-1804) 和《地质勘查》(EM 1110-1-1802) 这两个手册中的方法进行。中国规范在确定了边坡级别及设计工况后其安全系数基本确定，至多有0.1的弹性空间，美国标准在确定设计工况后，只给出了最小安全系数，依据边坡失稳后果来确定安全系数大小，弹性空间较大。

考虑到中美标准影响边坡稳定因素的取值各有特点，无法断定中美标准对边坡安全要求的高低。

(5) 中国标准根据工程地质分区，划分岩质边坡、土质边坡和岩土混合边坡，美国标准则倾向将软岩归入土质边坡。中国标准将所有边坡失稳破坏分为4种类型：崩塌、滑动、蠕变、流动。美国标准则根据岩质边坡和土质边坡予以划分，岩质边坡失稳破坏类型分为三种：滑动、倾倒、崩塌。美国标准土质边坡失稳破坏类型划分较为详细，有剪切破坏、表面崩塌、过量变形、液化、管涌、溃决、横向蔓延、流动等。中美标准在边坡破坏失稳类型划分上是基本一致的。

(6) 中美标准都将极限平衡法作为边坡稳定分析的基本方法。中国标准中：对于岩质、土质滑坡体，当滑面近似圆弧形时，推荐采用简化毕肖普法，也可采用詹布法；当为复合形滑面时，推荐采用摩根斯坦-普莱斯法，也可采用传递系数法。对岩质边坡：对于新开挖形成的或长期处于稳定状态岩体完整的自然边坡，可采用上限解法做稳定分析，推荐采用条块侧面倾斜的萨尔玛法、潘家铮分块极限平衡法和能量法(EMU)。美国标准中，可根据计算特点及要求选择计算方法。计算精度要求高，可采用简化毕肖普法、斯宾塞法、无限边坡法；计算滑面平行于坡面的，可采用无限边坡法；圆形滑面的，可采用普通条分法、简化毕肖普法、斯宾塞法、改进瑞典法；非圆形滑面的，可采用斯宾塞法、改进瑞典法；采用楔形失效理论计算，采用斯宾塞法、改进瑞典法、滑楔法。适用手算的方法有：普通条分法、简化毕肖普法、改进瑞典法、滑楔法、无限边坡法。

其中，摩根斯坦-普莱斯法和斯宾塞法为完全平衡法（完全满足静力平衡条件），完全平衡法比那些不满足静力平衡的方法更精确。

(7) 对于中美标准均推荐采用的简化毕肖普法，两标准均假定水平向合力为零及土条两侧作用力为水平，不会考虑条块间竖向剪力，力矩为力对滑弧圆心的力矩，安全系数计算公式相同，计算原理相同。斯宾塞法和摩根斯坦-普莱斯法均满足力和力矩的平衡条件，计算精度高。斯宾塞法假定条块间的合力方向是水平的，即条块间水平力和法向力之间是固定常数关系；摩根斯坦-普莱斯法假定条块间的水平力和法向力存在一个函数关系。美国标准不论土坡、岩质坡均推荐使用斯宾塞法进行施工设计阶段的边坡稳定性计算。中国标准规定以下几种情况采用摩根斯坦-普莱斯法：对于岩质、土质滑坡体，当为复合形滑面时；对于风化、卸荷的自然边坡，开挖中无预裂和保护措施的边坡，岩体结构已经松动或发生变形迹象的边坡；沿土或堆积物底面或其内部特定软弱面发生滑动破坏时。

美国垦务局《土石坝》首选的土石坝稳定性分析方法是基于斯宾塞的极限平衡法。对于无黏性材料（$C=0$），无限边坡法可以用来估计大坝边坡稳定性。《土石坝》中未介绍这两种方法的具体计算公式。

(8) 在边坡处理方法上，中美标准基本一致。中美标准均要求对边坡坡面受损影响工程安全的边坡进行边坡保护设计，均认为喷混凝土、土工织物是很好的边坡表面处理措施，可以根据需要选择布置随机锚杆或者系统锚杆，对于较大岩块也都倾向用锚索来加固。在边坡设计中，中美标准均重视边坡的排水设计，均要求根据情况设置地面或地下排水系统，美国标准认为排水系统是增加边坡稳定最经济和有益的方法。在边坡加固设计中，美国标准中没有抗滑桩、抗剪洞及锚固洞的内容。中美标准都要求在边坡施工过程中，根据地质资料、监测数据等修改和调整边坡设计，实现边坡工程全过程动态设计法。

(9) 中美标准在边坡监测设计方面没有大的差异，总体来说，中国标准对部分边坡监测标准有硬性规定，美国标准对监测的需求要根据实际状况来确定。具体来说，中国标准中对Ⅰ级、Ⅱ级边坡和100m以上的高边坡规定了必需的观测项目：位移与变形监测、地下水监测、边坡加固结构监测、其他专项监测。在具体监测方案上，中国标准也有比较具体的要求，对于地面位移监测，较重要的边坡应建立三角网和水准网，采用大地测量方法对地面观测点进行监测，一般边坡可采用视准线等简易测量方法监测，美国标准并无此要求。在边坡监测预警方面，中国标准对预警内容作了详细说明，对预警的等级、预警标准的原则也有详细的规定，美国标准则没有这方面内容。

(10) 美国标准中，边坡安全系数是根据边坡失稳后果确定的，在同一工程中边坡的安全系数也可能不同，在实践中更加贴合工程现场状况，在某些情况下更为经济。